电子信息科学与技术丛书

电路设计、仿真与PCB设计

从模拟电路、数字电路、射频电路、控制电路到信号完整性分析

（第2版）

崔岩松 编著

清华大学出版社

北京

内 容 简 介

本书系统论述了电路的原理图设计、电路仿真、印制电路板设计与信号完整性分析，涵盖了模拟电路、数字电路、射频电路、控制电路等。全书包括三部分：第一部分（第1～6章）介绍电路设计与仿真，在介绍了常用的电路仿真软件的基础上，详细讲解了 Altium Designer 模拟电路仿真、ADS 射频电路仿真、ModelSim 数字电路仿真、Proteus 单片机电路仿真，举例说明了基本单元电路的设计与仿真方法；第二部分（第7～9章）以 Altium Designer 为设计工具，介绍了电路原理图和 PCB 设计流程、原则、方法及注意事项；第三部分（第10章和第11章）介绍了电路中的信号完整性规则及仿真方法。

本书以培养读者具备一般电路设计、仿真和 PCB 设计的能力为宗旨，可作为高等院校电子信息类专业"EDA 技术"课程的教材，也可作为"电路分析""模拟电路""数字电路"等理论课程或相关实验课程的辅助教材，还可作为相关工程技术人员的参考用书。

图书在版编目（CIP）数据

电路设计、仿真与 PCB 设计：从模拟电路、数字电路、射频电路、控制电路到信号完整性分析/崔岩松编著.
—2 版.—北京：清华大学出版社，2024.1
（电子信息科学与技术丛书）
ISBN 978-7-302-64344-9

Ⅰ.①电… Ⅱ.①崔… Ⅲ.①电路设计 ②电子电路—计算机仿真—应用软件 Ⅳ.①TM02 ②TN702.2

中国国家版本馆 CIP 数据核字（2023）第 144622 号

策划编辑：盛东亮
责任编辑：钟志芳
封面设计：李召霞
责任校对：时翠兰
责任印制：曹婉颖

出版发行：清华大学出版社
   网　　　址：https://www.tup.com.cn，https://www.wqxuetang.com
   地　　　址：北京清华大学学研大厦 A 座　　邮　　编：100084
   社 总 机：010-83470000　　邮　　购：010-62786544
   投稿与读者服务：010-62776969，c-service@tup.tsinghua.edu.cn
   质量反馈：010-62772015，zhiliang@tup.tsinghua.edu.cn
   课件下载：https://www.tup.com.cn，010-83470236
印 装 者：北京嘉实印刷有限公司
经　　销：全国新华书店
开　　本：203mm×260mm　　印　张：29.75　　插　页：1　　字　数：817 千字
版　　次：2019 年 9 月第 1 版　2024 年 1 月第 2 版　　印　次：2024 年 1 月第 1 次印刷
印　　数：1～2000
定　　价：119.00 元

产品编号：097486-01

第2版前言

PREFACE

本书第 1 版自 2019 年出版以来,先后 5 次印刷。作为"电子信息科学与技术丛书"中的一本,本书既便于读者学习并掌握电路设计、仿真分析及 PCB 设计制造的能力,也有助于电子信息类相关课程和实验环节的教师授课使用。

随着信息技术和人工智能技术的快速发展,电子设计自动化技术和相关软件快速发展,同时国内的电子设计自动化技术得到了大力发展。本书采用最新 EDA 软件版本进行讲解,主要修订如下:

第 1 章在介绍电子设计自动化技术发展及现状基础上,增加了优秀国内电子设计自动化技术软件的介绍。

第 2 章和第 3 章以 Altium Designer 23.0 软件为例,更新了模拟电子电路设计及仿真技术。

第 4 章以 ADS 2023 软件为例,更新射频电子电路设计及仿真技术。

第 5 章以 ModelSim 2020.4、Quartus Prime Lite 22.1、Vivado 2022.2 软件为例,更新数字电路设计及仿真技术。

第 6 章以 Proteus 8.15 软件为例,更新单片机设计及程序仿真技术。

第 7~9 章以 Altium Designer 23.0 软件为例,更新了电路原理图设计、PCB 布局和布线及绘制方法。

第 10 章和第 11 章以 Altium Designer 23.0 软件为例,更新了 PCB 设计中信号完整性和电源完整性设计及仿真技术。

特别说明:因书中有些电路图是软件自动生成的,故电路图中元器件符号保持与软件一致。

由于作者水平有限,书中难免存在不妥之处,敬请广大读者批评指正。

作 者

2023 年 11 月

第1版前言
PREFACE

随着计算机技术的发展,电子设计自动化技术(EDA)获得了飞速的发展,在其推动下,现代电子产品几乎渗透到社会的各个领域,有力地促进了社会生产力的发展和社会信息化程度的提高,同时也使现代电子产品性能进一步提高,产品更新换代的节奏也变得越来越快。

电子设计自动化技术的核心是电子电路、IC或系统设计及仿真、电子系统的制造及仿真。作者在多年从事电子电路设计及开发和讲授"电路仿真与PCB设计"课程的基础上,对电子电路设计、仿真与PCB设计方面的基础知识、软件使用、设计经验等内容进行整理和总结后编写完成此书。

本书分三部分共11章,其中第1章为电路设计与仿真概论;第2~6章主要介绍电路设计与仿真技术;第7~9章主要介绍电路原理图及PCB设计;第10章和第11章主要介绍PCB信号完整性设计及仿真。各章知识点如下:

第1章介绍电子设计自动化技术的发展及现状,并对当前应用于电子电路设计与仿真的主流软件进行介绍。

第2章和第3章介绍电子电路仿真的基本工具Spice,包括Spice仿真描述语言和基本的Spice模型,并以Altium Designer 18.0为例,讲解电子电路设计及仿真过程。

第4章介绍射频电路设计及仿真常用的工具,并以ADS 2017为例,讲解射频电路设计及其S参数仿真,并给出两个射频电路设计及仿真的实例。

第5章介绍数字电路设计及仿真常用的工具,并以ModelSim 10.5为例,讲解数字电路的设计及其逻辑仿真和时序仿真的方法,给出与其他FPGA开发工具软件联合进行仿真的实例。

第6章介绍单片机控制电路设计及仿真常用的工具,并以Proteus VSM为例,讲解单片机电路的设计及单片机程序仿真。

第7~9章介绍电路原理图和PCB设计的流程,并以Altium Designer 18.0为例,讲解原理图和PCB绘制方法,以及PCB设计中的布局、布线的规则。

第10章和第11章介绍信号完整性和电源完整性问题,并以Altium Designer 18.0为例,讲解信号与电源完整性的仿真方法。

附录部分给出了Altium Designer 18.0快捷键、设计实例的原理图和基本元器件识别及丝印等。

需要说明的是,本书采用的Altium Designer 18.0、ModelSim 10.5、Proteus VSM及ADS 2017软件汉化不完整,所以由其生成的部分图形存在中英文混用的情形,其中的电子元器件图形符号也是软件库自带,非我国国标符号。

在本书的编写过程中得到了大量的帮助和支持。特别感谢清华大学出版社盛东亮编辑对本书出版工作的支持。特别感谢张建、陈铁方、陈乾、王小燕等对本书的资料进行整理及校对。感谢Altium公司大中华区大学计划经理华文龙,提供了本书中Altium软件电源完整性部分的推荐和介绍。感谢何宾、冯新宇、于斌、王博等作者,他们编著的关于电子设计及仿真的相关教材为本书的撰写提供了很大的帮助。

尽管作者在编写本书的过程中倾尽全力,但是由于水平有限,书中难免存在不妥之处,敬请广大读者批评指正。

作　者

2019 年 6 月

目 录
CONTENTS

第一部分　电路设计与仿真

第二部分 电路原理图及 PCB 设计

第三部分　信号完整性分析与设计

第一部分

PART 1

电路设计与仿真

本部分介绍电子设计自动化技术发展，以及不同类型电路使用的各种仿真工具，主要包括电子电路设计及仿真工具 Spice、射频电路设计及仿真工具 ADS、数字电路设计及仿真工具 ModelSim 和单片机控制电路设计及仿真工具 Proteus VSM。

电子电路设计及仿真工具以 Spice 为例，介绍了 Spice 仿真描述语言和基本的 Spice 模型，并通过 Altium Designer 23.0 讲解电子电路设计及仿真过程。

射频电路设计及仿真工具以 ADS 2023 为例，介绍了射频电路设计如何进行 S 参数仿真，并给出两个射频电路设计及仿真的实例。

数字电路设计及仿真工具以 ModelSim 2020.4 为例，介绍了数字电路的设计及其逻辑仿真和时序仿真的方法，给出与其他 FPGA 开发工具软件联合进行仿真的实例。

单片机控制电路设计及仿真工具以 Proteus 8.15 SPI 为例，介绍了单片机电路的设计及如何进行单片机程序仿真。

## 第 1 章

电路设计与仿真简介

电子电路设计及开发能力的提高与电路仿真技术和电子设计自动化技术的发展分割不开。电路仿真(electronic circuit simulation)技术是指使用数学模型对电子电路的真实行为进行模拟的工程方法。电子设计自动化(electronic design automation,EDA)技术是将计算机技术应用于电子设计过程中而形成的一门技术,已经被广泛应用于电子电路的设计和仿真、集成电路版图设计、印制电路板设计(printed circuit board,PCB)和可编程器件编程等工作中。

1.1 绪论

电子设计自动化技术是伴随着计算机、集成电路、电子系统的设计发展起来的,至今已有 40 多年的历程,大致可以分为四个发展阶段:20 世纪 70 年代的计算机辅助设计(computer aided design,CAD)阶段,这一阶段的主要特征是利用计算机进行辅助电路原理图编辑、电路仿真、PCB 布线,使得设计师从传统高度重复繁杂的绘图劳动中解脱出来;20 世纪 80 年代的计算机辅助工程设计(computer aided engineering design,CAED)阶段,这一阶段的主要特征是以逻辑模拟、定时分析、故障仿真、自动布局布线为核心,重点解决电路设计的功能检测等问题,使设计能在产品制作之前预知产品的功能与性能;20 世纪 90 年代是电子设计自动化(EDA)阶段,这一阶段的主要特征是以高级描述语言、系统仿真和综合技术为特点,采取"自顶向下"的设计理念,将设计前期的许多高层次设计由 EDA 工具来完成;进入 21 世纪,电子设计自动化在朝一体化工具的方向发展。

EDA 技术提供了帮助设计电子电路或系统的软件工具。该工具可以在电子产品的各个设计阶段发挥作用,使设计更复杂的电路和系统成为可能。在原理图设计阶段,可以使用 EDA 中的仿真工具论证设计的正确性。在芯片设计阶段,可以使用 EDA 中的芯片设计工具设计制作芯片的版图。在电路板设计阶段,可以使用 EDA 中电路板设计工具设计多层电路板,特别是支持硬件描述语言的 EDA 工具的出现使复杂数字系统设计自动化成为可能,只要用硬件描述语言将数字系统的行为描述正确,就可以进行该数字系统的芯片设计与制造。

进入 21 世纪后,EDA 技术得到了更大的发展,突出表现在以下几个方面。

(1) EDA 技术使得电子领域各学科的联系更加紧密,极大地加速了相关技术的发展,促进了模拟与数字、软件与硬件、系统与器件、ASIC(专用集成电路)与 FPGA(现场可编程门阵列)、行为与结构等各方面的融合和一体化设计。

(2) 电子技术领域全方位融入 EDA 技术,除了日益成熟的数字技术外,传统的电路系统设计建模理念发生了重大的变化,软件无线电技术崛起,模拟电路系统硬件描述语言的表达和设计标准化,超大规模可编程模拟器件出现,数字信号处理和图像处理的全硬件实现方案被普遍接受,软硬件技术进一步融合等。

(3) 在FPGA上实现DSP(数字信号处理)方面的应用成为可能,用纯数字逻辑进行DSP模块的设计,使得高速DSP实现成为现实,并有力地推动了软件无线电技术的实用化和发展。基于FPGA的DSP技术为高速数字信号处理算法提供了实现途径。

(4) 系统级、行为验证级硬件描述语言和图形化编程软件的出现,使复杂电子系统的设计和验证趋于简单。

(5) 在仿真和设计两方面支持标准硬件描述语言且功能强大的EDA软件不断推出,软硬IP(intellectual property,知识产权)核在电子行业领域广泛应用,促进了嵌入式处理器软核的成熟,使得SOPC(system on a programmable chip,可编程片上系统)步入大规模应用阶段。

1.2 模拟电路设计及仿真工具

模拟电路系统的设计人员需要对系统中的部分电路作电压与电流关系的详细分析,此时需要做晶体管级或电路级仿真。仿真算法中所使用的电路模型都是最基本的元器件,按时间对每一个节点的电压、电流建立基尔霍夫电流定律(KCL)和基尔霍夫电压定律(KVL)方程进行计算。

世界上第一个用于模拟电路仿真的软件Spice(simulation program with integrated circuit emphasis),于1972年由美国加州大学伯克利分校的计算机辅助设计小组利用FORTRAN语言开发而成。1975年推出正式实用化版本,1988年被定为美国国家工业标准,主要用于IC、模拟电路、数模混合电路、电源电路等电子系统的设计和仿真。由于Spice仿真程序采用完全开放的政策,用户可以按自己的需要进行修改,加之实用性好,迅速得到推广,已经被移植到多个操作系统平台上。

自从Spice问世以来,其版本的更新持续不断,有Spice 2、Spice 3等多个版本,新版本主要在电路输入、图形化、数据结构和执行效率上增强。各种以加州大学伯克利分校的Spice仿真程序的算法为核心的商用Spice电路仿真工具也随之产生,运行在Windows和UNIX平台,许多都是基于原始的Spice 2G6版的源代码(这是一个公开发表的版本),它们都在Spice的基础上做了很多实用化的工作,比较常见的Spice仿真软件有HSpice、PSpice、TSpice、SmartSpice、IsSpice等,虽然它们的核心算法雷同,但仿真速度、精度和收敛性却不一样,其中以Synopsys公司的HSpice和Cadence公司的PSpice最为著名。HSpice是事实上的Spice工业标准仿真软件,在业内应用最为广泛,具有精度高、仿真功能强大等特点,但它没有前端输入环境,需要事前准备好网表文件,不适合初级用户,主要应用于集成电路设计。PSpice是个人用户的最佳选择,具有图形化的前端输入环境,用户界面友好,性价比高,主要应用于PCB和系统级的设计。

Spice模型已经广泛应用于电子设计中,可对电路进行非线性直流分析、非线性瞬态分析和线性交流分析。Spice内可建电阻、电容、电感、互感、独立电压源、独立电流源、各种线性受控源、传输线以及有源半导体器件等模型,用户只需选定模型级别并给出合适的参数即可完成电路的仿真。

1.2.1 NI Multisim

Multisim是业界一流的Spice仿真标准环境(如图1-1所示),是美国国家仪器(NI)有限公司推出的以Windows为基础的仿真工具,适用于板级的模拟/数字电路板的设计工作。它包含了电路原理图的图形输入、电路硬件描述语言输入方式,具有丰富的仿真分析能力。

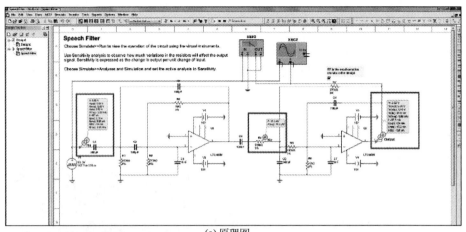

(a) 原理图

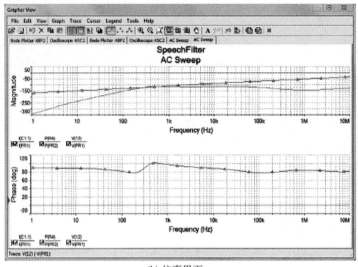

(b) 仿真界面

图 1-1 Multisim 软件原理图及仿真界面

设计人员可以使用 Multisim 交互式地搭建电路原理图,并对电路进行仿真。Multisim 提炼了 Spice 仿真的复杂内容,使用户无须懂得精深的 Spice 技术就可以很快地进行捕获、仿真和分析新的设计。通过 Multisim 和虚拟仪器技术,PCB 设计工程师和电子学教育工作者可以完成从理论到原理图捕获和仿真再到原型设计和测试这样一个完整的综合设计流程。

Multisim 安装了 Analog Devices、National Semiconductor、NXP、ON Semiconductor 和 Texas Instruments 等领先半导体生产商提供的多达 22000 个组件的数据库。用户可从完整的组件列表中选择,组件列表包括各种最新的放大器、二极管、晶体管、切换模式电源和其他用于快速设计、评估模拟和数字电路的组件。

借助 Multisim 的直观仿真功能,用户可在设计过程中及时优化设计的性能,并在减少原型迭代次数的情况下确保电路满足技术要求。如果需要将性能视觉化,包含 20 种行业标准的 Spice 分析(如交流、傅里叶、噪声等)以及 22 种直观测量仪器的 Multisim 则是用户的不二之选。配合 LabVIEW 中不断扩展的自定义仿真分析库,用户甚至可以视觉化特定领域的设计。用户可使用 LabVIEW 将 Multisim 测量集成到 NI 测试平台,从而轻松地视觉化实际结果和仿真结果之间的联系以及对性能进行比较。

1.2.2 Cadence PSpice

Cadence PSpice A/D 将模拟和数/模混合信号仿真技术相结合(如图 1-2 所示),为用户提供了一套完整的电路仿真、验证解决方案。在整个产品设计周期内,从电路方案到设计开发、验证电路仿真需求会不断变化,Cadence PSpice A/D 都能随时满足这样的需求。在此基础上的 PSpice AA 高级分析工具可以帮助设计师提高成本效益和设计可靠性。

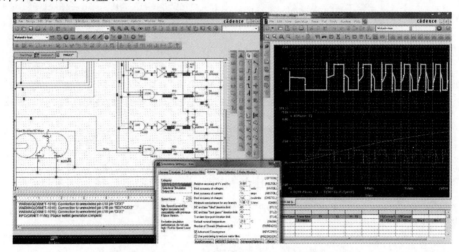

图 1-2   Cadence PSpice 软件原理图及仿真界面

PSpice A/D 拥有大量的板级模型,使它能够提供精确的数模复合信号仿真解决方案。自 PSpice 问世以来,随着仿真模型的不断增加,PSpice 仿真引擎得以不断发展,这使得 PSpice 能够应对不断提高的仿真和验证要求。它的每一次版本升级,都意味着许多仿真技术的发展,以及对用户需求的满足。

许多厂商的产品模型资源都支持 PSpice 仿真,包括数学函数模型和行为模型等,这使得电路仿真进程变得更高效。此外,在 PSpice A/D 分析的基础上,设计师还可以选择建立更先进的仿真分析功能,包括高级模拟分析能力、与 MathWorks MATLAB Simulink 工具实现互联仿真功能、仿真优化、参数提取以及二次仿真技术等。

PSpice AA 高级模拟分析超越了电路的功能仿真,它融合了很多技术,用以改善设计性能,提高成本效益和可靠性。这些技术包含信号灵敏度、多引擎的优化器、应力分析和蒙特卡洛分析。

1.2.3 Synopsys HSpice

Synopsys HSpice 提供一流的仿真及分析算法,使用经晶圆厂认证过的 MOS 器件模型进行仿真(见图 1-3)。凭借全面的多线程性能,HSpice 可通过多核计算机硬件提供更为卓越的性能。CustomSim 仿真器可为包括定制数字、存储器和模拟/混合信号电路在内的各类设计,提供卓越的晶体管级验证性能及容量。CustomSim 可提供全面的各种分析功能,包括电路电气规则检查、电迁移、电压降以及 MOS 老化分析。最新的 Synopsys 仿真和分析环境(synopsys'simulation and analysis environment,SAE)将电路仿真器引入面向仿真管理和分析的本地环境。该环境适用于 HSpice、FineSim 和 CustomSim 仿真器,提供了一个能够提高模拟验证生产力的综合解决方案。

Synopsys 仿真和分析环境基于网络列表的流,可直接导入 Spice、Verilog 和 DSPF;统一的角点设置,适用于多测试平台的扫频,以及蒙特卡洛分析(Monte Carlo analysis);具有面向批处理模式仿真的高级任务分配与监控；与 Synopsys 的 Custom WaveView 图形波形查看器集成，可广泛用于波形后处理；采用行业标准 TCL 脚本语言的自动化回归功能；语言敏感文本编辑器，可用于基于网络列表的导航、交叉探查和句法检查；高级可视数据导航和数据挖掘功能，如制图、统计分析、直方图和散点图；详细报告生成，包括基于网络的 HTML 文档。

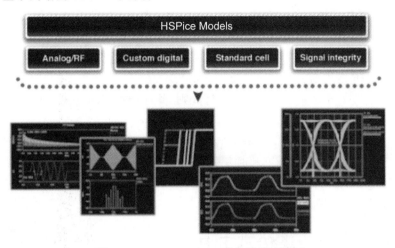

图 1-3　Synopsys PSpice 软件及仿真界面

1.2.4　华大九天 Empyrean

华大九天模拟电路设计全流程 EDA 工具系统包括原理图编辑工具、版图编辑工具、电路仿真工具、物理验证工具、寄生参数提取工具和可靠性分析工具等，如图 1-4 所示，为用户提供了从电路到版图、从设计到验证的一站式完整解决方案。

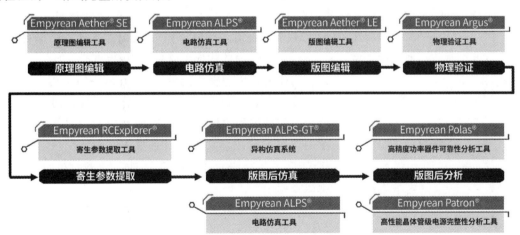

图 1-4　华大九天模拟电路设计全流程 EDA 工具

原理图和版图编辑工具 Empyrean Aether 为用户提供了丰富的原理图和版图编辑功能以及高效的设计环境，支持用户根据不同电路类型的设计需求和不同工艺的物理规则设计原理图和版图，如电路元件符号生成、元件参数编辑和物理图形编辑等操作。同时，为便于用户对原理图和版图进行追踪管理、分析优化，在传统的编辑环境基础上增加了设计数据库管理模块、版本管理模块、仿真环境模块和外部接口模块等。该工具可集成华大九天电路仿真工具 Empyrean ALPS、物理验证工具 Empyrean Argus

和寄生参数提取工具 Empyrean RCExplorer 等,为用户提供完整、平滑、高效的一站式设计流程,显著提高模拟电路的设计效率。

电路仿真工具 Empyrean ALPS(Accurate Large capacity Parallel Spice,精度大容量并行仿真器)是华大九天新近推出的高速高精度并行晶体管级电路仿真工具,支持数千万元器件的电路仿真和数模混合信号仿真,通过创新的智能矩阵求解算法和高效的并行技术,突破了电路仿真的性能和容量瓶颈,仿真速度相比同类电路仿真工具显著提升。

异构仿真系统 Empyrean ALPS-GT 基于 CPU-GPU 异构系统,进一步提升了版图后仿真效率,可帮助用户大幅缩减产品开发周期。

物理验证工具 Empyrean Argus 支持主流设计规则,并通过特有的功能,帮助用户在定制化规则验证、错误定位与分析阶段提高验证质量和效率。

寄生参数提取工具 Empyrean RCExplorer 支持对模拟电路设计进行晶体管级和单元级的后仿网表提取,同时提供了点到点寄生参数计算和时延分析功能,帮助用户全面分析寄生效应对设计的影响。

可靠性分析工具 Empyrean Polas 提供了专注于 Power IC 设计的多种产品性能分析模块,高效支持了 Power 器件可靠性分析等应用。

1.3　数字电路设计及仿真工具

数字系统设计发展到今天,片上系统(SoC)技术的出现已经在设计领域引起深刻变革。为适应产品尽快上市的要求,设计者必须合理选择各 EDA 厂家提供的加速设计的工具软件,以使其产品在本领域良性发展。现场可编程门阵列(FPGA)设计是当前数字系统设计领域中的重要方式之一。

FPGA 采用了逻辑单元阵列(logic cell array, LCA),包括可配置逻辑模块(configurable logic block, CLB)、输入输出模块(input output block, IOB)和内部连线(interconnect)三部分。现场可编程门阵列是可编程器件,与传统逻辑电路和门阵列(如 PAL、GAL 及 CPLD 器件)相比,FPGA 具有不同的结构。FPGA 利用小型查找表(16×1 RAM)来实现组合逻辑,每个查找表连接到一个 D 触发器的输入端,触发器再来驱动其他逻辑电路或驱动 I/O 模块,由此构成了既可实现组合逻辑功能又可实现时序逻辑功能的基本逻辑单元模块,这些模块间利用金属连线互相连接或连接到 I/O 模块。FPGA 的逻辑是通过向内部静态存储单元加载编程数据来实现的,存储在存储器单元中的值决定了逻辑单元的逻辑功能以及各模块之间或模块与 I/O 间的连接方式,并最终决定了 FPGA 所能实现的功能,FPGA 允许无限次编程。

数字电路仿真可以分为功能仿真(前仿真)和时序仿真(后仿真),或分为行为级仿真(RTL)、综合后(post-synthesis)仿真和布局布线(post-layout)仿真。功能仿真主要针对 RTL 代码的功能和性能仿真及验证。综合后仿真要考虑仿真综合后的逻辑功能是否正确,综合时序约束是不是都正确。布局布线仿真要考虑仿真芯片时序约束是否添加正确,布局布线后是否还满足时序,因为加入了线延迟信息,所以这一步的仿真和真正芯片的行为最接近。数字电路设计与仿真流程如图 1-5 所示。

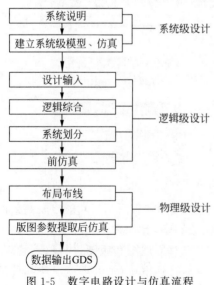

图 1-5　数字电路设计与仿真流程
注:GDS 是一种标准化文件格式。

1.3.1　ModelSim

ModelSim 是 Mentor Graphics 公司开发的 HDL(硬件描述语言)的仿真软件(如图 1-6 所示),该软件可以实现对设计的 VHDL 程序、Verilog 程序或者两种语言混合的程序进行仿真,同时也支持 IEEE 制定的各种硬件描述语言标准。

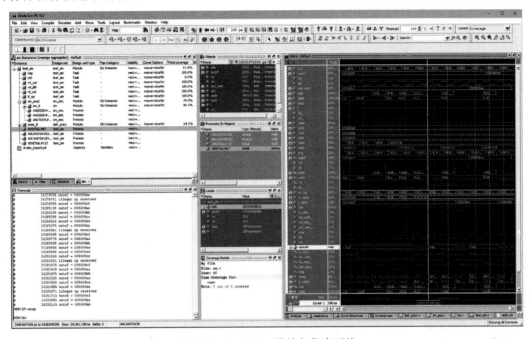

图 1-6　ModelSim 设计与仿真环境

无论从友好的使用界面和调试环境来看,还是从仿真速度和仿真效果来看,ModelSim 都可以算得上是业界优秀的 HDL 仿真软件。它是唯一的单内核支持 VHDL 和 Verilog 混合仿真的仿真器,是做 FPGA/ASIC 设计的 RTL 级和门级电路仿真的首选。它采用直接优化的编译技术、Tcl/Tk 技术和单一内核仿真技术,具有仿真速度快、编译代码与仿真平台无关、便于 IP 核保护和加快程序错误定位等优点。

ModelSim 最大的特点是其强大的调试功能,体现在:先进的数据流窗口,可以迅速追踪到产生错误或者不定状态的原因;具有性能分析工具,可以帮助分析性能瓶颈,加速仿真;能进行代码覆盖率检测,确保测试的完备;具有多种模式的波形比较功能;先进的 Signal Spy 功能,可以方便地访问 VHDL、Verilog 或者两者混合设计中的底层信号;支持加密 IP;可以实现与 MATLAB 的 Simulink 的联合仿真。

目前常见的 ModelSim 分为 ModelSim SE、ModelSim PE、ModelSim LE 和 ModelSim OEM 等不同的版本。

1.3.2　Quartus Prime

英特尔公司的 Quartus Prime 软件包括设计英特尔 FPGA(原 Altera)、片上系统和 CPLD(复杂可编程逻辑器件)所需的一切功能,如设计输入、合成、优化、验证和仿真等(如图 1-7 所示)。Quartus Prime 借助数百万个逻辑元器件大幅增强设备的功能,为设计师提供把握下一代设计机遇所需的理想平台。

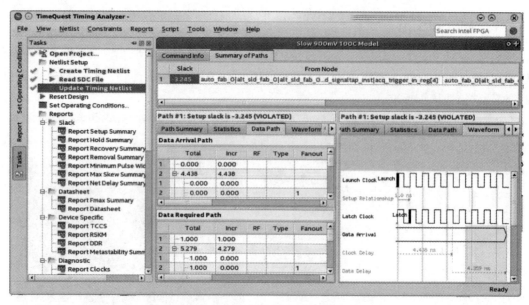

图 1-7 Quartus Prime 设计与仿真环境

Quartus Prime 软件提供专业版、标准版和精简版三个版本,可以满足不同的设计要求。

借助新的英特尔高级合成(HLS)编译器,可以使用 C++语言加速 FPGA 开发。英特尔 HLS 编译器是一款工具,可以对非定时(untimed)的 C++语言生成针对英特尔 FPGA 优化的生产质量寄存器传输级(RTL)设计。

借助英特尔 Quartus Prime 专业版软件,可以使用云端的英特尔 FPGA 编程工具加速应用,在 Nimbix 提供的高性能计算环境中对 FPGA 进行编程。

Quartus Prime 软件改进基于块的设计流。Stratix、Arria 和 Cyclone 系列设备产品都支持基于块的设计流,包括设计块重用和基于增量块的编译。

Quartus Prime 软件采用部分重配置功能支持动态重新配置 FPGA 的一部分,同时让剩余的 FPGA 设计继续运行。有分层部分重配置、模拟部分重配置和通过 Signal Tap 逻辑分析器同步调试静态和动态部分重配置区域的功能。

Quartus Prime 软件的逻辑等价检查(LEC)是一项新特性,由 HyperFlex FPGA 架构重定时提供该项支持,经过 HyperFlex FPGA 架构优化后的网表相当于适配后网表。

1.3.3 Vivado

Vivado 是赛灵思公司于 2012 年发布的集成设计环境工具(如图 1-8 所示),包括高度集成的设计环境和新一代从系统到 IC 级的工具,这些均建立在共享的可扩展数据模型和通用调试环境基础上。这也是一个基于 AMBA AXI4 互联规范、IP-XACT IP 封装元数据、工具命令语言(TCL)、Synopsys 系统约束(SDC)以及其他有助于根据客户需求量身定制设计流程并符合业界标准的开放式环境。赛灵思构建的 Vivado 工具把各类可编程技术结合在一起,能够扩展多达 1 亿个等效 ASIC 门的设计。

专注于集成的组件,解决集成的瓶颈问题,Vivado 设计套件采用了快速综合和验证 C 语言算法 IP 的 ESL(电子系统级别)设计,实现重用标准算法和 RTL IP 封装技术,以标准 IP 封装和各类系统构建模块的系统集成,使模块和系统验证的仿真速度提高了 3 倍,与此同时,硬件协仿真性能提升了 100 倍。

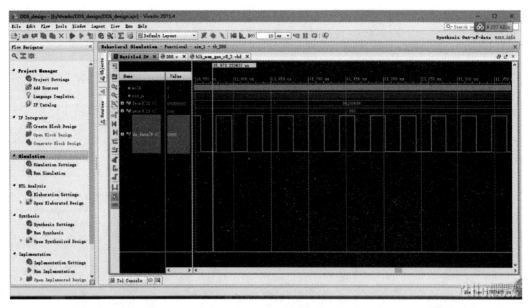

图 1-8　Vivado 设计与仿真环境

专注于实现的组件,Vivado 工具采用层次化器件编辑器和布局规划器,为 System Verilog 提供了业界支持性最好的逻辑综合工具、速度提升 4 倍且确定性更高的布局布线引擎,以及通过分析技术可最小化时序、线长、路由拥堵等多个变量的"成本"函数。此外,增量式流程能让工程变更通知单(ECO)的任何修改只需对设计的一小部分进行重新实现并能快速处理,同时确保性能不受影响。最后,Vivado工具通过利用最新共享的可扩展数据模型,能够估算设计流程各个阶段的功耗、时序和占用面积,从而达到预先分析、优化自动化时钟门等集成功能。

Vivado 设计理念是一种以 IP 和系统为中心的、领先一代的全新 SoC 增强型开发环境,用于解决系统级集成和实现工作中的生产力瓶颈问题。这套设计工具专为系统设计团队开发,旨在帮助他们在更少的器件中集成更多系统功能,同时提升系统性能,降低系统功耗,减少材料清单(BOM)成本。

Vivado 软件的优点体现在:

(1) Vivado 可让用户进一步提升器件密度。

(2) Vivado 可提供稳健可靠的性能,降低功耗以及给出可预测的结果。

(3) Vivado 可提供无与伦比的存储器利用率和高效的运行时间。

(4) Vivado HLS 能够将用户用 C、C++或 SystemC 语言编写的描述快速生成 IP 核,可将系统验证速度提高 100 倍以上。

(5) Vivado 借助 MathWorks 公司提供的 MATLAB Simulink 和 MATLAB 工具可支持基于模型的 DSP 设计集成。

(6) Vivado IP 集成器突破 RTL 的设计生产力制约。

(7) Vivado 集成环境为设计和仿真提供统一集成开发环境。

(8) Vivado 提供综合而全面的硬件调试功能。

1.3.4　Robei EDA

Robei(若贝)公司拥有自主的 Robei EDA 工具,基于 Robei EDA 工具自主研发的 Robei 自适应系列芯片以及自适应系列芯片的IDE集成开发环境(如图1-9所示)。Robei EDA工具采用了可视化的方式展现出数字芯片设计中面向对象的设计方法,采用无限分层的设计理念将复杂平铺的集成电路变成可重用、易复用的框图IP设计方式。

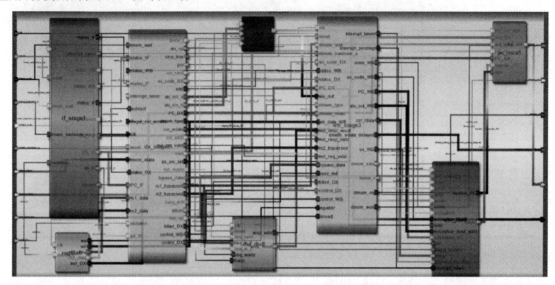

图1-9　Robei EDA设计与仿真环境

Robei EDA工具是一种全新的面向对象的可视化芯片设计软件,可以支持基于Verilog语言的集成电路前端设计与仿真。Robei EDA工具具备可视化架构设计、算法编程、结构层自动代码生成、语法检查、编译仿真及波形查看等功能。设计完成后可以自动生成完整Verilog代码,应用于FPGA和ASIC流程设计。可视化分层设计架构可以让工程师边搭建环境边编程,具备例化直观、无须记忆引脚名称、减少错误、节约手写代码量等优势。Robei EDA工具将芯片设计变得简单直观,可以极大地降低学习芯片设计的入门门槛,加速设计过程。Robei EDA工具已经在全球50多个国家使用,根据注册码的不同,目前分为四个版本:学生版、个人版、教育版和企业版。

1.4　射频电路设计及仿真工具

随着无线通信的快速发展,针对高频和射频的仿真工具也被广泛开发和使用。作为无线系统的重要组成部分,射频电路与系统的设计显得越来越重要。射频电路应用范围广,需要考虑的参数多,器件之间相互影响大,还有分布参数效应、趋肤效应、电磁兼容等问题,因此设计一个功能强大、性能良好的射频系统,是射频系统设计工程师和相关工程技术人员面临的挑战。

1.4.1　ADS

ADS(advanced design system,先进设计系统)是当前世界上比较流行的一款用于微波射频电路、通信系统、射频集成电路(RFIC)的设计软件,是由"是德科技"公司推出的,用于微波电路与通信系统的一款仿真软件(见图1-10)。这款软件具有丰富的仿真手段,能够实现时域和频域、数字和模拟、线性和非线性等多种仿真功能,对设计结果进行科学分析,促进电路设计频率的提升,是一款比较优秀的微波射频电路仿真软件,也是当前射频工程人员必备的一款软件。

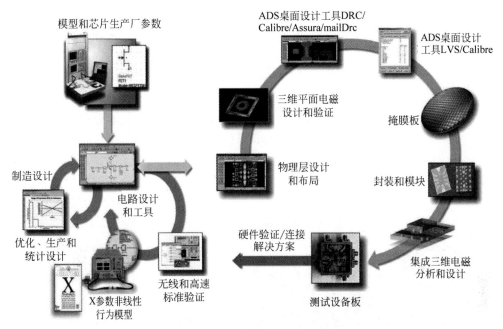

图 1-10　ADS 设计与仿真环境

　　ADS 软件能够使电路设计者进行模拟射频微波等电路和通信系统设计,仿真方法主要有时域仿真、频域仿真、系统仿真以及电磁仿真等。

　　高频 Spice 分析能够对线性以及非线性电路的瞬态效应进行分析,在 Spice 仿真器中,对于不能直接使用频域分析模型,如微带线带状线等,就可以使用高频 Spice 仿真器,仿真过程中,如果频率高于高频 Spice 仿真器,频域分析模型会被进行拉普拉斯变换,然后进入瞬态分析,并不需要使用者转化。

　　线性分析是一种频域电路仿真分析法,可以对线性、非线性的射频微波电路进行分析。当进行线性分析时,软件先对电路中的元器件计算需要的线性参数,如电路阻抗、稳定系数、反射系数、噪声以及 S、Z、Y 参数等,进而对电路进行分析和仿真。

　　谐波平衡分析方法是对频域、稳定性好,大信号的电路进行分析的仿真方法,能够对多频输入信号的非线性电路进行分析,明确非线性电路的响应,如谐波失真、噪声等。相比于时域 Spice 仿真分析的反复性,这种谐波平衡分析在分析非线性电路时能够提供更加有效并且快速的方法。

　　电路包络分析方法主要分为时域和频域分析两种方法,能够被使用到调频信号的电路和通信系统中。电路包络分析将谐波平衡分析与 Spice 两种仿真方法的优势进行有效的结合,通过时域 Spice 仿真方法对低频信号进行调频,对于高频的载波信号则是使用频域的谐波平衡分析方法进行。

　　射频系统分析是为使用者提供模拟评估系统,系统的电路模型不仅能够使用行为级模型,还能够利用元器件电路模型验证响应。射频系统仿真分析中含有线性分析、谐波平衡分析以及电路包络分析的内容,从而对射频系统的无源元器件、线性化模型特性、非线性系统模型特性、具有数字调频信号的系统特性进行验证。

　　ADS 软件提供了 2.5D 的平面电磁仿真分析功能,也就是 Momentum,能够对微带线、带状线、共面波导等电磁特性进行仿真,对天线的辐射特性、电路板上的耦合以及寄生反应也能够进行仿真。分析的 S 参数结果能够直接被应用到分析谐波平衡和电路包络中,对电路进行设计和验证。Momentum 电磁分析中,主要有 Momentum 微波模式和 Momentum 射频模式,用户可以根据电路工作的频段、尺寸等进行科学的选择。

ADS 软件的托勒密分析能够同时对具有数字信号以及模拟高频信号的混合模式系统进行仿真，ADS 中提供了数字元器件模型、通信系统元器件模型以及高频元器件模型。

1.4.2　HFSS

HFSS(high frequency structure simulator,高频结构模拟器)是 ANSYS 公司推出的三维电磁仿真软件,是世界上第一个商业化的三维结构电磁场仿真软件,业界公认的三维电磁场设计和分析的工业标准(如图 1-11 所示)。HFSS 软件提供了简洁直观的用户设计界面、精确自适应的场解器、空前电性能分析能力的功能强大后处理器,能计算任意形状三维无源结构的 S 参数和全波电磁场。HFSS 软件拥有强大的天线设计功能,可以计算天线参量,如增益、方向性、远场方向图剖面、远场三维图和 3dB 带宽等,可绘制极化特性,包括球形场分量、圆极化场分量、Ludwig 第三定义场分量和轴比。

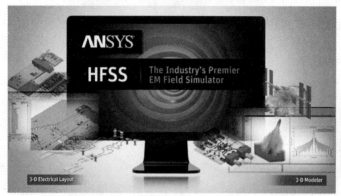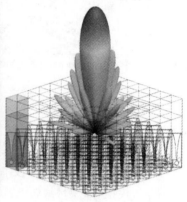

图 1-11　HFSS 设计与仿真环境

使用 HFSS,可以解决：①基本电磁场数值解和开边界问题、近远场辐射问题；②端口特征阻抗和传输常数；③S 参数和相应端口阻抗的归一化 S 参数；④结构的本征模或谐振解。而且,由 Ansoft HFSS 和 Ansoft Designer 构成的 Ansoft 高频解决方案,是目前唯一以物理原型为基础的高频设计解决方案,提供了从系统到电路直至部件级的快速而精确的设计手段,覆盖了高频设计的所有环节。HFSS 是当今天线设计领域最流行的设计软件。

HFSS 能够快速精确地计算各种射频、微波部件的电磁特性,可得到 S 参数、传播特性、高功率击穿特性,优化部件的性能指标,并进行容差分析,帮助工程师们快速完成设计并把握各类器件包括波导器件、滤波器、转换器、耦合器、功率分配/合成器、铁氧体环行器和隔离器、腔体等的电磁特性。

在电真空器件如行波管、速调管、回旋管设计中,HFSS 本征模式求解器结合周期性边界条件,能够准确地仿真器件的色散特性,得到归一化相速与频率的关系,以及结构中的电磁场分布(包括 H 场和 E 场),为这类器件的设计提供了强有力的手段。

HFSS 可为天线及其系统设计提供全面的仿真功能,精确地仿真计算天线的各种性能,包括二维和三维远场/近场辐射方向图、天线增益、轴比、半功率波瓣宽度、内部电磁场分布、天线阻抗、电压驻波比、S 参数等。

随着频率和信息传输速度的不断提高,互连结构的寄生效应对整个系统的性能影响已经成为制约设计成功与否的关键因素。MMIC、RFIC 或高速数字系统需要精确的互联结构特性分析参数抽取,HFSS 能够自动和精确地提取高速互联结构、片上无源器件及版图寄生效应。

HFSS 的应用频率能够达到光波波段并有精确仿真光电器件的特性。

1.4.3　CST

　　CST 公司(软波工程软件有限公司)是全球最大的纯电磁场仿真软件公司,以其名称命名的 CST 软件是其出品的三维全波电磁场仿真软件。CST 工作室套件是面向三维电磁、电路、温度和结构应力设计工程师的一款全面、精确、集成度极高的专业仿真软件包,包含 9 个子软件,集成在同一用户界面内,为用户提供完整的系统级和部件级的数值仿真优化。软件覆盖整个电磁频段,提供完备的时域和频域全波电磁算法和高频算法。典型应用包含电磁兼容、天线/RCS、高速互连 SI/EMI/PI/眼图、手机、核磁共振、电真空管、粒子加速器、高功率微波、非线性光学、电气、场路、电磁-温度及温度-形变等各类协同仿真。CST 工作室套件介绍如下:

　　(1) CST 设计环境(CST design environment),是进入 CST 工作室套件的通道,包含前/后处理器、优化器、材料库四大部分以完成三维建模,配有 CAD/EDA/CAE 接口,支持各子软件间的协同,结果后处理和导出。

　　(2) CST 印制板工作室(CST PCB Studio),是专业板级电磁兼容仿真软件,对 PCB 的 SI/PI/IR-Drop/眼图/去耦电容进行仿真。与 CST MWS(CST 微波工作室)联合,可对 PCB 和机壳结构进行瞬态和稳态、辐照与辐射双向处理。

　　(3) CST 电缆工作室(CST Cable Studio),是专业线缆级电磁兼容仿真软件,可以对真实情况下由各类线型构成的数十米长线束及周边环境进行 SI/EMI/EMS 分析,解决线缆及线束瞬态和稳态、辐照与辐射双向问题。

　　(4) CST 规则检查(CST Board Check),是印制板布线电磁兼容 EMC 和信号完整性 SI 规则检查软件,可以对多层板中的信号线、地平面切割、电源平面分布、去耦电容分布、走线及过孔位置和分布进行快速检查。

　　(5) CST 微波工作室(CST Microwave Studio),是系统级电磁兼容及通用高频无源器件仿真软件,应用范围包括电磁兼容、天线/RCS、高速互连 SI、手机/MRI、滤波器等,可计算任意结构、任意材料的电磁问题。

　　(6) CST 电磁工作室(CST EM Studio),是(准)静电、(准)静磁、稳恒电流、低频电磁场仿真软件。用于 DC-100MHz 频段电磁兼容、传感器、驱动装置、变压器、感应加热、无损探伤和高低压电器等。

　　(7) CST 粒子工作室(CST Particle Studio),主要应用于电真空器件、高功率微波管、粒子加速器、聚焦线圈、等离子体、磁束缚等自由带电粒子与电磁场自洽相互作用下相对论及非相对论运动的仿真分析。

　　(8) CST 设计工作室(CST Design Studio),是系统级有源及无源电路仿真,SAM(系统装配和建模)总控,支持三维电磁场和电路的纯瞬态与频域协同仿真,用于 DC-100GHz 的电路仿真。

　　(9) CST 多物理场工作室(CST Mphysics Studio),是瞬态及稳态温度场、结构应力形变仿真软件,主要应用于电磁损耗、粒子沉积损耗所引起的热以及热所引起的结构形变分析。

1.4.4　中望电磁仿真

　　中望电磁仿真是由中望软件自主开发的三维电磁场仿真软件,该软件为三维全波电磁模拟器。基于革新性 EIT(嵌入式积分技术)技术与 FEM(有限元法)有限元算法,中望电磁仿真软件拥有精确的求解器、完善的前处理和强大的后处理能力,可帮助用户高效完成天线、微波器件等高频组件及相关产品的仿真和分析。

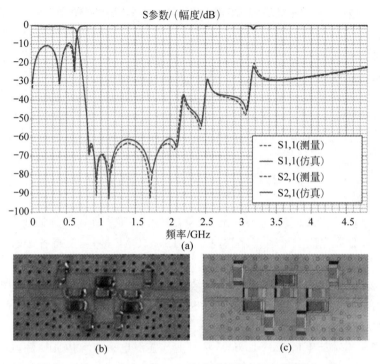

图 1-12　CST MICROWAVE 设计结果与实际电路测量比较

中望电磁仿真软件独创的 EIT 技术,可准确模拟任意曲面金属及多层薄介质片,具有仿真精度高、计算速度快及占用内存小等优势。中望电磁仿真 2022 在优化独创的 EIT 算法的同时,新增了 FEM 算法,从而提升了处理复杂模型和精细结构的仿真问题的能力(如高速、同轴连接器、螺旋、高频阵列天线等)。可应用范围持续拓宽,计算结果稳定可靠。可支持用户在同一仿真环境中切换不同算法对问题进行求解,获得灵活高效的应用体验。

FEM 算法中新增波端口激励源,可用于波导结构、同轴线结构和传输线结构等仿真,目前新版已支持集总端口/波端口/平面波等丰富的激励源,且对激励源为复阻抗的天线及微波元器件,新增了端口复阻抗设置功能,满足多种场景仿真需求。中望电磁仿真 2022 EIT 与 FEM 算法"双管齐下",真正做到了仿真计算"快准稳"。

1.5　控制电路设计及仿真工具

随着集成电路和处理器技术的快速发展,8051、MSP430、ARM 等架构的嵌入式处理器被广泛地应用于各类控制电路中。针对该类处理器模型建模并进行仿真的主要平台软件为 Proteus 软件,其为英国 Lab Center Electronics 公司出版的 EDA 工具软件(如图 1-13 所示)。Proteus 软件不仅具有其他 EDA 工具软件的仿真功能,还能仿真单片机及其外围器件,是目前比较好的仿真单片机及其外围器件的工具。

Proteus 从原理图布图、代码调试到单片机与外围电路的协同仿真,可一键切换到 PCB 设计,真正实现了从概念到产品的完整设计,是目前世界上唯一将电路仿真软件、PCB 设计软件和虚拟模型仿真软件三合一的设计平台,其处理器模型支持 8051、HC11、PIC10/PIC12/PIC16/PIC18/PIC24/PIC30/

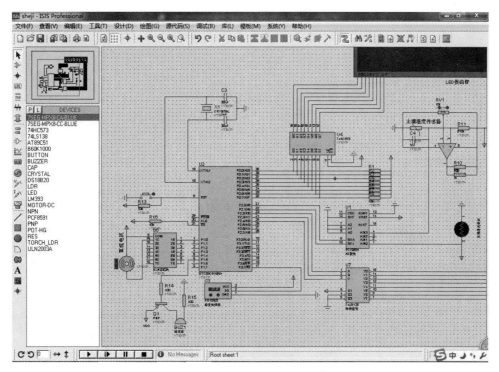

图 1-13　Proteus 设计与仿真环境

DsPIC33、AVR、ARM、8086 和 MSP430 等，2010 年又增加了 Cortex 和 DSP 系列处理器，并持续增加其他系列处理器模型。在编译方面，它也支持 IAR、Keil 和 MPLAB 等多种编译器。其特色如下。

1）智能原理图设计

（1）丰富的器件库：超过 27000 种元器件，可方便地创建新元器件。

（2）智能的器件搜索：通过模糊搜索可以快速定位所需要查找的器件。

（3）智能化的连线功能：自动连线功能使连接导线简单快捷，大大缩短绘图时间。

（4）支持总线结构：使用总线器件和总线布线使电路设计简明清晰。

（5）可输出高质量图纸：通过个性化设置，可以生成印刷质量高的 BMP 格式图纸，可以方便地供 Word、PowerPoint 等多种软件使用。

2）完善的电路仿真功能

（1）ProSpice 混合仿真：基于工业标准 Spice3F5，实现数字/模拟电路的混合仿真。

（2）超过 27000 个仿真器件：可以通过内部原型或使用厂家的 Spice 文件自行设计仿真器件，Lab Center Electronics 公司也在不断地发布新的仿真器件，还可导入第三方发布的仿真器件。

（3）多样的激励源：支持包括直流、正弦、脉冲、分段线性脉冲、音频（使用 WAV 格式文件）、指数信号、单频 FM、数字时钟和码流，还支持文件形式的信号输入。

（4）丰富的虚拟仪器：有 13 种面板操作逼真虚拟仪器的如示波器、逻辑分析仪、信号发生器、直流电压/电流表、交流电压/电流表、数字图案发生器、频率计/计数器、逻辑探头、虚拟终端、SPI 调试器、I^2C 调试器等。

（5）生动的仿真显示：用色点显示引脚的数字电平，导线以不同颜色表示其对地电压大小，结合动态器件（如电机、显示器件、按钮）的使用使仿真更加直观、生动。

（6）高级图形仿真功能（ASF）：基于图标的分析可以精确分析电路的多项指标，包括工作点、瞬态特性、频率特性、传输特性、噪声、失真、傅里叶频谱分析等，还可以进行一致性分析。

3）单片机协同仿真功能

（1）支持主流的 CPU：包括 ARM7、8051/52、AVR、PIC10/PIC12、PIC16、PIC18、PIC24、dsPIC33、HC11、BasicStamp、8086、MSP430 等，CPU 类型随着版本升级还在继续增加，即将支持 Cortex、DSP 处理器。

（2）支持通用外设模型：如字符 LCD 模块、图形 LCD 模块、LED 点阵、LED 七段显示模块、键盘/按键、直流/步进/伺服电机、RS232 虚拟终端、电子温度计等，其 COMPIM（COM 口物理接口模型）还可以使仿真电路通过 PC 串口和外部电路实现双向异步串行通信。

（3）实时仿真：支持 UART/USART/EUSARTs 仿真、中断仿真、SPI/I²C 仿真、MSSP 仿真、PSP 仿真、RTC 仿真、ADC 仿真、CCP/ECCP 仿真。

（4）编译及调试：支持单片机汇编语言的编辑/编译/源码级仿真，内带 8051、AVR、PIC 的汇编编译器，也可以与第三方编译环境（如 IAR、Keil 和 Hitech）集成结合，进行高级语言的源码级仿真和调试。

4）实用的 PCB 设计平台

（1）原理图到 PCB 的快速通道：原理图设计完成后，便可一键进入 ARES 的 PCB 设计环境，实现从概念到产品的完整设计。

（2）先进的自动布局、布线功能：支持器件的自动/人工布局；支持无网格自动布线或人工布线；支持引脚交换、门交换功能，使 PCB 设计更为合理。

（3）完整的 PCB 设计功能：最多可设计 16 个铜箔层、2 个丝印层、4 个机械层（含板边），有灵活的布线策略供用户设置；可以自动设计规则检查；可以三维可视化预览。

（4）多种输出格式的支持：可以输出多种格式文件（包括 Gerber 文件的导入或导出），方便与其他 PCB 设计工具的互转（如 Protel）以及 PCB 的设计和加工。

1.6　电路板设计及仿真工具

电子设计自动化（EDA）指的是将电路设计中各种工作交由计算机来协助完成，如电路原理图的绘制、PCB 文件的制作、执行电路仿真等设计工作。随着电子科技的蓬勃发展，新型元器件层出不穷，电子线路变得越来越复杂，电路的设计工作已经无法单纯依靠手工来完成，计算机辅助电子线路设计已经成为必然趋势，越来越多的设计人员使用快捷、高效的 CAD 设计软件辅助电路原理图、PCB 图的设计以及打印各种报表等。电路板设计是电子产品设计中重要的组成部分，很多 PCB 设计工具可以完成电路原理图设计、PCB 设计、信号完整性仿真、EMC/EMI 仿真等功能。

1.6.1　Altium Designer

Altium Designer 是原 Protel 软件开发商 Altium 公司推出的一体化的电子产品开发系统，主要运行在 Windows 操作系统（见图 1-14）。这套软件通过把原理图设计、电路仿真、PCB 绘制编辑、拓扑逻辑自动布线、信号完整性分析和设计输出等技术完美融合，为设计者提供了全新的设计解决方案，使设计者可以轻松进行设计，熟练使用这一软件使电路设计的质量和效率大大提高。Altium Designer 的主要功能如下：

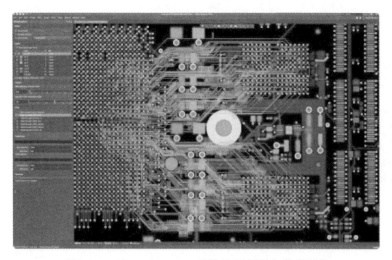

图 1-14 Altium Designer 系统 PCB 设计与仿真环境

（1）原理图输入。在一个紧密结合的用户界面中，使用层次式原理图设计和设计图复用可以快速设计电子产品。

（2）元器件管理。通过认证供应商提供的最新价格和可用性，创建和搜索元器件。

（3）设计验证。用内置的混合模/数电路仿真来验证设计，分析布局前和布局后的信号和直流电源传输。

（4）板布局。使用控制元器件放置、创建用于复用的层堆栈模板，可以在板布局中轻松地布局对象。

（5）刚柔结合和多板功能。使用多板连接的电气检查和同步来定义、修改软硬结合板层堆栈。

（6）交互式布线。使用用户导向的、约束驱动的自动布线功能，熟练地对复杂拓扑结构进行布线。

（7）MCAD 协作。使用原生三维 PCB 编辑器，通过集成的电子和机械一体化功能，简化 MCAD 协作。

（8）制造输出。通过多流程执行和无缝的、简化的文档处理功能，快速地生成制造和装配输出。

（9）数据管理。通过使用过程中的数据管理视图和版本控制，能够比较文档变更和修订版本。

（10）统一的平台。在一个结合原理图、PCB、文档处理和仿真等功能的统一环境下，能显著改进设计生产率。

1.6.2 Allegro PCB Designer

Allegro PCB Designer 是一个可扩展的、经过验证的 PCB 设计环境，能在解决技术和方法论难题的同时，使设计周期更短且可预测（如图 1-15 所示）。该 PCB 设计解决方案以基础设计工具包加可选功能的组合形式提供，其中包含产生 PCB 设计所需的全部工具及一个完全一体化的设计流程。

Allegro PCB Designer 基础设计工具包含有：一个通用和统一的约束管理解决方案，PCB Editor，自动、交互式的布线器，以及与制造和机械 CAD 的接口。PCB Editor 提供了一个完整的布局-布线环境（从基本的平面规划、布局、布线到布局复制、高级互连规划），适应各种从简单到复杂的 PCB 设计。优势如下：

（1）提供一个经实践证明的、可扩展的、低成本高成效的 PCB 设计解决方案，并可根据需要自由选择基础设计工具包加可选功能的组合形式；

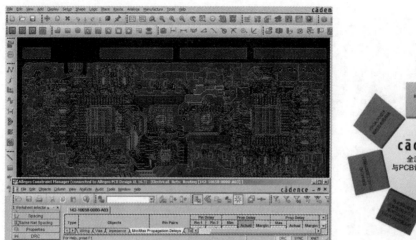

图 1-15　Allegro PCB Designer 设计与仿真环境

（2）通过约束驱动式 PCB 设计流程避免不必要的重复；

（3）支持以下各种规则：物理、间距、制造、装配和测试的设计（DFx）、高密度互连（HDI）和电气约束（高速）；

（4）具有通用和统一的约束管理系统，用于创建、管理和验证从前端到后端的约束；

（5）兼容第三方应用程序的开放式环境，提高效率的同时还提供访问其他品种工具的入口。

1.6.3　PADS

PADS 软件是 Mentor Graphics 公司推出的电路原理图和 PCB 设计工具软件。该软件是国内从事电路设计的工程师和技术人员主要使用的电路设计软件之一，是 PCB 设计高端用户最常用的工具软件。PADS 包括 PADS Logic、PADS Layout 和 PADS Router。PADS Layout（PowerPCB）提供了与其他 PCB 设计软件、CAM 加工软件、机械设计软件的接口（如图 1-16 所示），方便了不同设计环境下的数据转换和传递工作。PADS 提供一套完整的 PCB 设计工具，包括强大的原理图输入和 Layout 工具、约束管理工具等，众多的 PCB 功能和分析工具能帮助工程师一次性通过设计完成项目。其主要特色如下：

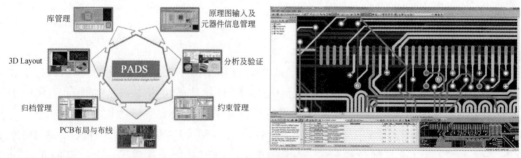

图 1-16　PADS 电路板相关设计工具

（1）PADS 原理图设计提供了设计制作、定义和复用的完整解决方案，提供了电路设计与仿真、组件选择、库管理和信号完整性的规划及电路设计所需的一切。集成的桌面可以让工程部门在一个单一的、可扩展的协作环境中执行每一个关键的设计创建任务；可自定义的项目导航器动态地反映了添加的项目内容(如滤波电路方块、元器件、网络和属性等);还支持双向交叉探测与所有的编辑、设计复用和派生设计,从而缩短了产品推向市场的时间,提高了产品质量,降低了产品成本。

(2) PADS 提供高效的元器件信息管理,可以访问单个电子表格的所有元器件的信息。通过行业标准的开放式数据库连接(ODBC)的企业元器件和 MRP 数据库,使分散在各地的设计团队可以访问中心元器件的信息。PADS 元器件管理与数据库保持同步,并能尽快予以更新,从而避免代价高昂的重新设计和可能直到设计后期被发现的质量问题。

(3) PADS 元器件管理非常简单并有效地维持了最新的元器件数据库,方便用户使用元器件数据库。定义一个图形符号给予所有类似的元器件,然后所述元器件的信息从数据库中提取时将添加到原理图里,通过使用类似元器件的单个符号使搜索变得简化。

(4) 先进的布局-布线功能使用户能够轻松地设计 PCB。随着原理图和布局之间的完全交叉探测,PADS Standard 或 Standard Plus 将帮助用户提高工作效率,更少地返工,更好地完成产品。布局可以从原理图驱动,全交叉探测实时同步。PADS 包括强大的组群布局,可以支持元器件旋转到 1/10 的程度。复杂的分割和混合平面功能可帮助克服设计和布线的挑战,可以使用手动和交互式布线满足所需。

(5) 交互式布线具有高度的灵活性。可以启用和禁用布线功能,如导线和通孔推挤,平滑焊盘入口和导线长度监测。设计规则检查(DRC)检查所有约束,确保没有规则被违反,不必在事后修复问题。间隙冲突通过先进的推挤功能很容易被解决,极大地简化了密集的电路板的布线。交互式布线处理高速网络,很容易对差分对和匹配长度进行分组,能够满足所有高速的约束要求。

(6) PADS PCB 设计分析和验证由 HyperLynx 技术提供支持,以其精确性和易用性,从设计到制造进行分析,帮助实现最佳的效率。为了确保设计功能,可进行物理布局与一个集成的、易于使用的 Spice 模拟仿真的板级模拟前仿真,定义预先布局分析布线约束和验证布线板,快速高效地查找元器件和 PCB 的热点,并在制造或组装之前发现制造问题。

(7) 提供准确和最新的库管理。确保设计师和工程师始终使用最先进的、最新的库可避免制造性和产生不一致性问题。

1.6.4 嘉立创 EDA

嘉立创 EDA 是由中国团队研发,拥有完全独立自主知识产权的国产 EDA 工具。嘉立创 EDA 拥有超过 450 万个不断新增的元件库并且实时更新,也可以创建或导入自己常用的元件库和封装库。嘉立创 EDA 集成超过 80 万个实时更新价格及实时更新库存数量的元器件,电子工程师可以在设计过程中检查元器件的库存、价格、规格值、规格书和封装信息,缩短器件选型和项目设计周期。

嘉立创 EDA 目前有两个版本:嘉立创 EDA 专业版和嘉立创 EDA 标准版。标准版面向学生和教育领域,功能和使用上更简单;专业版面向企业和团队,功能更加强大,约束性更高。

嘉立创 EDA 标准版(如图 1-17 所示)基于浏览器运行,轻量级,高效率,云端在线设计无须下载,打开网站就能开始设计,文件云端存储,摆脱硬件储存束缚。Windows、macOS、Linux 多设备、跨平台支持,设计进度自动同步,兼容常用 PCB 设计软件,支持文件导入、导出。嘉立创 EDA 标准版提供团队协作功能,细化到单个工程权限管理,文件独立版本控制,版本间互不影响;文件自动保存,一键恢复历史;一键生成 Gerber 文件、BOM 文件、坐标文件,方便生产制造;支持常用元件的在线仿真,一键将原理图布局传递到 PCB,一键导入图片 LOGO 到 PCB。

嘉立创 EDA 专业版功能更加强大,PCB 基于 WebGL 引擎,可以流畅提供数万焊盘的 PCB 设计,各种约束也更强,提供更加强大的规则管理等。更强大的器件选型功能,不需要频繁地在立创商城和嘉

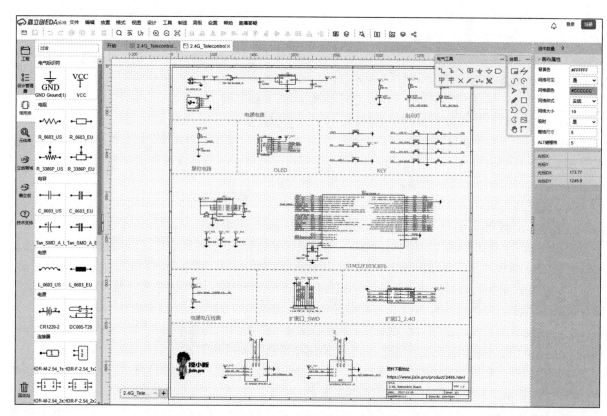

图 1-17　嘉立创 EDA 标准版

立创 EDA 编辑器之间来回切换;提供了器件概念,器件由符号、封装、三维模型、属性等组成,只允许放置器件在原理图/PCB 画布中,并加强库的复用;支持层次图绘制,可以支持多达 500 页原理图绘制;PCB 同时支持 50000 个元件依然可以流畅缩放和平移及布线;支持一个工程多个单板设计,更强大的 DXF 导入、导出,更强大的 PDF 导出;内置自动布线功能,标准版需要外接自动布线插件。

1.6.5　KiCad EDA

KiCad 是一个免费开源的电子设计自动化套件。它具有原理图捕获、集成电路仿真、印刷电路板布局、三维渲染和多种格式的打印/数据输出。KiCad 还包括一个高质量的组件库,其中包含数千个符号、足迹和三维模型。KiCad 对系统要求很低,可在 Linux、Windows 和 macOS 上运行。KiCad 6.0 是最新的主推版本(如图 1-18 所示)。一些强大的新功能列举如下:

(1)采用新型原理图文件格式,其中嵌入设计使用的原理图符号,不再需要单独的缓存库文件。

(2)采用新型项目文件格式分开显示设置(如在 PCB 编辑器显示可见的图层),这样一来,类型的设置将不会再导致对板文件或主项目文件的更改,从而使 KiCad 更易于与版本控制系统一起使用。

(3)对原理图编辑器进行了重大修改,使其使用习惯符合大多数其他原理图和 PCB 编辑器软件的使用惯例。如对象选择和拖动的工作方式与大多数用户喜欢使用的其他软件相同。

(4)支持定义任意信号总线、每个网络自定义导线和接线颜色、交替引脚功能以及许多其他新的原理图功能。

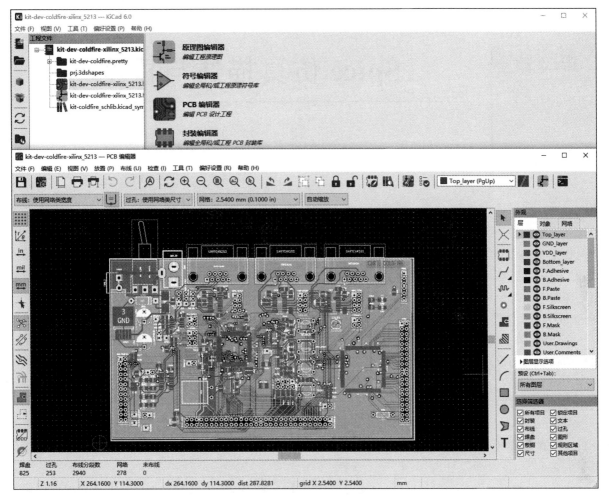

图 1-18 KiCad EDA 工具软件界面

(5) PCB 编辑器中新的"设计规则系统"支持自定义规则,可用于约束对具有高电压、信号完整性、RF 等有特殊需求的复杂设计。

(6) PCB 编辑器功能还有多项改进,包括支持圆形(圆弧)轨迹布线、阴影区域填充、矩形图元、新尺寸样式、移除未连接层上的焊盘和通孔铜、对象分组、锁定等。更灵活地配置鼠标行为、热键、颜色主题、坐标系统、交叉探测行为、交互式路由行为等。

(7) PCB 编辑器新的侧面板 UI 具有层可见性预设、不同对象类型不透明度控制、每个网络和每个网络类的颜色和可见性,采用新的选择过滤器控制选择的对象类型。

(8) 重新设计的外观:包括全新设计的工具图标、默认颜色主题,以及支持 Linux 和 macOS 上的深色主题窗口。

## 第 2 章

Spice 仿真描述与模型

电子电路设计与仿真系统集成了原理图编辑器、仿真引擎、波形显示等功能,用户可以通过系统轻松地观察电路行为的即时状态。仿真系统通常也会涵盖扩展模型以及电子元器件库,其中扩展模型主要包括集成电路专用的晶体管模型,如 BSIM;元器件库提供很多通用元器件,如电阻、电容、电感、变压器和用户定义的模型(如受控的电流源、电压源),此外还提供了 Verilog-A 或 VHDL-AMS 中的一些模型。印制电路板设计还要求专用的模型,如线路走线的传输线模型和 IBIS 模型等。本章通过 Altium Designer 23.0 软件对电子电路设计与仿真进行介绍。

Altium Designer 23.0 提供混合信号电路仿真工具,在电路原理图设计阶段实现对数/模混合信号电路的功能设计仿真,配合简单易用的参数配置窗口,完成基于时序、离散度、信噪比等多种数据的分析。Altium Designer 23.0 可以在原理图中提供完善的混合信号电路仿真功能,除了对 XSpice 标准的支持之外,还支持对 PSpice 模型和电路的仿真。

Altium Designer 23.0 中的电路仿真是混合模式仿真器,可以用于对模拟器件和数字器件的电路分析。仿真器采用由佐治亚技术研究所(GTRI)开发的增强版事件驱动型 XSpice 仿真模型,该模型是基于伯克里 Spice3 代码,与 Spice3f5 完全兼容。

Spice3f5 模拟器件模型包括电阻、电容、电感、电压/电流源、传输线和开关。五类主要的通用半导体器件模型有 Diodes、BJTs、JFETs、MESFETs 和 MOSFETs。

XSpice 模拟器件模型是针对一些可能会影响到仿真效率的、冗长的、无须开发局部电路而设计的非线性器件特性模型代码,包括特殊功能函数,如增益、磁滞效应、限电压及限电流、S 域传输函数精确度等函数。局部电路模型是指更复杂的器件,如用局部电路语法描述的操作运放、时钟、晶体等。每个局部电路都保存在 * . ckt 文件中,并在模型名称的前面加上大写的 X。

数字器件模型是用数字 SimCode 语言编写的。SimCode 语言是一种由事件驱动型 XSpice 模型扩展而来的专门用于仿真数字器件的特殊描述语言,是一种类 C 语言,实现对数字器件的行为及特征的描述,参数可以包括传输时延、负载特征等信息,行为可以通过真值表、数学函数和条件控制参数等实现,其来源于标准的 XSpice 代码模型。在 SimCode 语言中,仿真文件采用 ASCII 字符并且保存成 .txt 文件,编译后生成 * . scb 模型文件。可以将多个数字器件模型写在同一个文件中。

2.1 电子电路 Spice 描述

Spice 是一种功能强大的通用模拟电路仿真器,具有几十年的历史,该仿真程序主要用于集成电路的电路分析,Spice 的网表格式成为了通常模拟电路和晶体管级电路描述的标准,其第一个版本于 1972

年完成,用 FORTRAN 语言编写,于 1975 年推出正式实用化版本,并在 1988 年被定为美国国家工业标准,主要用于 IC、模拟电路、数/模混合电路、电源电路等电子系统的设计和仿真。由于 Spice 仿真程序采用完全开放的政策,用户可以按自己的需要进行修改,加之实用性好,迅速得到推广,已经被移植到多个操作系统平台。

　　Spice 仿真软件模型与仿真器是集成在一起的,用户要添加新的模型类型很困难,但是很容易添加新的模型,仅需要对现有的模型类型设置新的参数即可。Spice 模型由两部分组成:模型方程式(model equations)和模型参数(model parameters)。由于提供了模型方程式,因而可以把 Spice 模型与仿真器的算法非常紧密地连接起来,能够获得更好的分析效率和分析结果。Spice 模型已经广泛应用于电子电路设计中,可对电路进行非线性直流分析、非线性瞬态分析和线性交流分析。被分析的电路中的元器件可包括电阻、电容、电感、互感、独立电压源、独立电流源、各种线性受控源、传输线以及有源半导体器件。Spice 内创建半导体器件模型,用户只需选定模型级别并给出合适的参数即可。

2.1.1　Spice 模型及程序结构

　　为了进行电路模拟,必须先建立元器件的模型,也就是对电路模拟程序所支持的各种元器件,在模拟程序中必须有相应的数学模型来描述它们,即能用计算机进行运算的计算公式来表达它们。一个理想的元器件模型,应该既能正确反映元器件的电学特性又适于在计算机上进行数值求解。一般来讲,器件模型的精度越高,模型本身也就越复杂,所要求的模型参数个数也越多,这样计算时所占内存量增大,计算时间增加。而集成电路往往包含数量巨大的元器件,器件模型复杂度的少许增加就会使计算时间成倍延长;反之,如果模型过于粗糙,会导致分析结果不可靠。因此所用元器件模型的复杂程度要根据实际需要而定。如果需要对元器件进行物理模型研究或进行单管设计,一般采用精度和复杂程度较高的模型,甚至采用以求解半导体器件基本方程为手段的器件模拟方法。二维准静态数值模拟是这种方法的代表,通过求解泊松方程、电流连续性方程等基本方程,结合精确的边界条件和几何、工艺参数,可以相当准确地给出器件电学特性。而对于一般的电路分析,应尽可能采用能满足一定精度要求的简单模型。电路模拟的精度除了取决于器件模型外,还直接依赖所给定的模型参数数值的精度。因此希望器件模型中的各种参数有明确的物理意义,与器件的工艺设计参数有直接的联系,或能以某种测试手段测量出来。

　　Spice 的输入一般有两种形式:一种是网表(netlist)文件(或文本文件)形式,另一种是电路原理图形式。相对而言,后者比前者简单、直观,既可以生成新的电路原理图文件,又可以打开已有的电路原理图文件。Spice 的设计流程如图 2-1 所示,对电子电路仿真的类型如表 2-1 所示。

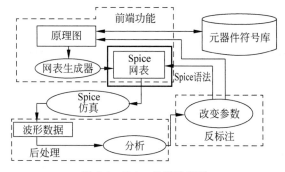

图 2-1　Spice 的设计流程

表 2-1　Spice 电子电路仿真类型

仿真类型	仿真项目
直流分析	静态工作点分析(bias point detail)
	直流扫描(DC sweep)分析
	灵敏度(sensitivity)分析
	直流传输特性(DCTF)分析

续表

仿 真 类 型	仿 真 项 目
交流分析	交流小信号频率特性 噪声(noise)分析
瞬态分析	时间扫描分析 傅里叶分析(Fourier analysis)
参数分析	参数扫描分析(parametric analysis) 温度特性分析(temperature analysis)
统计分析	蒙特卡洛(MC)分析 最坏环境(WCASE)分析
逻辑模拟	数字仿真(digital simulation) 数/模混合模拟(mixed A/D simulation) 最坏情况时序分析(worst-case timing analysis)

本节以一个完整的电路为例,使用 Spice 描述一个完整的电路结构。图 2-2 给出了基于 Altium Designer 23.0(简称 AD)软件绘制的单个晶体管放大电路的完整结构。

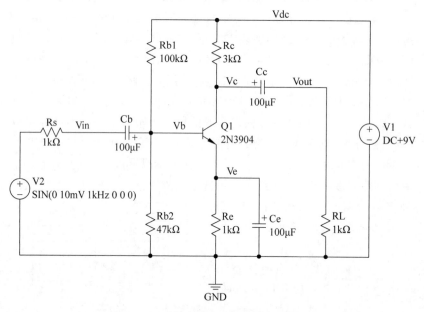

图 2-2　单个晶体管放大电路的完整结构

通过观察原理图可以看出:

(1) 一个电路的完整结构,应该包含电子元器件和用于连接电子元器件的电路结构。

(2) Vin、Vout、Vdc、Vb、Vc 和 Ve 这些标号从电子设计角度来说,称为网络。网络用来标识电子线路中每个元器件的位置。这种表示方法是电子设计自动化软件标识电路结构的常用方法。

综上所述,只要给定了电子元器件、电源、激励源,并且标记了每个电子元器件的位置,就能实现一个完整的电路结构。

在 AD 中打开 Simulate→Generate NetList 菜单对单个晶体管放大电路原理图,生成如图 2-3 所示的 Spice 网表文件。下面对其进行分析。

```
Spice_expl
*SPICE Netlist generated by Advanced Sim server on 2023/1/11 11:17:18
.options MixedSimGenerated

*Schematic Netlist:
CCb Vb Vin 100μF
CCc Vc Vout 100μF
CCe Ve 0 100μF
QQ1 Vc Vb Ve 2N3904
RRb1 Vb Vdc 100KΩ
RRb2 0 Vb 47KΩ
RRc Vc Vdc 3KΩ
RRe 0 Ve 1KΩ
RRL 0 Vout 1KΩ
RRs Vin NetRs_2 1KΩ
VV1 Vdc 0 +9V AC 1 0
VV2 NetRs_2 0 DC 0 SIN(0 10mV 1KHz 0 0 0) AC 10mV 0

.PLOT {V(NetRs_2)} =PLOT(1) =AXIS(1)

*Selected Circuit Analyses:

*Models and Subcircuits:
*2N3904
*Si 310mW  40V 200mA 300MHz pkg:TO-92B 1,2,3
.MODEL 2N3904 NPN(IS=1.4E-14 BF=300 VAF=100 IKF=0.025 ISE=3E-13
+ BR=7.5 RC=2.4 CJE=4.5E-12 TF=4E-10 CJC=3.5E-12 TR=2.1E-8 XTB=1.5 KF=9E-16 )

.END
```

图 2-3 Spice 网表文件

1. 标题行、注释行和结束行

1）标题行

该行必须是输入文件的第一行，如 spice_expl。

2）注释行

注释行以“*”符号开始，例如：

```
* SPICE Netlist generated by Advanced Sim server on 2023/1/11 11:17:18
* Schematic Netlist:
```

3）结束行

.END 用于标识输入文件的结束，它是输入文件的最后一行。

2. 器件模型描述

器件模型的通用格式为：

```
.MODEL MNAME TYPE(PNAME1 = PVAL1 PNAME2 = PVAL2 …)
```

例如：

```
.MODEL 2N3904 NPN(IS = 1.4E - 14 BF = 300 VAF = 100 IKF = 0.025 ISE = 3E - 13 BR = 7.5 RC = 2.4 CJE = 4.5E - 12
TF = 4E - 10 CJC = 3.5E - 12 TR = 2.1E - 8 XTB = 1.5 KF = 9E - 16)
```

（1）对于一些参数较多的电子元器件使用单独的 *.MODEL 注释行进行说明，并且分配一个唯一的模型名称。

（2）MNAME 表示模型的名称。

（3）TYPE 表示模型的类型，包括 15 种，如表 2-2 所示。

3. 子电路描述

子电路描述可以定义由 Spice 元器件构成的子电路，通过类似于调用器件模型的方法进行引用。在输入文件中，通过单独的行定义一组元器件子电路。然后，程序自动在引用子电路的地方插入该组元器件。对子电路的大小和复杂度没有限制，并且子电路还可以包含其他的子电路。

表 2-2　Spice 模型的类型

类 型 名 称	说　　　明	类 型 名 称	说　　　明
R	半导体电阻模型	PNP	PNP BJT 模型
C	半导体电容模型	NJF	N-沟道 JFET 模型
SW	电压控制的开关模型	PJF	P-沟道 JFET 模型
CSW	电流控制的开关模型	NMOS	N-沟道 MOSFET 模型
URC	均匀分布的 RC 模型	PMOS	P-沟道 MOSFET 模型
LTRA	有损传输线模型	NMF	N-沟道 MESFET 模型
D	二极管模型	PMF	P-沟道 MESFET 模型
NPN	NPN BJT 模型		

1）.SUBCKT 行

.SUBCKT 行用于说明一个子电路定义的开始。格式如下：

.SUBCKT SUBNAM N1 < N2 N3 …>

例如：

.SUBCKT OPAMP 1 2 3 4

其中：

（1）SUBNAM 表示子电路的名称。

（2）N1,N2,…表示外部的节点。

（3）在一个子电路定义中,不显示控制行。然而,子电路定义中可以包含其他子电路的定义、器件模型和子电路的调用。

2）.ENDS 行

.ENDS 行用于说明子电路定义的结束。格式如下：

.ENDS < SUBNAM >

例如：

.ENDS OPAMP

3）调用子电路

格式如下：

.XYYYYYYY N1 < N2 N3 …> SUBNAM

例如：

.X1 2 4 17 3 1 MULTI

通过指定带有字母 X 开头的伪元素(后面是子电路节点),调用在 Spice 中所使用的子电路。

4. 合并文件

合并文件格式是：

.INCLUDE filename

例如：

.INCLUDE /users/Spice/common/wattmeter.cir

在几个输入文件中,可以复用电路描述的一部分,特别是那些公共的模型和子电路。在任何一个

Spice 输入文件内，.INCLUDE 行可以用于复制其他文件。

2.1.2　Spice 程序相关命令

1. 分析命令

这些命令用于控制 Spice 程序执行的电路功能分析，以及输出什么样的结果。下面对这些命令进行介绍。

1）.AC

小信号 AC 分析，常用的格式如下：

```
.AC DEC ND FSTART FSTOP
.AC OCT NO FSTART FSTOP
.AC LIN NP FSTART FSTOP
```

例如：

```
.AC DEC 10 1 10K
.AC OCT 10 1K 100MEG
.AC LIN 100 1 100Hz
```

2）.DC

DC 传输函数分析，常用的格式如下：

```
.DC SRCNAM VSTART VSTOP VINCR [SRC2 START2 STOP2 INCR2]
```

其中：

（1）SRCNAM：表示独立电压源或者独立电流源的名称。

（2）VSTART、VSTOP、VINCR：表示开始值、停止值和递增的值。

例如：

```
.DC VIN 0.25 5.0 0.25
.DC VDS 0 10.5 VGS 0 5 1
.DC VCE 0 10.25 IB 0 1 10U 1U
```

3）.NOISE

NOISE 对电路执行噪声分析，常用的格式如下：

```
.NOISE V(OUTPUT <, REF >) SRC ( DEC | LIN | OCT ) PTS FSTART FSTOP + < PTS_PER_SUMMARY >
```

例如：

```
.NOISE V(5) VIN DEC 10 1kHz 100MHz
.NOISE V(5,3) V1 OCT 8 1.0 1.0e6 1
```

4）.OP

OP 用于确定电路的直流工作点，分析条件是电容开路、电感短路。常用的格式如下：

```
.OP
```

5）.PZ

PZ 执行零级点分析，常用的格式如下：

```
.PZ NODE1 NODE2 NODE3 NODE4 CUR POL
.PZ NODE1 NODE2 NODE3 NODE4 CUR ZER
.PZ NODE1 NODE2 NODE3 NODE4 CUR PZ
.PZ NODE1 NODE2 NODE3 NODE4 VOL POL
```

```
.PZ NODE1 NODE2 NODE3 NODE4 VOL ZER
.PZ NODE1 NODE2 NODE3 NODE4 VOL PZ
```

其中：

(1) CUR：表示传输函数的类型——输出电流/输入电流。

(2) VOL：表示传输函数的类型——输出电压/输入电压。

(3) POL：表示只分析极点。

(4) ZER：表示只分析零点。

(5) PZ：表示同时分析零极点。

(6) NODE1、NODE2：表示两个输入节点。

(7) NODE3、NODE4：表示两个输出节点。

例如：

```
.PZ 1 0 3 0 CUR POL
.PZ 2 3 5 0 VOL ZER
.PZ 4 1 4 1 CUR PZ
```

6）.SENS

SENS 执行 DC 或者小信号 AC 灵敏度分析，常用格式如下：

```
.SENS OUTVAR
.SENS OUTVAR AC DEC ND FSTART FSTOP
.SENS OUTVAR AC OCT NO FSTART FSTOP
.SENS OUTVAR AC LIN NP FSTART FSTOP
```

例如：

```
.SENS V(1,OUT)
.SENS V(OUT) AC DEC 10 100 100K
.SENS I(VTEST)
```

7）.TF

TF 定义了用于直流小信号分析时小信号的输出和输入。具体实现计算传输函数（输出/输入的直流小信号值、输入阻抗和输出阻抗）。常用格式如下：

```
.TF OUTVAR INSRC
```

其中：

(1) OUTVAR：表示小信号输出变量。

(2) INSTC：表示小信号输入源。

例如：

```
.TF V(5,3) VIN
.TF I(VLOAS) VIN
```

8）.TRAN

TRAN 执行瞬态分析，常用格式如下：

```
.TRAN TSTEP TSTOP < TSTART < TMAX >>
```

例如：

```
.TRAN 1NS 100NS
.TRAN 1NS 1000NS 500NS
.TRAN 10NS 1US
```

9）. FOUR

FOUR 执行傅里叶分析，该分析作为暂态分析的一部分，常用格式如下：

.FOUR FREQ OV1 < OV2 OV3 …>

例如：

.FOUR 100K V(5)

10）. MC

MC 执行蒙特卡洛分析，常用格式如下：

.MC runs < option >

其中：

（1）runs：表示运行蒙特卡洛分析的次数。

（2）< option >：表示 MC 分析功能选项。

11）SWEEP（参数）

参数扫描，常用格式如下：

.SWEEP cname[cparam] pvstart pvstop pvinstr

其中：

（1）cname：表示扫描元器件的名称。

（2）cparam：表示扫描元器件的某个参数。

（3）pvstart：表示扫描参数的起始值。

（4）pvstop：表示扫描参数的结束值。

（5）pvinstr：表示扫描参数的增量。

例如：

.SWEEP R1[resistance] 10 1000 110

12）SWEEP（温度）

温度扫描，常用格式如下：

.SWEEP OPTION[TEMP]tstart tstop tinstr

其中：

（1）tstart：表示扫描温度的起始值。

（2）tstop：表示扫描温度的结束值。

（3）tinstr：表示扫描温度的增量。

例如：

.SWEEP OPTION[TEMP] 0 110 10

2. 输出命令

下面介绍一些常用的输出命令。

1）. SAVE 行

.SAVE 行用于在原始文件中记录指定的向量，常用格式如下：

.SAVE vector vector vector …

例如：

```
.SAVE i(vin) input output .SAVE @m1[id]
```

2）.PRINT 行

.PRINT 行定义了表中所列出的 $1 \sim 8$ 个变量的内容,常用格式如下：

```
.PRINT PRTYPE OV1 < OV2 … OV8 >
```

其中：

（1）PRTYPE：表示打印分析的类型。

（2）$V_x(N1, <N2>)$：表示节点 N1 和节点 N2 之间的电压差。如果没有指定 N2,则默认为 0。

（3）$I(V_{xxxxxx})$：表示流经 V_{xxxxxx} 的独立电压源的电流。

例如：

```
.PRINT TRAN V(4) I(VIN)
.PRINT DC V(2) I(VSRC) V(23,17)
.PRINT AC VM(4,2) VR(7) VP(8,3)
```

3）.PLOT 行

.PLOT 行定义了一个绘图内的内容（$1 \sim 8$ 个变量）,常用格式如下：

```
.PLOT PLTYPE OV1 <(PLO1,PHI1)> < OV2 <(PLO2,PHI2)> … OV8 >
```

其中：

（1）PRTYPE：表示绘图分析的类型。

（2）OVx：表示绘图输出变量。

（3）PLx/PHx：表示绘图输出规定的上限和下限。

例如：

```
.PLOT DC V(4) V(5) V(1)
.PLOT TRAN V(17,5) (2,5) VDB(5) VP(5)
.PLOT DISTO HD2 HD3(R) SIM2
.PLOT TRAN V(5,3) V(4) (0,5) V(7) (0,10)
```

2.2 电子元器件及 Spice 模型

本节主要介绍在 Spice 仿真工具中所用到的 Spice 模型。Spice 模型主要分为基本元器件、电压和电流源、传输线、晶体管和二极管、从用户数据中创建的 Spice 模型。

通过学习这些电子元器件的 Spice 模型和研究从用户数据中创建 Spice 模型的方法,能更好地理解电子元器件的物理特性,为执行 Spice 仿真,并对仿真的结果进行分析打下基础。

2.2.1 基本元器件

Spice 模型中的基本元器件,主要包含电阻、半导体电阻、电容、半导体电容、电感、耦合（互感）电感和开关。

1. 电阻

图 2-4 给出了电阻的符号,其 Spice 模型表示为：

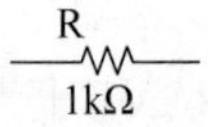

```
RXXXXXXX N1 N2 VALUE
```

图 2-4 电阻符号

其中:

(1) N1、N2:表示电阻接入电路的节点号,在使用时分配。

(2) VALUE:表示电阻值(单位为 Ω)为正值或者负值,但不能为 0。

例如:

```
R1 1 2 100
RC1 12 17 1K
```

2. 半导体电阻

图 2-5 给出了半导体电阻的符号,其 Spice 模型表示为:

RXXXXXXX N1 N2 < VALUE > < MNAME > < L = LENGTH > < W = WIDTH > < TEMP = T >

图 2-5　半导体电阻符号

其中:

(1) N1、N2:表示电阻接入电路的节点号,在使用时分配。

(2) VALUE:表示电阻值。

(3) MNAME:表示电阻模型的名称。

(4) LENGTH:表示电阻的长度值。

(5) WIDTH:表示电阻的宽度值。

(6) T:表示电阻的温度值。

例如:

```
RLOAD 2 10 10K
RMOD 3 7 RMODEL L = 10u W = lu
```

这是一种更通用的电阻形式,考虑了温度的影响。电阻和温度的关系可由下式表示:

$$R(T) = R(T_0)[1 + TC1(T - T_0) + TC2(T - T_0)^2]$$

其中:

(1) TC1:表示第一阶温度系数,单位为 $\Omega/℃$。

(2) TC2:表示第二阶温度系数,单位为 $\Omega/℃^2$。

(3) $R(T_0)$:表示 T_0 温度时的电阻值。

3. 电容

图 2-6 给出了电容的符号,其 Spice 模型表示为:

CXXXXXXX N+ N- VALUE < IC = INCOND >

图 2-6　电容符号

其中:

(1) N+、N-:表示电容接入电路的节点号,在使用时分配。

(2) VALUE:表示电容值,单位为 F。

(3) < IC = INCOND >:表示电容的初始电压值。

例如:

```
CBYP 13 0 1UF
COSC 17 23 10U IC = 3V
```

4. 半导体电容

图 2-7 给出了半导体电容的符号,其 Spice 模型表示为:

CXXXXXXX N1 N2 < VALUE > < MNAME > < L = LENGTH > < W = WIDTH > < IC = VAL >

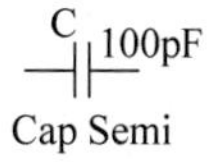

图 2-7　半导体电容符号

其中：

(1) N1、N2：表示电容接入电路的节点号，在使用时分配。

(2) MNAME：表示电容模型的名称。

(3) VALUE：表示是电容值（单位为 F）。

(4) LENGTH：表示电容的长度。

(5) WIDTH：表示电容的宽度。

(6) <IC＝VAL>：表示瞬态分析的初值。

例如：

```
CLOAD 2 10 10P
CMOD 3 7 CMODEL L = 10u W = 1u
```

电容值可以通过下面公式进行计算：

```
CAP = CJ(LENGTH - NARROW)(WIDTH - NARROW) + 2CJSW(LENGTH + WIDTH - 2NARROW)
```

其中：

(1) CJ：表示节底部电容，单位为 F/m^2。

(2) CJSW：表示节侧壁电容，单位为 F/m。

(3) NARROW：表示侧蚀缩小，单位为 m。

5. 电感

图 2-8 给出了电感的符号，其 Spice 模型表示为：

```
LYYYYYYY N+ N- VALUE < IC = INCOND >
```

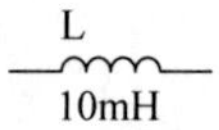

图 2-8　电感符号

其中：

(1) N＋、N－：表示电感接入电路的节点号，在使用时分配。

(2) VALUE：表示电感值，单位为 H。

(3) <IC＝INCOND>：表示电感的初始电流值。

例如：

```
LLINK 42 69 1UH
LSHUNT 23 51 10U IC = 15.7MA
```

6. 耦合(互感)电感

图 2-9 给出了耦合(互感)电感的符号，其 Spice 模型表示为：

```
KXXXXXXX LYYYYYYY LZZZZZZZ VALUE
```

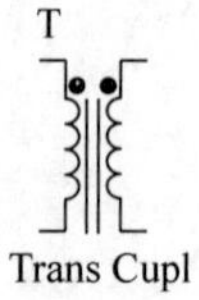

图 2-9　耦合(互感)电感符号

其中：

(1) LYYYYYYY 和 LZZZZZZZ：表示两个耦合电感的名称。

(2) VALUE：表示耦合系数 K，其范围为 $0 < K < 1$。

例如：

```
K43 LAA LBB 0.999 KXFRMR L1 L2 0.87
```

7. 开关

图 2-10 给出了电流控制的开关符号，其 Spice 模型表示为：

```
WYYYYYYY N+ N- VNAM MODEL < ON >< OFF >
```

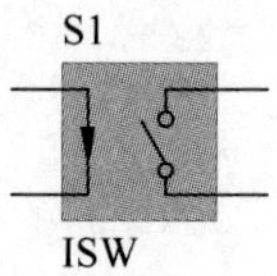

图 2-10　电流控制开关符号

图 2-11 给出了电压控制的开关符号,其 Spice 模型表示为:

SXXXXXXX N+ N- NC+ NC- MODEL < ON >< OFF >

其中,VNAM 表示指定的电压源。

例如:

图 2-11　电压控制开关符号

```
s1 1 2 3 4 switch1 ON
s2 5 6 3 0 sm2 off
w1 1 2 vclock switchmodl
W2 3 0 vramp sm1 ON
```

2.2.2　电压和电流源

Spice 模型中的电压和电流源主要分为三大类:独立源、线性受控源、非线性受控源。

常用的独立源主要包括脉冲源、正弦源、指数源、分段线性源等。下面举例的是电压源,对于电流源有类似的模型描述。

1. 脉冲源

图 2-12 给出了脉冲源的符号,其 Spice 模型表示为:

PULSE(V1 V2 TD TR TF PW PER)

例如:

图 2-12　脉冲源符号

VIN 3 0 PULSE(−1 1 2NS 2NS 2NS 50NS 100NS)

表 2-3 给出了脉冲源 Spice 模型各个参数的含义;图 2-13 给出了脉冲源产生的脉冲波形图。

表 2-3　脉冲源 Spice 模型各个参数的含义

参 数 含 义	单　位	参 数 含 义	单　位
V1(初始值)	V	TF(下降时间)	s
V2(脉冲值)	V	PW(脉冲宽度)	s
TD(延迟时间)	s	PER(周期)	s
TR(上升时间)	s		

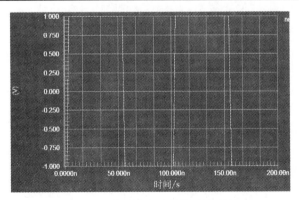

图 2-13　脉冲源产生的脉冲波形图

2. 正弦源

图 2-14 给出了正弦源的符号,其 Spice 模型表示为:

SIN(VO VA FREQ TD THETA PH)

例如：

VIN 3 0 SIN(0 1 100MEG 1NS 1E7 0)

图 2-14　正弦源符号

表 2-4 给出了正弦源 Spice 模型各个参数的含义；图 2-15 给出了正弦源产生的脉冲波形图。

表 2-4　正弦源 Spice 模型各个参数的含义

参数含义	单　位	参数含义	单　位
VO(偏置)	V	TD(延迟)	s
VA(幅度)	V	THETA(阻尼系数)	1/s
FREQ(频率)	Hz	PH(相位)	°

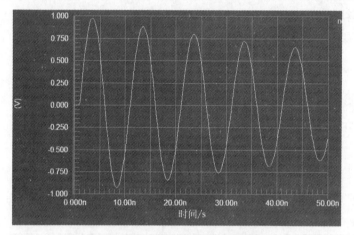

图 2-15　正弦源产生的脉冲波形图

3. 指数源

图 2-16 给出了指数源的符号,其 Spice 模型表示为：

EXP(V1 V2 TD1 TAU1 TD2 TAU2)

例如：

VIN 3 0 EXP(− 4 − 1 2NS 30NS 60NS 40NS)

图 2-16　指数源符号

表 2-5 给出了指数源 Spice 模型各个参数的含义；图 2-17 给出了指数源产生的脉冲波形图。

表 2-5　指数源 Spice 模型各个参数的含义

参数含义	单　位	参数含义	单　位
V1(初始值)	V	TAU1(上升时间常数)	s
V2(脉冲值)	V	TD2(下降延迟时间)	s
TD1(上升延迟时间)	s	TAU2(下降时间常数)	s

4. 分段线性源

图 2-18 给出了分段线性源的符号,其 Spice 模型表示为：

PWL(T1 V1 < T2 V2 T3 V3 T4 V4 …>)

例如：

VCLOCK 7 5 PWL(0 − 7 10NS − 7 11NS − 3 17NS − 3 18NS − 7 50NS − 7)

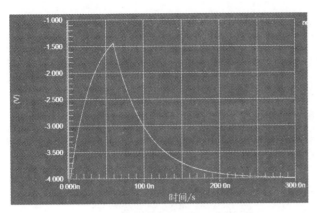

图 2-17　指数源产生的脉冲波形图

图 2-18　分段线性源符号

图 2-19 给出了分段线性源产生的脉冲波形图。

每一对值(Ti,Vi)表示：在时间为 Ti 时,信号源的值为 Vi。

5．单频 FM 源

图 2-20 给出了单频 FM 源的符号,其 Spice 模型表示为：

SFFM(VO VA FC MDI FS)

例如：

V1 12 0 SFFM(0 1 100K 5 10K)

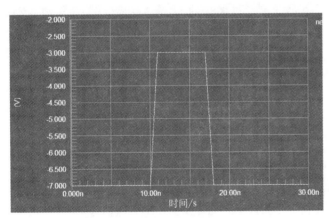

图 2-19　分段线性源产生的脉冲波形图

图 2-20　单频 FM 源符号

单频 FM 信号源,可以用下式表示：

$$V(t) = VO + VA * \sin(2\pi * FC * t + MDI * \sin(2\pi * FS * t))$$

表 2-6 给出了单频 FM 源 Spice 模型各个参数的含义；图 2-21 给出了单频 FM 源产生的脉冲波形图。

表 2-6　单频 FM 源 Spice 模型各个参数的含义

参 数 含 义	单　位	参 数 含 义	单　位
VO(偏置值)	V	MDI(调制系数)	—
VA(幅度值)	V	FS(信号频率)	Hz
FC(载波频率)	Hz		

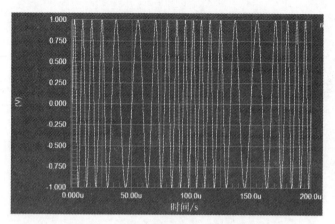

图 2-21　单频 FM 源产生的脉冲波形图

2.2.3　传输线

在许多电子线路中,连接各器件的导线长度是基本可以忽略的,也就是说在导线各点同一时刻的电压可以认为是相同的。但是,当电压的变化和信号沿导线传播的时间可以比拟时,导线的长度变得重要了,这时导线就必须作为传输线处理。

换言之,当信号所包含的频率分量的相应波长比导线长度小或二者可以比拟的时候,导线的长度是很重要的。

常见的经验方法认为如果电缆或者导线的长度大于波长的 1/10,则将其作为传输线处理。此情况下相位延迟和线中的反射干扰非常明显,如果不使用传输线理论仔细研究设计过的系统,就会出现一些不可预知的行为。

在 Spice 中,支持三种传输线类型,即无损传输线、有损传输线和均匀分布的 RC 线。

1. 无损传输线

图 2-22 给出了无损传输线的符号,其 Spice 模型表示为:

TXXXXXXX N1 N2 N3 N4 Z0 = VALUE < TD = VALUE > < F = FREQ > < NL = NRMLEN >> + < IC = V1,I1,V2,I2 >

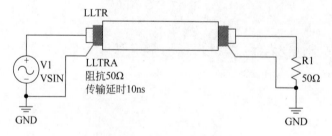

图 2-22　无损传输线的符号

其中:

(1) N1、N2:表示无损传输线输入端口的正端和负端。

(2) N3、N4:表示无损传输线输出端口的正端和负端。

(3) Z0:表示无损传输线的特性阻抗。

(4) 初始条件:可选,由每个传输线的端口电压和电流组成。

例如：

`TI 1 0 2 0 Z0 = 50 TD = 10NS`

传输线的长度可以用两种形式描述：

(1) 传输延迟(TD)：如 TD＝10ns。

(2) NL：表示在频率为 F 时，传输线上的波长相对于传输线上量化的电气长度。

2. 有损传输线

图 2-23 给出了有损传输线的符号，这是一个用于单个导体有损传输线的两端口卷积模型，其 Spice 模型表示为：

`OXXXXXXX N1 N2 N3 N4 MNAME`

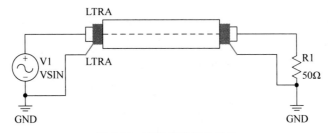

图 2-23　有损传输线的符号

其中：

(1) N1、N2：表示有损传输线输入端口的正端和负端。

(2) N3、N4：表示有损传输线的输出端口的正端和负端。

(3) 带有 0 损耗的有损传输线比无损传输线更能精确地表示实现细节。

例如：

`O23 1 0 2 0 LOSSYMOD OCONNECT 10 5 20 5 INTERCONNECT`

有损传输线的模型如下：

(1) 只带有串行损耗的均匀传输线(uniform transmission line with series loss only)RLC 模型。

(2) 均匀 RC(uniform RC)模型。

(3) 无损耗传输线(lossless transmission line)LC 模型。

(4) 只有分布串行电阻和并行电导(distributed series resistance and parallel conductance only)RG 传输线模型，下面称为 LTRA 模型，用于为一个均匀分布的常数参数的分布式传输线进行建模。

使用均匀 RC 和无损耗传输线模型可以对 RC 和 LC 的情况进行建模，新的 LTRA 模型更加精确和快速。如表 2-7 所示，LTRA 模型使用了大量的参数，其中一些必须提供，另一些可选。

表 2-7　LTRA 模型参数

名　称	说　　明	单位/类型	默认值	例　子
R	电阻/长度	Ω/单位	0.0	0.2
L	电感/长度	H/单位	0.0	9.13×10^{-9}
G	电导/长度	Ω/单位	0.0	0.0
C	电容/长度	F/长度	0.0	3.65×10^{-12}
LEN	传输线长度	—	—	1.0

续表

名　称	说　明	单位/类型	默认值	例　子
REL	断点控制	任意单位	1	0.5
ABS	断点控制	—	1	5
NOSTEPLIMIT	不限制时间步长小于线延迟（RLC 情况）	标志	无设置	设置
NOCONTROL	不做复杂的时间步长控制（RLC 和 RC 情况）	标志	无设置	设置
LININTERP	使用线性插值	标志	无设置	设置
MIXEDINTERP	当二次项看上去不好时，使用线性	—	无设置	设置
COMPACTREL	用于压缩历史数据的特殊相对精度	标志	RELTOL	10^{-3}
COMPACTABS	用于压缩历史数据的特殊绝对精度	—	ABSTOL	10^{-9}
TRUNCNR	使用牛顿-拉夫逊方法，用于时间步长控制	标志	无设置	设置
TRUNCDONTCUT	不限制时间步长，保持脉冲响应低误差	标志	无设置	设置

3. 均匀分布的 RC 线

图 2-24 给出了均匀分布的 RC 线符号，其 Spice 模型表示为：

```
UXXXXXXX N1 N2 N3 MNAME L = LEN < N = LUMPS >
```

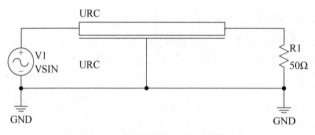

图 2-24　均匀分布的 RC 线符号

例如：

```
U1 1 2 0 URCMOD L = 50U
URC2 1 12 2 UMODL L = 1MIL N = 6
```

其中：

（1）N1、N2：表示连接 RC 线的两个元素的节点。

（2）N3：表示连接电容的节点。

（3）MNAME：表示模型的名称。

（4）LEN：表示 RC 线的长度，单位为 m。

（5）LUMPS：表示在建模 RC 线时，集总段的数量。

如果没有为均匀 RC 线指定集总段数量 LUMPS，则由下式确定：

$$N = \frac{\log\left[F_{\max} \dfrac{R}{L} \dfrac{C}{L} 2\pi L^2 \left(\dfrac{K-1}{K}\right)^2\right]}{\log K}$$

如表 2-8 所示，还有一些参数和该模型有关。

表 2-8　均匀分布 RC 线的其他参数

序　号	名　字	说　明	单　位	默认值	例　子
1	K	传播常数	—	2.0	1.2
2	FMAX	兴趣的最大频率	Hz	1.0G	6.5Meg
3	RPERL	每个单位长度的电阻	Ω	1000	10
4	CPERL	每个单位长度的电容	F/m	10^{-15}	1pF
5	ISPERL	每个单位长度的饱和电流	A/m	0	—
6	RSPERL	每个单位长度的二极管电阻	Ω	0	—

2.2.4　二极管和晶体管

二极管和晶体管主要包括二极管（Diode）、双极结型晶体管（CBJT）、结型场效应晶体管（CJFET）、金属氧化物半导体场效应晶体管和金属半导体场效应晶体管（MESFET）。

在 Spice 中，Diode、BJT、JFET 和 MESFET 的几何尺寸是用一个无量纲的面积因子（area factor）来表示的。模型语句只定义了一个单位面积器件，而面积因子则表示了器件面积和单位面积的比值，与面积有关的模型参数将乘/除以这个面积因子。

对于一些器件，可能需要用两种不同的形式说明初始条件。第一种形式包括改善电路的直流收敛性，包含多个稳定状态。如果一个器件用 OFF 指定，则用于该器件的终端电压所确定的直流操作点设置为 0。当收敛后，程序连续迭代，以得到用于终端电压的精确值。如果电路有多个直流稳定状态，使用 OFF 选项解决方案对应到一个期望的状态。初始条件的第二种形式用于瞬态分析，与收敛条件相比，这是真正的初始条件。

1. 结型二极管

图 2-25 给出了二极管的一个典型应用结构；图 2-26 给出了二极管的等效模型。其非线性电流表达式为

$$I_{\mathrm{D}} = I_{\mathrm{S}}\left\{\exp\left(\frac{V_{\mathrm{D}}}{nV_{\mathrm{t}}}\right) - 1\right\}$$

其中：

（1）$V_{\mathrm{t}} = \dfrac{kT}{q}$。

（2）I_{s}：表示饱和电流。

（3）n：表示发射系数，用来描述耗尽区中产生的复合效应。

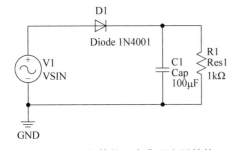

图 2-25　二极管的一个典型应用结构

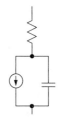

图 2-26　二极管的等效模型

二极管的 Spice 模型表示为：

DXXXXXXX N+ N- MNAME < AREA > < OFF > < IC = VD > < TEMP = T >

其中：

（1）N＋、N－：表示二极管的正端和负端。

（2）MNAME：表示二极管模型的名称，使用 ＊.MODEL 语句进行描述。

（3）AREA：表示面积因子。

（4）OFF：可选，用于该器件的直流分析开始条件。

（5）IC＝VD：在.TRAN 行中，用于 UIC 选项的一个初始条件。

（6）TEMP：表示工作温度。

例如：

```
DBRIDGE 2 10 DIODE 1 DCLMP 3 7 DMOD 3.0 IC = 0.2
```

表 2-9 给出了二极管的模型参数。

表 2-9　二极管模型参数

序号	关　键　字	名　　称	默　认　值	单　位
1	IS	饱和电流	10^{-14}	A
2	RS	等效欧姆电阻	0	Ω
3	N	发射系数	1	—
4	TT	渡越时间	0	s
5	CJO	零偏置结电容	0	F
6	VJ	结电势	1	V
7	M	电容梯度因子	0.5	—
8	EG	禁带宽度，硅为 1.11，锗为 0.67	1.11	eV
9	XTI	饱和电流温度指数因子	3.0	—
10	FC	正偏耗尽层电容公式中系数	0.5	—
11	BV	反向击穿电压	无穷	V
12	IBV	反向击穿电流	10^{-3}	A
13	KF	闪烁噪声系数	0	—
14	AF	闪烁噪声指数因子	1	—
15	TNOM	参数测量温度	27	℃

2. 双极结型晶体管

图 2-27 给出了双极结型晶体管(bipolar junction transistor，BJT)的一个典型应用结构；如图 2-28 所示，双极结型晶体管有 NPN 和 PNP 两种类型；如图 2-29 所示，双极结型晶体管采用了修改的 Gummel-Poon(GP)模型，其 Spice 模型表示为：

```
QXXXXXXX NC NB NE < NS > MNAME < AREA > < OFF > < IC = VBE, VCE > < TEMP = T >
```

其中：

（1）NC：表示晶体管的集电极。

（2）NB：表示晶体管的基极。

（3）NE：表示晶体管的发射极。

（4）NS：表示晶体管的衬底(可选)。如果未指定，则接地。

（5）MNAME：表示模型的名称。使用 ＊.MODEL 语句进行描述。

（6）AREA：表示可选的面积系数。

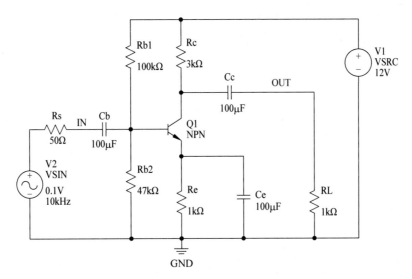

图 2-27 双极结型晶体管的一个典型应用结构

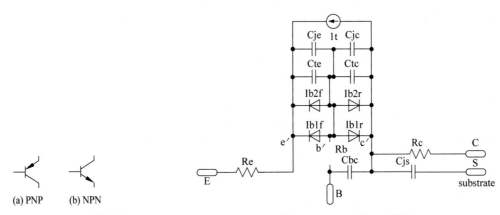

(a) PNP   (b) NPN

图 2-28 BJT 的类型和符号表示   图 2-29 NPN 的 GP 模型

（7）OFF：可选。用于对器件进行 DC 分析的初始条件。

（8）IC＝VBE，VCE：可选。瞬态分析时的初始条件。

（9）TEMP：表示工作温度（可选）。

例如：

```
Q23 10 24 13 QMOD IC = 0.6,5.0
Q50A 11 26 4 20 MOD1
```

表 2-10 给出了与双极结型晶体管模型相关的参数列表。

表 2-10　与双极结型晶体管模型相关的参数

序　号	名　称	说　明	默认值	单　位
1	IS	饱和电流	10^{-16}	A
2	BF	理想的最大正向电流增益	100	—
3	BR	理想的最大反向电流增益	1	—
4	NF	正向电流发射系数	1	—
5	NR	反向电流发射系数	1	—

续表

序　号	名　称	说　明	默认值	单　位
6	ISE	正向小电流非理想基极电流系数	0	A
7	ISC	反向小电流非理想基极电流系数	0	A
8	IKF	正向 βF 大电流下降的电流点	无穷	A
9	IKR	反向 βR 大电流下降的电流点	无穷	A
10	NE	非理想小电流基极-发射极发射系数	1.5	—
11	NC	非理想小电流基极-集电极发射系数	2	—
12	VAF	正向欧拉电压	无穷	V
13	VAR	反向欧拉电压	无穷	V
14	RC	集电极电阻	0	Ω
15	RE	发射极电阻	0	Ω
16	RB	零偏压基极电阻	0	Ω
17	RBM	大电流时最小基极电阻	RB	Ω
18	IRB	基极电阻下降到最小值 1/2 时的电流	无穷	A
19	TF	理想正向渡越时间	0	s
20	TR	理想反向渡越时间	0	s
21	XTF	τF 随偏置变化的系数	0	—
22	VTF	τF 随 VB'C'而变化的电压	无穷	—
23	ITF	影响 τF 的大电流参数	0	—
24	PTF	在频率 $f = 1/(2\pi\tau F)$ 时超前相位	0	°
25	CJE	零偏压基极-发射极零耗尽层电容	0	F
26	VJE	基极-发射极内建电势	0.75	V
27	MJE	基极-发射极结梯度因子	0.33	—
28	CJC	零偏置基极-集电极耗尽层电容	0	F
29	VJC	基极-集电极内建电势	0.75	V
30	MJC	基极-集电极结梯度因子	0.33	—
31	CJS	零偏置集电极-衬底电容	0	F
32	VJS	衬底结内建电势	0.75	V
33	MJS	衬底结指数因子	0.33	—
34	FC	正偏压耗尽电容公式中的系数	0.5	—
35	XCJC	基极-集电极耗尽电容连到内部基极的百分数	1	—
36	XTB	正向 βF 和反向 βR 的温度系数	0	—
37	XTI	饱和电流温度指数因子	3	—
38	EG	禁带宽度	1.11	（硅）eV
39	KF	闪烁噪声系数	0	—
40	AF	闪烁噪声指数因子	1	—
41	TNOM	参数测量温度	27	℃

注意：

（1）IS、BF、NF、ISE、IKF、NE 决定正向电流增益。

（2）IS、BR、NR、ISC、IKR、NC 决定反向电流增益。

（3）CJE、VJE、MJE、FC 决定 B-E 节势垒电容。

（4）CJC、VJC、MJC、FC 决定 B-C 节势垒电容。

（5）CJS、VJS、MJS 决定 C-S 节势垒电容。

（6）VAF、VAR 决定正向和反向输出电导。

（7）TF、TR 决定正向和反向渡越时间。

（8）EG、XTI 和温度有关。

3. 结型场效应晶体管

图 2-30 给出了结型场效应晶体管（junction field-effect transistor，JFET）的一个典型应用结构；图 2-31 给出了 N 和 P 沟道 JFET 的符号；图 2-32 给出了 N 沟道 JFET 的大信号模型，其 Spice 模型表示为：

JXXXXXXX ND NG NS MNAME < AREA > < OFF > < IC = VDS, VGS > < TEMP = T >

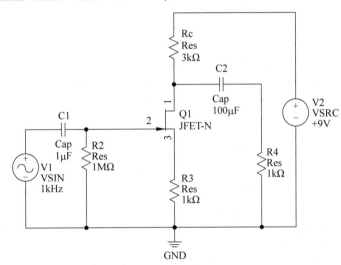

图 2-30　结型场效应晶体管的一个典型应用结构

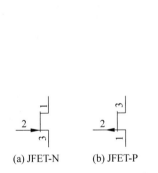

(a) JFET-N　　(b) JFET-P

图 2-31　N 和 P 沟道 JFET 的符号

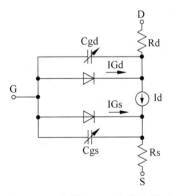

图 2-32　N 沟道 JFET 大信号模型

其中：

（1）ND：表示结型场效应晶体管漏极。

（2）NG：表示结型场效应晶体管栅极。

（3）NS：表示结型场效应晶体管源极。

（4）MNAME：表示模型的名称。使用 ∗.MODEL 语句进行描述。

（5）AREA：表示面积因子。

（6）OFF：可选。用于对器件进行 DC 分析的初始条件。

（7）TEMP：表示可选的工作温度。

例如：

J1 7 2 3 JM1 OFF

表 2-11 给出了与结型场效应晶体管模型相关的参数列表。

表 2-11　与结型场效应晶体管模型相关的参数

序　号	参　数	说　明	默认值	单　位
1	VTO	阈值电压	-2	V
2	BETA	跨导系数	10^{-4}	A/V^2
3	LAMBDA	沟道长度调制系数	0	V^{-1}
4	RD	漏极欧姆电阻	0	Ω
5	RS	源极欧姆电阻	0	Ω
6	CGS	零偏压栅漏结电容	0	F
7	CGD	零偏压栅源结电容	0	F
8	PB	栅结内电势	1	V
9	B	掺杂尾部参数	1	—
10	IS	栅结饱和电流	10^{-14}	A
11	FC	正偏耗尽层电容公式中系数	0.5	—
12	KF	闪烁噪声系数	0	—
13	AF	闪烁噪声指数因子	1	—
14	TNOM	参数测量温度	27	℃

4. 金属氧化物半导体场效应晶体管

金属氧化物半导体场效应晶体管(metal oxide semiconductor field-effect transistor，MOSFET)简称 MOS 管，是集成电路中常用的器件。随着集成度的不断提高，MOS 管的尺寸不断缩小，已达到纳米级。

从金属氧化物半导体场效应晶体管的命名来看，会让人得到错误的印象。因为 MOSFET 与英文单词 Metal(金属)的第一个字母 M 相同，但是当下大部分同类的组件里金属是不存在的。早期金属氧化物半导体场效应晶体管栅极使用金属作为材料，但随着半导体技术的进步，现代的金属氧化物半导体场效应晶体管栅极已用多晶硅取代了金属。

MOS 管的模型在 Spice3 中有 6 级。包括：

（1）LEVEL＝1MOS1 模型-Shichman-Hodges 模型。

（2）LEVEL＝2MOS2 模型-二维解析模型。

（3）LEVEL＝3MOS3 模型-半经验模型。

（4）LEVEL＝4MOS4 模型-BSIM 模型。

（5）LEVEL＝5MOS5 模型-BSIM2 模型。

（6）LEVEL＝6MOS6 模型-修改的 Shichman-Hodges 模型。

图 2-33 给出了 MOSFET 的一个典型应用结构；图 2-34 给出了几种 MOSFET 的元器件符号；图 2-35 给出了一种典型的 MOSFET 的大信号模型；MOSFET 的 Spice 模型表示为：

MXXXXXXX ND NG NS NB MNAME < L = VAL > < W = VAL > < AD = VAL > < AS = VAL > + < PD = VAL > < PS = VAL >
< NRD = VAL > < NRS = VAL > < OFF > + < IC = VDS, VGS, VBS > < TEMP = T >

例如：

```
Ml 24 2 0 20 TYPE1
M31 2 17 6 10 MODM L = 5U W = 2U
Ml 2 9 3 0 MOD1 L = 10U W = 5U AD = 100P AS = 100P PD = 40U PS = 40U
```

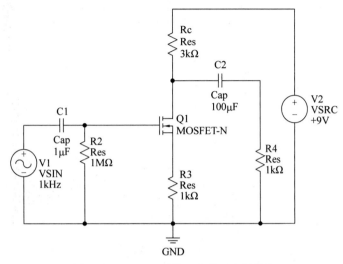

图 2-33　MOSFET 的一个典型应用结构

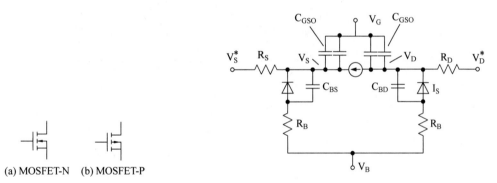

(a) MOSFET-N　(b) MOSFET-P

图 2-34　两种 MOSFET 的元器件符号　　　　图 2-35　一种典型 MOSFET 的大信号模型

其中:

(1) ND: 表示 MOSFET 漏极。

(2) NG: 表示 MOSFET 栅极。

(3) NS: 表示 MOSFET 源极。

(4) NB: 表示 MOSFET 衬底。

(5) MNAME: 表示模型的名称,使用 * . MODEL 语句进行描述。

(6) L 和 W: 表示 MOSFET 沟道的长度和宽度,单位为 m。

(7) AD 和 AS: 表示 MOSFET 漏极和源极扩散区面积,单位为 m^2。

(8) NRD: 表示漏极扩散区等效的方块数。

(9) NRS: 表示源极扩散区等效的方块数。

(10) PS: 表示源结的周长,单位为 m。

(11) PD: 表示漏结的周长,单位为 m。

(12) OFF: 可选。用于对器件进行 DC 分析的初始条件。

(13) TEMP: 可选。工作温度，只针对第 1、2、3 和 6 级 MOSFET。

表 2-12 给出了与 MOSFET 管 LEVEL1、2、3 和 6 模型相关的参数列表。

表 2-12 与 MOSFET 管 LEVEL1、2、3 和 6 模型相关的参数

序 号	参 数	说 明	默认值	单 位
1	LEVEL	模型索引	1	—
2	VTO	零偏压阈值电压	1.0	V
3	KP	跨导参数	2×10^{-5}	A/V^2
4	GAMMA	体效应系数	0.0	$V^{1/2}$
5	PHI	表面反型电势	0.6	V
6	LAMBDA	沟道长度调制系数	0.0	V^{-1}
7	TOX	氧化层厚度	10^{-7}	m
8	NSUB	衬底掺杂浓度	0.0	cm^{-3}
9	NSS	表面态密度	0.0	cm^{-2}
10	NFS	快表面态密度	0.0	cm^{-2}
11	NEFF	总沟道电荷系数	1	—
12	XJ	结深	0.0	m
13	LD	横向扩散长度	0.0	m
14	TPG	栅材料类型	1	—
15	UO	表面迁移率	600	$cm^2/(V \cdot s)$
16	UCRIT	迁移率临界电场强度	10^{-4}	V/cm
17	UEXP	迁移率临界指数系数	0.0	—
18	UTRA	横向电场系数	0.0	—
19	VMAX	载流子最大飘移速度	0.0	m/s
20	DELTA	窄沟道效应系数	0.1	—
21	XQC	沟道电荷分配系数	0.0	—
22	ETA	静态反馈系数	0.0	—
23	THETA	迁移率调制系数	0.0	V^{-1}
24	AF	闪烁噪声指数	1.0	—
25	KF	闪烁噪声系数	0.0	—
26	IS	衬底结饱和电流	10^{-4}	A
27	JS	单位面积衬底结饱和电流	0.0	A/m^2
28	PB	衬底结电势	0.80	V
29	CJ	单位面积零偏压衬底结底部电容	0.0	F/m^2
30	MJ	衬底结梯度因子	0.5	—
31	CJSW	单位面积零偏压衬底结侧壁电容	0.0	F/m
32	MJSW	衬底结侧壁梯度因子	0.33	—
33	FC	正偏时耗尽电容公式中系数	0.5	—
34	CGBO	每米沟道长度栅-衬底覆盖电容	0.0	F/m
35	CGDO	每米沟道宽度栅-漏覆盖电容	0.0	F/m
36	CGSO	每米沟道宽度栅-源覆盖电容	0.0	F/m
37	RD	漏极欧姆电阻	0.0	Ω
38	RS	源极欧姆电阻	0.0	Ω
39	RSH	漏与源薄层电阻	0.0	Ω
40	CBD	零偏 B-D 结电容	0.0	F
41	CBS	零偏 B-S 结电容	0.0	F

5．金属半导体场效应晶体管

金属半导体场效应晶体管（metal semiconductor field-effect transistor，MESFET）简称金半场效应晶体管，结构上与结型场效应晶体管类似。不过它与后者的区别是这种场效应晶体管并没有使用 PN 结作为其栅极，而是采用金属、半导体接触结，构成肖特基势垒的方式形成栅极。

图 2-36 给出了 MESFET 的一个典型应用结构；MESFET 模型由 GaAs FET 模型得到，MESFET 的 Spice 模型表示为：

```
ZXXXXXXX ND NG NS MNAME < AREA > < OFF > < C = VDS,VGS >
```

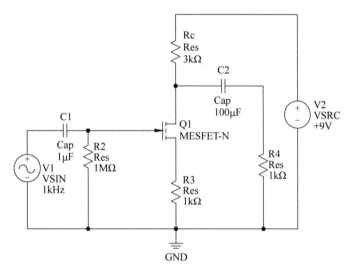

图 2-36　MESFET 的一个典型应用结构

例如：

```
Z1 7 2 3 ZM1 OFF
```

表 2-13 给出了与 MESFET 模型相关的参数列表。

表 2-13　与 MESFET 模型相关的参数

序　号	名　　称	说　　明	默认值	单　位
1	BETA	跨导参数	10^{-4}	A/V²
2	VTO	夹断电压	-2.0	V
3	B	掺杂尾扩展参数	0.3	V^{-1}
4	ALPHA	饱和电压参数	2.0	V^{-1}
5	LAMBDA	沟道长度调制系数	0.0	V^{-1}
6	RD	漏极欧姆电阻	0.0	Ω
7	RS	源极欧姆电阻	0.0	Ω
8	CGS	零偏置栅-漏结电容	0.0	F
9	CGD	零偏置栅-漏结电容	0.0	F
10	PB	衬底结电势	1.0	V
11	KF	闪烁噪声系数	0.0	—
12	AF	闪烁噪声指数	1.0	—
13	FC	正偏时耗尽电容公式中系数	0.5	—

2.3　从用户数据中创建 Spice 模型

为了使用 AD 混合信号电路仿真器对电路进行仿真,电路中的所有元器件都需要有一个仿真模型。

2.3.1　Spice 模型的建立方法

模型的类型和得到模型的方法主要取决于元器件和设计者个人的喜好。很多元器件供应商为它们的元器件提供了仿真模型。对于这种情况来说,设计者下载所要求的仿真文件(Spice、PSpice),并且将下载的仿真文件和原理图中对应的元器件进行映射。

Spice 中的一些更基本的模拟器件模型并不需要专门的模型文件,如电阻、电容,当定义这些模型连接时,只需要简单地指定一些参数。将这种类型的模型直接添加到元器件中,就是一个简单的选择和输入的过程,即在相应的对话框中,选择模型类型和输入参数的值。

一些模型需要用编程语言进行编写,例如,使用层次的子电路语法创建所要求的子电路模型文件(∗.ckt)。其他的,如果器件本质是数字的,则要求使用数字 SimCode 语言建立模型,通过中间的模型文件,将模型和器件进行连接。

某些包含 Spice 的模拟器件模型提供了一个相关的模型文件 ∗.mdl。这个文件里,通过参数定义了高级行为特性(如半导体电阻、二极管、BJT)。人工创建这些文件,然后手动将这些文件链接到原理图中的元器件。使用 AD 软件提供的 Spice Model Wizard(Spice 模型向导)并基于用户得到的数据,就可以定义这些器件的模型。将输入的参数或者从所提供的数据中提取出来的参数直接写入模型文件中,然后链接到原理图中的元器件。

2.3.2　运行 Spice 模型向导

访问向导的方法主要取决于设计者添加 Spice 模型的方法,可以采用下面的方法添加模型:

(1) 由向导创建(对于原理图库文档中新创建的元器件)。

(2) 在原理图库文件中一个已经存在的元器件。

(3) 在原理图中一个已经布局的元器件。

下面给出运行 Spice 模型向导创建 Spice 模型的步骤。其步骤主要包括:

(1) 在 AD 软件主界面,选择 File→New→Library 菜单命令。

(2) 在新库文件对话框中选择 File 类型和 Schematic Library,生成并自动打开 Shlibl. SchLib 文件。

(3) 在 AD 软件主界面选择 Tools→XSpice Model Wizard 菜单命令。

(4) 如图 2-37 所示,出现 SPICE Model Wizard(Spice 模型向导)对话框。

(5) 单击 Next 按钮。

(6) 如图 2-38 所示出现 SPICE Model Types(Spice 模型类型)选择对话框。该对话框内提供了可供建模的元器件类型,包括:

① Diode:二极管。

② Semiconductor Capacitor:半导体电容。

③ Semiconductor Resistor:半导体电阻。

④ Current-Controlled Switch:电流控制开关。

图 2-37 进入 Spice 模型向导对话框

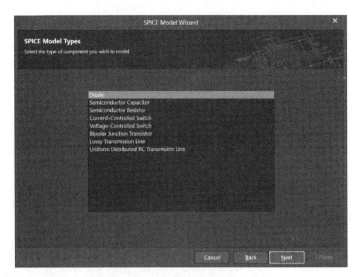

图 2-38 Spice 模型类型选择对话框

⑤ Voltage-Controlled Switch：电压控制开关。

⑥ Bipolar Junction Transistor(BJT)：双极结型晶体管。

⑦ Lossy Transmission Line：有损传输线。

⑧ Uniform Distributed RC Transmission Line：均匀分布的 RC 传输线。

在该例子中，选择 Diode。

(7) 单击 Next 按钮。

(8) 如图 2-39 所示，出现 SPICE Model Implementation(Spice 模型实现)对话框。该对话框提供了两个选项：

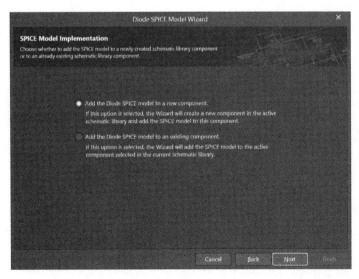

图 2-39 Spice 模型实现对话框

① Add the Diode SPICE model a new component(添加二极管 Spice 模型到一个新的元器件)。

如果选择该选项，向导将在当前活动的原理图库中创建一个新的库，并且将 Spice 模型添加到这个元器件。

② Add the Diode SPICE model to an existing component(添加二极管 Spice 模型到一个已经存在的元器件)。

如果选择该选项,向导将添加 Spice 到当前元器件库中所选择的元器件。

(9) 单击 Next 按钮。

如图 2-40 所示,出现 Diode Name and Description(二极管名称和描述)对话框。按如下参数设置:

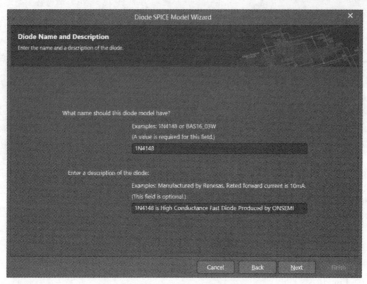

图 2-40   二极管名称和描述对话框

① What name should this diode model have(这个模型的名称是什么): 1N4148。

② Enter a description of the diode(输入二极管的描述): 1N4148 is High Conductance Fast Diode Produced by ONSEMI。

(10) 单击 Next 按钮。

(11) 如图 2-41 所示,出现 Diode Characteristics To Be Modelled(所建模二极管的特性)对话框。

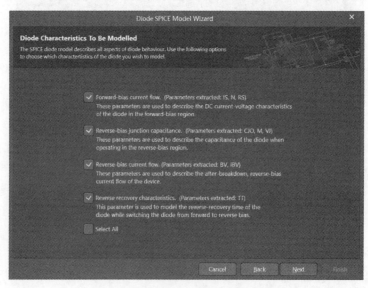

图 2-41   所建模二极管的特性对话框

（12）单击 Next 按钮。

（13）如图 2-42 所示，出现 Forward-bias Diode Current（正向偏置的二极管电流）设置对话框，按图输入 Vd-Id 的对应关系。

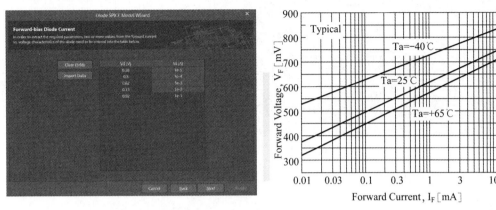

图 2-42　正向偏置的二极管电流设置对话框（参照数据手册填写）

（14）单击 Next 按钮。

（15）如图 2-43 所示，出现 Forward-bias Diode Current（正向偏置二极管电流）设置对话框，可以看到根据前面的设置，计算得到了下面的参数值：

① IS：5.4592E-0009。

② N：1.9646。

③ RS：0.6838。

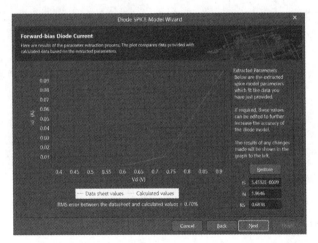

图 2-43　根据前面的设置得到正向偏置二极管电流设置对话框

（16）单击 Next 按钮。

（17）如图 2-44 所示，出现 Reverse-bias Junction Capacitance（反向偏置节电容）设置对话框。按照 1N4148 手册所示，输入 Vd-Cj 的关系。

（18）单击 Next 按钮。

（19）如图 2-45 所示，出现 Reverse-bias Junction Capacitance（反向偏置节电容）设置对话框。根据前面输入的 Vd-Cj 关系，计算得到下面的参数值：

 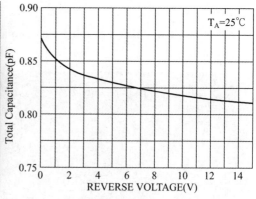

图 2-44　反向偏置节电容设置对话框(参照数据手册填写)

① CJO：8.7090E-0013。

② VJ：0.1600。

③ M：0.0144。

(20) 单击 Next 按钮。

(21) 如图 2-46 所示，出现 Reverse Breakdown(反向击穿)设置对话框，按如下参数设置：

① What is the reverse breakdown voltage(反向击穿电压)：100。

② What is the current at breakdown voltage(在反向击穿电压下的电流)：1E-4。

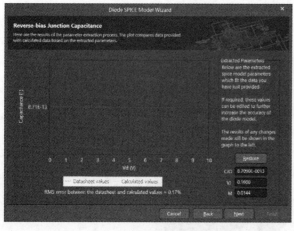 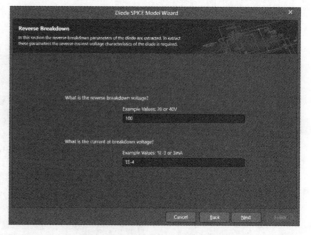

图 2-45　反向偏置节电容设置对话框　　　　　　图 2-46　反向击穿设置对话框

(22) 单击 Next 按钮。

(23) 如图 2-47 所示，出现 Reverse Recovery(反向恢复)设置对话框。按如下参数设置：Enter the reverse recovery time of the diode at the point where the forward current is equal to the reverse current (输入在正偏电流和反偏电流相等点，即 Ir＝If 的反向恢复时间)：4E-9。

(24) 单击 Next 按钮。

(25) 如图 2-48 所示，出现 The Diode Spice Model(二极管 Spice 模型)对话框。在该对话框中，给出根据设计者输入的参数所生成的 Spice 的模型参数。

(26) 单击 Next 按钮。

(27) 如图 2-49 所示，出现 End of Wizard(向导结束)对话框，表示生成 Spice 的过程顺利完成。

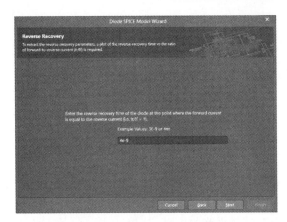

图 2-47　反向恢复设置对话框

图 2-48　二极管 Spice 模型对话框

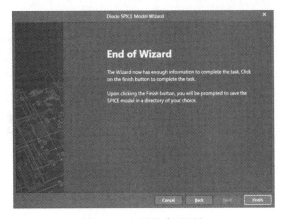

图 2-49　向导结束对话框

（28）单击 Finish 按钮。

（29）出现对话框，提示保存 Spice 模型，将其保存到 my_Spice_model 目录下。

（30）保存原理图库设计文件，并退出设计。

## 第 3 章

电子电路设计与仿真

本章将使用 AD 软件实现对模拟电路的仿真,其内容主要包括直流工作点分析、直流扫描分析、交流小信号分析、瞬态分析、参数扫描分析、傅里叶分析、噪声分析、温度分析和蒙特卡洛分析。

3.1 直流工作点分析

本节将构建用于直流分析的电路,并进行直流工作点分析,主要内容包括构建直流分析电路、设置分析参数和分析仿真结果。

3.1.1 建立新的直流工作点分析工程

首先给出建立直流分析电路工程的步骤,主要包括:

(1) 在 Windows 10 操作系统主界面的左下角选择【开始】→Altium Designer 命令,打开 AD 软件。

(2) 在 AD 软件主界面菜单下选择 File→New→Project 命令,在创建工程的窗口中 LOCATIONS(位置)选择 Local Projects,Project Type(工程类型)选择 PCB,Project Name 工程名称为 PCB_Project1. PrjPCB 的新工程,添加名为 Sheet1. SchDoc 的原理图文件。

3.1.2 添加新的仿真库

添加仿真所需要用到的一些仿真库。其步骤主要包括:

(1) 在当前 AD 软件主界面选择 View→Panels→Components 命令,打开如图 3-1 所示的元器件库浏览界面。

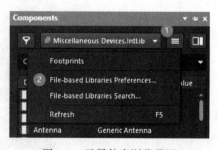

(2) 在图 3-1 所示的界面内,右击 ▤ 按钮选择 File-based Libraries Preferences… 命令,打开如图 3-2 所示的 Available File-based Libraries(可利用的文件库)界面,选择 Installed(已安装)标签。

图 3-1　元器件库浏览界面

(3) 单击图 3-2 界面下方的 Install… 按钮。

(4) 如图 3-3 所示,打开所要添加库的对话框。

① 将路径指向 C:\users\Public\Documents\Altium\AD23\Library\Simulation。

② 选择 Simulation Sources,并单击"打开"按钮。

(5) 如图 3-4 所示,看到新添加的 Simulation Sources. IntLib 仿真库。

(6) 单击图 3-4 界面内的 Close 按钮,退出该界面。

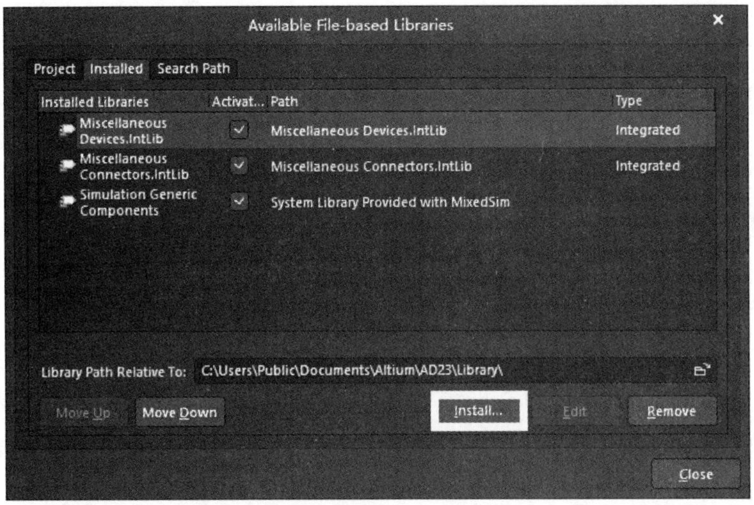

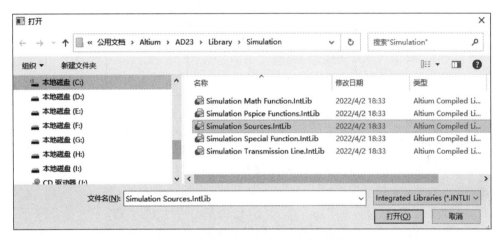

图 3-2 添加文件库浏览界面

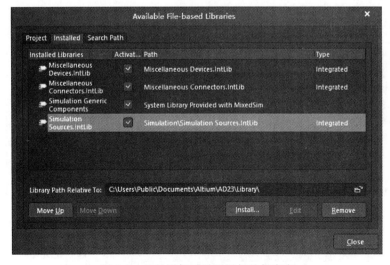

图 3-3 打开所要添加的仿真库对话框

图 3-4 已经添加了需要添加的仿真库

3.1.3 构建直流分析电路

构建直流分析电路,其步骤主要包括:

(1) 从 Miscellaneous Devices. IntLib 库中分别找到名为 Res1 的电阻元器件和名为 Cap Semi 的电容元器件,并将其按照图 3-5 所示的位置进行放置。

(2) 从 Simulation Sources. IntLib 库中找到名为 VSRC 的元器件,并按照图 3-5 所示的位置进行放置。

(3) 单击 AD 软件主界面工具栏内的 ▇ 按钮,将 GND 按照图 3-5 所示的位置进行放置。

(4) 单击 AD 软件主界面工具栏内的连线按钮,将这些元器件和直流源按照图 3-6 所示的方式进行连接。

(5) 按照前面所介绍的为元器件分配标识符的方法,为电路中的元器件和直流源分配唯一的标号,图 3-6 给出分配完标识符后的原理图界面。

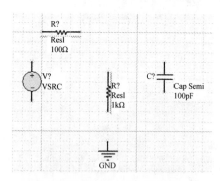

图 3-5 放置找到的仿真元器件到原理图设计界面

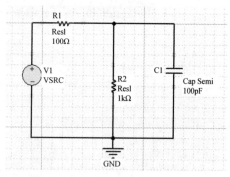

图 3-6 将元器件和直流源连接并分配唯一标识符

(6) 修改 V1、R1 和 C1 的参数设置。下面以修改 V1 的参数为例:

① 双击图 3-6 内的 V1 信号源图标。

② 打开如图 3-7 所示的界面,在 Parameters 下,找到 Value 列,输入 5V。

③ 单击界面中的 OK 按钮,关闭该界面。如图 3-8 所示,修改剩下的电路元器件参数,以满足仿真条件。

图 3-7 修改 V1 参数

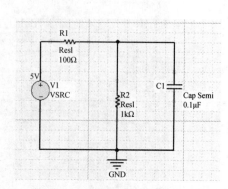

图 3-8 修改完所有的参数

（7）为了便于分析仿真结果，按照前面的方法，为电路某些节点指定网络标号，如图 3-9 所示。

（8）保存设计文件，将其保存在 dc_analysis 目录下（读者也可以自己建立一个子目录）。

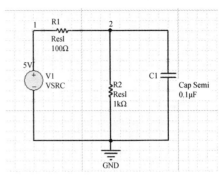

图 3-9　指定电路节点网络标号

3.1.4　设置直流工作点分析参数

下面介绍设置直流工作点分析参数的方法。其步骤主要包括：

（1）在 AD 软件主界面选择 Simulate→Simulation DashBoard（仿真面板）命令。

如果 Simulate 那一栏是空的，则是安装软件时没安装仿真模块。可以通过选择 Help→About→Extension&Updates 命令，在 installed 选项卡中单击 Configure 按钮勾选 Platform Extension 中没选中的选项，再单击 Apply 按钮重启一下即可。

（2）打开如图 3-10 所示的 Simulation DashBoard 界面。按下面参数设置：

图 3-10　设置直流工作点分析参数

① 在"1. Verification"中单击 Start Verification 按钮进行电路检查,检查通过后 Electrical Rule Check 和 Simulation Models 标识为绿色对号。

② 在"2. Preparation"中 Probes 界面单击 Add 按钮选择 Voltage,在网络 1 和网络 2 处加入两个 Probes(探针)V_1 和 V_2,用于采集对应网络的静态工作点电压。

③ 在"3. Analysis Setup & Run 中 Operating Point"选项单击 Run 按钮,开始执行仿真。

3.1.5 直流工作点仿真结果分析

对直流工作点仿真的结果进行分析,其步骤主要包括:

(1) 弹出如图 3-11 所示的消息窗口,该消息窗口给出了对 Spice 电路的分析过程。

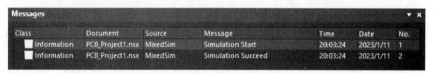

图 3-11 消息窗口

(2) 关闭消息窗口。

(3) 自动打开 PCB_Project1.sdf 文件,图 3-12 给出了对应于两个节点电压的分析结果。

图 3-12 文件中显示 V(1) 和 V(2) 值

(4) 下面通过 Simulation DashBoard 界面设置,选择 Operating Point 的 Display on schematic 下的 Voltage 和 Current 选项(如图 3-13 所示),在原理图中显示电路中各支路的电压和电流值,如图 3-14 所示。

(5) 如图 3-14 所示,原理图中显示流经电阻的电流为 4.545mA。

图 3-13 原理图中显示电路静态电压和电流设置

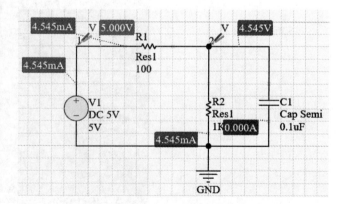

图 3-14 原理图中显示电路静态电压和电流

(6) 将该工程保存到 dc_analysis 目录下,并退出该设计工程,显示 Spice 直流分析程序,如图 3-15 所示。

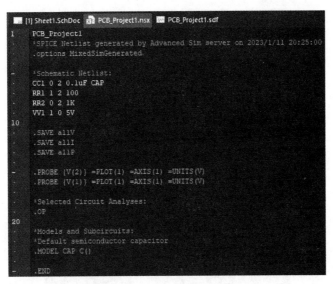

图 3-15 Spice 直流分析程序

3.2 直流扫描分析

本节将使用前面设计的电路,实现直流扫描分析,主要内容包括打开前面的分析电路、设置直流扫描参数和分析直流扫描的仿真结果。

3.2.1 打开前面的设计

打开前面设计的步骤主要包括:

(1) 新建一个 dc_sweep_analysis 文件夹,把 dc_analysis 文件夹下的所有文件复制到 dc_sweep_analysis 文件夹下。

(2) 在 AD 软件中,打开 dc_sweep_analysis 文件夹下的工程文件。

3.2.2 设置直流扫描分析参数

下面介绍设置直流扫描分析参数的方法。其步骤主要包括:

(1) 在 AD 软件主界面菜单下选择 Simulate→Simulation DashBoard 命令。

(2) 打开如图 3-16 所示的 Simulation DashBoard 界面,按下面参数设置:

① 在"1. Verification"中单击 Start Verification 按钮进行电路检查,检查通过后 Electrical Rule Check 和 Simulation Models 标识为绿色对号。

② 在"2. Preparation"中 Probes 界面中保留探针 V_1 和 V_2,用于采集对应网络的电压。

③ 在"3. Analysis Setup & Run 中 DC Sweep"选项设置直流扫描电压源为 V1,起始电压(From)为 0V,停止电压(To)为 10V,步进电压(Step)为 1V。

(3) 单击 DC Sweep 选项 Run 按钮,开始执行仿真。

3.2.3 直流扫描仿真结果分析

介绍通过图形观察直流扫描仿真结果的方法。其步骤主要包括:

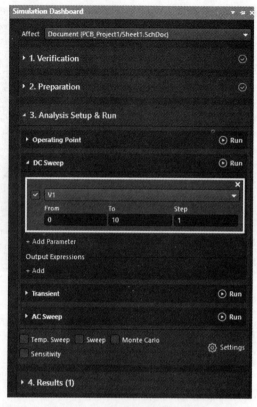

图 3-16　设置直流扫描分析参数

（1）运行 Spice 仿真后，弹出消息对话框，关闭该对话框。

（2）自动打开 PCB_Project1.sdf 文件。如图 3-17 所示为网络 V1 和 V2 的 DC Sweep 仿真结果显示。

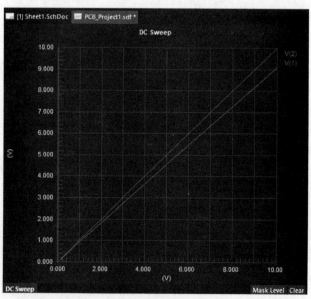

图 3-17　DC Sweep 仿真结果显示

（3）保存设计工程，并关闭。

3.3　瞬态分析

本节将构建用于瞬态分析的电路,并执行瞬态分析,主要内容包括构建瞬态分析电路、设置瞬态分析参数和分析瞬态仿真的结果。

3.3.1　建立新的瞬态分析工程

建立瞬态分析电路工程的步骤主要包括:

(1) 在 Windows 10 操作系统主界面的左下角选择【开始】→Altium Designer 命令,打开 AD 软件。

(2) 在 AD 软件主界面菜单下选择 File→New→Project 命令,创建一个名为 PCB_Project1.PrjPCB 的新工程。

(3) 按照前面所介绍的添加原理图的方法,添加名称为 Sheet1.SchDoc 的原理图文件。

3.3.2　构建瞬态分析电路

构建用于瞬态分析的电路,并执行瞬态分析。其步骤主要包括:

(1) 从 Miscellaneous Devices.IntLib 库中分别找到名为 Res1 的电阻元器件、名为 Cap 的电容元器件、名为 Op Amp 的运算放大器,并将其按照图 3-18 所示的位置分别进行放置。

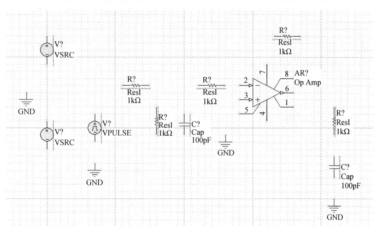

图 3-18　放置元器件和信号源

(2) 从 Simulation Sources.IntLib 库中找到名为 VSRC 和 VPULSE 的元器件,并按照图 3-18 所示的位置进行放置。

(3) 单击 AD 软件主界面下工具栏内的 ![按钮] 按钮,将 GND 按照图 3-18 所示的位置进行放置。

(4) 单击 AD 软件主界面下工具栏内的连线按钮,将这些元器件和信号源按照图 3-19 所示的方式进行连接。

(5) 按照前面所介绍的给元器件分配标识符的方法,为电路中的元器件和信号源分配唯一的标识符。图 3-20 给出分配完标识符后的原理图界面。

(6) 在如图 3-21 所示的电路中,按照前面的方法,将 V1 和 V3 的直流电源设置为+15V。

(7) 为了后面分析仿真结果的方便,按图 3-21 所示的电路,在放大器的输入和输出端分别放置名称为 IN 和 OUT 的网络标号。

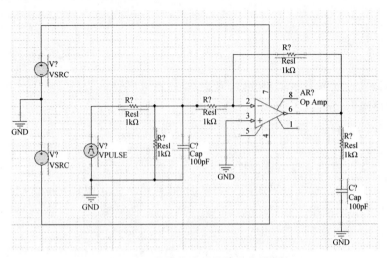

图 3-19　连接电路元器件和信号源

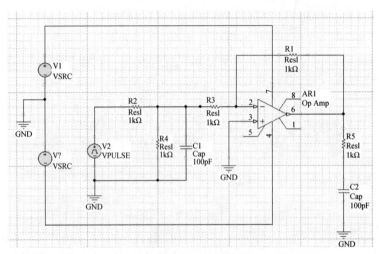

图 3-20　为电路元器件和信号源分配唯一的标识符

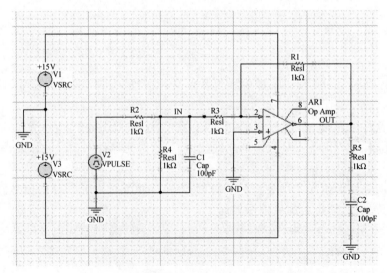

图 3-21　设置电源值并添加 IN 和 OUT 网络标号

（8）保存文件，将其保存到 transient_analysis 目录下。

3.3.3　设置瞬态分析参数

下面介绍设置瞬态分析参数的方法。其步骤主要包括：

（1）在 AD 软件主界面菜单下选择 Simulate→Simulation Dashboard 命令。

（2）打开如图 3-22 所示的 Simulation Dashboard 界面，按下面参数设置：

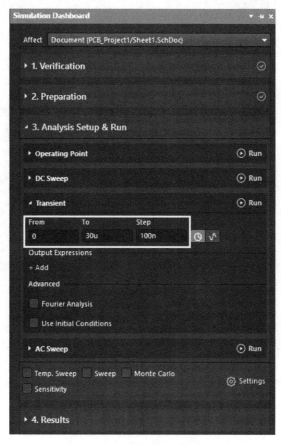

图 3-22　设置瞬态分析参数

① 在"1. Verification"中单击 Start Verification 按钮进行电路检查，检查通过后 Electrical Rule Check 和 Simulation Models 标识为绿色对号。

② 在"2. Preparation"中 Probes 界面单击 Add 按钮选择 Voltage，在网络 IN 和网络 OUT 处加入两个 Probes（探针）V_IN 和 V_OUT，用于采集对应网络的时域瞬态波形。

③ 在"3. Analysis Setup & Run"中 Transient 选项设置瞬态仿真参数起始时间（From）为 0，停止时间（To）为 $30\mu s$，（Step）为 100ns。

（3）单击 Transient 选项 Run 按钮，开始执行仿真。

3.3.4　瞬态仿真结果分析

下面介绍通过图形观察瞬态仿真结果的方法。其步骤主要包括：

（1）运行 Spice 仿真后，弹出消息对话框，关闭该对话框。

（2）自动打开 PCB_Project1.sdf 文件。显示如图 3-23 所示的图形，V(IN) 为输入信号时域瞬态波形、V(OUT) 为输出信号时域瞬态波形。

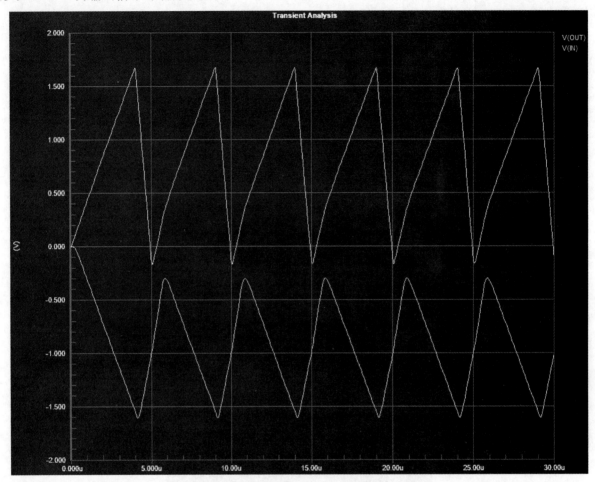

图 3-23　瞬态仿真结果波形（时域瞬态）

（3）保存设计工程文件，将其保存到 transient_analysis 目录下，并退出该工程。

3.4　傅里叶分析

本节将构建单个 NPN 晶体管放大电路，并在瞬态分析的基础上执行傅里叶分析。主要内容包括构建傅里叶分析电路、设置傅里叶分析参数和分析傅里叶仿真结果。

3.4.1　建立新的傅里叶分析工程

建立新的傅里叶分析电路工程的步骤主要包括：

（1）在 Windows 10 操作系统主界面的左下角选择【开始】→Altium Designer 命令，打开 AD 软件。

（2）在 AD 软件主界面菜单下选择 File→New→Project 命令，创建一个名称为 PCB_Project1. PrjPCB 的新工程。

（3）按照前面所介绍的添加原理图的方法，添加名称为 Sheet1. SchDoc 的原理图文件。

3.4.2　构建傅里叶分析电路

构建傅里叶分析电路的步骤主要包括：

（1）从 Miscellaneous Devices.IntLib 库中分别找到名称为 Res1 的电阻元器件、名称为 Cap 的电容元器件、名称为 NPN 的晶体管（必须选择 Model Type 为 Simulation 的元器件），并将其按照图 3-24 所示的位置进行放置。

（2）从 Simulation Sources.IntLib 库中找到名称为 VSRC 和 VSIN 的元器件，并按照图 3-24 所示的位置进行放置。

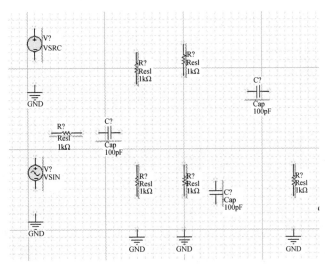

图 3-24　放置元器件和信号源

（3）单击 AD 软件主界面下工具栏内的 ■ 按钮，将 GND 按照图 3-24 所示的位置进行放置。

（4）单击 AD 软件主界面下工具栏内的连线按钮，将这些元器件和信号源按照图 3-25 所示的方式进行连接。

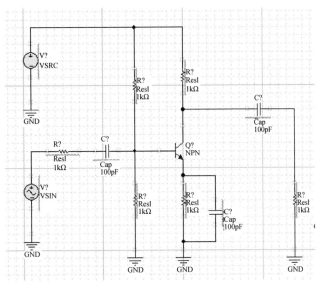

图 3-25　连接电路元器件和信号源

（5）按照前面所介绍的给元器件分配标识符的方法，为电路中的元器件和信号源分配唯一的标识符。图 3-26 给出分配完标识符后的原理图界面。

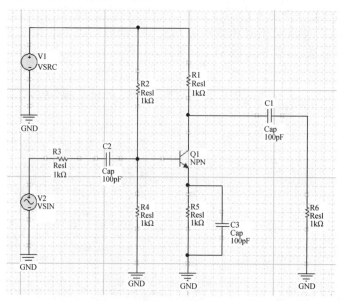

图 3-26　为电路元器件和信号源分配唯一的标识符并设置电源参数

（6）在如图 3-26 所示的电路中，按照前面的方法，将 V1 直流电源设置为＋12V。如图 3-27 所示，设置 V2 信号源，其参数设置为：

① Amplitude：0.01。

② Frequency：10K。

		Amplitude	0.01
		Frequency	10K

图 3-27　为 V2 信号源设置参数

（7）按照图 3-28 所示，将电阻和电容值改成相应的值。

（8）为了观察方便，如图 3-28 所示，在放大器的输入和输出端分别放置名称为 IN 和 OUT 的网络标号。

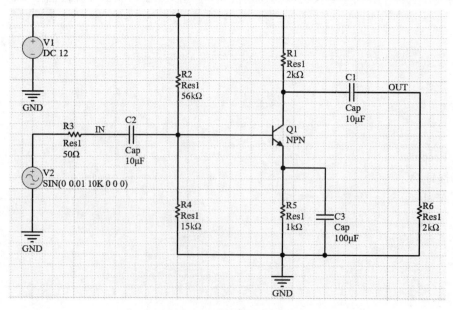

图 3-28　放置网络标号

(9) 保存设计,将其保存到 fourier_analysis 目录下。

3.4.3　设置傅里叶分析参数

下面介绍设置傅里叶分析参数的方法。其步骤主要包括:

(1) 在 AD 软件主界面菜单下选择 Simulate→Simulation Dashboard 命令。

(2) 打开如图 3-29 所示的 Simulation Dashboard 界面,按下面参数设置:

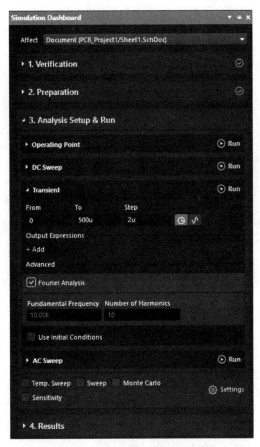

图 3-29　设置傅里叶分析参数

① 在"1. Verification"中单击 Start Verification 按钮进行电路检查,检查通过后 Electrical Rule Check 和 Simulation Models 标识为绿色对号。

② 在"2. Preparation"中 Probes 界面单击 Add 按钮选择 Voltage,在网络 IN 和网络 OUT 处加入两个 Probes(探针)V_IN 和 V_OUT,用于采集对应网络的时域瞬态波形。

③ 在"3. Analysis Setup & Run"中 Transient 选项设置瞬态仿真参数起始时间(From)为 0,停止时间(To)为 $500\mu s$,步进(Step)为 $2\mu s$,在 Advanced 部分选中 Fourier Analysis,参数使用默认设置即可。

(3) 单击 Transient 选项 Run 按钮,开始执行仿真。

3.4.4　傅里叶仿真结果分析

下面对傅里叶仿真结果进行分析。其步骤主要包括:

(1) 运行 Spice 仿真后,弹出消息对话框,关闭该对话框。

（2）自动打开 PCB_Project1. sdf 文件，在该文件下有两个标签：Transient Analysis 和 Fourier Analysis，单击 Fourier Analysis 标签，如图 3-30 所示。

Transient Analysis　**Fourier Analysis**

图 3-30　单击 Fourier Analysis 标签

（3）看到如图 3-31 所示的傅里叶分析的结果。

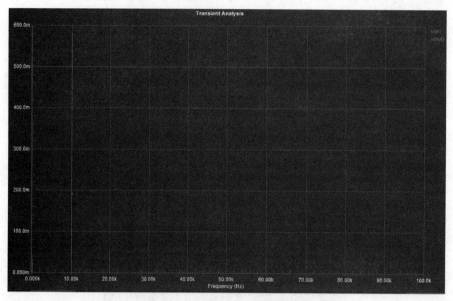

图 3-31　傅里叶分析结果

（4）单击 Transient Analysis 标签，打开时序分析结果。如果没有出现波形，则按照前面的方法手工将 IN 和 OUT 信号波形添加到该界面中。图 3-32 给出了瞬态分析结果。

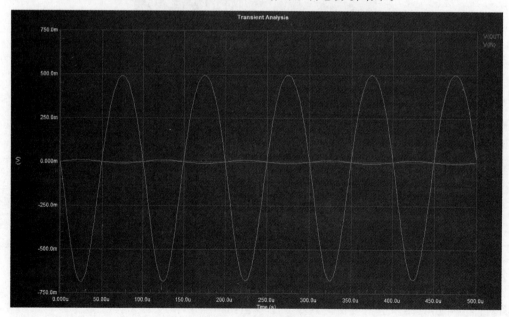

图 3-32　瞬态分析结果

3.4.5 修改电路参数重新执行傅里叶分析

修改电路参数并重新执行傅里叶分析的步骤主要包括：

（1）将图 3-28 中的 R4 的值改成 56kΩ，重新执行傅里叶分析。

（2）看到如图 3-33 所示的傅里叶分析的结果，很明显发生失真。

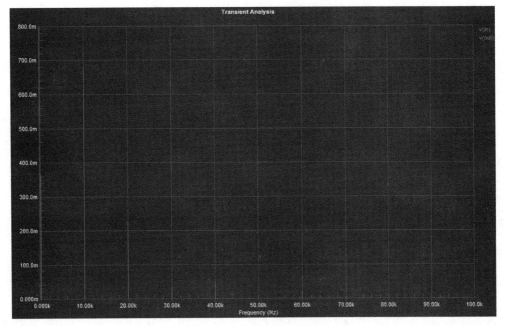

图 3-33　傅里叶分析结果

（3）图 3-34 给出了瞬态分析结果。

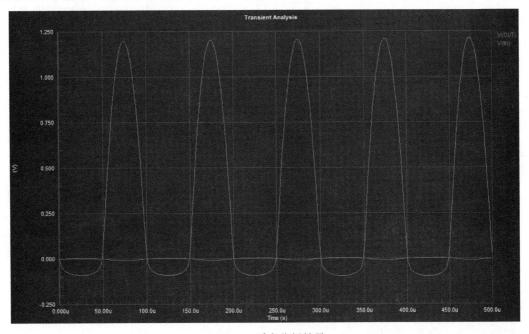

图 3-34　瞬态分析结果

（4）保存工程文件，将其保存 fourier_analysis 目录下（也可以根据情况保存到其他目录下），并且退出该设计工程。

3.5   交流小信号分析

本节将构建用于交流小信号分析的电路，并执行交流小信号分析，主要内容包括构建交流小信号电路、设置交流小信号分析参数和分析交流小信号的仿真结果。

3.5.1   建立新的交流小信号分析工程

首先建立交流小信号分析电路工程，其步骤主要包括：

（1）在 Windows 10 操作系统主界面的左下角选择【开始】→Altium Designer 命令，打开 AD 软件。

（2）在 AD 软件主界面菜单下选择 File→New→Project 命令，创建一个名为 PCB_Project1.PrjPCB 的新工程。

（3）按照前面所介绍的添加原理图的方法，添加名称为 Sheet1.SchDoc 的原理图文件。

3.5.2   构建交流小信号分析电路

下面构建交流小信号分析电路。其步骤主要包括：

（1）从 Miscellaneous Devices.IntLib 库中分别找到名称为 Res1 的电阻元器件、名称为 Cap 的电容元器件、名称为 Diode 1N4001 的二极管，并将这些元器件按照图 3-35 所示的位置进行放置。

（2）从 Simulation Sources.IntLib 库中找到名称为 VSRC 和 VSIN 的元器件，并按照图 3-35 所示的位置进行放置。

（3）单击 AD 软件主界面下工具栏内的 ▮ 按钮，将 GND 按照图 3-35 所示的位置进行放置。

（4）单击 AD 软件主界面下的工具栏内的连线按钮，将这些元器件和信号源按照图 3-36 所示的方式进行连接。

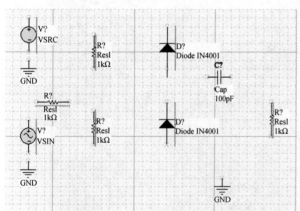

图 3-35   放置元器件和信号源

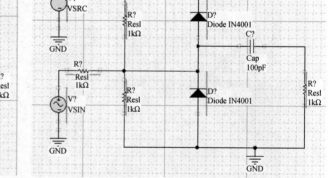

图 3-36   连接电路中的所有元器件和信号源

（5）按照给元器件分配标识符的方法，为电路中的元器件和信号源分配唯一的标识符。图 3-37 给出了分配完标识符后的原理图界面。

（6）按照图 3-38 所示，修改电路中元器件和信号源的参数设置。为了便于后面对激励源信号的参数修改，下面给出修改 V2 的参数设置步骤。

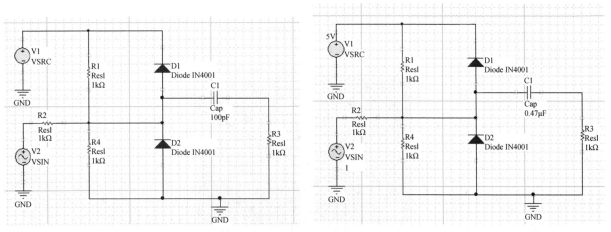

图 3-37 为电路中的元器件和信号源分配唯一的标识符　　　　　图 3-38 修改后的参数

① 双击 V2 交流信号源符号，打开其配置界面。

② 如图 3-39 所示，单击其配置界面 General 选项卡下方的 Parameters 选项中 AC Magnitude 项，设置交流仿真幅度为 1V。

（7）为了分析方便，按照图 3-40 所示为电路的一些节点指定网络标识符。

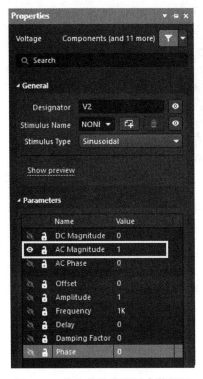

图 3-39 修改信号源配置参数界面

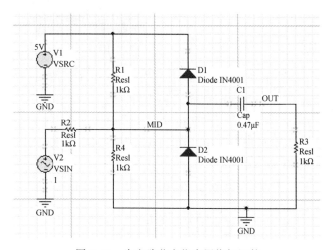

图 3-40 为电路节点指定网络标识符

（8）保存设计文件，将其保存 ac_analysis 目录下（可根据情况确定保存路径）。

3.5.3 设置交流小信号分析参数

下面介绍设置交流小信号分析参数的方法。其步骤主要包括：

(1) 在 AD 软件主界面菜单下选择 Simulate→Simulation Dashboard 命令。

(2) 打开如图 3-41 所示的 Simulation Dashboard 界面,按下面参数设置：

图 3-41 设置交流分析参数

① 在"1. Verification"中单击 Start Verification 按钮进行电路检查,检查通过后 Electrical Rule Check 和 Simulation Models 标识为绿色对号。

② 在"3. Analysis Setup & Run"中 AC Sweep 选项设置交流分析参数起始频率(Start Frequency)为 10Hz,停止频率(End Frequency)100MHz,点数(Points/Dec)为 100,类型(Type)为 Decade。

③ 在 Output Expressions 界面单击 Add 分别添加 MAG(v(MID))和 MAG(v(OUT))信号作为显示输出。

(3) 单击 AC Sweep 选项 Run 按钮,开始执行仿真。

3.5.4 交流小信号仿真结果分析

对交流小信号仿真结果分析的步骤主要包括：

(1) 运行 Spice 仿真后,弹出消息对话框,关闭该对话框。

(2) 自动打开 PCB_Project1.sdf 文件,如图 3-42 所示,可以看到 MID 和 OUT 两个网络节点的交流小信号分析的结果。

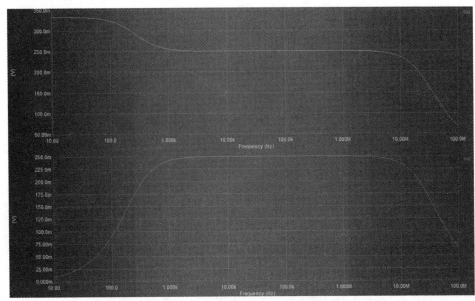

图 3-42　交流小信号仿真结果分析

下面将在图 3-42 中增加 Y 轴，其单位改成 dB。实现该过程的步骤主要包括：

（1）在图 3-42 所示的界面的 mid 波形图内单击鼠标右键，出现快捷菜单，选择 Add Wave To Plot 选项，出现图 3-43 所示的界面。在该界面内按如下设置：

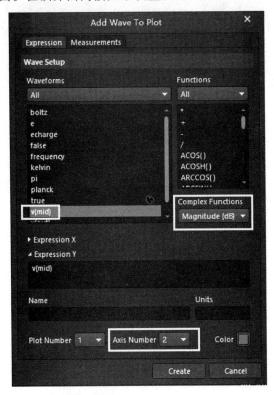

图 3-43　添加波形的选择窗口

① 在 Waveforms 窗口下选择 v(mid)。

② 在 Complex Functions 下选择 Magnitude(dB)。

③ 在 AxisNumber 下拉菜单中选择 New axis(添加新的 Y 轴)，使用第 2 个 Y 轴显示 dB 单位。

（2）单击 Create 按钮。

（3）在图 3-44 所示界面的 mid 图形中添加了 Y 轴。

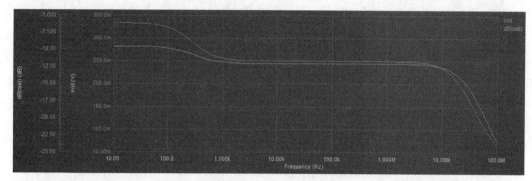

图 3-44　mid 添加的新波形

（4）按照前面的方法，为 out 添加波形。图 3-45 给出了 out 添加的新波形。

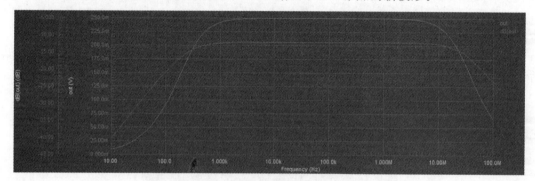

图 3-45　out 添加的新波形

（5）保存设计工程和相关文件，将其保存到 ac_analysis 目录下。

（6）关闭该设计工程。

3.6　噪声分析

本节将构建用于噪声分析的电路，并执行噪声分析，主要内容包括构建噪声分析电路、设置噪声分析参数和分析噪声仿真结果。首先对噪声分析中的一些理论知识进行介绍。

输入噪声和输出噪声的定义如下：

1）输出噪声

输出噪声是指与指定输出网络相关的所有噪声设备噪声的 RMS 值。

2）输入噪声

输入噪声是一个等效噪声，是指在一个无噪声的理想电路中，在输入源所施加的噪声，用于等效在指定输出网络计算所得到的噪声。表 3-1 是不同元器件所产生的噪声列表。

表 3-1 不同元器件所产生的噪声

元器件类型	噪声类型(V²/Hz)	含 义
B(GaAsFET)	FID	闪烁噪声
	RD	与 RD 相关的热噪声
	RG	与 RG 相关的热噪声
	RS	与 RS 相关的热噪声
	SID	散粒噪声
	TOT	总噪声
D(二极管)	FID	闪烁噪声
	RS	与 RS 相关的热噪声
	SID	散粒噪声
	TOT	总噪声
数字输入	RHI	与 RHI 相关的热噪声
	RLO	与 RLO 相关的热噪声
	TOT	总噪声
数字输出	TOT	总噪声
J(JFET)	FID	闪烁噪声
	RD	与 RD 相关的热噪声
	RG	与 RG 相关的热噪声
	RS	与 RS 相关的热噪声
	SID	散粒噪声
	TOT	总噪声
M(MOSFET)	FID	闪烁噪声
	RB	与 RB 相关的热噪声
	RD	与 RD 相关的热噪声
	RG	与 RG 相关的热噪声
	RS	与 RS 相关的热噪声
	SID	散粒噪声
	TOT	总噪声
Q(BJT)	FIB	闪烁噪声
	RB	与 RB 相关的热噪声
	RC	与 RC 相关的热噪声
	RE	与 RE 相关的热噪声
	SIB	和基极电流相关的散粒噪声
	SIC	和集电极电流相关的散粒噪声
	TOT	总噪声
R(电阻)	TOT	总噪声
Iswitch	TOT	总噪声
Vswitch	TOT	总噪声

注:
① 闪烁噪声和 $K_f \cdot (I^{af}/f^b)$ 成正比。
② 散粒噪声:对于 BJT,和 $2qI$ 成正比;对于 GaAsFET、JFET 和 MOSFET 来说,和 $4kT \cdot (dI/dV) \cdot 2/3$ 成正比。
③ 热噪声:和 $4kT/R$ 成正比。
④ 器件总噪声:是器件内所有噪声的总和。
⑤ NTOT(ONOISE):电路的总输出噪声。
⑥ V(ONOISE):电路总输出噪声的 RMS。
⑦ V(INOISE):等效输入噪声,由 V(ONOISE)/增益得到。

3.6.1 建立新的噪声分析工程

建立新的噪声分析电路工程的步骤主要包括：

（1）在 Windows 10 操作系统主界面的左下角选择【开始】→Altium Designer 命令，打开 AD 软件。

（2）在 AD 软件主界面菜单下选择 File→New→Project 命令，创建一个名为 PCB_Project1.PrjPCB 的新工程。

（3）按照前面所介绍的添加原理图的方法，添加名为 Sheet1.SchDoc 的原理图文件。

3.6.2 构建噪声分析电路

构建噪声分析电路步骤主要包括：

（1）从 Miscellaneous Devices.IntLib 库中分别找到名称为 Res1 的电阻元器件、名称为 Cap 的电容元器件、名称为 NPN 的晶体管，并将其按照图 3-46 所示的位置进行放置。

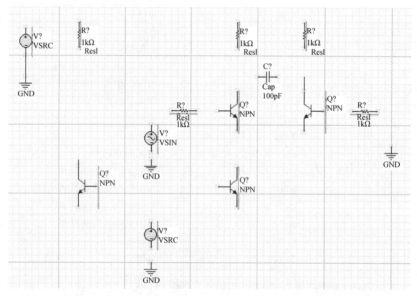

图 3-46　放置仿真元器件和信号源

这里放置多个对称的晶体管，可以镜像放置。方法是：

① 双击需要镜像放置的晶体管，打开其配置界面。

② 如图 3-47 所示，在该界面下选中 Mirrored 复选框，就可以镜像放置晶体管。

（2）从 Simulation Sources.IntLib 库中找到名称为 VSRC 和 VSIN 的元器件，并按照图 3-46 所示的位置进行放置。

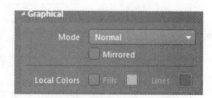

图 3-47　镜像放置晶体管

（3）单击 AD 软件主界面下工具栏内的 ▇ 按钮，将 GND 按照图 3-46 所示的位置进行放置。

（4）单击 AD 软件主界面下工具栏内的连线按钮，将这些元器件和信号源按照图 3-48 所示的方式进行连接。

（5）按照前面所介绍的为元器件分配标识符的方法，为电路中的元器件和信号源分配唯一的标识符。图 3-48 给出分配完标识符后的原理图界面。

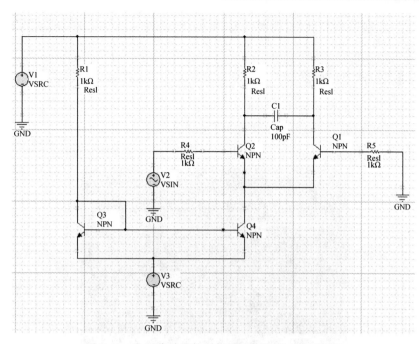

图 3-48　为电路元器件和信号源分配唯一的标识符

（6）如图 3-49 所示,将 V1 和 V3 分别设置为＋12V 和－12V。其他元器件参数按图 3-49 所示进行设置。

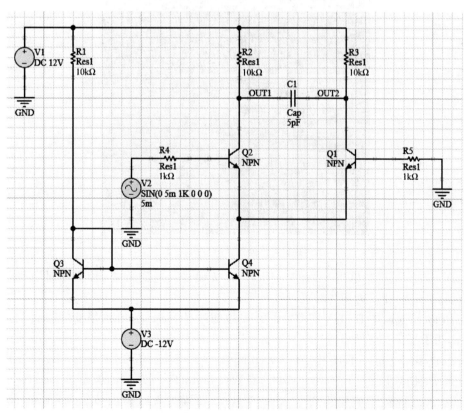

图 3-49　修改电路元器件参数并放置网络标号

(7) 为了方便对仿真结果的分析,如图 3-49 所示,在电容 C1 的两端分别放置名称为 OUT1 和 OUT2 的网络标号。

3.6.3　设置噪声分析参数

下面介绍设置噪声分析参数的方法。其步骤主要包括:

(1) 在 AD 软件主界面菜单下选择 Simulate→Simulation Dashboard 命令。

(2) 打开如图 3-50 所示的 Simulation Dashboard 界面,按下面参数设置:

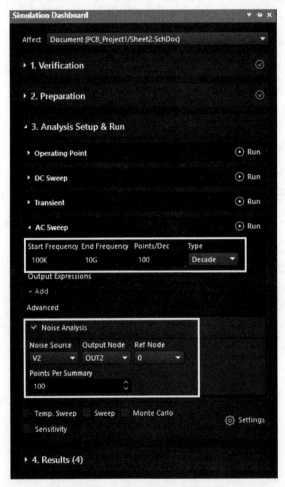

图 3-50　设置噪声分析参数

① 在"1. Verification"中单击 Start Verification 按钮进行电路检查,检查通过后 Electrical Rule Check 和 Simulation Models 标识为绿色对号。

② 在"2. Preparation"中 Probes 界面单击 Add 按钮选择 Voltage,在网络 OUT2 处加入 Probes(探针) V_OUT2,用于采集对应网络的幅频波形。

③ 在"3. Analysis Setup & Run"中 AC Sweep 选项,设置交流分析参数起始频率(Start Frequency)为 100kHz,停止频率(End Frequency)为 10GHz,点数(Points/Dec)为 100,类型为 Decade,在 Advanced 部分选中 Noise Analysis,参数噪声源(Noise Source)设置为 V2,输出节点(Output Node)设置为 OUT2,参考节点(Ref Node)设置为 0,点数(Points Per Summary)设置为 100。

（3）单击 AC Sweep 选项 Run 按钮，开始执行仿真。

3.6.4　噪声仿真结果分析

下面对噪声仿真结果进行分析。其步骤主要包括：

（1）运行 Spice 仿真后，弹出消息对话框，关闭该对话框。

（2）自动打开 PCB_Project1.sdf 文件。在该文件下，有三个标签：第一个是 AC Analysis（AC 分析）；第二个是 Noise Spectral Density（噪声谱密度）；第三个是 Intergrated Noise（噪声积分），单击 Noise Spectral Density 标签，如图 3-51 所示。

图 3-51　选择 Noise Spectral Density

（3）在 Noise Spectral Density 界面需要加入观测的噪声波形信号。单击鼠标右键选择 Add Plot…，在 Plot Wizard 对话框中单击 Next，进入最后一步，单击 Finish 按钮生成一个绘图图表。

（4）在 Noise Spectral Density 界面单击鼠标右键选择 Add Wave to Plot…，如图 3-52 所示选择 inoise_spectrum 并单击 Create 按钮加入波形，输入噪声谱密度仿真波形如图 3-53 所示。

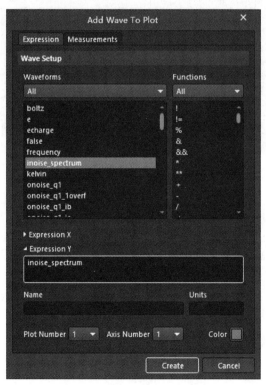

图 3-52　在绘图图标中加入波形

（5）在 Noise Spectral Density 界面按照上述的步骤创建一个新的绘图图表，并加入 onoise_spectrum，输出噪声谱密度仿真波形如图 3-54 所示。

（6）保存工程文件，将其保存到 noise_analysis 目录下（可以根据情况保存到其他目录下），退出该设计工程。

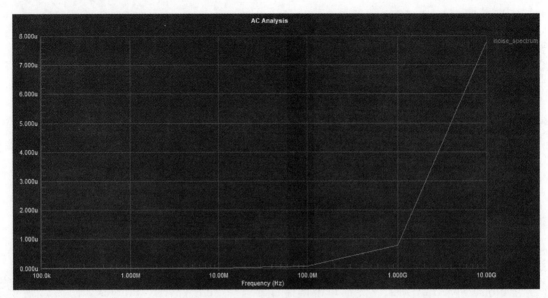

图 3-53 输入噪声谱密度仿真波形

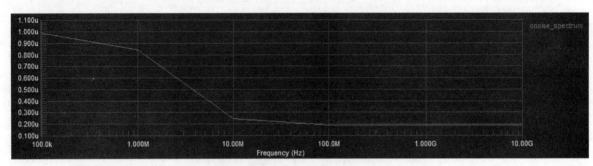

图 3-54 输出噪声谱密度仿真波形

3.7 参数扫描分析

本节将构建用于参数扫描分析的电路,并执行参数扫描分析,主要内容包括修改前面的设计、设置参数扫描分析参数和分析参数扫描的仿真结果。

3.7.1 打开前面的设计

打开前面设计的步骤主要包括:

(1)新建一个 parametric_analysis 文件夹,把 transient_analysis 文件夹下的所有文件复制到 parametric_analysis 文件夹下。

(2)在 AD 软件中,打开 parametric_analysis 文件夹下的工程文件。

3.7.2 设置参数扫描分析参数

下面介绍设置参数扫描分析参数的方法。其步骤主要包括:

(1)在 AD 软件主界面菜单下选择 Simulate→Simulation Dashboard 命令。

（2）打开如图 3-55 所示的 Simulation Dashboard 界面，按下面参数设置：

① 在"1. Verification"中单击 Start Verification 按钮进行电路检查，检查通过后 Electrical Rule Check 和 Simulation Models 标识为绿色对号。

② 在"2. Preparation"中 Probes 界面单击 Add 按钮选择 Voltage，在网络 OUT 处加入 Probes（探针）V_OUT，用于采集对应网络的时域瞬态波形。

③ 在"3. Analysis Setup & Run"中 Transient 选项设置瞬态仿真参数起始时间（From）为 0，停止时间（To）为 30μs，步进（Step）为 100ns。

④ 选中 Sweep 选项并单击 Settings 按钮进入 Advanced Analysis Settings 设置窗口，如图 3-56 所示设置扫描参数源为 R1，开始值（From）为 1kΩ，结束值（To）为 10kΩ，步进值（Step）为 1kΩ。

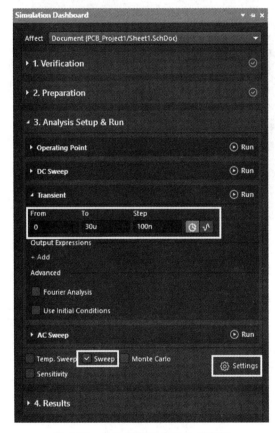

图 3-55 设置瞬态及参数分析参数

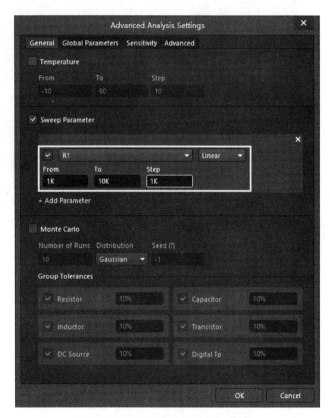

图 3-56 设置参数扫描分析参数

（3）单击 Transient 选项 Run 按钮，开始执行仿真。

3.7.3 参数扫描结果分析

下面对参数扫描的结果进行分析。其步骤主要包括：

（1）运行 Spice 仿真后，弹出消息对话框，关闭该对话框。

（2）自动打开 PCB_Project1.sdf 文件。显示如图 3-57 所示的图形，V(OUT)p1～V(OUT)p10 分别为 R1 在 1～10kΩ 不同阻值下的输出信号时域瞬态波形。

（3）保存工程文件，并退出设计工程。

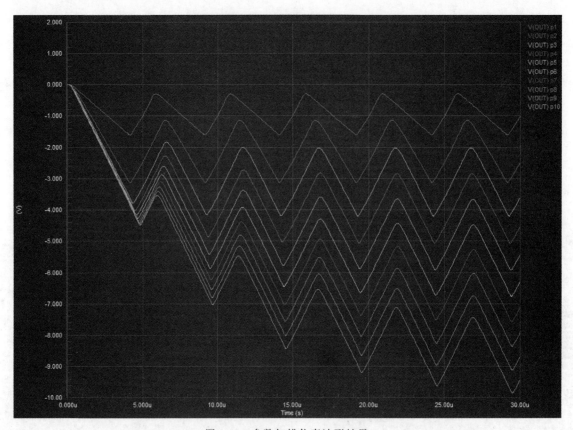

图 3-57　参数扫描仿真波形结果

3.8　温度分析

本节将构建温度分析电路,并执行温度分析,主要内容包括构建温度分析电路、设置温度分析参数和分析温度仿真结果。带有温度系数的器件包括 GaAsFET、电容、二极管、JFET、电感、MOSFET、BJT、电阻和电压开关(只用于噪声计算)。

3.8.1　建立新的温度分析工程

建立新的温度分析电路工程的步骤主要包括:

(1) 在 Windows 10 操作系统主界面的左下角下,选择"开始"→Altium Designer 命令,打开 AD 软件。

(2) 在 AD 软件主界面菜单下选择 File→New→Project 命令,创建一个名称为 PCB_Project1. PrjPCB 的新工程。

(3) 按照前面所介绍的添加原理图的方法,添加名称为 Sheet1.SchDoc 的原理图文件。

3.8.2　构建温度分析电路

构建温度分析电路步骤主要包括:

(1) 从 Miscellaneous Devices.IntLib 库中分别找到名称为 Res1 的电阻元器件、名称为 Res Tap 的

可变电阻、名称为 Diode IN4148 的二极管、名称为 Diode 18TQ045 的二极管、名称为 Op Amp 的运算放
大器,并将其按照图 3-58 所示的位置进行放置。

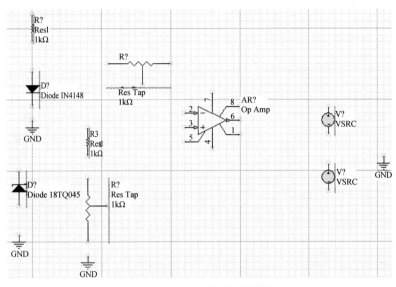

图 3-58 放置元器件和信号源

(2) 从 Simulation Sources.IntLib 库中找到名称为 VSRC 的元器件,并按照图 3-58 所示的位置进
行放置。

(3) 单击 AD 软件主界面下工具栏内的 ▓ 按钮,将 GND 按照图 3-58 所示的位置进行放置。

(4) 单击 AD 软件主界面下工具栏内的连线按钮,将这些元器件和信号源按照图 3-59 所示的方式
进行连接。

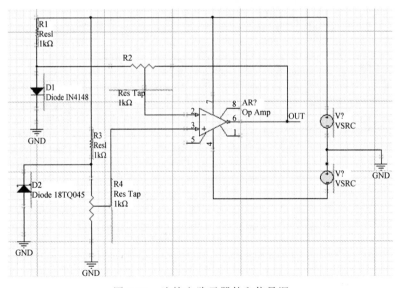

图 3-59 连接电路元器件和信号源

(5) 按照前面所介绍的给元器件分配标识符的方法,为电路中的元器件和信号源分配唯一的标识
符。图 3-60 给出分配完标识符后的原理图界面。

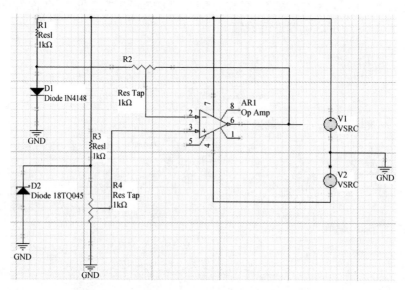

图 3-60   为电路元器件和信号源分配唯一的标识

（6）如图 3-61 所示，将 V1 和 V2 设置为＋15V，其他元器件参数按图中设置。

（7）为了方便对仿真结果的分析，如图 3-61 所示，在放大器的输出端放置名称为 OUT 的网络标号。

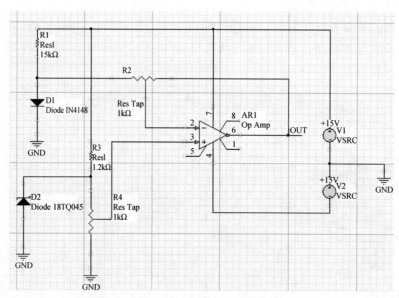

图 3-61   修改电路元器件参数并放置网络标号

（8）保存设计文件，将其保存到 temperature_analysis 目录下。

3.8.3   设置温度分析参数

下面介绍设置温度分析参数的方法。其步骤主要包括：

（1）在 AD 软件主界面菜单下选择 Simulate→Simulation Dashboard 命令。

（2）打开如图 3-62 所示的 Simulation Dashboard 界面，按下面参数设置：

① 在"1. Verification"中单击 Start Verification 按钮进行电路检查，检查通过后 Electrical Rule Check 和 Simulation Models 标识为绿色对号。

② 在"2. Preparation"中 Probes 界面单击 Add 按钮选择 Voltage，在网络 OUT 处加入 Probes（探针）V_OUT，用于采集对应网络的时域瞬态波形。

③ 选中 Temp. Sweep 选项，并单击 Settings 按钮进入 Advanced Analysis Settings 窗口，如图 3-63 所示设置温度开始值（From）为 0 度，结束值（To）为 100 度，步进（Step）值为 10 度。

图 3-62　设置瞬态和温度分析参数

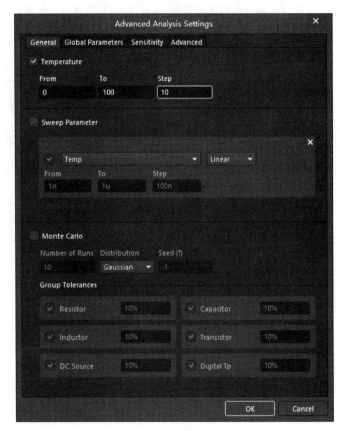

图 3-63　设置温度扫描分析参数

（3）单击 Transient 选项 Run 按钮，开始执行仿真。

3.8.4　温度仿真结果分析

下面对温度仿真结果进行分析。其步骤主要包括：

（1）运行 Spice 仿真后，弹出消息对话框，关闭该对话框。

（2）自动打开 PCB_Project1.sdf 文件。如图 3-64 所示，显示 V(OUT)t1～V(OUT)t11 分别在 0～100℃不同温度下的输出信号时域瞬态波形。

（3）保存工程文件，将其保存 temperature_analysis 目录下，退出设计工程。

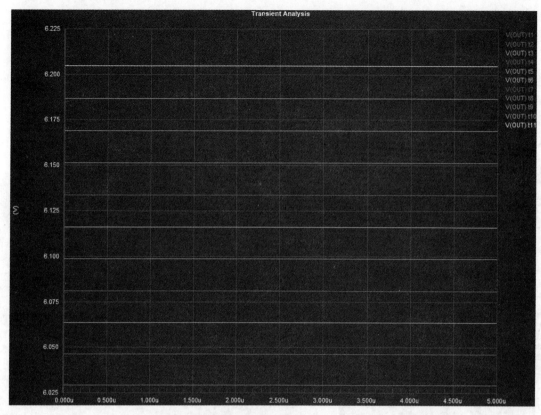

图 3-64　温度扫描仿真结果

3.9　蒙特卡洛分析

本节将构建蒙特卡洛分析电路,并执行蒙特卡洛分析,主要内容包括构建蒙特卡洛分析电路、设置蒙特卡洛分析参数和分析蒙特卡洛仿真结果。

3.9.1　建立新的蒙特卡洛分析工程

建立新的蒙特卡洛分析电路工程的步骤主要包括:

(1) 在 Windows 10 操作系统主界面的左下角下,选择【开始】→Altium Designer 命令,打开 AD 软件。

(2) 在 AD 软件主界面菜单下选择 File→New→Project 命令,创建一个名称为 PCB_Project1. PrjPCB 的新工程。

(3) 按照前面所介绍的添加原理图的方法,添加名称为 Sheet1. SchDoc 的原理图文件。

3.9.2　构建蒙特卡洛分析电路

下面构建用于蒙特卡洛分析的单个 BJT 放大电路。其步骤主要包括:

(1) 从 Miscellaneous Devices. IntLib 库中分别找到名称为 Res1 的电阻元器件、名称为 Cap 的电容元器件、名称为 2N3904 的晶体管,并将其按照图 3-65 所示的位置进行放置。

（2）从 Simulation Sources. IntLib 库中找到名称为 VSRC 和 VSIN 的元器件，并按照图 3-65 所示的位置进行放置。

（3）单击 AD 软件主界面下工具栏内的 ▇ 按钮，将 GND 按照图 3-65 所示的位置进行放置。

（4）单击 AD 软件主界面下工具栏内的连线按钮，将这些元器件和信号源按照图 3-66 所示的方式进行连接。

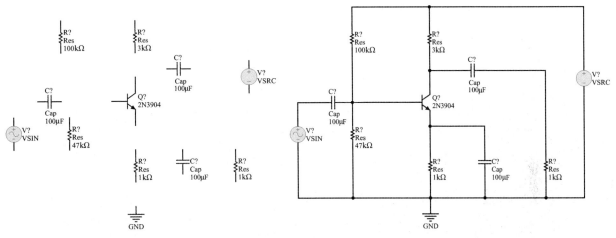

图 3-65　放置元器件和信号源　　　　　　　图 3-66　连接电路元器件和信号源

（5）按照前面所介绍的为元器件分配标识符的方法，为电路中的元器件和信号源分配唯一的标识符。图 3-67 给出分配完标识符后的原理图界面。

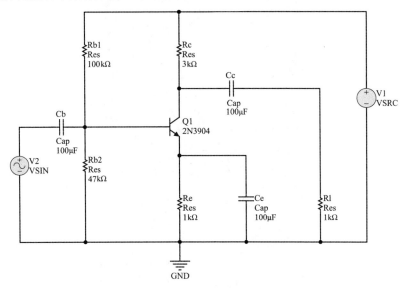

图 3-67　为电路元器件和信号源分配唯一的标识符

（6）如图 3-68 所示，将元器件参数按照图中设置。

（7）为了方便对仿真结果的分析，按照图 3-68 所示的电路，在电容 Cc 的输出端放置名称为 OUT 的网络标号。

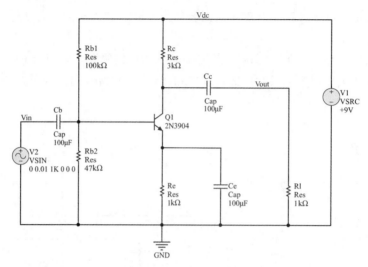

图 3-68   修改电路元器件参数和放置网络符号

3.9.3   设置蒙特卡洛分析参数

下面介绍设置蒙特卡洛分析参数的方法。其步骤主要包括：

（1）在 AD 软件主界面菜单下选择 Simulate→Simulation Dashboard 命令。

（2）打开如图 3-69 所示的 Simulation Dashboard 界面,按下面参数设置：

图 3-69   设置瞬态和蒙特卡洛分析参数

① 在"1. Verification"中单击 Start Verification 按钮进行电路检查,检查通过后 Electrical Rule Check 和 Simulation Models 标识为绿色对号。

② 在"2. Preparation"中 Probes 界面单击 Add 按钮选择 Voltage,在网络 OUT 处加入 Probes(探针) V_OUT,用于采集对应网络的时域瞬态波形。

③ 在"3. Analysis Setup & Run"中 Transient 选项设置瞬态仿真参数起始时间(From)为 0,停止时间(To)为 5ms,步进(Step)为 1μs。

④ 选中 Monte Carlo 选项并单击 Settings 按钮进入 Advanced Analysis Settings 窗口,如图 3-70 所示设置运行次数(Number of Runs)为 30,分布(Distribution)为 Uniform,种子值(Seed)为 32767,将所有的 Tolerance(容差)设置为 10%。

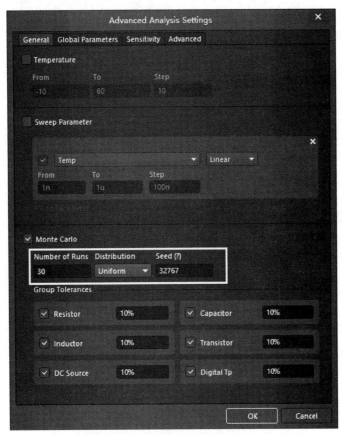

图 3-70 设置蒙特卡洛分析参数

(3) 单击 Transient 选项 Run 按钮,开始执行仿真。

3.9.4 蒙特卡洛仿真结果分析

下面对蒙特卡洛仿真结果进行分析。其步骤主要包括:

(1) 运行 Spice 仿真后,弹出消息对话框。关闭该对话框。

(2) 自动打开 PCB_Project1. sdf 文件。仿真波形显示如图 3-71 所示,V(OUT)m1～V(OUT)m3D 分别为在不同蒙特卡洛参数下输出信号时域瞬态波形。

(3) 保存工程文件,将其保存到 montecarlo_analysis 目录下,退出设计工程。

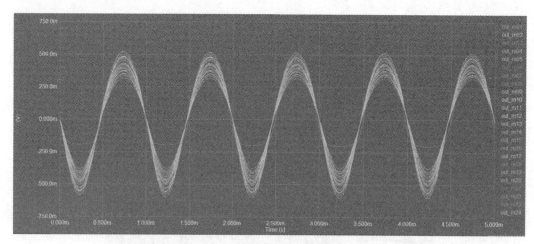

图 3-71　蒙特卡洛分析结果

## 第 4 章

射频电路设计与仿真

在进行射频微波电路设计时,节点电路理论已不再适用,需要采用分布参数电路的分析方法。可以采用复杂的场分析法,但更多的时候是采用微波网络法来分析电路。在射频电路仿真中除了前面常用的基本电路仿真方法之外,还用到 S 参数仿真、谐波平衡法仿真、电路包络仿真等方法,本章以 ADS 2023 仿真软件为例,对上述仿真方面进行描述,并给出几种射频电路的仿真实例。

4.1 S 参数仿真

对于微波网络而言,最重要的参数就是 S 参数。在个人计算机平台迈入 GHz 阶段之后,从计算机的中央处理器、显示界面、存储器总线到 I/O 接口,全部走入高频传送的阶段,所以现在不但进行射频微波电路设计时需要了解 S 参数相关知识,进行计算机系统甚至消费电子系统设计时也需要对相关知识有所掌握。本节通过实例介绍 ADS 2023 软件实现 S 参数仿真的原理和方法。

4.1.1 S 参数的概念

在低频电路中,元器件的尺寸相对于信号的波长而言可以忽略不计(通常小于波长的 $1/10$),这种情况下的电路被称为节点电路,这时可以采用常规的电压、电流定律来进行电路计算。

但在高频/微波电路中,由于波长较短,组件的尺寸就无法再视为一个节点,因为某一瞬间组件上所分布的电压、电流会不一致,因此基本的电路理论不再适用,而必须采用电磁场理论中的反射及传输模式来分析电路。元器件内部电磁波的进行波与反射波的干涉使电压和电流失去了一致性,电压电流比为稳定状态的固有特性也不再适用,取而代之的是"分布参数"的特性阻抗观念,此时的电路以电磁波传送与反射为基础要素,即反射系数、衰减系数、传送的延迟时间。

分布参数电路采用场分析法,但场分析法过于复杂,因此需要一种简化的分析方法。微波网络法广泛运用于微波系统的分析,是一种等效电路法,在分析场分布的基础上,用路的方法将微波元器件等效为电抗或电阻器件,将实际的导波传输系统等效为传输线,从而将实际的微波系统简化为微波网络,将场的问题转化为路的问题来解决。

一般地,对于一个有 Y 参数、Z 参数和 S 参数的网络是可以实际测量和分析的,其中 Y 参数称为导纳参数,Z 参数称为阻抗参数,S 参数称为散射参数。Z 参数和 Y 参数对于集总参数电路分析非常有效,各参数可以很方便地进行测试。但是在微波系统中,由于确定非 TEM 波电压及电流的困难性,而且在微波频率测量电压和电流也存在实际困难,因此,在处理高频网络时,等效电压和电流以及有关的阻抗和导纳参数变得较抽象。与直接测量入射波、反射波及传输波概念更加一致的是散射参数,即 S 参数矩阵,它更适合于分布参数电路。

　　S参数是建立在入射波、反射波关系基础上的网络参数,适于微波电路分析,以器件端口的反射信号以及从该端口传向另一端口的信号来描述电路网络。同W端口网络的阻抗参数和导纳参数一样,用散射参数亦能对W端口网络进行完善的描述。阻抗参数和导纳参数反映了端口的总电压和电流的关系,而散射参数则反映端口的入射电压波和反射电压波的关系。散射参数可以直接用网络分析仪测量得到,而且可以用网络分析法来计算。

　　下面以二端口网络为例说明S参数的含义,如图4-1所示。

　　二端口网络有四个S参数,Sij表示能量从j口注入,在i口测得的能量,如S11定义为从端口1口反射的能量与输入能量比值的平方根,也经常被简化为等效反射电压和等效入射电压的比值。各参数的物理含义和特殊网络的性质如下:

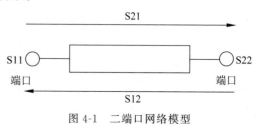

图 4-1　二端口网络模型

　　(1) S11:端口2匹配时,端口1的反射系数。

　　(2) S22:端口1匹配时,端口2的反射系数。

　　(3) S12:端口1匹配时,端口2到端口1的反向传输系数。

　　(4) S21:端口2匹配时,端口1到端口2的正向传输系数。

　　(5) 对于互易网络,S12=S21。

　　(6) 对于对称网络,S11=S22。

　　(7) 对于无耗网络,$(S11)^2 + (S22)^2 = 1$。

　　通常可以将单根传输线或一个过孔等效成一个二端口网络。其中一端端口1接输入信号,另一端端口2接输出信号,那么S11表示回波损耗,即有多少能量被反射回源端(端口1),该值越小越好,一般建议S11<0.1,即−20dB;S21表示插入损耗,即有多少能量被传输到目的端(端口2),该值越大表示传输的效率越高,理想值是1,即0dB。一般建议S21>0.7,即−3dB。如果网络是无耗的,那么只要端口1上的S11很小就可以使S21>0.7的要求得到满足,但通常传输线是有耗的,尤其在GHz以上时,损耗很显著,即使在端口1上没有反射,经过长距离的传输线后S21的值也会变得很小,说明能量在传输过程中有消耗。

4.1.2　S参数在电路仿真中的应用

　　S参数自问世以来已在电路仿真中得到广泛使用。针对射频和微波应用的综合分析工具几乎都具有使用S参数进行仿真的能力,其中包括是德科技公司的ADS软件。

　　在ADS仿真器中都可以找到S参数模块,用户可以对每个S参数进行设置软件完成相应的仿真。同时,用户也可以通过网络分析仪对要生产的PCB进行精确的S参数测量;用户还可以采用元器件厂家提供的S参数进行仿真,据是德科技EDA部门的一位应用工程师在文章中介绍:"这些数据通常是在与最终应用环境不同的环境中测得的。这可能会在仿真中引入误差。"他举例称,当电容器安装在不同类型的印制电路板上时,电容器会因为安装的焊盘和电路板材料(如厚度、介电常数等)而存在不同的谐振频率,固态器件也会遇到类似问题(如LNA应用中的晶体管)。为避免这些问题,最好在实验室中测量S参数。但无论如何,为了进行射频系统仿真,无法回避使用S参数模型,而这些数据是来自设计师的亲自测量还是直接从元器件厂家获得,则是由高频电子电路的特性所决定的。

　　S参数仿真的主要功能包括以下几个方面:

（1）获得器件或电路的 S 参数，并可以将该参数转换成 Y 参数或 Z 参数。

（2）仿真群延时。

（3）仿真线性噪声。

（4）分析频率改变对小信号的影响。

（5）仿真混频器电路的 S 参数。

4.1.3　S 参数仿真面板与仿真控制器

ADS 软件中有专门针对 S 参数仿真的元器件面板，在 Simulation-S_Param 类元器件面板中提供了所有 S 参数仿真需要的控件，如图 4-2 所示。

常用的控件名称包括：SP（S 参数仿真控制器）、Sweep Plan（参数扫描计划控制器）、Options（S 参数仿真设置控制器）、RefNet（参考网络控件）、NdSet Name（节点名控件）、Disp Temp（显示模板控件）、MaxGain（最大增益控件）、VoltGain（电压增益控件）、GainRip（增益波纹控件）、MuPrim（计算源稳定系数控件）、StabMs（计算电路稳定系数）、Zin（输入阻抗控件）、SP Lab（S 参数仿真测试平台控件）、Prm Swp（参数扫描控制器）、Term（终端负载）、OscTest（接地振荡器测试）、NdSet（节点设置控件）、SP Output（S 参数输出控件）、Meas Eqn（仿真测量等式控件）、PwrGain（功率增益控件）、VSWR（电压驻波比控件）、Mu（计算负载稳定系数控件）、Stabfct（计算 Rollett 稳定因子 K）、Yin（输入导纳控件）和 GaCir～NsCir（Smith 圆图控件）。

1. S 参数仿真控制器

S 参数仿真控制器（SP）在原理图中如图 4-3 所示，它是控制 S 参数仿真最主要的控件，可以设置 S 参数仿真的频率扫描范围、仿真执行参数和噪声分析相关参数等内容。双击 S 参数仿真控制器，弹出参数设置选项卡，可以对该选项卡随 SP 参数一起进行设置。

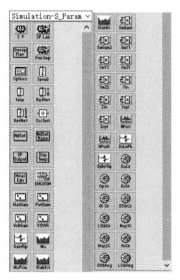

图 4-2　S 参数仿真的元器件面板

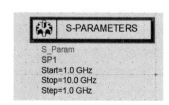

图 4-3　S 参数仿真控制器

（1）Frequency（频率）。S 参数仿真要在一定频率范围内执行，因此在 S 参数仿真执行前通过 S 参数仿真控制器设置窗口中的 Frequency 选项卡对频率参数进行设置，如图 4-4 所示。

（2）Parameters（参数）。用户可以通过 Parameters 选项卡进行设置：S 参数仿真中的参数计算、频率转换、仿真状态信息显示和仿真结果保存等参数,如图 4-5 所示。

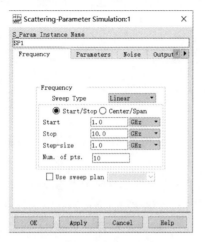

图 4-4　Frequency 选项卡

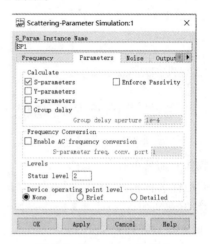

图 4-5　Parameters 选项卡

参数计算(Calculate)。设置仿真过程中计算的参数,包括 S 参数(S-parameters)、Y 参数(Y-parameters)、Z 参数(Z-parameters)、群延时(Group delay)参数。用户可以选中需计算的参数,仿真结束后可以在仿真结果中查看这个参数。

频率转换(Enable AC frequency conversion)。决定是否允许进行频率转换。如果选中此项,则可以执行带有频率转换的 S 参数仿真。

仿真状态(Status level)显示。设置仿真状态窗口中显示信息的多少。其中,0 表示显示很少的仿真信息;1 和 2 表示显示正常的仿真信息;3 和 4 表示显示较多的仿真信息。

器件的操作点信息(Device operating point level)设置。设置数据文件是否保存原理图中的有源器件和部分线性器件的操作点相关信息。其中,None 表示不保存有源器件和部分线性器件的操作点相关系数;Brief 表示仅保存部分元器件的电流、功率和一些线性器件的参数;Detailed 表示保存所有直流仿真的工作点值,如电流、电压、功率和线性器件参数。

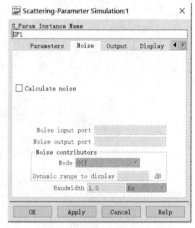

图 4-6　Noise 选项卡

(3) Noise。在 S 参数仿真中同样可以进行噪声分析,噪声分析的相关参数可以通过 Noise 选项卡进行设置,如图 4-6 所示。

2. S 参数仿真测试平台控件

S 参数仿真测试平台控件(SP Lab)如图 4-7 所示,它专门用来建立 S 参数仿真的测试平台,其参数与 S 参数仿真控制器的参数相同。

3. 参数扫描计划控制器

参数扫描计划控制器(Sweep Plan)如图 4-8 所示,主要用来设置仿真中的参数扫描计划。用户可以通过该控制器添加一个或多个扫描变量,并制订相应的扫描计划。

4. 参数扫描控制器

参数扫描控制器(Prm Swp)如图 4-9 所示,用来设定仿真中的扫描参数。该控制器设定的扫描参数可以在多个仿真实例中使用。

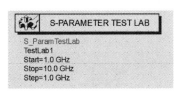

图 4-7　S 参数仿真测试平台控件　　　图 4-8　参数扫描计划控制器　　　图 4-9　参数扫描控制器

5. S 参数仿真设置控制器

S 参数仿真设置控制器(Options)如图 4-10 所示,主要用于对 S 参数仿真时环境温度、设备温度、仿真的收敛性、仿真的状态提示和输出文件特性等相关参数的进行设置。

6. 终端负载

终端负载(Term)如图 4-11 所示,用来定义端口标号以及设定各端口终端负载阻抗。

7. 最大增益控件

最大增益控件(MaxGain)如图 4-12 所示,用来在仿真结果中添加仿真电路的最大增益数据组。

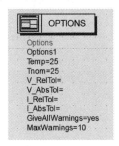

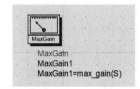

图 4-10　S 参数仿真设置控制器　　　　图 4-11　终端负载　　　　图 4-12　最大增益控件

8. 功率增益控件

功率增益控件(PwrGain)如图 4-13 所示,用来在仿真结果中添加仿真电路功率增益的数据组。

9. 电压增益控件

电压增益控件(VoltGain)如图 4-14 所示,用来在仿真结果中添加仿真电路电压增益的数据组。

10. 电压驻波比控件

电压驻波比控件(VSWR)如图 4-15 所示,用来在仿真结果中添加仿真电路各端口电压驻波比的数据组。

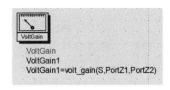

图 4-13　功率增益控件　　　　　图 4-14　电压增益控件　　　　　图 4-15　电压驻波比控件

11. 增益波纹控件

增益波纹控件(GainRip)如图 4-16 所示,用来在仿真结果中添加仿真电路增益波纹的数据组。

12. 输入导纳控件

输入导纳控件(Yin)如图4-17所示,用来在仿真结果中添加仿真电路输入导纳的数据组,用户在仿真结束后可以直接在数据显示窗口中查看仿真电路或仿真网络的输入导纳。

13. 输入阻抗控件

输入阻抗控件(Zin)如图4-18所示,用来在仿真结果中添加仿真电路输入阻抗的数据组。

GainRipple
GainRipple1
GainRipple1=ripple(mag(S21))

图 4-16   增益波纹控件

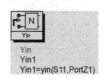

Yin
Yin1
Yin1=yin(S11,PortZ1)

图 4-17   输入导纳控件

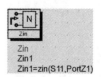

Zin
Zin1
Zin1=zin(S11,PortZ1)

图 4-18   输入阻抗控件

14. 史密斯圆图控件

史密斯圆图控件(Smith)是射频电路分析中非常有效和直观的工具,ADS软件提供各种史密斯圆图工具,如各种增益圆图、噪声系数圆图和稳定性圆图等。用户可以在原理图中通过这些控件计算相应数据,并将这些数据添加到仿真结果中。史密斯圆图控件面板如图4-19所示。

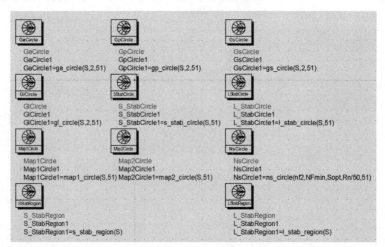

图 4-19   史密斯圆图控件面板

4.1.4 S 参数仿真过程

S参数仿真过程如下:

(1) 选择器件模型并建立电路原理图。

(2) 确定需要进行S参数仿真的输入、输出端口,并在Simulation-S_Param元器件面板中选择终端负载控件(Term),分别连接在电路的输入、输出端口。

(3) 在Simulation_S_Param元器件面板列表中选择S参数仿真控制器SP,并放置在电路图设计窗口中。

(4) 双击S参数仿真控制器,在Frequency选项卡中对交流仿真中频率扫描类型和扫描范围等进行设置。

(5) 如果扫描变量较多,则需要在Simulation-S_Param元器件面板中选择Prm Swp控件,在其中设置多个扫描变量以及每个扫描变量的扫描类型和扫描参数范围等。

（6）如果需要计算电路的群延时特性，则需要在 S 参数仿真控制器参数设置窗口中选择 Parameters 选项卡，在 Calculate 选项中选中 Group delay，允许在仿真中计算群延时参数。

（7）如果需要对电路进行线性噪声分析，则需要在 S 参数仿真控制器参数设置窗口的 Noise 选项卡中选中 Calculate noise 项，允许在仿真中计算线性噪声，然后分别设置噪声的输入端口、输出端口、噪声来源分类方式、噪声的动态范围和噪声带宽等内容。

（8）设置完成后，执行仿真。

（9）在数据显示窗口查看仿真结果。

4.1.5　基本 S 参数仿真

下面通过实例强化 S 参数仿真过程中参数设置、运行、优化以及数据输出等相关内容，以便对 S 参数仿真有更全面的认识。

1. 创建原理图

（1）新建项目空间，命名为 chapter4-wrk，其他选项默认。

（2）新建原理图，单击 图标，弹出对话框，命名为 S_params，参照交流仿真原理图，绘制 S 参数仿真原理图。

（3）在 Simulation-S_Param 组件面板中，插入终端负载（Term）。

（4）在 Lumped-Components 组件面板中，插入两个理想扼流圈（DC_feed）以隔离 RF 与直流通路。

（5）在 Lumped-Components 组件面板中，插入两个隔直电容（DC_Block）器件。

（6）在 Simulation-S_Param 组件面板中，在原理图上放置控件，参数设置 Start＝100MHz，Stop＝4GHz，Step＝100MHz。

完整电路原理图如图 4-20 所示。

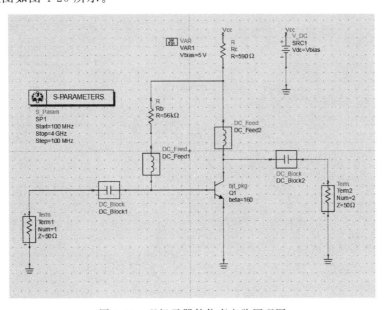

图 4-20　理想元器件仿真电路原理图

2. 仿真结果输出

（1）单击仿真 按钮，进行仿真。

（2）仿真结束后，引入 S(2,1)(dB)的矩形图，在 1.9GHz 处插入标记，如图 4-21 所示，确认此处增益为 20.364dB。

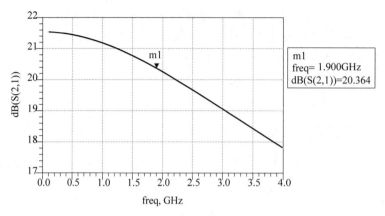

图 4-21　以 dB 为单位的 S(2,1)参数曲线

（3）单击数据显示窗口左侧工具栏 ⊕ 图标引入 S11 和 S22 的史密斯圆图（Smith Chart）（又称 Smith 圆图），并在 1.9GHz 处插入标记。

（4）选中标记读出器（marker readout），按方向键可移动标记。从图 4-22 中可知，由于还没有对该电路输入、输出进行匹配，S11 和 S22 的结果很差，S11 在 1.9GHz 处的大小以及它的阻抗值没有匹配，若完全匹配，则应该在 50Ω 附近。

（5）双击标记读出器弹出如图 4-23 所示的编辑标记属性窗口，在 Format 选项卡中把 Zo 改为 50Ω，单击 OK 按钮，得到新的结果，如图 4-24 所示。

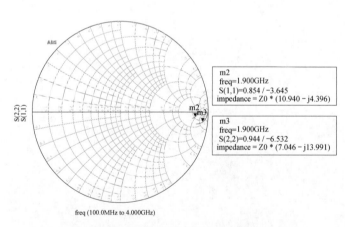

图 4-22　S11、S22 参数 Smith 圆图

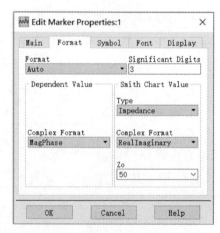

图 4-23　编辑标记属性窗口

3. 写出改变终端阻抗的方程

（1）在原理图中对端口 2 写方程，这样可以更灵活地定义参数和变量，使其终端 Z 在频率小于 400MHz 时负载阻抗为 50Ω，大于 400MHz 时阻抗为 35Ω，即 Z＝if freq＜400MHz then 50 else 35 endif，如图 4-25 所示。

（2）运行仿真，在数据显示窗口单击 ▦ 按钮，输出 PortZ(2)以数据列表（list）形式显示。检查在频率大于 400MHz 时 Z 是否为 35Ω，从图 4-26 中可以看出，当频率大于或等于 400MHz 时，负载阻抗为 35Ω。

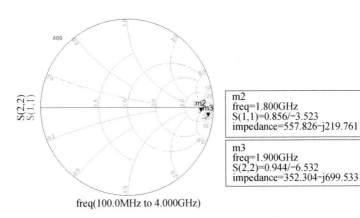

图 4-24 50Ω 阻抗替换后的 Smith 圆图

freq	PortZ(2)
100.0 MHz	50.000 / 0.000
200.0 MHz	50.000 / 0.000
300.0 MHz	50.000 / 0.000
400.0 MHz	35.000 / 0.000
500.0 MHz	35.000 / 0.000
600.0 MHz	35.000 / 0.000
700.0 MHz	35.000 / 0.000
800.0 MHz	35.000 / 0.000
900.0 MHz	35.000 / 0.000
1.000 GHz	35.000 / 0.000
1.100 GHz	35.000 / 0.000
1.200 GHz	35.000 / 0.000
1.300 GHz	35.000 / 0.000
1.400 GHz	35.000 / 0.000
1.500 GHz	35.000 / 0.000
1.600 GHz	35.000 / 0.000
1.700 GHz	35.000 / 0.000
1.800 GHz	35.000 / 0.000
1.900 GHz	35.000 / 0.000
2.000 GHz	35.000 / 0.000
2.100 GHz	35.000 / 0.000
2.200 GHz	35.000 / 0.000
2.300 GHz	35.000 / 0.000
2.400 GHz	35.000 / 0.000
2.500 GHz	35.000 / 0.000
2.600 GHz	35.000 / 0.000
2.700 GHz	35.000 / 0.000
2.800 GHz	35.000 / 0.000
2.900 GHz	35.000 / 0.000
3.000 GHz	35.000 / 0.000

图 4-26 不同频率对应阻抗值列表

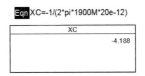

图 4-25 阻抗可变器件模型

（3）把端口 2 阻抗重置到 $Z=50\Omega$。

4. 在数据显示窗口中计算感抗、容抗值

在图 4-26 所示的电路中，DC_Block 和 DC_Feed 都是理想器件，而实际电路是用电感代替扼流圈，用电容代替 DC_Block，接下来完成的是计算电容的容抗值和电感的感抗值。

（1）插入方程计算 XC。在数据显示窗口单击 **Eqn** 图标，插入方程，计算 1.9GHz 处 10pF 的容抗。然后列表输出 XC，如图 4-27 所示，计算后结果为 -8.377，这个电抗值比较小，在 1.9GHz 交流信号时可以近似看作短路器件。

（2）改变方程中的电容值为 20pF，XC 列表将自动刷新为 -4.188，如图 4-28 所示。

Eqn XC=-1/(2*pi*1900M*10e-12)

XC
-8.377

Eqn XC=-1/(2*pi*1900M*20e-12)

XC
-4.188

图 4-27 容抗方程及容抗值

图 4-28 改变电容后容抗方程及容抗值

（3）插入列表，显示电感值和感抗范围。其中，L_val 的范围为 0～200nH，步长为 10nH，如图 4-29 所示。

图 4-29 中,两个冒号句法表示范围,方括号用于生成扫描。随着电感值增加,1.9GHz 处的感抗值也增加。因此,120nH 对于 DC 馈电已足够大(RF 扼流圈)。可将方程和表复制至另一数据显示窗口或者使用命令 File→Save As Template 以模板格式保存数据显示文件,这样可被其他窗口引用。

(4)保存当前的数据显示文件和原理图。

5. 代入 L 和 C 的计算值并仿真

(1)另存原理图,命名为 s_match。

(2)把两个隔直电容的文件名 DC_Block 改为 C,它们将自动变为集总参数电容,并把两电容值均设为 C=10pF,如图 4-30 所示。

(3)以相同方式改变理想电感(DC_Feed),并把 L 值都设为 120nH,如图 4-31 所示。

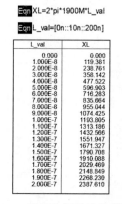

图 4-29 感抗方程及对应感抗值

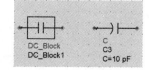

图 4-30 器件替换方法

图 4-31 实际的电感

(4)连接好原理图,如图 4-32 所示,检查各元器件值并仿真。

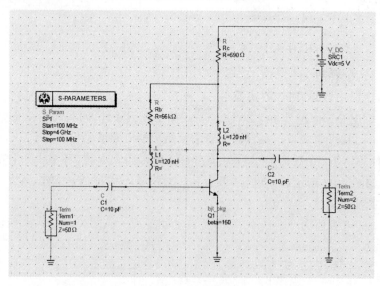

图 4-32 仿真电路图

(5)在数据显示窗口中,对传输参数(S12 和 S21)和反射参数(S11 和 S22)仿真数据绘图并作标记,如图 4-33 所示。

(6)重新绘制 S11、S22 的 Smith 圆图,并进行阻抗替换,如图 4-34 所示。

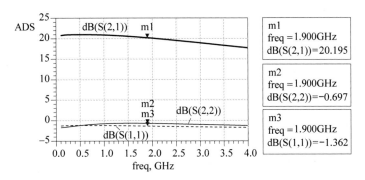

图 4-33　以 dB 显示 S(1,1)、S(2,1)、S(2,2)仿真结果

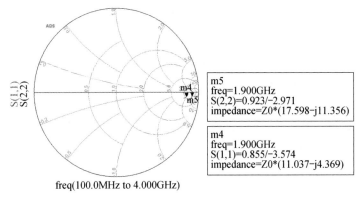

图 4-34　S11、S22 的 Smith 圆图仿真结果

4.1.6　匹配电路设计

从图 4-33 可以看出,该电路阻抗没有匹配,一般在 ADS 软件中利用 Smith 圆图工具完成匹配工作。

1. 启动 Smith 圆图工具

在原理图窗口单击 DesignGuide→Filter→Smith Chart,如图 4-35 所示,弹出 Smith 圆图工具窗口,如图 4-36 所示。

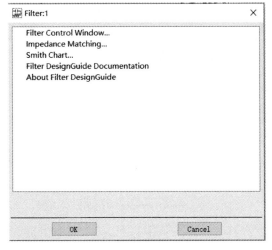

图 4-35　调用工具

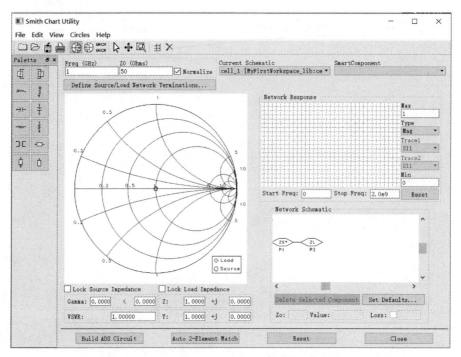

图 4-36　Smith 圆图工具窗口

2. 输入端阻抗匹配

（1）在 Smith 圆图工具界面，单击 Palette ⊞ 按钮，原理图的元器件控制面板变成 Smith Chart Matching 类，单击 Smithchart ⊕ 控件，将其放到需要匹配的原理图中，如图 4-37 所示。

（2）在 Smith 圆图工具界面，设置仿真频率和归一化阻抗，如图 4-38 所示。频率设置为 1.9GHz，归一化阻抗设置为 50Ω。

图 4-37　Smith 圆图控件

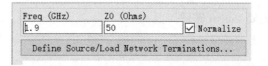

图 4-38　仿真频率和归一化阻抗设置

（3）在 Smith 圆图工具界面，找到 Network Schematic 区域单击 ZL 负载，弹出 SmartComponent Sync 对话框，如图 4-39 所示，选择 Update SmartComponent from Smith Chart Utility，单击 OK 按钮。

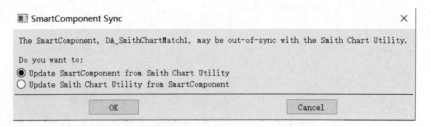

图 4-39　SmartComponent Sync 对话框

（4）将阻抗值设置为实际的阻抗值。在 1.9GHz 时实际的负载阻抗值为 $551.9-j*218.5$，如图 4-40 所示。

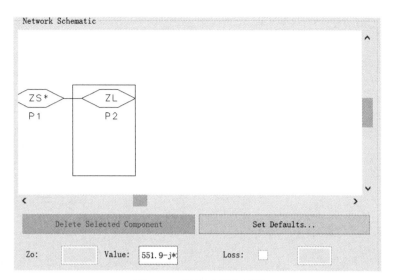

图 4-40 阻抗匹配模型图

（5）在 Smith 圆图上对应出现该阻抗的位置点，如图 4-41 所示。

（6）沿等电导圆向下移动该位置点，相当于并联一个电容，单击左侧控件 ，如图 4-42 所示，连接到等电阻圆上。

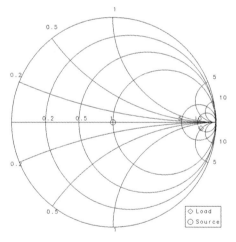

图 4-41 没有阻抗匹配前的 Smith 圆图

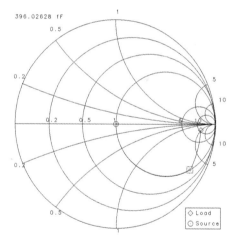

图 4-42 等电导圆匹配

（7）再沿等电阻圆移动，相当于串联一个电感，单击左侧控件 ，沿等电阻圆移动到中心点的位置，即达到匹配点，如图 4-43 所示。

（8）得到匹配网络 S11 参数曲线，如图 4-44 所示。

（9）将频率范围改成 0～3.8GHz，单击 Reset 按钮，这时 S11 参数曲线变为如图 4-45 所示形状，匹配网络结构如图 4-46 所示。

（10）单击电容或电感，下面对话框会显示出它的值，如电感值为 14.419nH，电容为 396.29fF。

（11）匹配完成后，单击 Build ADS Circuit 按钮，插入的 Smith 圆图控件完成更新，如图 4-47 所示。

（12）选中该控件，单击 View→Push Into Hierarchy 进入子电路，图 4-48 所示是步骤（9）所建的匹配电路。

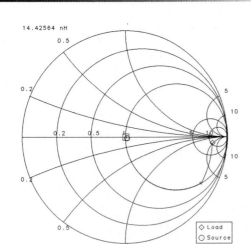

图 4-43　等电阻圆匹配

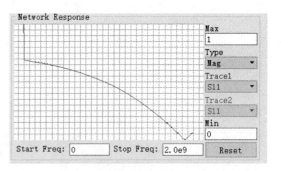

图 4-44　匹配网络 S11 参数曲线

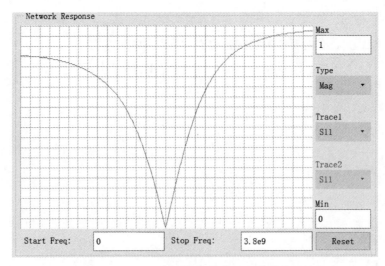

图 4-45　范围变大后匹配网络 S11 参数曲线

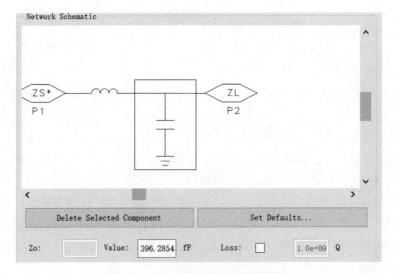

图 4-46　输入端负载匹配网络结构

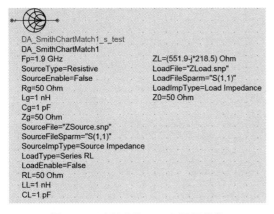

图 4-47　匹配后的 Smith 圆图控件

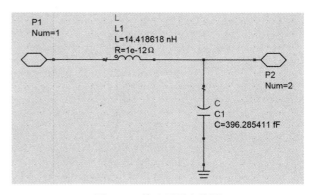

图 4-48　输入匹配电路图

（13）将该控件直接接入电路输入端，如图 4-49 所示，也可以进入它的子电路把它的电路结构和参数值复制后，接到电路输入端，如图 4-50 所示。

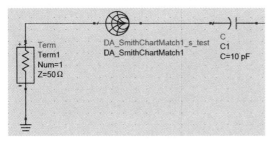

图 4-49　控件直接接入电路输入端

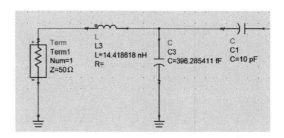

图 4-50　匹配网络子电路接入电路输入端

（14）单击仿真按钮，进行仿真。

（15）仿真结束后，添加 S11、S21、S22 数据显示，如图 4-51 所示。从图中可以看出，S11 在 1.9GHz 工作频率时为 -48.155dB，输入端已经达到匹配；S22 在 1.9GHz 工作频率时为 -0.43dB，仍然很差，输出端没有匹配。

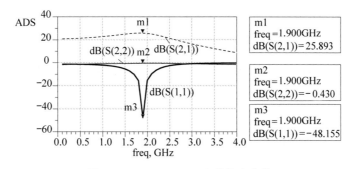

图 4-51　S11、S21、S22 参数仿真曲线

3. 输出端阻抗匹配

（1）单击数据显示窗口左侧工具栏 图标引入 S11 和 S22 的 Smith 圆图，并在 1.9GHz 处插入标记，如图 4-52 所示。

（2）查看图 4-52 所示的 Smith 圆图，S22 实际的阻抗值为 $1359-j948.736$，利用输入匹配的方法完成输出匹配，得到的结果如图 4-53 所示。

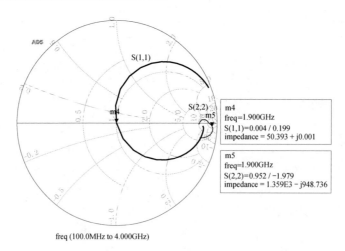

图 4-52　S22 的 Smith 圆图仿真结果

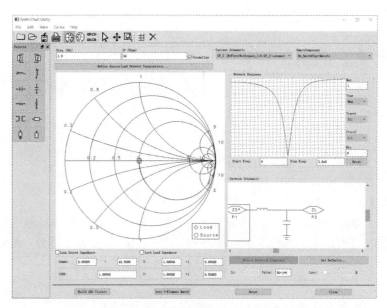

图 4-53　输出端负载匹配后结果

（3）输出端匹配子电路如图 4-54 所示，P2 端为负载端，将其连接到电路原理图时，要注意连接方式，如图 4-55 所示。

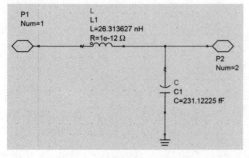

图 4-54　输出端匹配子电路

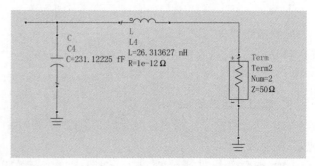

图 4-55　电路与负载连接方式

（4）全部匹配电路设计完成，如图 4-56 所示。

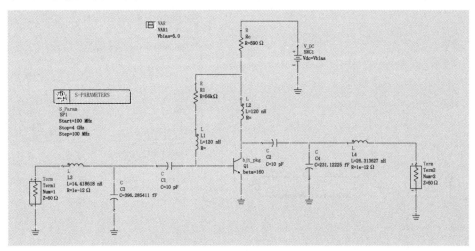

图 4-56 输入、输出匹配电路

（5）单击仿真🔘按钮，进行仿真。仿真结束后，添加 S11、S21、S22 数据显示，如图 4-57 所示。从图中可以看出，S22 变好了，S21 放大倍数也提高了。

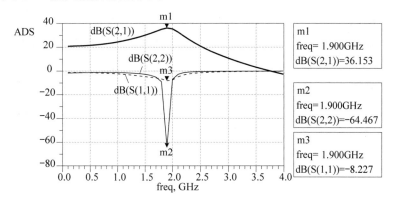

图 4-57 S11、S21、S22 参数仿真结果

建立输入、输出电路匹配用的是 Smith 圆图工具，当然设计该放大器是为了演示如何进行电路匹配设计，在此只考虑了共轭匹配，一般放大器第一级考虑的是低噪声匹配，这也是匹配电路设计的内容。

4.1.7 参数优化

匹配电路建立好之后，仿真结果如图 4-57 所示，尽管 S22 达到了指标要求，但 S11＝－8.277dB，没有达到要求的目标，这时需要用 ADS 软件的参数优化功能，进一步完善电路设计。

（1）另存图 4-56，命名为 s_opt。选择 Optim/Stat/Yield/DOE 类元器件面板，插入 Optimization Controller(优化控制器)🔘 和 Goal(优化目标)控件 Goal ，如图 4-58 所示。

（2）双击 Goal 控件，出现如图 4-59 所示的对话框。在对话框中输入设置，全部完成后单击 OK 按钮，S11 优化目标控件如图 4-60 所示。

（3）选中 Goal 控件，单击工具栏中的 Copy Using Reference 图标，复制另外两个 Goal 控件。分别改变 Goal 表达式为 db(S(2,2)) 及 db(S(2,1))，如图 4-61 所示。

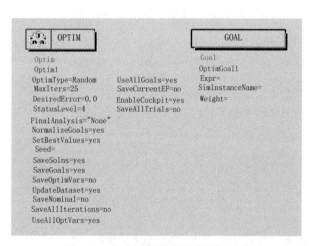

图 4-58 优化控制器及优化目标控件

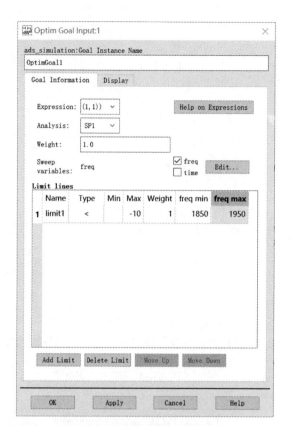

图 4-59 优化目标控件设置窗口

图 4-60 S11 优化目标控件

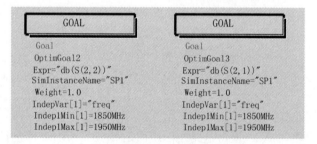

图 4-61 S22 及 S21 优化目标控件

（4）可以保留 Optim 控件参数大多数默认值，如图 4-62 所示，修改 MaxIters＝125，FinalAnalysis＝"SP1"。

（5）双击电感 L3，出现如图 4-63 所示的对话框，单击 Tune/Opt/Stat/DOE Setup... 按钮，弹出如图 4-64 所示的窗口，在 Optimization 选项卡中，将 Optimization Status 设置为 Enabled，输入电感优化范围为 1～40nH。设置后电感优化变量如图 4-65 所示。单击 OK 按钮，元器件文本框显示 opt 函数和范围，如图 4-66 所示。

（6）用同样方法对电容 C3、C4 及电感 L4 进行优化参数设置，其中，电容 C3 优化范围为 10～1000fF，电感 L4 优化范围为 1～40nH，电容 C4 优化范围为 10～1000fF，如图 4-67 所示。

（7）优化设置后，完整电路如图 4-68 所示。

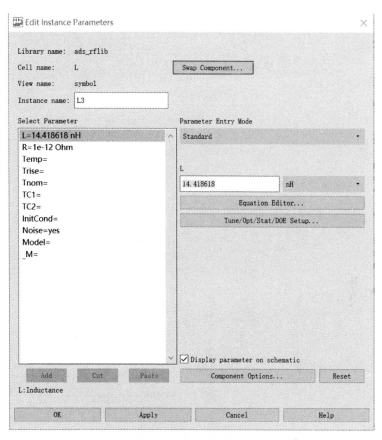

图 4-63　设置电感优化变量

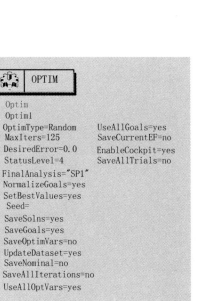

图 4-62　设置后的 Optim 控制器

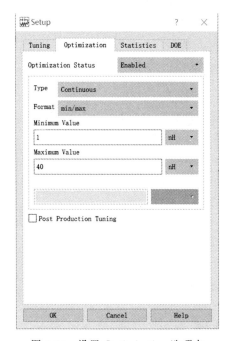

图 4-64　设置 Optimization 选项卡

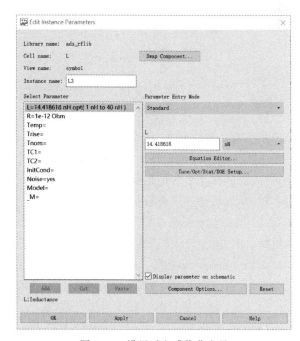

图 4-65　设置后电感优化变量

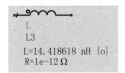

图 4-66　优化设置后的电感

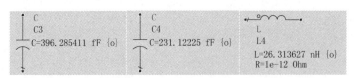

图 4-67　优化设置后的器件

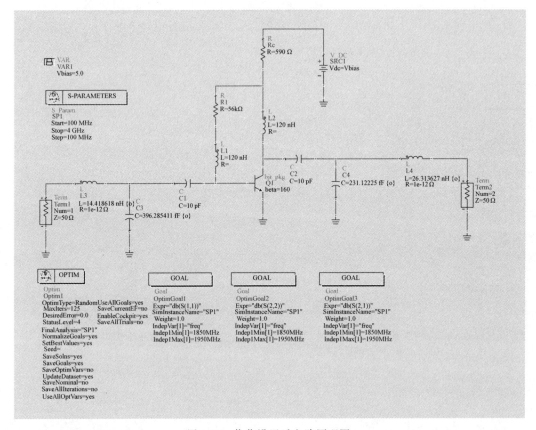

图 4-68　优化设置后电路原理图

（8）单击仿真优化 按钮进行优化仿真。在优化仿真过程中,弹出优化仿真窗口,如图 4-69 所示,显示出当前的优化状态,同时弹出优化仿真状态窗口,如图 4-70 所示。

每次优化迭代运算都会改变 CurrentEF(误差函数)的值,当 CurrentEF＝0 或接近 0 时,则满足优化目标。同时,列出各优化变量的最优值,若优化仿真结束后,CurrentEF≠0,则可以检查原理图结构与参数,采取增加迭代次数或降低目标等措施重新仿真。

（9）在数据显示窗口插入矩形图,并显示 S11,S21,S22 仿真曲线,单位为 dB,如图 4-71 所示。在数据显示窗口中,插入 Smith 圆图并绘制 S11 和 S22 仿真曲线,同时,$Z_0＝500$ 进行阻抗替换,如图 4-72 所示。

端口 1 的输入阻抗为 $24.560＋j14.916\Omega$,与 50Ω 有差距,说明端口 1 没有完全匹配。

（10）单击优化窗口的 `Update Design...` 按钮,弹出 Update Design 窗口,如图 4-73 所示。将电路中 C3、L3 及 C4、L4 优化变量的值更新为优化值,如图 4-74 所示。

（11）双击电感 L3,弹出对话框,单击 `Tune/Opt/Stat/DOE Setup...` 按钮,弹出窗口如图 4-75 所示,在Optimization 选项卡中将电感的 Optimization Status 参数设置为 Disabled,单击 OK 按钮。

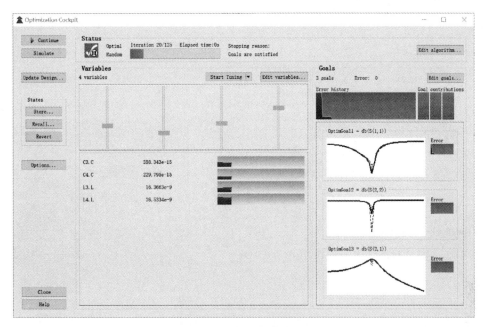

图 4-69 优化仿真窗口

图 4-70 优化仿真状态窗口

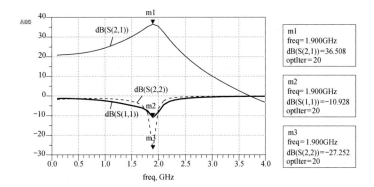

图 4-71 S11、S21、S22 优化仿真结果

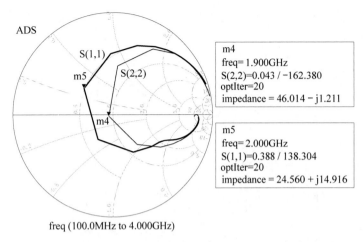

图 4-72　绘制 S11、S22 优化 Smith 圆图仿真曲线

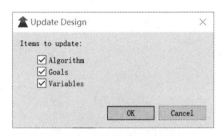

图 4-73　Update Design 窗口

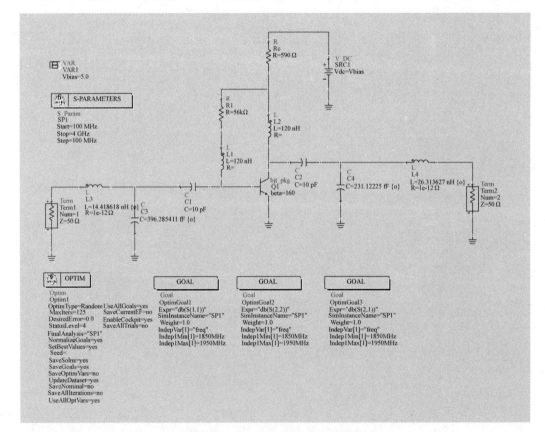

图 4-74　更新优化变量值的电路图

完成禁止优化器件后,元器件优化函数从 opt 变为 noopt,这意味着该元器件将不参与优化。也可以在原理图中,单击 L3 插入光标,将 opt 函数改成 noopt 使 L3 不参加优化。

(12) 保存 s_opt 原理图。

用同样的方法使电容 C3、C4 及电感 L3 禁止优化,同时把优化后的参数与实际标称值器件代换,进行仿真。

下面为总体参数仿真过程。另存图 4-74 并命名为 s_final。删除优化控制器（Options）和目标（Goal）控件。修正 4 个 L 和 C 匹配元器件值，为电感添加电阻，这些匹配处理在余下的案例中将用到。继续通过直接在屏幕上输入的方法来改变元器件值：

$$L_3 = 18.3\text{nH}, R = 12\Omega; \quad L_4 = 27.1\text{nH}, R = 6\Omega; \quad C_3 = 0.35\text{pF}; \quad C_4 = 0.22\text{pF}.$$

对最终元器件值仿真。数据显示窗口打开后，插入 S11、S12、S22 数据，并在 Smith 圆图上对 S11 和 S22 绘图，检查匹配后阻抗在 1.9GHz 处是否接近 50Ω，如图 4-76 和图 4-77 所示。

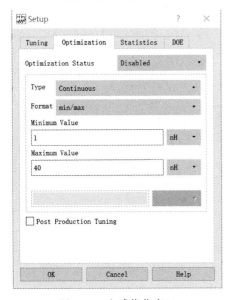

图 4-75　电感优化窗口

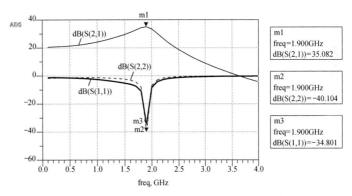

图 4-76　S11、S21、S22 仿真结果

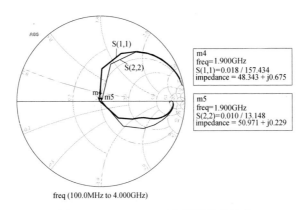

图 4-77　S11、S22 Smith 圆图仿真结果

保存最终设计和数据显示文件。

4.2　谐波平衡法仿真

谐波平衡法仿真是研究非线性电路的非线性特性及系统失真的频域仿真的分析法，一般适合模拟射频微波电路仿真。本节首先介绍谐波平衡法仿真基本原理及相关控件使用情况，然后利用实例详细介绍谐波平衡仿真法的一般操作及注意事项。

4.2.1　谐波平衡法仿真基本原理及功能

在射频电路设计中,通常需要得到射频电路的稳态响应。如果采用传统的 Spice 模拟器对射频电路进行仿真,通常需要经过很长的瞬态模拟时间后电路的响应才会稳定。对于射频电路,可以采用特殊的仿真技术以便在较短的时间内获得稳态响应,谐波平衡法就是其中之一。

在频域中描述如三极管、二极管等非线性元器件是非常困难的,然而,在时域中这些非线性元器件很容易得到其非线性模型。因此,在谐波平衡仿真器中,非线性系统用时域描述,线性系统用频率描述,谐波平衡法将时域和频域通过 FFT 结合起来,它将电路状态变量近似写成傅里叶级数展开的形式,通常展开项必须取足够大,以保证高次谐波对于模拟结果的影响可以忽略不计。谐波平衡法在目前的商用 RF 软件中得到了很好的应用,如 ADS、AWR、HSpice、Nexxim 等都支持 HB(谐波平衡法仿真控制器)分析。

谐波平衡法仿真是非线性系统最常用的分析方法,用于仿真非线性电路中的噪声、增益压缩、谐波失真、振荡器寄生、相噪和互调产物,它要比 Spice 仿真器快得多,可以用来对混频器、振荡器、放大器等进行仿真分析。对放大器而言,采用谐波平衡法分析的目的就是进行大信号的非线性模拟。通过它可以模拟电路的 1dB 输出功率、效率以及 IP3 等与非线性有关的量。谐波平衡法仿真有如下功能:

(1) 确定电流或电压的频谱成分。

(2) 计算参数,如三阶截取点、总谐波失真及交调失真分量。

(3) 执行电源放大器负载激励回路分析。

(4) 执行非线性噪声分析。

4.2.2　谐波平衡法仿真面板与仿真控制器

ADS 软件中有专门针对谐波平衡法仿真的元器件面板,在 Simulation-HB 类元器件面板中包括了所有谐波平衡参数仿真需要的控件,如图 4-78 所示。

主要控件名称如下：HB、Sweep Plan(参数扫描计划控制器)、Options(谐波平衡法仿真设置控制器)、Prm Swp(参数扫描控制器)、Term(终端负载)、BudLin(线性化预算分析控件)、NoiseCon(谐波噪声控制控件)、OscPort(接地振荡器端口元器件)、OscPort2(差分振荡器端口元器件)、NdSet(节点设置控件)、NdSet Name(节点名控件)、Disp Temp(显示模板控件)、Meas Eqn(仿真测量等式控件)、It(时域电流波形控件)、Vt(时域电压波形控件)、Pt(功率显示控件)、Ifc(频域电流显示控件)、Vfc(频域电压显示控件)、Pspec(功率谱密度显示控件)、IP3in(输入三阶交调点分析控件)、IP3out(输出三阶交调点分析控件)、IPn(N 阶截止点分析控件)、SNR(信噪比分析控件)、Bdfreq(频率预算控件)、BdGain(增益预算控件)、BdGmma(反射系数预算控件)、BudPwrl(入射功率预算控件)、BdPwrR(反射功率预算控件)和 BudSNR(信噪比预算控件)。

1. 谐波平衡法仿真控制器

谐波平衡法仿真控制器(HB)如图 4-79 所示,它是控制谐波平衡法仿真的最主要控件,可以设置谐波平衡法仿真的基准

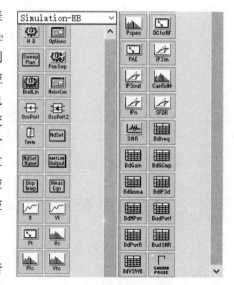

图 4-78　HB 参数仿真面板

频率(foundamental frequency)、最高次谐波的次数、扫描参数、仿真执行参数和噪声分析等相关参数。

图 4-79 谐波平衡法仿真控制器

双击 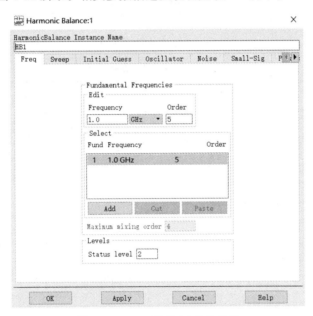 图标,弹出谐波平衡法仿真控制器参数设置窗口,主要包括 Freq、Sweep、Initial Guess、Oscillator、Noise、Small-Sig、Params、Solver、Output、Display 等 10 个选项卡。

谐波平衡法仿真需要设置仿真执行时的基准频率和高次谐波等相关参数,用户可以通过 Freq 选项卡对这些参数进行设置,如图 4-80 所示。相关参数描述及说明如表 4-1 所示。

图 4-80 Freq(选项卡)参数设置

表 4-1 Freq 相关参数设置

参 数 名 称	参 数 描 述	说 明
Frequency	基波频率	必须设置至少一个基波频率
Order	最大谐波次数	频率中含有的最大谐波次数
Maximum mixing order	最大混频次数	混频后频率成分的最大次数
Status level	设置仿真状态窗口中显示信息的多少	0 表示显示很少的仿真信息,1 和 2 表示显示正常的仿真信息,3 和 4 表示显示很多仿真的信息

如果在进行谐波平衡法仿真时需要对某个参数进行扫描,用户可以通过 Sweep 选项卡进行相关设置,如图 4-81 所示。各参数的含义如表 4-2 所示。

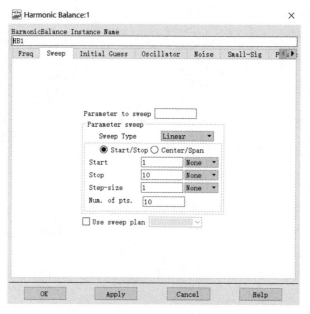

图 4-81 Sweep 选项卡参数设置

表 4-2 Sweep 相关参数设置

参 数 名 称		参 数 描 述	说 明
Parameter to sweep		需要扫描的变量	必须是原理图中设置的变量
Sweep Type		扫描类型	Linear 表示线性扫描,Single Point 表示单点仿真,Log 表示对数扫描
Start/Stop	Start	变量扫描参数的起始值	变量扫描范围设定为 Start/Stop
	Stop	变量扫描参数的终止值	
Center/Span	Center	变量扫描中心值	变量扫描范围设定为 Center/Span
	Span	变量扫描范围	
Step-size		变量扫描间隔	变量扫描类型设定为 Linear 时有效
Num. of pts.		变量扫描点数	系统自动生成
Pts. /decade		变量每增加 10 倍,扫描的点数	变量扫描类型设定为 Log 时有效
Use sweep plan		是否使用扫描计划	若使用,则要添加 Sweep Plan 控件,并在控件中进行相应设置

用户可以通过设置 Oscillator 选项卡的相关参数进行振荡器分析,如图 4-82 所示。

用户可以利用 Noise 选项卡对噪声分析的相关参数进行设置,如图 4-83 所示。

如果需要在谐波平衡法仿真中加入小信号分析,则可以通过 Small-Sig 选项卡进行相关设置,如图 4-84 所示。具体的参数含义与 Sweep 选项卡相同。

2. 谐波平衡法仿真设置控制器

谐波平衡法仿真设置控制器(Options)如图 4-85 所示。它主要用来设置诸如环境温度、设备温度、仿真的收敛性、仿真的状态提示和输出文件特性等与仿真相关的参数。

3. 参数扫描计划控制器

参数扫描计划控制器(Sweep Plan)如图 4-86 所示。它主要用来控制仿真中的参数扫描计划。用户可以使用该控制器添加一个或多个扫描变量,并制订相应的扫描计划。

图 4-82　Oscillator 选项卡参数设置

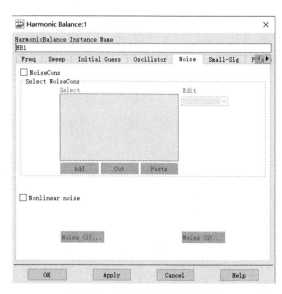

图 4-83　Noise 选项卡参数设置

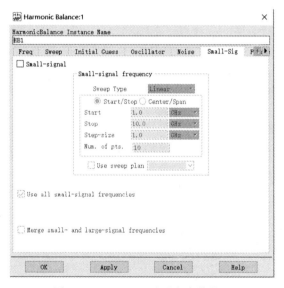

图 4-84　Small-Sig 选项卡参数设置

图 4-85　谐波平衡法仿真设置控制器

4. 参数扫描控制器

参数扫描控制器(Prm Swp)如图 4-87 所示。它用来设置仿真中的扫描参数,该参数可以在多个仿真实例中使用。

5. 终端负载

终端负载(Term)如图 4-88 所示,用来设置端口标号以及各端口终端负载阻抗。

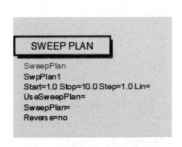

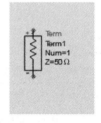

图 4-86 参数扫描计划控制器　　　　图 4-87 参数扫描控制器　　　　图 4-88 终端负载

6. 线性化预算分析控件

线性化预算分析控件(BudLin)如图 4-89 所示,用来对电路进行线性化预算分析。

7. 谐波噪声控制控件

谐波噪声控制控件(NoiseCon)如图 4-90 所示,用来设置电路谐波平衡法仿真过程中噪声的频率、噪声节点和相位噪声等相关参数。

8. 接地振荡器端口元器件

接地振荡器端口元器件(OscPort)如图 4-91 所示,专门用来分析单端口振荡器。

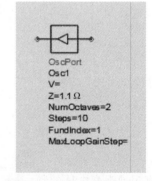

图 4-89 线性化预算分析控件　　　　图 4-90 谐波噪声控制控件　　　　图 4-91 接地振荡器端口元器件

9. 差分振荡器端口元器件

差分振荡器端口元器件(OscPort2)如图 4-92 所示,用来分析振荡器元器件差分结构的振荡器。

10. 其他控件

节点设置控件(NdSet)与节点名控件(NdSet Name)分别如图 4-93 和图 4-94 所示,用来设置仿真电路中的相关节点以及节点名称。

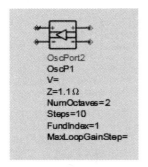

图 4-92　差分振荡器端口元器件

图 4-93　节点设置控件

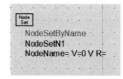

图 4-94　节点名控件

显示模板控件(Disp Temp)和仿真测量等式控件(Meas Eqn)分别如图 4-95 和图 4-96 所示,用来设置显示模板和添加一个或多个仿真测量等式,它们在仿真结果中显示。

时域电流波形控件(It)如图 4-97 所示,用户可以使用该控件计算电路时域电流,并可以在数据显示窗口中直接观察电流的波形。

图 4-95　显示模板控件

图 4-96　仿真测量等式控件

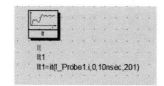

图 4-97　时域电流波形控件

时域电压波形控件(Vt)如图 4-98 所示,用户可以使用该控件计算电路时域电压,并可以在数据显示窗口中直接观察电压的波形。

功率显示控件(Pt)如图 4-99 所示,用来计算仿真电路中的端口功率。

频域电流显示控件(Ifc)如图 4-100 所示,用来计算仿真电路中的频域电流,并可以在数据窗口中直观地观察电流的频率成分。

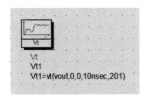

图 4-98　时域电压波形控件

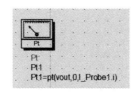

图 4-99　功率显示控件

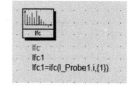

图 4-100　频域电流显示控件

频域电压显示控件(Vfc)如图 4-101 所示,用来计算仿真电路中的频域电压,并可以在数据窗口中直观地观察电压的频率成分。

功率谱密度显示控件(Pspec)如图 4-102 所示,用来计算仿真电路中的功率谱密度,并可以在数据窗口中直观地观察信号的功率谱密度。

输入三阶交调点分析控件(IP3in)如图 4-103 所示,用来分析电路的输入三阶交调分量。

输出三阶交调点分析控件(IP3out)如图 4-104 所示,用来分析电路的输出三阶交调点。

N 阶截止点分析控件(IPn)如图 4-105 所示,用来分析电路的 N 阶截止点,其中 W 可以在参数设置中设置。

信噪比分析控件(SNR)如图 4-106 所示,用来分析电路中信号的信噪比。

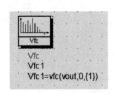

图 4-101　频域电压显示控件

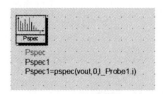

图 4-102　功率谱密度显示控件

图 4-103　输入三阶交调点分析控件

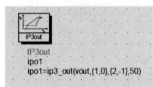

图 4-104　输出三阶交调点分析控件

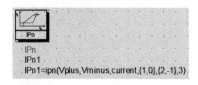

图 4-105　N 阶截止点分析控件

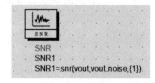

图 4-106　信噪比分析控件

4.2.3　谐波平衡法仿真的一般步骤

谐波平衡法仿真的一般步骤如下：

(1) 选择器件模型并建立电路原理图。

(2) 确定需要进行谐波平衡法仿真的输入、输出端口，并进行标识。

(3) 在 Simulation-HB 元器件面板列表中选择谐波平衡法仿真控制器，并放置在原理图设计窗口中。

(4) 双击谐波平衡法仿真控制器，对仿真参数进行设置，设置内容包括基准频率、谐波次数和参数扫描相关参数等。

(5) 如果扫描变量较多，则需要在 Simulation-HB 元器件面板列表中选择 Prm Swp 控件，双击该控件，在其中设置多个扫描变量，以及每个扫描变量的扫描类型和扫描参数范围等。

(6) 设置完成后，执行仿真。

(7) 在数据显示窗口查看仿真结果。

4.2.4　单音信号 HB 仿真

(1) 运行 ADS2023，进入软件主窗口。

(2) 在 ADS2023 主窗口单击工具栏中的 🔩 按钮，查看系统自带的工程，打开 Home > Simulation Examples > HB Simulation > ADS Simulation Controllers > Open workspace：SimModels_wrk.7zads 工程。

(3) 在工程 Folder View 选项卡目录中选择"设计 HB1"，单击该文件夹，打开 schematic，如图 4-107 所示。

(4) 单击仿真 🔩 按钮进行仿真。仿真结束后在数据显示窗口显示仿真结果，如图 4-108 所示。

4.2.5　参数扫描

(1) 运行 ADS2023，进入软件主窗口。

(2) 在 ADS2023 主窗口单击工具栏中的 🔩 按钮，查看系统自带的工程，打开 Home > Simulation Examples > HB Simulation > ADS Simulation Controllers > Open Workspace：SimModels_wrk.7zads 工程。

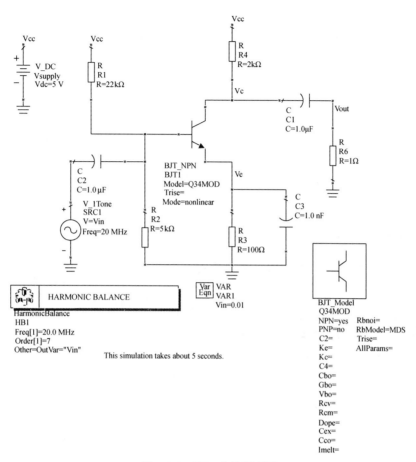

图 4-107 HB1 电路原理图

Fundamental and Harmonic Output Voltages Relative to Input Voltage

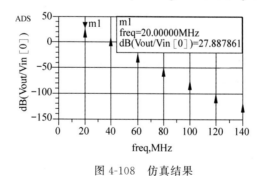

图 4-108 仿真结果

（3）在工程 Folder View 选项卡目录中选择"设计 HB2"，单击该文件夹，打开 schematic，如图 4-109 所示。

（4）频域功率源 P_1Tone 的参数设置如下：

① Num＝1。

② P＝dbmtow(－10)，式中，dbmtow()用于将功率单位转化为 dBm。

③ Freq＝freq_swp，表示功率源的频率参数为一个变量，将在后面进行定义。

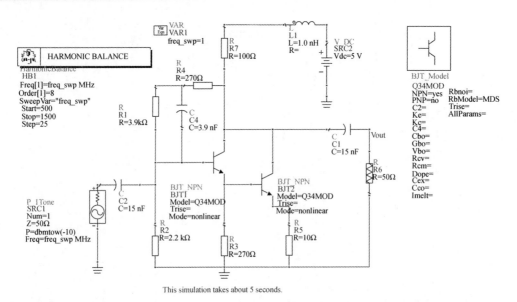

图 4-109　对谐波平衡法仿真中的参数进行扫描

（5）谐波平衡法仿真控制器 HB1 参数设置如下：

① Frequency＝freq_swp MHz。

② Order＝8。

③ Parameter to sweep＝freq_swp。

④ Sweep Type＝Linear。

⑤ Start＝500。

⑥ Stop＝1500。

⑦ Step＝25。

（6）VAR 控件参数设置如下：

① 在 Variable or Equation Entry Mode 下拉菜单中选择 Name＝Value 项。

② 在 Select Parameter 中添加一个变量，名称为 freq_swp，并设置 freq_swp＝10。

（7）单击仿真 🔮 按钮，进行仿真。仿真结束后在数据显示窗口显示仿真结果，如图 4-110 所示。

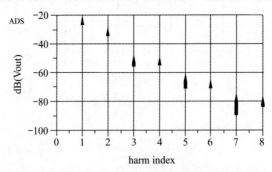

图 4-110　输出信号功率谱

（8）除了输出信号的功率谱外，还可以观察到输出信号在每个频率的功率曲线和随着基准频率的变化输出信号的各高次谐波频率的数据列表，分别如图 4-111 和图 4-112 所示。

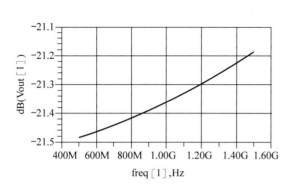

图 4-111　输出信号功率随频率变化曲线

harmindex		HB2..freq
freq_swp=500.000		
	0	0.0000 Hz
	1	500.0 MHz
	2	1.000 GHz
	3	1.500 GHz
	4	2.000 GHz
	5	2.500 GHz
	6	3.000 GHz
	7	3.500 GHz
	8	4.000 GHz
freq_swp=525.000		
	0	0.0000 Hz
	1	525.0 MHz
	2	1.050 GHz
	3	1.575 GHz
	4	2.100 GHz
	5	2.625 GHz
	6	3.150 GHz
	7	3.675 GHz
	8	4.200 GHz
freq_swp=550.000		
	0	0.0000 Hz
	1	550.0 MHz
	2	1.100 GHz
	3	1.650 GHz
	4	2.200 GHz
	5	2.750 GHz
	6	3.300 GHz

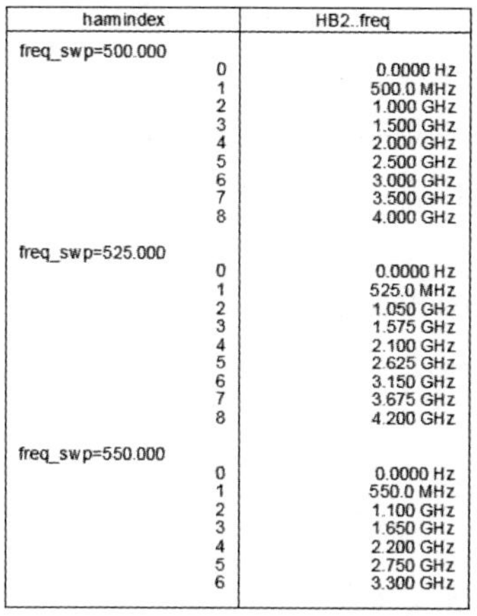

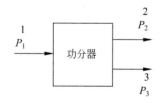

图 4-112　输出信号谐波成分(数据)列表

4.3　功率分配器的设计与仿真

在射频/微波电路中,为了将功率按一定比例分成两路或多路,需要使用功率分配器(简称功分器)。而反过来使用的功率分配器是功率合成器。在近代的射频/微波大功率固态发射源的功率放大器中广泛地使用功率分配器,而且通常功率分配器是成对使用的,先将功率分成若干份,然后分别放大,最后再合成输出。

在20世纪40年代,MIT辐射实验室(Radiation Laboratory)发明和制造了种类繁多的波导型功率分配器。它们包括E平面和H平面的波导T形结、波导魔T和使用同轴探针的各种类型的功分器。在20世纪50年代中期到60年代,又发明了多种采用带状线或微波技术的功分器。平面型传输线应用的增加,也促进了新型功率分配器的开发,如Wilkinson分配器、分支线混合网络等。

本节分析功率分配器的设计方法,并利用ADS2023设计出中心频率为1GHz的集总参数等分型功分器,进而给出中心频率为1GHz分布参数(Wilkinson)功率分配器的电路和版图设计实例。

4.3.1　功率分配器的基本原理

一分为二功率分配器是三端口网络结构,如图4-113所示。信号输入端的功率为P_1,而其他两个端口的功率分别为P_2和P_3。

图 4-113　一分为二功分器示意图

由能量守恒定律可知

$$P_1 = P_2 + P_3$$

如果$P_2(\text{dBm})=P_3(\text{dBm})$,三端口功率间的关系可写成

$$P_2(\text{dBm}) = P_3(\text{dBm}) = P_1(\text{dBm}) - 3\text{dB}$$

当然,P_2并不一定要等于P_3,只是相等的情况在实际电路中最常用。因此,功分器可分为等分型($P_2=P_3$)和比例型($P_2=kP_3$)两种类型。

功率分配器的主要技术指标包括频率范围、承受功率、主路到支路的分配损耗、输入与输出间的插入损耗、支路端口间的隔离带、每个端口的电压驻波比等。

1. 频率范围

频率范围是各种射频/微波电路的工作前提,功率分配器的设计结构与工作频率密切相关。必须先

明确功分器的工作频率,才能进行下面的设计。

2. 承受功率

承受功率是在功分器/合成器中电路元器件所能承受的最大功率,是核心指标,它决定了采用什么形式的传输线才能实现设计任务。一般来说,传输线承受功率由小到大的次序是微带线、带状线、同轴线、空气带状线、空气同轴线,要根据设计任务来选择用何种传输线。

3. 分配损耗

主路到支路的分配损耗实质上与功分器的主路分配比有关。其定义为

$$A_d = 10\lg \frac{P_{in}}{P_{out}}$$

式中,$P_{in} = kP_{out}$。例如,两等分功率分配器的分配损耗是 3dB,四等分功率分配器的分配损耗是 6dB。

4. 插入损耗

输入与输出间的插入损耗是由于传输线(如微带线)的介质或导体不理想等因素而产生的。考虑输入端的驻波比所带来的损耗,插入损耗定义为

$$A = A_i - A_d$$

A 是在其他支路端口接的匹配负载,主路到某一支路间的传输损耗,其为实测值。A 在理想状态下为 A_d。在功分器的实际工作中,几乎都是用 A 作为研究对象的。

5. 隔离带

支路端口间的隔离带是功分器的另一个重要指标。如果从每个支路端口输入的功率只能从主路端口输出,而不应该从其他支路输出,这就要求支路之间有足够的隔离度。在主路和其他支路都接匹配负载的情况下,i 口和 j 口的隔离度定义为

$$A_{dij} = 10\lg \frac{P_{ini}}{P_{outj}}$$

隔离度的测量也可按照这个定义进行。

6. 驻波比

每个端口的电压驻波比越小越好。

4.3.2 等分型功率分配器

根据电路使用元器件的不同,功率分配器可分为电阻式和 L-C 式两种类型。

1. 电阻式

电阻式功率分配器电路仅使用电阻设计,按结构分成△形和丫形,如图 4-114 所示。

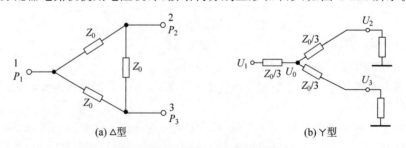

(a) △型   (b) 丫型

图 4-114 电阻式功率分配器

图 4-114 中,Z_0 是电路特性阻抗,在高频电路中,不同频段的特性阻抗不同。这种电路的优点是频

宽大，布线面积小，设计简单；缺点是功率衰减较大（6dB）。如图 4-114(b)所示，设 $Z_0=50\Omega$，则

$$U_0 = \frac{1}{2} \times \frac{4}{3} U_1 = \frac{2}{3} U_1$$

$$U_2 = U_3 = \frac{3}{4} U_0$$

$$U_2 = \frac{1}{2} U_1$$

$$20\log \frac{U_2}{U_1} = -6\text{dB}$$

2. L-C 式

这种电路使用电感及电容进行设计，按结构分成低通型和高通型，如图 4-115 所示。下面分别给出其参数的计算公式。

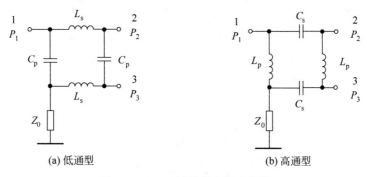

(a) 低通型　　　　　　　　　　　(b) 高通型

图 4-115　L-C 式集总参数功分器

$$L_S = \frac{Z_0}{\sqrt{2}\,\omega_0}; \quad C_p = \frac{1}{\omega_0 Z_0}; \quad \omega_0 = 2\pi f_0 \tag{4-1}$$

$$L_p = \frac{Z_0}{\omega_0}; \quad C_s = \frac{\sqrt{2}}{\omega_0 Z_0}; \quad \omega_0 = 2\pi f_0 \tag{4-2}$$

集总参数功分器的设计过程是先确定电路结构，再计算出各个电感、电容或电阻的值，最后按照确定的电路结构进行设计。

4.3.3　等分型功率分配器设计实例

设计工作频率 $f_0=1\text{GHz}$ 的功分器，特性阻抗 $Z_0=50\Omega$，功率比例 $k=0.5$，且要求在 $1\pm0.02\text{GHz}$ 的范围内 $S11\leqslant-14\text{dB}$，$S21\geqslant-4\text{dB}$，$S31\geqslant-4\text{dB}$。

1. 电路结构选择及参数计算

选择高通型 L-C 式功率分配器电路结构，如图 4-115(b)所示。按照式(4-2)计算得出 $L_p=7.96\text{nH}$，$C_s=4.5\text{pF}$。

2. ADS 设计与仿真

(1) 创建新项目。新建项目空间，命名为 chapter4_wrk，其他选项默认。新建原理图，单击 ▦ 图标，弹出对话框，命名为 Aliquot。

(2) 功分器电路设计。在 Lumped-Components 类中，分别选择控件 ⧈ 、⧈ 、⧈ ，在 Simulation-S_Param 类中，分别选择控件 ⧈ 、⧈ 放置到原理图中的合适位置。在工具栏中单击 ⊥ 按钮，放置各端口

接地,双击 S-PARAMETERS ,修改属性,要求扫描频率为 $0.9\sim1.1\text{GHz}$,扫描步长为 0.01GHz。功率分配器仿真电路原理图如图 4-116 所示。

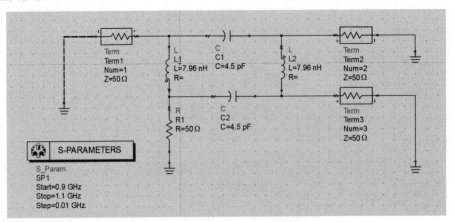

图 4-116　功率分配器仿真电路原理图

（3）功率分配器电路仿真。单击工具栏中的 按钮进行仿真,仿真结束后会出现数据显示窗口。单击显示窗口左侧工具栏中的 ▦ 按钮,弹出设置窗口,在窗口左侧的列表里选择 S(1,1) 即 S11 参数,单击 Add 按钮,弹出单位设置(这里选择 dB)窗口,单击两次 OK 按钮后,窗口中显示出 S11 参数随频率变化的曲线。用同样的方法依次加入 S31、S21,得到波形如图 4-117 所示。

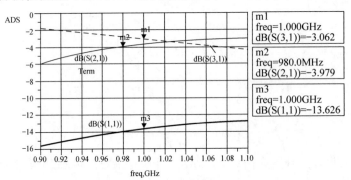

图 4-117　功率分配器仿真曲线

4.3.4　比例型功率分配器设计

比例型功率分配器的两个输出端口功率不相等。假定支路输出端口与主路输出端口的功率比为 k,可按照下面公式计算低通型 $L\text{-}C$ 式集总参数比例功分器。

$$P_3 = kP_1; \quad P_2 = (1-k)P_1; \quad \left(\frac{Z_s}{Z_0}\right)^2 = (1-k); \quad \left(\frac{Z_s}{Z_p}\right)^2 = k;$$

$$Z_s = Z_0\sqrt{1-k}; \quad L_s = \frac{Z_s}{\omega_0}; \quad Z_p = Z_0\sqrt{\frac{1-k}{k}}; \quad C_p = \frac{1}{\omega_0 Z_p}$$

其他形式的比例型功率分配器参数可用类似的方法进行计算。

设计工作频率 $f_0 = 750\text{MHz}$ 的功分器,特性阻抗 $Z_0 = 50\Omega$,功率比例 $k = 0.1$,且要求在 $750\pm50\text{MHz}$ 的范围内 $S11\leqslant-10\text{dB}$,$S21\geqslant-2\text{dB}$,$S31\geqslant-12\text{dB}$。

1. 电路结构选择及参数计算

选择低通型 L-C 式电路结构如图 4-115(a)所示，代入参数计算得到 $L_s = 10\text{nH}$，$C_p = 1.4\text{pF}$。

2. ADS 设计与仿真

(1) 创建新项目。在 chapter4_wrk 项目空间下新建原理图，单击 图标，弹出对话框，命名为 PowerDivider。

(2) 功率分配器电路设计。在 Lumped-Components 类中，分别选择控件 、、。在 Simulation-S_Param 类中，分别选择控件 、，放置到原理图中的合适位置。单击 图标，放置两个地，双击 S-PARAMETERS 修改属性，要求扫描频率为 0.6～0.8GHz，扫描步长设为 0.01GHz。功率分配器仿真电路原理图如图 4-118 所示。

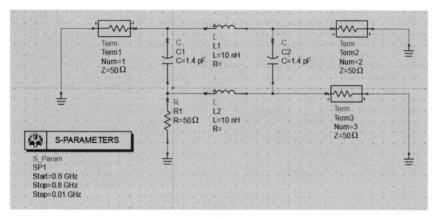

图 4-118 功率分配器仿真电路原理图

(3) 功率分配器电路仿真。单击工具栏中的 按钮进行仿真，仿真结束后会出现数据显示窗口。单击数据显示窗口左侧工具栏中的 按钮，弹出设置窗口，在窗口左侧的列表里选择 S(1,1) 即 S11 参数，单击 Add 按钮，弹出单位设置(这里选择 dB)窗口，单击两次 OK 按钮后，窗口中显示出 S11 参数随频率变化的曲线。用同样的方法依次加入 S22、S31、S21、S12 参数的曲线，由于功分器的对称结构，S11 与 S22 曲线以及 S21 与 S12 曲线是相同的。仿真曲线如图 4-119 所示。

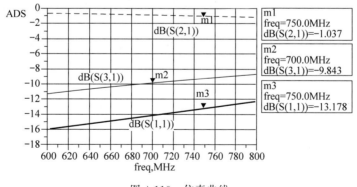

图 4-119 仿真曲线

4.3.5 Wilkinson 功率分配器

分布参数功率分配器最简单的类型是 T 形结，它是具有一个输入和两个输出的三端口网络，可用于功率分配或功率合成。实际上,T形结分布参数功率分配器可用任意类型的传输线制作。图 4-120 给出了一些常用的波导型和微带型 T 形结。由于存在传输线损耗,这种结的缺点是不能同时在全部端口匹配,同时,在输出端口之间没有任何隔离。

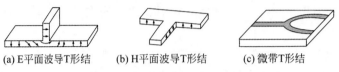

(a) E平面波导T形结　　(b) H平面波导T形结　　(c) 微带T形结

图 4-120　各种 T 形结分布参数功率分配器

根据微波工程的理论可知,有耗三端口网络可制成全部端口匹配,并在输出端口之间有隔离。Wilkinson 功率分配器就是这样一种网络。

Wilkinson 功率分配器可制成任意比例功分器,但一般考虑等分情况。这种功分器常制作成微带线或带状线形式,如图 4-121(a)所示。图 4-121(b)给出了相应的等效传输线电路。可以利用两个较简单的电路(在输出端口用对称和反对称源驱动)对电路进行分析。

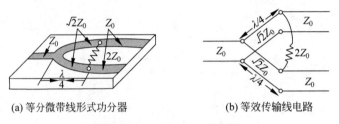

(a) 等分微带线形式功分器　　　　　　(b) 等效传输线电路

图 4-121　Wilkinson 功分器

4.3.6　Wilkinson 功率分配器设计实例

利用 $\varepsilon_r = 4.3$,厚度 $h = 0.8\text{mm}$ 的介质基板,设计 Wilkinson 功分器。通带为 $0.9 \sim 1.1\text{GHz}$,功分比为 1:1,带内 S11、S22、S33 各端口反射系数均小于 -20dB,两输出端隔离度 S23 小于 -25dB,S21 和 S31 传输损耗小于 3.1dB。

根据设计要求,中心频率为 1.0GHz,输入阻抗为 50Ω,并联电阻为 50Ω。

(1) 创建新项目。在 chapter4_wrk 项目空间下新建原理图,单击 ▦ 图标,弹出对话框,命名为 wilkinson0。

(2) 在 Tlines-Microstrip 类中,选择 ▣ 放置传输线参数模型,在弹出的 Choose Layout Technology 对话框中选择 Standard ADS Layers,0.0001millimeter layout resolution 并单击 Finish 按钮退出,双击并修改属性如图 4-122 所示。

传输线仿真参数模型 MSub 各参数含义为 H—传输线到底部接地导体板的距离,即基板高度;Er—基板相对介电常数;Mur(relative permeability)—相对磁导率;Cond(conductivity) —电导率;Hu—如果传输线处于一个金属盒中,为金属盒的高度;T—传输线厚度;tanD—介电损耗角正切;rough—介质表面方均根粗糙度。

(3) 选择微带控件 ▣、▣、▣ 及 ▧ 分别放置在原理图区中。选择画线工具 ╲ 按照图 4-122 所示将电路连接好,并双击每个元器件设置参数。

(4) 滤波器两边的引出线是特性阻抗为 50Ω 的微带线,它的宽度 W 由微带线计算工具得到。单击菜单栏中的 Tools→LineCalc→Start LineCalc,出现新窗口,如图 4-123 所示。在窗口的 Substrate Parameters

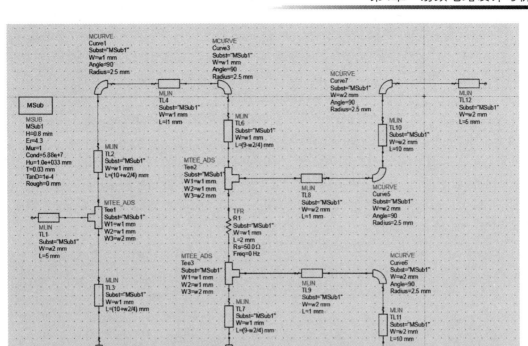

图 4-122 Wilkinson 功率分配器连接方式

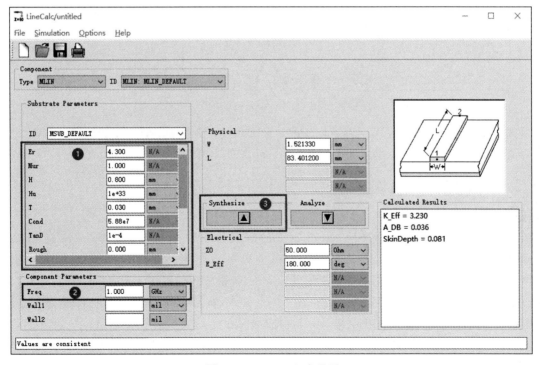

图 4-123 LineCalc 主界面

栏中填入与 MSUB 中相同的微带线参数。在 Component Parameters 栏中填入中心频率 1GHz。Physical 栏中的 W 和 L 分别表示微带线的宽和长。Electrical 栏中的 Z_0 和 E_Eff 分别表示微带线的特性阻抗和相位延迟。单击 Synthesize 和 Analyze 栏中的 ▲、▼ 箭头，完成上面参数间的换算。计算过程中，出现另一个窗口显示当前运算状态及错误信息。

填入 $Z_0 = 50\Omega$ 可以算出微带线的线宽为 1.52mm。填入 $Z_0 = 70.7\Omega$ 和 E_Eff $= 90$deg 可以算出微带线的线宽为 0.79mm，长度为 42.9mm。

(5) 单击工具栏 [0110 VAR] 图标，在原理图中放置 VAR 控件，双击该图标弹出设置窗口，依次添加微带线的 W、L、S 参数，如图 4-124 所示。在 Instance name 栏中填变量名称，在 Variable Value 栏中填变量的初值，单击 Add 按钮添加变量。单击 [Tune/Opt/Stat/DOE Setup...] 按钮，弹出菜单，选择 Tuning 选项卡，设置变量的取值范围。Enabled/Disabled 表示该变量是否能被优化。

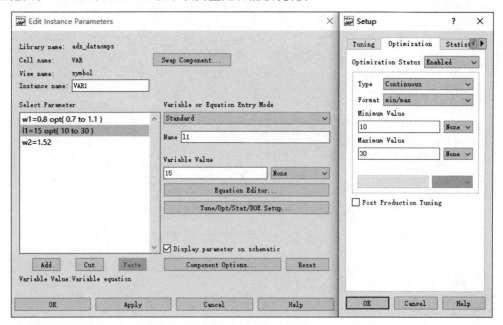

图 4-124　变量设置

中间微带线长度 L_1 及宽度 W_1 为优化变量。设 L_1 初始值为 15mm，其优化范围为 10～30mm；W_1 初始值为 0.8mm，其优化范围为 0.7～1.1mm。50Ω 微带线宽 W_2 为 1.52mm。

4.3.7　电路仿真与优化

电路仿真与优化过程如下：

(1) 在原理图设计窗口中选择 Simulation-S_Param 元器件类，在面板中选择 Term [圖] 放置在功分器三个端口上，定义端口 1、2 和 3。单击接地图标，放置三个地，并按照图 4-125 所示连接电路。选择 [圖] 控件放置在原理图中，并设置扫描的频率范围和步长，频率范围根据功分器的指标确定。

(2) 在原理图设计窗口中选择 Optim/Stat/Yield/DOE 类，在面板中选择 S 控件 [圖] 放置在原理图中，双击该控件设置优化方法及优化次数，如图 4-126 所示。

常用的优化方法有 Random(随机)、Gradient(梯度)等。随机法通常用于大范围搜索，梯度法则用于局部收敛。本例选择随机法优化，优化次数为 25 次。

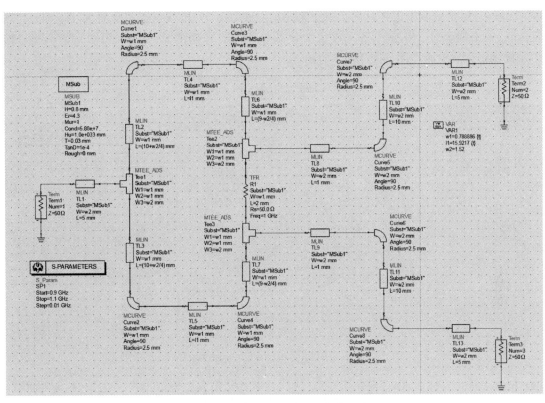

图 4-125　Wilkinson 功分器仿真电路

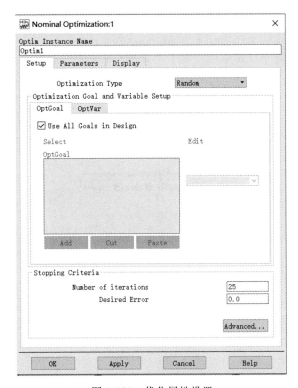

图 4-126　优化属性设置

（3）选择控件，设置四个优化目标。由于电路的对称性，S31 和 S33 不用设置优化。S11 和 S22 分别设定输入、输出端口的反射系数，S21 设定功分器通带内的衰减情况，S23 设定两个输出端口的隔离度。加入优化目标后的原理图如图 4-127 所示。

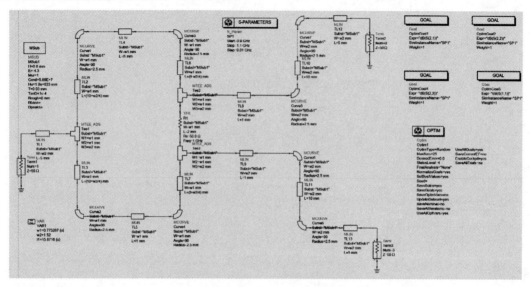

图 4-127　加入优化目标后的原理图

（4）设置完优化目标后，保存电路图，然后进行参数优化仿真。单击工具栏 ▲ 按钮，开始优化，弹出优化窗口，如图 4-128 所示。

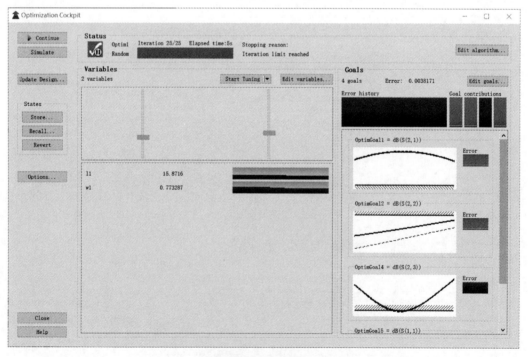

图 4-128　优化窗口

（5）单击 Simulate 按钮进行仿真，仿真结束后会出现数据显示窗口。

（6）单击数据显示窗口左侧工具栏中的 ▦ 按钮，弹出设置窗口，在窗口左侧的列表里选择 S(1,1) 即 S11 参数，单击 Add 按钮，弹出单位设置（这里选择 dB）窗口，单击两次 OK 按钮后，数据显示窗口中显示出 S11 参数随频率变化的曲线。用同样的方法依次加入 S31、S21、S23 参数曲线，如图 4-129 所示。

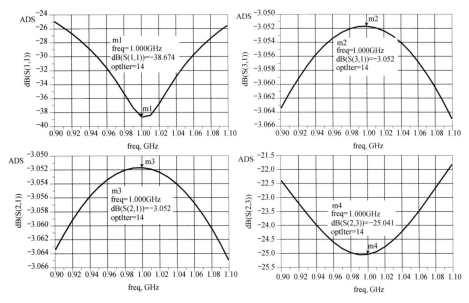

图 4-129　仿真曲线

观察 S 参数曲线是否满足指标要求，如果已经达到指标要求，可以进行版图的仿真。版图的仿真是采用矩量法直接对电磁场进行计算，其结果比在原理图中仿真要准确，但是它的计算比较复杂，需要较长的时间。

（7）单击图 4-128 中的 Update Design... 按钮，弹出更新设计对话框，如图 4-130 所示，单击 OK 按钮，更新设计。

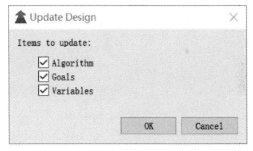

图 4-130　更新设计对话框

4.3.8　版图仿真

版图仿真的过程如下：

（1）由原理图生成版图，先要把原理图中用于 S 参数仿真的两个 Term 及"接地"去掉，不让它们出现在生成的版图中。去掉的方法与前面关掉优化控件的相同，使用 ▨ 按钮，把这些元器件打上红叉，如图 4-131 所示。

（2）单击菜单栏中的 Layout→Generate/Update Layout，弹出设置窗口，如图 4-132 所示。单击 OK 按钮，出现另一个窗口，如图 4-133 所示。再单击 OK 按钮，完成版图生成，如图 4-134 所示。

（3）版图生成后，设置微带线电路基板的基本参数。单击版图窗口菜单栏中的 EM→Substrate，从原理图中获得参数及修改这些参数，如图 4-135 所示。

（4）为了进行 S 参数仿真，在功分器版图添加相应的端口。单击工具栏上的 Port ⬡ 按钮，弹出 Port 设置窗口，单击 OK 按钮，关闭该窗口，在功分器三个端点分别加上端口 P1、P2 和 P3。在功分器版图中删除 R1，在原电阻 R1 的两端加入端口 P4 和 P5，并单击版图窗口菜单栏 EM→Port Editor，在 Port Editor 窗口合并端口 4 和端口 5，并设置新的端口 4 阻抗为 100Ω，如图 4-136 所示。

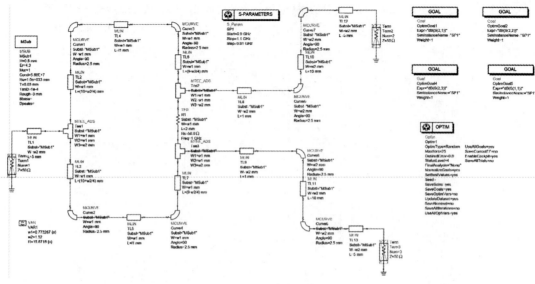

图 4-131　生成版图前的原理图

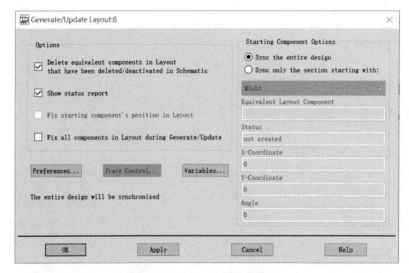

图 4-132　Layout 层设置窗口

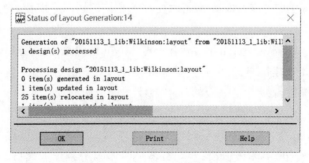

图 4-133　Layout 层状态窗口

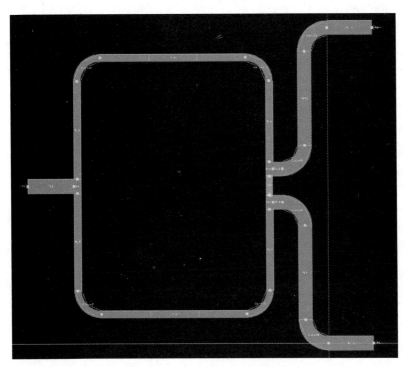

图 4-134　Wilkinson 功分器版图

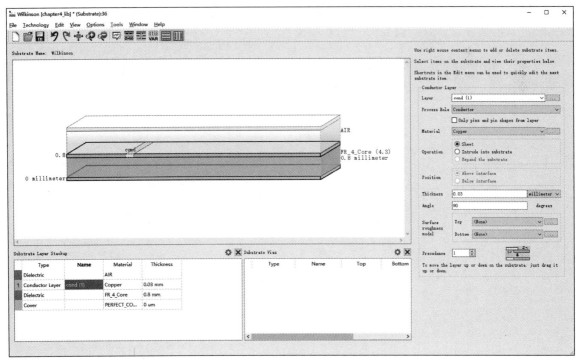

图 4-135　微带介质参数设置

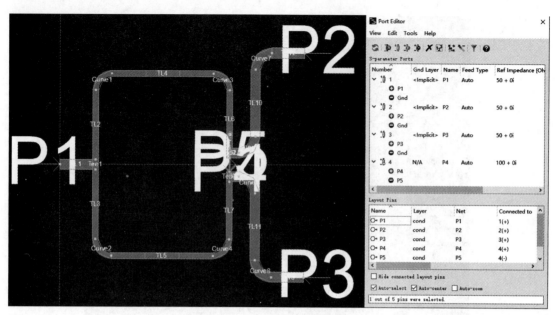

图 4-136　仿真端口设置窗口

（5）单击 EM→Simulation Settings 弹出仿真设置窗口，如图 4-137 所示。单击 Show 3D EM View 按钮，可以查看功分器的 3D 版图，如图 4-138 所示。

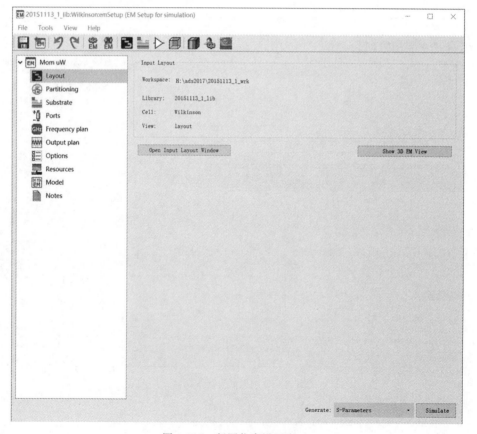

图 4-137　版图仿真设置窗口

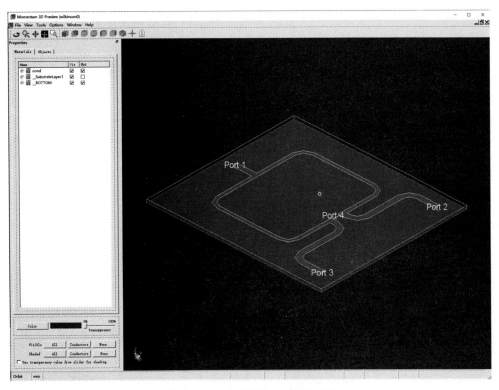

图 4-138　功分器的 3D 版图预览

（6）在仿真设置窗口左侧的 Frequency plan 中，类型选择 Adaptive，起止频率设置与原理图相同，采样点数（Npts）限制取 10。然后单击 Update 按钮，将设置填入左侧列表中，单击 Simulate 按钮开始仿真，如图 4-139 所示。

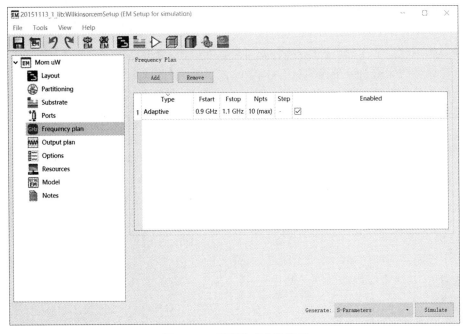

图 4-139　版图仿真参数设置

（7）仿真运算要进行数分钟,仿真结束后将出现数据显示窗口,观察发现版图仿真结果与原理图仿真结果略有不同。版图仿真曲线如图 4-140 所示。

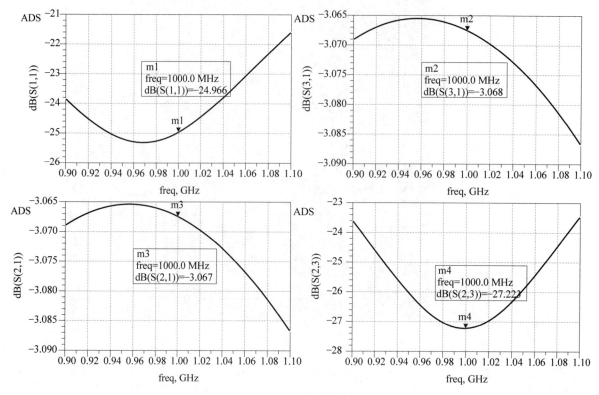

图 4-140　版图仿真曲线

4.4　印刷偶极子天线的设计与仿真

偶极子天线是一种最基本的单天线形式,既可以独立使用,也可以作为大型天线阵辐射单元。采用微带线平衡巴伦馈电的印刷偶极子天线具有体积小、质量轻、制造成本低、易于大规模集成等特点,克服了常规微带天线频带较窄等特点,在驻波比小于 2 的约束下,带宽可大于 40%。传统的印刷偶极子天线采用微带线馈电、单面辐射振子的形式,具有较宽的带宽,但其微带馈电网络损耗较大,且受外界电磁环境影响较大。

本节利用 ADS Layout 设计环境对 1.8GHz 印刷偶极子天线进行设计与仿真,特别是 2D 和 3D 参数的绘制,通过天线设计学习 ADS 的射频电路仿真。

4.4.1　印刷偶极子天线

1. 天线结构

印刷偶极子天线结构如图 4-141 所示。其中,箭头的方向表示电流的流向。基本工作原理是微波信号通过巴伦馈电,从微带线耦合到振子贴片上,再由振子臂辐射到自由空间。

2. 技术指标

（1）谐振频率为 1.8GHz。

（2）相对带宽约为 24%。

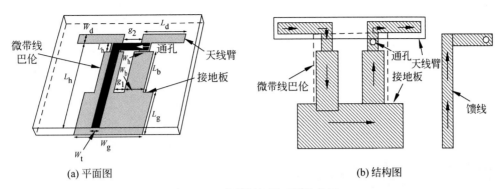

(a) 平面图　　　　　　　　　　(b) 结构图

图 4-141　印刷偶极子天线结构图

（3）反射损耗（反射系数）小于 2.0dB。

（4）反射波损耗小于 -28dB。

（5）输入阻抗为 50Ω。

（6）增益为 2.0dB。

天线尺寸如表 4-3 所示。

表 14-3　1.8GHz 印刷偶极子天线的尺寸

内　　容	参　　　　数
偶极子天线臂	$L_d = 29$mm　　$W_d = 6$mm　　$g_2 = 3$mm
微带巴伦	$L_b = 25$mm　　$L_h = 3$mm　　$g_1 = 1$mm　　$W_t = 3$mm　　$W_b = 5$mm　　$W_h = 3$mm
通孔	$r = 0.4$mm
地板	$L_g = 12$mm　　$W_g = 19$mm

4.4.2　偶极子天线设计

偶极子天线设计过程如下：

（1）单击 File→New Project 设置工程文件名称及存储路径，直接在主窗口中单击 ▓，打开 Layout 窗口。

（2）右击从弹出的快捷菜单中选择 Preferences，弹出属性设置窗口。单击 Units/Scale 选项卡，选择 Length 项为 mm，如图 4-142 所示。

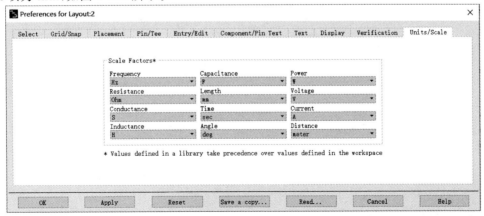

图 4-142　单位设定

（3）由于设计的是双面天线，在一个介质板上贴有上下两层，上层为馈线，下层为偶极子天线和地板。首先设计底层，选择 v, s cond2：drawing，如图 4-143 所示。

图 4-143　设计层选择

（4）在工具栏选择▬，然后在窗口中选择一点，开始绘制矩形，矩形大小的控制可以看右下角坐标，它表示相对距离。双击元器件修改尺寸，图的右侧显示出该模型尺寸，如图 4-144 所示设计地板尺寸。

（5）同理按要求尺寸设计天线其他部分，得到如图 4-145 所示的面天线图形。

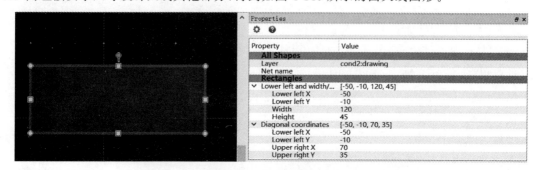

图 4-144　设计地板尺寸

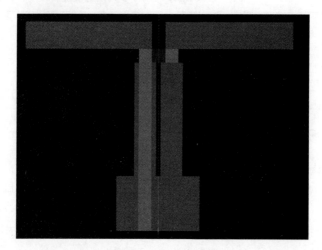

图 4-145　面天线图形

图 4-145 中标注的序号对应天线各部分尺寸及绘制层如图 4-146 所示（在绘制过程中注意图层的选择）。

4.4.3　优化仿真

优化仿真过程如下：

（1）选择工具栏中的控件 ⬡ 加端口。第一个端口加在 cond 上 P1，得到在 Layout 中设计的天线全貌，如图 4-147 所示。单击 EM→Port Editor 对 P1 进行如图 4-148 所示设置。

（2）单击 EM 按钮，进行相关参数设置，如图 4-149 所示。

（3）新建 Substrate，完成层和层介质相关参数的设置，如图 4-150 和图 4-151 所示。

（4）S 参数仿真设置，如图 4-152 所示。

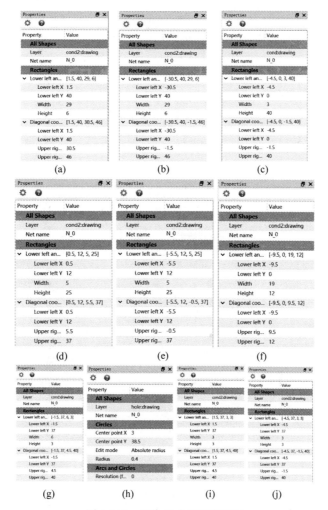

图 4-146 天线尺寸及对应图层

图 4-147 对天线添加端口

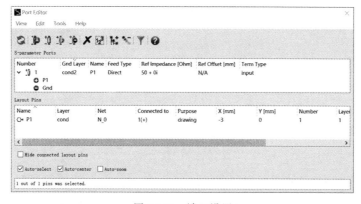

图 4-148 端口设置

图 4-149　EM 参数设置界面

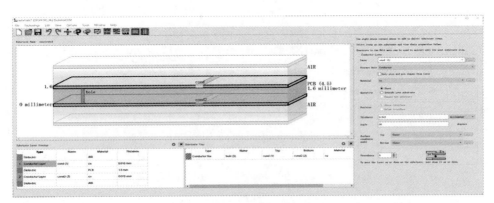

图 4-150　分层相关参数设置

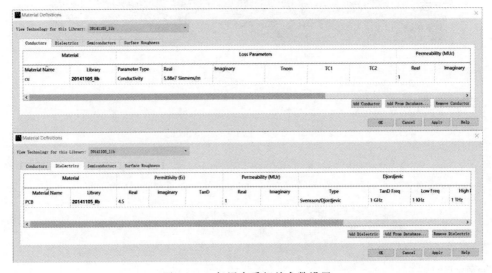

图 4-151　每层介质相关参数设置

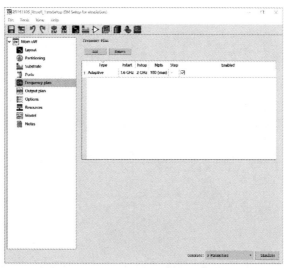

图 4-152　S 参数仿真设置

（5）单击图 4-150 中的 Simulate 按钮，开始进行 S 参数仿真，得到仿真结果如图 4-153 所示。

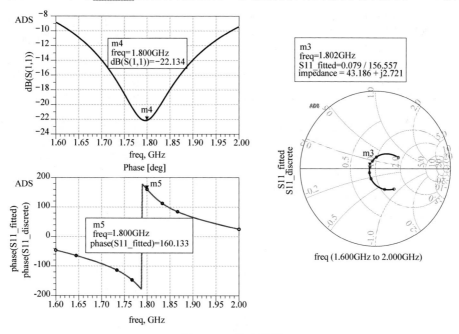

图 4-153　仿真结果

（6）单击▤按钮，进行 3D EM 图预览，可以通过该窗口的各个快捷按钮，实现多角度的预览，如图 4-154 所示。

（7）单击▤按钮，完成 3D 及其他相关仿真结果的查看。在 Far Fields 选项中分别选择 E、E Theta 和 E Phi，得到如图 4-155(a)～图 4-155(c)所示的 3D 曲线。

（8）通过单击图 4-155 中的 Antenna Parameters 按钮，可以查看天线在不同模式下的参数，如图 4-156 所示。

（9）单击图 4-155 中的 Far Field Cut 选项卡，可以查看 2D 的仿真结果。在该选项卡中，单击 Display Cut in Data Display 按钮，弹出相关的 2D 仿真结果，如图 4-157 所示。

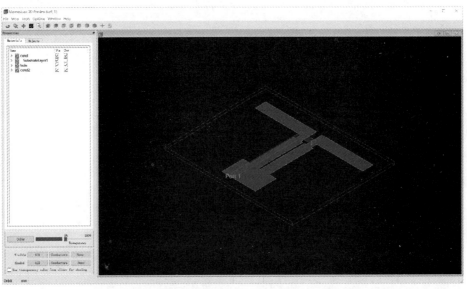

图 4-154　3D EM 图预览

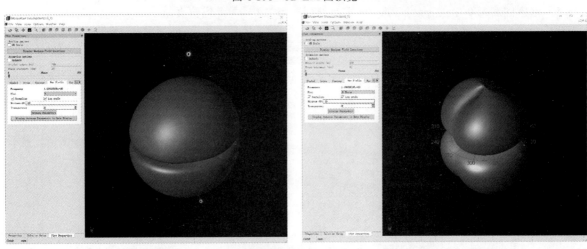

(a) E场3D显示

(b) E Theta场3D显示

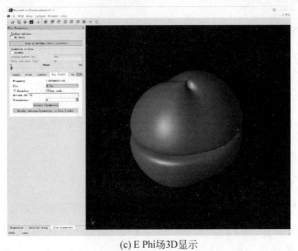

(c) E Phi场3D显示

图 4-155　3D 仿真结果

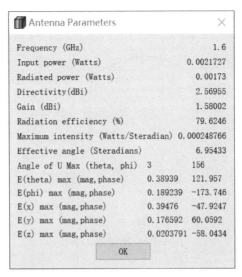

图 4-156　天线在不同模式下的具体参数

Frequency	E_max	Theta_max	Phi_max	Directivity_max	Gain_max	RadiatedPower	InputPower	Efficiency	CutType	CutAngle
1.600E9	0.433	3.000	156.000	2.570	1.580	0.002	0.002	0.796	Phi	0.000

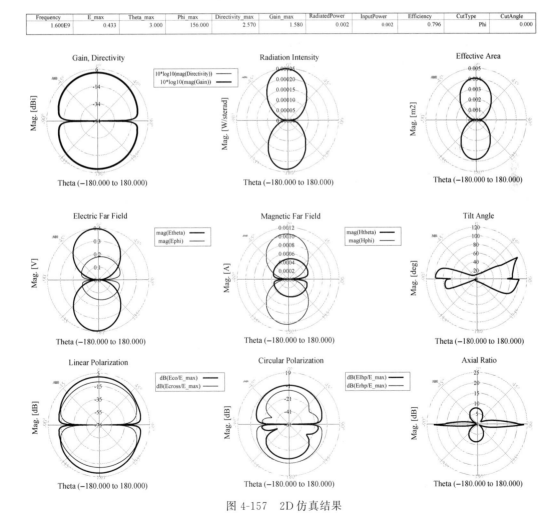

图 4-157　2D 仿真结果

（10）观察天线的增益(Gain)图形，如图 4-158 所示，添加一个标记可以更清楚地观察 Gain 值。

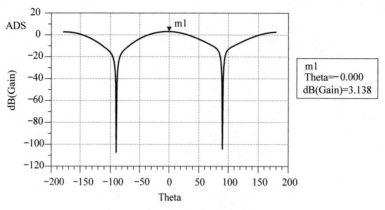

图 4-158　增益仿真结果

## 第 5 章

数字电路设计与仿真

随着数字电路设计工艺的发展和设计规模的不断扩大,EDA 工具在数字电路设计过程中扮演着越来越重要的角色。本章以 ModelSim SE 2020.4 软件为例介绍数字电路的设计与仿真。通过本章的介绍,可以从整体上了解数字电路设计的流程及 ModelSim 的使用概况,并掌握 ModelSim 的基本仿真使用方法。

ModelSim 是一款功能强大的仿真软件,可以对 VHDL、Verilog、System Verilog 和 SystemC 等格式的文件进行仿真。由于每种编程语言的语法和文件结构都不尽相同,ModelSim 对不同类文件的仿真过程也有一些差异。

5.1 数字电路设计及仿真流程

本节介绍数字电路设计的基本流程及采用 ModelSim 进行数字电路设计及仿真的基本流程,学习基本的数字电路设计和仿真方法。

5.1.1 数字电路设计流程

数字电路设计流程包括两大类:正向(top-down)设计流程和反向(bottom-up)设计流程。正向设计流程指的是从顶层的功能设计开始,根据顶层功能的需要,细化并完成各个子功能,直至达到底层的功能模块为止。反向设计流程正好相反,设计者最先得到的是一些底层的功能模块,使用这些底层的模块搭建出一个高级的功能,按照这种方式继续直至顶层的设计。

在数字电路设计的最初阶段,EDA 工具功能并不强大,所以两种设计流程都被采用。随着 EDA 工具的功能逐渐增强,正向设计流程得到了很好的支持并逐步成为主流的 IC 设计方法。这种方法也符合设计者的思维过程:当拿到一个设计项目时,设计者首先想到的是整体电路需要达到哪些性能指标,进而采用高级语言尝试设计的可行性,再经过 RTL 级、电路级直至物理级逐渐细化设计,最终完成整个项目。图 5-1 所示为数字电路设计的基本流程。

设计的最开始阶段一定是设计文档的编写,设计说明文档主要包含了设计要实现的具体功能和期待实现的详细性能指标,包括电路整体结构、输入/输出(I/O)接口、最低工作频率、可扩展性等参数要求。完成设计说明文档后,需要行为级描述待设计的电路。行为级描述可以采用高级语言,如 C/C++ 等,也可以采用 HDL 来编写。这个阶段的描述代码并不要求可综合,只需要搭建出满足设计说明的行为模型即可。

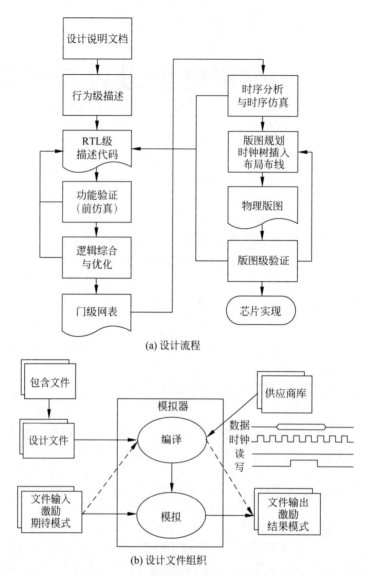

(a) 设计流程

(b) 设计文件组织

图 5-1　数字电路设计基本流程

　　行为级描述之后是 RTL 级描述。这一阶段一般采用 VHDL 或 Verilog HDL 来实现。对于比较大的设计,一般是在行为级描述时采用 C/C++语言搭建模型,在 RTL 级描述阶段,逐一地对行为模型中的子程序进行代码转换,用 HDL 语言代码取代原有的 C/C++语言代码,再利用仿真工具的接口,将转换成 HDL 代码的子程序加载到行为模型中,验证转换是否成功,并依次转换行为模型中的所有子程序,最终完成从行为级到 RTL 级的 HDL 代码描述。这样做的好处是减少了调试的工作量,一个子程序转换出现错误,只需要更改当前转换的子程序即可,避免了同时出现多个待修改子程序的杂乱局面。

　　RTL 模型的正确与否,是通过功能验证来确定的,这一阶段也称前仿真。前仿真的最大特点就是没有加入实际电路中的延迟信息,所以,前仿真的结果与实际电路结果还是有很大差异的。不过在前仿真过程中,设计者只关心 RTL 模型是否能完成预期的功能,所以称为功能验证。

　　当 RTL 模型通过功能验证后,就进入逻辑综合与优化阶段。这个阶段主要由 EDA 工具来完成,可以给综合工具指定一些性能参数、工艺库等,使综合出来的电路符合要求。

综合生成的文件是门级网表。网表文件包含了综合之后的电路信息,其中还包括了延迟信息。将这些延迟信息反标注到 RTL 模型中,进行时序分析。主要检测的是建立时间(setup time)和保持时间(hold time)。其中建立时间的违例和较大的保持时间违例必须要修正,可以采用修正 RTL 模型或修改综合参数来完成。对于较小的保持时间违例,可以放到后续步骤中修正。对包含延迟信息的 RTL 模型进行仿真验证的过程称为时序仿真,时序仿真的结果更加逼近实际电路。

设计通过时序分析后,就可以进行版图规划与布局布线。这个阶段是把综合后的电路按一定的规则进行排布,也可以添加一些参数对版图的大小和速度等性能进行约束。布局布线的结果是生成一个物理版图,再对这个版图进行仿真验证,如果不符合要求,那就需要向上查找出错点,重新布局布线或修改 RTL 模型。如果版图验证符合要求,这个设计就可以送到工艺生产线上,进行实际芯片的生产。

当然,上述流程只是一个基本的过程,其中很多步骤都是可以展开成许多细小的步骤,也有一些步骤(如形式验证)在上述流程中并没有体现。

5.1.2 ModelSim 工程仿真流程

ModelSim 的工程仿真流程如图 5-2 所示,概括为 5 步:首先建立一个工程,然后向工程中添加设计文件,接下来编译设计文件,之后运行仿真,最后进行调试。

1. 创建工程及工程库

开始一个设计之前,先要在 ModelSim 中创建一个工程和对应的工程库。仅采用新建工程的方式直接创建默认工程库。具体按如下的步骤进行操作:

(1) 创建新工程。在 ModelSim 菜单栏中选择 File→New→Project 命令。

(2) 输入工程名称。在弹出的对话框中输入工程名(Project Name)并进行工程设置,直接采用默认库 work,输入的工程名称为 FA,其他设置保持不变,输入完毕后单击 OK 按钮完成,如图 5-3 所示。

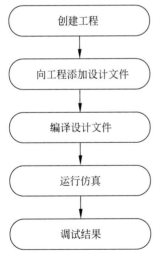

图 5-2 ModelSim 工程仿真流程

图 5-3 输入工程名称

(3) 创建工程完毕。在第二步中单击 OK 按钮后,新的工程和工程库就被创建了。创建工程前,ModelSim 的 Workspace 窗口中只有 Library 一个标签,当创建工程结束后,Workspace 窗口出现了新标签 Project。由于新建的工程中没有文件,所以显示为空白区域,如图 5-4 所示。至此,工程和工程库创建完毕,可以向工程中加载设计文件了。

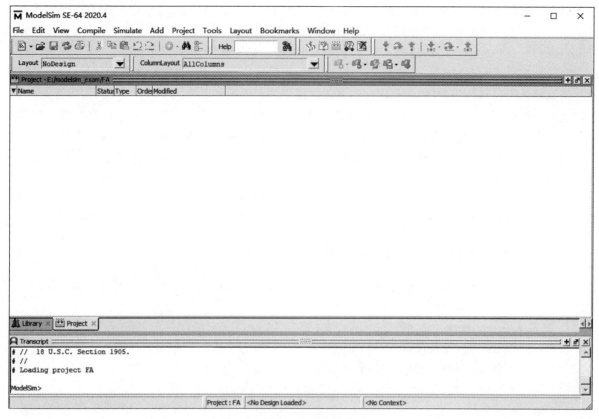

图 5-4　创建工程后的软件界面

2. 创建新文件

向工程中添加设计文件可以有两种方式：创建新文件和加载设计文件。创建新文件步骤如下：

（1）创建新文件。在创建工程结束后，会弹出对话框，有多种添加方式可供选择。在本例中选择其中的 Create New File 选项，如图 5-5 所示。

（2）输入文件名。在弹出的对话框中输入文件名称，在本例中输入 Fulladd，将 Add file as type 选项选为 Verilog，单击 OK 按钮完成操作，如图 5-6 所示。注意文件类型默认是 VHDL 类型，一定要选择 Verilog 类型仿真文件才能被正确编译。

图 5-5　选择创建新文件

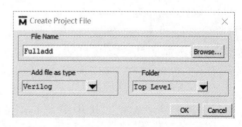

图 5-6　输入文件名及选择文件类型

（3）新建文件结束。单击 OK 按钮后，就可以在 Project 窗口中看到新加入的文件 Fulladd.v，这时可以对该文件进行设计输入。双击文件，即可在编辑窗口看到文件内部的内容。由于是新建的文件，可以看到内部是空白的,如图 5-7 所示。

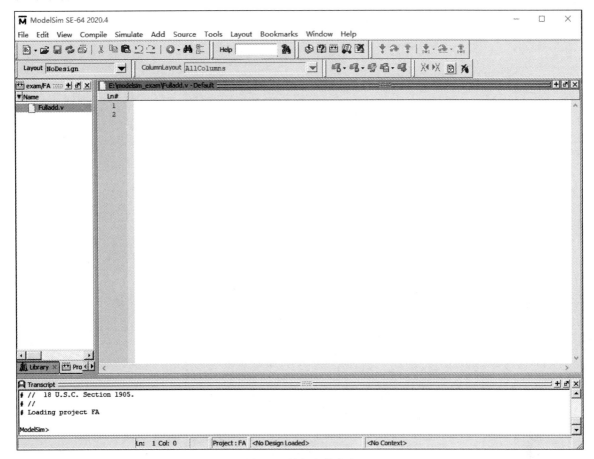

图 5-7　添加文件完成

（4）编辑文件内容。在新建的 Fulladd.v 文件中输入如图 5-8 所示的全加器设计,保存文件即可。

3. 加载设计文件

除了新建文件,还可以向工程中添加已有的设计文件。具体步骤如下:

（1）选择添加已有文件。在创建工程结束弹出的对话框中,如图 5-5 所示,选择其中的 Add Existing File 选项。

（2）选择文件路径。选择"添加已有文件"后会有如图 5-9 所

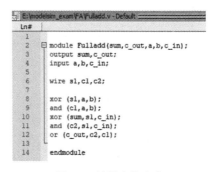

图 5-8　编辑文件内容

示的对话框,选择添加文件的路径。ModelSim 默认的路径是安装文件夹中的 example 目录。当然,也可以手动选择其他目录添加文件。这里选择将事先准备好的工程文件夹中的 test.v 文件加载到工程中。test.v 文件中的内容见图 5-13。

（3）加载完成。单击 OK 按钮后,可以看到 Project 窗口又加入了一个 test.v 文件,如图 5-10 所示。加入的两个文件对应的 Status 栏都是"?"标志,这是设计文件还没有被编译的标志,接下来就要编译文件。

图 5-9　添加已有文件路径名

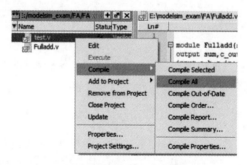

图 5-10　成功添加已有文件　　　图 5-11　利用菜单选项编译　　　图 5-12　利用快捷工具栏编译

4. 编译源文件

编译过程是仿真器检查被编译文件是否有语法错误。没有被编译的文件是不可以进行仿真的。编译的方式先简单介绍两种：

（1）利用菜单选项编译。在 Project 标签中选择一个文件,右击会出现快捷菜单,选择 Compile 选项,会出现一系列的编译方式。最常用的是前两个,即编译选中文件(Compile Selected)和编译所有文件(Compile All),如图 5-11 所示。

（2）利用快捷工具栏编译。在 ModelSim 菜单栏下方有一排快捷工具栏,其中有编译按钮,可以直接单击对文件进行编译,如图 5-12 所示。共有三个编译按钮,左侧的是编译选中的文件,中间的是编译有修改的文件,右侧的是编译所有文件。

编译通过后原有的问号会变成对号,同时在命令窗口中会出现提示：Compile of XXX was successful,如图 5-13 所示。

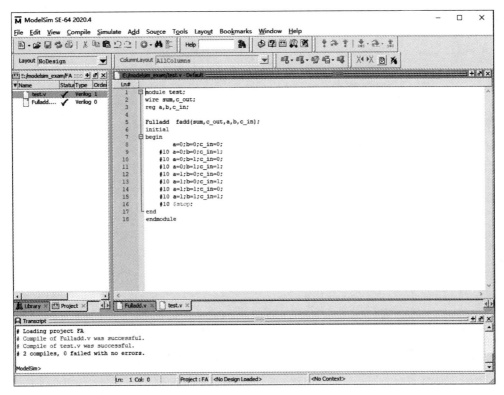

图 5-13　编译通过后的提示

5. 运行仿真

编译通过的文件就可以进行仿真。仿真的具体步骤如下：

（1）开始仿真。仿真的方式有很多，这里采用最简单的方式：单击快捷栏的仿真按钮开始仿真，如图 5-14 所示，左侧的按钮是开始仿真，右侧的按钮是停止仿真。

（2）选中仿真文件。开始仿真后会出现 Start Simulation 对话框，如图 5-15 所示。选中需要进行仿真的文件，在这里选中顶层模块 test。单击 Optimization Options 按钮，打开 Optimization Options 对话框，选择 Apply full visibility to all modules，单击 OK 按钮后退出，如图 5-16 所示，在 Workspace 区域会出现新的标签 sim，同时在命令窗口还会有对应的提示信息。

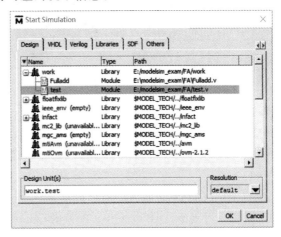

图 5-14　利用快捷工具栏仿真　　　　　图 5-15　开始仿真窗口

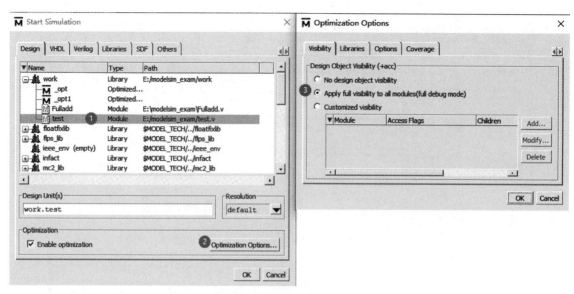

图 5-16　仿真标签及命令窗口提示

（3）添加待观察的信号。选中 test 模块并右击,在弹出的快捷菜单中选中 Add to Wave,出现另一个新窗口 wave。这里就是观察信号变化的区域,在仿真没有运行的时候,输出的信号均为空,如图 5-17 所示。

（4）运行仿真。快捷工具栏中也有运行仿真按钮,如图 5-18 所示。共有四个运行按钮,从左到右依次为 Run、ContinueRun、Run-All 和 Break。这里单击 Run-All 进行仿真。

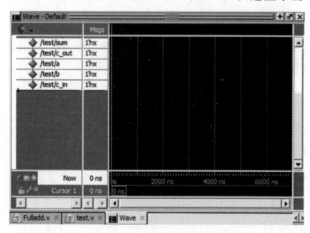

图 5-17　添加待观察信号

100 ns

图 5-18　仿真工具按钮

6. 查看结果

在单击 Run-All 后,可以在波形窗口(wave 窗口)观察输入与输出信号的变化,如图 5-19 所示。如果在设计中有一些系统函数(如 display)等,在命令窗口还会看到系统函数相应的提示。在本例中命令窗口没有输出。

至此,ModelSim 的基本仿真流程就结束了,根据最后的仿真波形,可以验证程序是否正确。以光标处为例,波形的高电平处为信号 1,低电平处为信号 0,输入的信号 a 为 1,b 为 0,c_in 为 1,在全加器中可知输出的结果应该为 10,对比上方的信号,c_out 为 1,sum 为 0,结果正确。

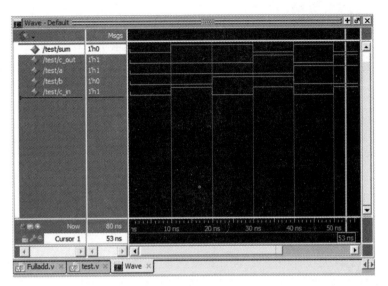

图 5-19　wave 窗口的输入与输出波形

7. 工程调试

在实际的设计中,错误是不可避免的,ModelSim 提供了丰富的错误提示类型,帮助设计者快速发现错误的位置和错误的类型。一般情况调试过程如下:

(1) 编译错误提示。此时 Status 栏会显示一个红色的叉,表示编译不通过,即源文件中有错误。此时在命令窗口中会出现红色字体的提示,告知设计者哪个文件出现了几个错误,可能包含 error,也可能包含 warning,如图 5-20 所示。

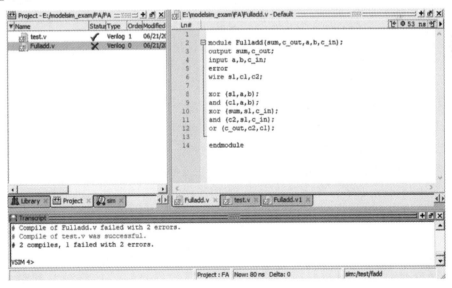

图 5-20　编译错误提示

(2) 查找错误原因和位置。双击命令窗口中的提示,会弹出一个对话框提示,其中会显示出在文件的第几行出现了哪种错误。如图 5-21 中提示,在文件的第 5 行出现了语法错误。这时文件的第 5 行会以醒目的颜色标出来,方便设计者查找。当然,同其他设计语言一样,软件指出的错误位置不一定是真正的错误,只是提供一个参考,具体的调试还需要设计者来进行。

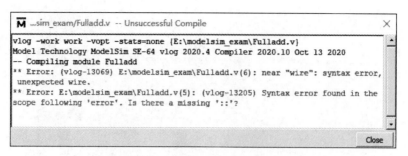

图 5-21 错误原因和位置提示

将上述的基本过程连接起来,就构成了一个简单的工程实例。从创建工程开始,经过设计文件的加载,之后对设计文件进行编译和调试,调试通过后可以按照仿真的步骤进行仿真并查看最后的输出结果。

有了输出结果并不意味着设计的完成,设计是要实现一定功能的,如果仿真器的输出结果与设计者最初的设计初衷不相符,就证明设计出现了问题,需要修改源文件。所以,一个设计并不是通过了编译就宣告成功了,需要对仿真结果进行细致分析,直至确定达到了需要完成的功能。

5.2 仿真激励及文件

仿真是工程设计过程中的一个重要步骤,其作用是验证某些设计单元是否满足设计者的最初要求,属于验证的一种手段。设计者根据最初撰写的设计文档完成了某一个或某一些功能单元,采用的语言可能有很多种,如数字电路设计中的 VHDL、Verilog 和 SystemC 等。在完成这些单元后,需要知道这些单元是否能按照文档中预期的要求来完成某些功能,所以编写另外一个文件,格式可能有很多种,但实现的是同一个功能,就是产生某些激励,把这些激励连接到设计单元的输入端或输出端,观察设计单元在这些激励的作用下会产生什么样的输出响应结果,再对这些输出响应结果进行分析,判断是否严格执行了预期的功能。如果能够很好地达到设计的初衷,这个设计单元就被认为是一个符合要求的设计单元,可以按照设计流程进行下一步的处理,如果不能达到设计要求,则需要修改设计单元并对修改后的单元重复以上操作,这就是仿真的作用。在仿真过程中使用的激励被称为测试平台(testbench)。

仿真可以分为软件仿真和硬件仿真。软件仿真指的是使用软件对设计代码进行测试,软件中只能模拟建立一个尽可能真实的环境,使整个设计仿佛工作在实际环境中一样。硬件仿真通常是使用代码生成某些中间文件,下载到 FPGA 等硬件平台中,使用实际电路测试设计的正确性。应该说,硬件仿真比软件仿真更具真实性和可信性,但付出的代价也较大,所以现在一般都是采用软硬件混合仿真的方式。

单纯使用 ModelSim 进行仿真是软件仿真,使用的设计单元是各种代码描述形式,且没有与硬件的交互。常用的硬件描述语言的仿真工具有很多,如 VCS、Verilog-XL 等都是很著名的仿真器,ModelSim 也是其中之一。一般的仿真器只能实现一种语言的仿真,例如,对 VHDL 语言的仿真或对 Verilog 语言的仿真,ModelSim 是唯一采用单一内核就可以对 VHDL 和 Verilog 两种语言进行仿真的,并且支持混合仿真。而且 ModelSim 为每个 FPGA/CPLD 厂商都提供了适应该厂商的 OEM 版本,所以在 FPGA/CPLD 方面应用得比较广泛。

硬件描述语言的软件仿真根据是否加入延迟信息可以分为功能仿真和时序仿真。功能仿真仅仅验证设计代码是否可以完成预定功能,不考虑实际的延迟信息,所以当某一输入激励发生变化时,产生的响应会立刻出现在输出端,即输入和输出之间没有时间的延迟。时序仿真加入了信号传输需要的时间延迟,这种延迟信息一般来自厂商,例如,FPGA 厂商或 IC 设计厂商会提供一个元器件库或设计库,库中包含了该厂商对不同基本器件的延时描述,根据这些库计算当前设计在实际电路中可能出现的延迟状态,对这种延迟状态进行仿真。功能仿真和时序仿真分处于设计流程的不同阶段,功能仿真一般在设计代码完成后进行,验证功能是否正确,如果正确则表示可以尝试进行综合,在综合之后就会根据综合时的约束设置产生时序信息,这时可以进行时序仿真,验证设计是否满足时序要求,主要是 setup time(建立时间)和 hold time(保持时间)的检查。

ModelSim 可以方便地、独立地进行功能仿真,但是由于没有器件库,不能进行时序仿真,需要与第三方软件协同后进行仿真,功能仿真结果和时序仿真结果进行仿真分析的过程和方式都是一样的,本节以 ModelSim 为例介绍如何进行仿真激励设置。

5.2.1 利用波形编辑器产生激励

进行仿真分析时,需要提供设计模块和激励模块。设计模块描述设计功能,激励模块提供测试向量,测试向量又可称为激励。在 ModelSim 中激励产生的方式有两种:一种是利用 ModelSim 自带的波形编辑器生成激励;另一种是通用式的,即使用编程语言描述一系列激励。

1. 创建波形

创建波形前首先需要有编译好的设计单元,有了设计单元后,可以通过 4 种途径启动波形编辑器:分别是从库中启动波形编辑器,从结构标签 sim 中启动波形编辑器,从 Objects 窗口中启动波形编辑器和从波形窗口中启动波形编辑器。

编译通过的设计单元会映射到库中,在库中选定需要创建激励的设计单元,右击菜单,选择其中的 Create Wave,如图 5-22 所示。ModelSim 会自动识别设计单元的输入/输出端口列表,在波形编辑窗口中把这些端口一一列出。

如果存在激励文件时,仿真启动的顶层单元一般是激励文件。当没有激励文件时,仿真启动的顶层单元就是设计文件的顶层模块。启动仿真后,选中 sim 标签,在菜单栏中选择 Structure→Create Wave 命令启动波形编辑器,如图 5-23 所示。注意,Structure 菜单需要选中 sim 标签后才会出现。

图 5-22　从库中启动波形编辑器

图 5-23　选中 sim 标签启动波形编辑器

从 sim 标签中创建波形,波形编辑器中的波形列表会显示选中设计单元的全部端口。有些时候不需要观察全部端口,可以利用 Objects 窗口,选中 Objects 窗口中的部分端口同样右击菜单,如图 5-24 所示,可以选择 Modify,在子菜单中有 Apply Clock 和 Apply Wave 两个选项,可以为选中的信号添加

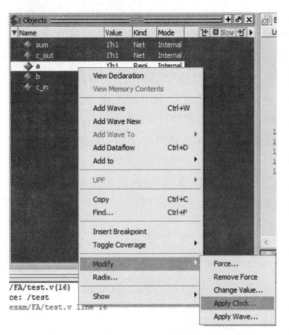

图 5-24 从 Objects 窗口启动波形编辑器

波形。由于 clock 时钟信号的特殊性,这里把 clock 信号单独做成了一个选项。

以上三种启动波形编辑器的方式略有不同。从库中启动波形编辑器时,波形编辑器的时间刻度是 ModelSim 中默认的最小刻度,即默认刻度是 1ns,这样可能会带来影响。例如,如果设计单元中指定了时间刻度是 ps 级或 ms 级,这时生成波形的刻度就显得过大或过小。另外两种方式由于是在仿真后启动的,设计单元的时间刻度都已经读入了 ModelSim 内核中,所以此时启动波形编辑器,会采用设计中需要的时间刻度。为避免引入麻烦,推荐使用后三种方式,如果一定要从库中启动波形编辑器,要注意实际的时间刻度。

另外,波形编辑器只能提供一些简单的信号,包括时钟、计数器、周期变化的随机数、恒定常量值和重复值,虽然也可以通过后面介绍的编辑波形的方式来产生一些不规则的信号波形,但是相对来说比较麻烦,如果波形不是波形编辑器中所包含的类型,建议还是采用描述语言的方式来编写激励文件。

启动波形仿真器后在波形窗口中会出现如图 5-25 所示的端口列表,所有上述波形编辑器支持的端口都会在这里列出,每一个信号前端的◆标记都是一个类似波形的符号,表示该信号处于波形编辑的状态。启动后的波形编辑器处于初始状态,由于没有进行编辑,所有的端口均显示为 No Data。

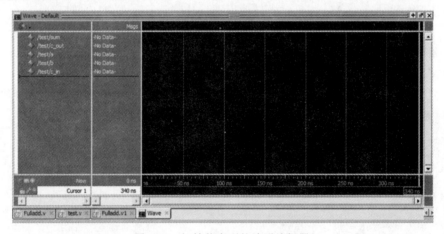

图 5-25 初始状态下的波形编辑器

如果要对波形编辑器中某一信号进行赋值,可以选中该信号(选中后信号底色变为白色),在右键菜单中选择 Edit→Wave Editor→Create/Modify Waveform 或者选中波形窗口,在菜单栏中选择 Wave→Wave Editor→Create/Modify Waveform,如图 5-26 所示,这时会出现一个创建波形向导,如图 5-27 所示,使用该向导可以方便快捷地为信号赋值。

向导窗口的左侧是文字说明,提示可以生成哪些波形及本步进行何种操作。右侧提供了选项和设置值。Patterns 是指定该信号要赋予何种类型的波形,ModelSim 的波形编辑器只能支持五种类型的信

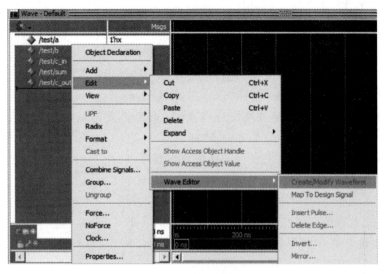

图 5-26 波形编辑

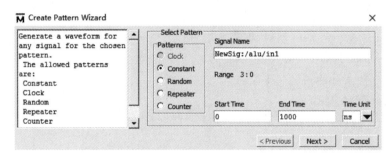

图 5-27 创建波形向导

号,可以看到可选的类型也是五种:Constant、Clock、Random、Repeater 和 Counter,可以在这五种类型中选择一种。如果信号的位数多于1位,则该信号不可能是时钟信号,所以此时时钟信号会变为不可选。右侧的 Signal Name 显示当前要编辑的信号名称,在信号名称的下方还显示了 Range 3∶0,表示该信号是一个4位的信号,若信号只有1位,这里就没有显示。在右下方的位置可以设置该信号的起始时间(Start Time)、终止时间(End Time)和时间单位(Time Unit)。设置好需要的信号类型和起止时间,在下拉菜单中选择需要的时间单位,单击 Next 按钮,会根据选择的不同信号类型而出现不同的提示。

在波形窗口中使用右键菜单选择 Clock 命令,会出现图 5-28 所示的对话框,也是生成时钟,与直接创建窗口稍有不同。图中 Clock Name 编辑框可以输入信号名称,offset 设置时钟偏移量,Duty 设置占

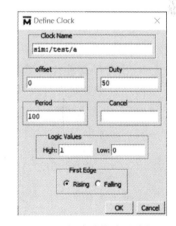

图 5-28 启动时钟波形编辑器

空比,Period 设置时钟周期,Logic Values 部分可以设置高低电平的信号值,First Edge 可以选择生成时钟的第一个边沿是上升沿还是下降沿,单击 OK 按钮设置完成。

2. 编辑波形

建立波形后,可以对生成的波形文件进行编辑。编辑波形可以通过命令行形式,也可以使用菜单操

作,由于波形文件比较直观,使用菜单操作起来方便快捷,命令行形式不是很直观,所以这里只介绍使用菜单操作波形的方式。

如果想要编辑一个建立好的波形,首先要更改鼠标的模式,可以在菜单栏中选择 Wave→Mouse Model 进行修改,如图 5-29 所示。鼠标模式有四种:Select Mode(选择模式)、Two Cursor Mode(两个光标模式)、Zoom Mode(缩放模式)和 Edit Mode(编辑模式),编辑波形必须把鼠标模式调整至 Edit Mode。

再简单介绍一下选择模式和缩放模式。选择模式在观察波形的时候最常用,也是 ModelSim 的默认状态。缩放模式用来缩放波形,选中此模式后,在波形窗口中用鼠标左键划过一定的区域,这个区域就会被放大到填满整个波形窗口。在编辑波形的时候这两种鼠标模式也是经常使用的,主要用于选定信号或选择区域值,需要改变波形的数据时才切换到编辑模式。

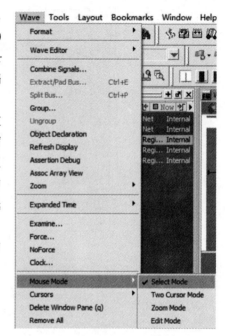

图 5-29 更改鼠标模式

编辑波形时用到的主要是波形窗口中的右键菜单,常用的编辑功能都集中在了 Wave 中,包含的功能如下:

(1) Create/Modify Waveform(创建/编辑波形);

(2) Map To Design Signal(映射到设计文件);

(3) Insert Pulse(插入脉冲);

(4) Delete Edge(删除边沿);

(5) Invert/Mirror(翻转/镜像);

(6) Value(值);

(7) Stretch Edge(扩展边沿);

(8) Move Edge(移动边沿);

(9) Extend All Waves(扩展全部波形);

(10) Change Drive Type(改变驱动类型)。

3. 导出激励文件并使用

编辑好的波形文件可以导出成其他格式的文件保存,留待以后使用,可以使用命令行形式导出。使用菜单栏导出激励需要选择 Wave→Wave Edit→Export Waveform,或者选择 File→Export→Waveform,会弹出保存对话框。

5.2.2 采用描述语言生成激励

生成激励文件的另一种方式就是使用描述语言。可以使用的语言有很多,C、SystemC、Verilog、SystemVerilog 和 VHDL 都可以作为激励文件的编写语言。这里以 Verilog 语言为例,利用 ModelSim 自带的语言模板生成激励文件。语言模板支持 VHDL、Verilog、SystemC 和 SystemVerilog,在打开文件的时候 ModelSim 会自动识别该文件的类型并调用该语言的模板,如果不能确定使用的语言,ModelSim 就会把所有的语言模板以树形结构列出供选择。

激励文件也称为 testbench 文件,其与可综合 Verilog 代码所不同的是,testbench Verilog 是在计算机主机上的仿真器中执行的。testbench Verilog 的许多构造与 C 语言相似,在代码中包括复杂的语言结构和顺序语句的算法。

1. always 块和 initial 块

两种进程语句：always 块和 initial 块。always 块内的进程语句可用来模拟抽象的电路。出于模拟的目的，always 块可以包括：用以指定与不同结构之间的传播延迟等同的时序结构；或等待指定事件的时序结构。敏感列表有时可忽略。例如，用下面的代码片段来模拟时钟信号，该信号每 20 个时间单位在 0～1 间变换一次，且永远执行下去。

```
always
begin
  clk = 1;
  #20;
  clk = 0;
  #20);
end
```

initial 块内也有进程语句，但是仅在仿真之初被执行。其简单语法如下：

```
initial
begin
  进程语句;
end
```

initial 块常用于设置变量的初始值。注意，initial 块不可被综合。

2. 进程语句

进程语句应用于 initial 块、always 块、function 和 task 之中。最常用的进程语句为阻塞赋值、非阻塞赋值、if 表达式、case 表达式、循环表达式等。Verilog 支持的循环结构有 for、while、repeat 和 forever。

(1) for 循环的简单语法为：

```
for([initial_assignment]; [end_condition]; [step_assignment])
begin
  [procedural_statements;]
end
```

注意：当循环体内只有一条语句时，begin 和 end 限定词可以略去。

(2) while 循环的简单语法如下：

```
while([end_condition])
begin
  [procedural_statements;]
end
```

循环体内的语句连续重复执行，直到达到指定的终止条件([end_condition])为止。例如，上面的清理寄存器文件的操作可以使用 while 循环来描述。

(3) repeat 循环的简单语法如下：

```
repeat([number])
begin
  [procedural_statements;]
end
```

循环体内的语句被重复执行指定次数，该次数可通过[number]来指定。

(4) forever 循环，正如其名，重复执行其主体直至仿真结束位置。循环体内常包括一定的时序控制结构，以致周期性推迟执行。例如换一种方式来描述时钟信号，该信号每 10 个时间单位翻转一次，且永远运行下去。

```
initial
begin
  clk = 1'b0;
  forever
    #10 clk = ~clk;
end
```

3. 时序控制

在 testbench 中,必须指定不同信号有效和无效或等待某事件或条件的时间。有三种时序控制结构:

- 时延控制:#[delay_time]
- 事件控制:@([event],[event],…)
- 等待语句:wait([boolean_expression])

此外还有一个编译器指令——'timescale,也与时序规范有关。

(1) 时延控制

时延控制使用 # 符号来指示,其后为延迟的时间数值。

如果时延控制放置在左手边,那么整条语句的执行都会被延迟。例如:

```
#10 a = 1'b0;
#5 y = a|b;
```

假设当前时间为 t,上面的语句表示:a 于 t+10 时刻得到 0 值;又过了 5 个时间单位后(即于 t+15 时刻)a|b 表达式被计算,其结果被赋给 y。

如果时延控制被放置在右手边,则表达式将会被立即运算,但是结果延迟后再赋给左手边。例如:

```
#10 a = 1'b0;
    y = #5 a|b;
```

表示 a 于 t+10 时刻得到 0 值;a|b 表达式被立即运算(即在 t+10 时刻),但其结果却在 t+15 时刻才赋给 y。

一般情况下,使用时延控制生成激励的方式来替代传播延迟的模拟。下面的格式使得代码显得更加直观。

```
a = 1'b0;            //将 a 设定为 0
#10;                 //延时 10 个时间单位
a - 1'b1;            //a 变为 1
#5;                  //延时 5 个时间单位
a = 1'b0;            //a 变为 0
#20                  //延时 20 个时间单位
```

(2) 事件控制

事件控制使用@符号来指示,其后为敏感列表,用于指定所需事件。其使用方法与 always 块内的事件类似。事件,即敏感列表中的信号改变其值(信号跳变)的时刻。可加入 posedge 和 negedge 关键字以指定所需的跳变边沿(上升沿和下降沿)。在 testbench 中,直到指定事件发生,语句才可跳过延迟继续执行。事件控制的一个常见应用为:使用时钟信号来同步激励的生成。例如,下面的代码片段中,en 信号被激活持续一个时钟周期。

```
localparam delta = 1;
```

```
@(posedge clk);            //等待时钟上升沿
#delta;                    //持续 delta 个时间单位
en = 1'b1;                 //使 en 等于 1
@(posedge clk);            //等待下一个时钟上升沿
#delta;                    //持续 delta 个时间单位
en = 1'b0;                 //使 en 等于 0
```

换一种方式,可以在时钟信号的下降沿有效或解除使能 en。

```
@(negedge clk)             //等待时钟下降沿
en = 1'b1;                 //使 en 等于 1
@(negedge clk)             //等待下一个时钟下降沿
en = 1'b0;
```

（3）等待语句

wait 语句用以等待指定条件。其简单语法如下:

```
wait[boolean_expression]
```

直到[boolean_expression]被计算为真,后面语句才可跳过延迟继续执行。可以使用 wait 语句来延迟执行,例如,等计数器数到 15 才激活某信号:

```
wait(counter == 4'b1111);   //等待计数器数到 15
…                           //继续
```

wait 语句有时很像事件控制,后者是等待某信号的跳变边沿,而前者是等待指定条件,有时可理解为电平敏感。

4. timescale 指令

编译器指令用以控制编译和预处理 verilog 代码,通过重音符号(')来指明。重音符号常位于键盘的左上角。与时间有关的指令是'timescale 指令:

```
'timescale [time_unit] / [time_precision]
```

time_unit 指定计时和延时的测量单位,time_precision 指定仿真器的精度。例如:

```
'timescale10ns/1ns
```

说明仿真单位为 10ns,精度为 1ns。当指定如下代码中的延时,即

```
#5 y = a & b;
```

表明实际上的延时为 50ns(即 $5 \times 10ns$)。

也可以指定小数形式的单位延时。例如:

```
#5.12345 y = a & b;
```

说明实际延时为 51.2345ns。因为精度是 1ns,所以在仿真中就取整为 51ns。精度越小,仿真的准确性越高,但是会减慢仿真的速度。

time_unit 和 time_precision 的数字部分可以为 1、10 和 100,时间单位可以是 s(秒)、ms(毫秒)、μs(微秒)、ns(纳秒)和 ps(皮秒)。

5. 系统控制函数和任务

Verilog 有一组预定义的系统函数,以 $ 开头,执行与系统相关的操作,如仿真控制、文件读取等。下面为一些常用的函数和任务。

（1）数据类型转换函数。$unsigned 和 $signed 函数执行无符号数类型和有符号数类型之间的

转换。

（2）仿真时间函数。仿真时间函数返回当前的仿真时间,如 $\$time$、$\$stime$ 和 $\$realtime$ 函数分别以 64 位整数、32 位整数和实数的形式返回时间。

（3）仿真控制任务。有两种仿真控制任务：$\$finish$ 和 $\$stop$。其中,$\$finish$ 任务用于终止仿真并跳出仿真器；$\$stop$ 任务用于中止仿真。在 ModelSim 中,$\$stop$ 任务则是返回到交互模式。在开发流程中,有时会停在 ModelSim 环境中,来进一步编辑或测试波形,因此代码中使用的是 $\$stop$ 任务。

（4）显示任务。在 ModelSim 中,仿真的结果可以以波形的形式显示,也可以以文本的形式显示。四种主要的显示任务有 $\$display$、$\$write$、$\$strobe$ 和 $\$monitor$,语法类似。在 ModelSim 中,文本是在控制面板显示的。

$\$display$ 任务的语法与 C 语言中的打印函数类似。其简单语法为：

```
$display([format_string], [argument], [argument], …);
```

例如：

```
$display("at %d; signal x = %b", $time, x);
```

其结果的形式如下：

```
at 5100; signal x = 00110001
```

最常用的转移符号有%d、%b、%o、%h、%c、%s 和%g,分别对应十进制、二进制、八进制、十六进制、字符、字符串和实数。

$\$write$ 任务几乎和 $\$display$ 任务等同,除了其执行之后并不跳到下一行显示,而是一直显示在当前位置。显示下一行字符\n,必须手动添加,以创建一个行中断。

Verilog 可结合 time step 的概念来塑造仿真延时。每个 time step 中可以发生很多活动。$\$strobe$ 任务与 $\$display$ 任务类似。代替立即执行的,$\$strobe$ 任务是在当前仿真的 time step 的结尾执行的。其可以规避由于竞争冒险造成的不匹配的数据显示。

$\$monitor$ 任务是非常通用的命令。鉴于 $\$display$ 任务、$\$write$ 任务、$\$strobe$ 任务是在一旦被执行的情况下才显示文本,$\$monitor$ 任务则是当其参数发生变化时即显示文本。$\$monitor$ 任务提供了简单的富有弹性的方式来跟踪仿真结果。

6. 文件 I/O 系统函数和任务

Verilog 提供一组用于访问外部数据文件的函数和任务。文件可以通过 $\$fopen$ 函数和 $\$fclose$ 函数来打开和关闭。$\$fopen$ 函数的语法为：

```
[mcd_names] = $fopen("[file_name]");
```

$\$fopen$ 函数返回一个与文件相关的 32 位的多通道描述子。这个描述子是一个 32 位的标志,代表一个文件(即一个通道)。最低位 LSB 保留,只是用以标准输出(console)。当使用该函数调用的文件被成功打开,则返回的描述子的值的某位会被置 1。例如,0…0010 表示打开第一个文件,0…0100 表示打开第二个文件,以此类推。若函数的返回值为 0,则表示文件未能被成功打开。

一旦某个文件被打开,可以向其内写入数据。可用的四种显示系统任务为 $\$fdisplay$、$\$fwrite$、$\$fstrobe$ 和 $\$fmonitor$。这些任务的用法类似于先前的 $\$display$ 函数等,除了其第一个参数为描述子以外。

```
$fdisplay([mcd_name], [format_string], …);
```

下面给出一个简单的代码片段:

```
integer log_file, both_file;
localparam con_file = 32'h0000_0001;              //控制台
initialbegin
    log_file = $fopenZ("my_log");
    if(log_file == 0)
        $display("Fail to open log file"); //写控制台
    both_file = log_file | con_file;

    //写入控制台和日志文件
    $fdisplay(both_file,"Simulation started");
    …
    //仅写入日志文件
    $fdisplay(log_file, …);
    …
    //写入
    $fdisplay(both_file,"Simulation ended");
    $fclose(log_file);
end
```

注意通过对多个描述子进行位运算来创建一个描述子,如 both_file 变量。当 both_file 被使用时,就可以同时对 console 和 log_file 进行操作。

有两个任务可以从文件中载入数据,分别为 $readmemb 和 $readmemh。这些任务假设外置文件中存储了 memory-array 的内容,然后读出这些内容存到一个变量中。$readmemb 和 $readmemh 所假设的文件格式分别为二进制和十六进制,语法格式为:

```
$readmemb("[file_name]", [mem_variable]);
$readmemh("{file_name}", [mem_variable]);
```

编写或生成激励并对待测设计单元进行仿真后,可以对仿真的结果进行分析,并根据该结果调试设计单元。在 ModelSim 中可以利用波形窗口和列表窗口对仿真波形进行分析,这两个窗口是同一信号的不同表示形式,波形相对来说更加直观。

5.3　VHDL 仿真

VHDL 的仿真过程一般可以分为四步:第一步,编译 VHDL 代码到库文件;第二步,采用 ModelSim 优化设计单元;第三步,装载设计单元;第四步,运行仿真并进行调试。

5.3.1　VHDL 文件编译

在 ModelSim 中的编译可以由两种方式进行:第一种是采用建立工程的方式,在建立工程的时候会自动地生成一个设计库,使用者可以对该库命名;第二种是直接新建库的方式,不建立工程,所有的文件编译和仿真等步骤都在库标签中进行。这两种方式无论采用哪种都是可以进行编译、优化和仿真的。本节采用建立工程的方式进行 VHDL 文件的编译,因为新建工程中实际包含了对库的操作,这样可以介绍得更加全面。

例如,建立一个工程名为 vhd_t 的工程,指定库的名称为 work,建立工程后,向工程中导入已有的 VHDL 文件,文中实例代码是 DES 加密算法的 VHDL 描述模块,实现了 64 位的 DES 加密算法。假设导入两个 VHDL 文件:testbench.vhd 和 freedes.vhd,一个设计文件,一个激励文件,在导入的时候

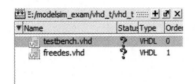

图 5-30　导入的 VHDL 文件

自动排序,激励文件的 Order 值为 0,设计文件的 Order 值为 1,如图 5-30 所示。一般来说,设计文件最好在激励文件前导入,否则编译可能会出现一些问题,可以手动调整一下 Order 值,将仿真顺序按设计文件、激励文件进行排序。

添加文件后,在 Project 标签内用右键菜单就可以直接编译所有文件,编译后的文件会自动生成到指定的库中,在本章中所有的文件都会被编译到名为 work 的库中。同样的操作可以使用命令行形式来完成。例如,想把设计文件编译到库中,就可以使用如下命令:vcom testbench. vhd freedes. vhd。

由于建立了工程,工程中所有的文件在缺省编译的情况下都会被编译到工程默认的库中,也省去了命令行中的很多参数项,只需要直接在 vcom 后加上文件名即可,多个文件名之间需要用空格隔开。例如,输入 vcom tester. vhd test circuit. vhd xcvr. vhd,可以看到命令窗口中出现的提示信息如图 5-31 所示。

图 5-31　命令窗口提示信息

从提示信息中可以看到详细的编译过程,并且可以看到该 VHDL 文件中的所有实体(Entity)和结构体(Architecture)。了解 VHDL 的使用者都应该清楚,实体和结构体是一个 VHDL 文件必不可少的两部分,所以对于每个设计都是按先实体再结构体的顺序进行编译的。编译通过后,在 Library 标签内的 work 库中就可以看到新添加的单元,如图 5-32 所示。从库中可以看到,freedes. vhd 文件包含了三个实体和一个包,testbench. vhd 文件包含了两个实体和一个包。

添加到库文件中的设计单元就可以在库标签中使用右键菜单进行仿真了,不过在工程标签中,由于采用的命令是 vcom,只是把文件编译到了库中。对于工程来说,这两个元器件还是未编译的状态,可以在命令行中输入 project compile all 来

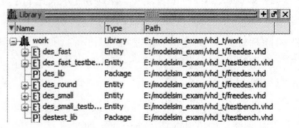

图 5-32　库中添加的单元

编译所有文件。

在编译 VHDL 文件的时候，需要注意的一点就是语言版本。在 ModelSim 中提供了四种 IEEE VHDL1076 标准：VHDL-1987、VHDL-1993、VHDL-2002 和 VHDL-2008。ModelSim 默认的语言版本是 VHDL-2002。如果使用者使用了 VHDL-1987 或 VHDL-1993 版本的语言来书写代码，就需要更新代码或者为这些代码指定较早的语言版本，不过一般使用 VHDL-2008 语法中的关键字，就一定要把编译标准调整至 VHDL-2008，否则一定会报错的。

使用命令行操作可以快捷地进行版本的切换，不需要通过查看文件的属性再修改语言版本。在编译命令 vcom design_name 中间添加版本选择，例如，要按 VHDL-1987 标准进行编译，需要采用命令 vcom-87 design_name。命令中的-87 是版本号，如果需要更改不同的语言版本，就把-87 换为对应的版本代号即可，无版本号则是默认状态，即采用 VHDL-2002 标准。版本代号有四种：-87 表示 VHDL-1987 版本；-93 表示 VHDL-1993 版本；-2002 表示 VHDL-2002 版本；-2008 表示 VHDL-2008 版本。

编译的语言版本和代码的语言版本不同可能会在仿真中带来问题，下面简单说明一下各种版本之间可能出现的问题。如果使用到了混合版本，则应尽量避免下列问题：

(1) VITAL 库。如果使用 VITAL-2000 则必须采用 VHDL-1993 或 VHDL-2002 来编译；使用 VITAL-1995 则必须用 VHDL-1987 来编译，否则 ModelSim 就会报告错误信息。例如，一个典型的编译错误信息是 VITALPathDelay DefaultDelay parameter must be locally static，这表明 VITAL 需要在 VHDL-1987 版本下编译。

(2) 文件。文件的语法和用法在 VHDL-1987 版本和 VHDL-1993 版本间发生了变化。这可能会引起 ModelSim 的报警，输出信息 Using 1076-1987 syntax for file declaration。此外，即使文件声明通过，也会出现警告信息 Subprogram parameter name is declared using VHDL 1987 syntax。

(3) Package。每个 Package 的头和主体应该是同样的语言版本，如果采用了不同版本，ModelSim 就会提示混合包编译错误。

(4) Xnor。Xnor 是 VHDL-1993 的保留字。如果使用者使用 VHDL-1987 版本声明了一个 Xnor 函数，并在默认版本下编译该函数，就会出现错误信息 near"xnor"：expecting：STRING IDENTIFIER。

实际中不同版本带来的错误影响远不止上述几种，这里只是举出几种例子，应当尽量避免使用不同的语言版本，以免引入麻烦。

5.3.2 VHDL 设计优化

ModelSim 对 VHDL 语言均可以进行优化。VHDL 的优化可以有两种方式：第一种方式是通过菜单栏；第二种方式是通过命令行。下面分别介绍这两种方式。

在菜单栏中选择 Simulate→Design Optimization 即可启动设计优化，如图 5-33 所示。

单击后会出现如图 5-34 所示的优化窗口，可以看到该窗口有 5 个选项卡，分别是 Design、Libraries、Visibility、Options 和 Coverage。

在打开的时候默认选择是第一个选项卡，即 Design 选项卡。从图中可以看到，该选项卡中共有四部分的内容：第一部分是图中间的部分，这里面包含了所有的库文件，库文件中包含所有通过编译或添加到库中的设计单元，在这些设计单元中选择要优化的设计；第二部分是 Design Unit(s)（设计单元），在设计单元中选中的设计名称会显示在这个区域中；第三部分是 Output Design Name（输出设计名称），在这里可以为本次优化的设计指定一个输出名称，这个名称是由使用者定义的，如选中设计单元

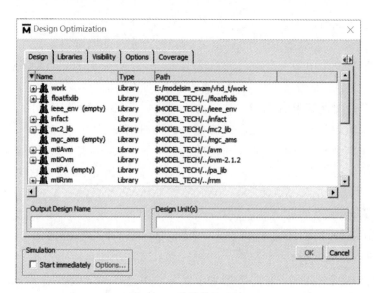

图 5-33　启动设计优化　　　　　　　　　　　　　图 5-34　设计优化窗口

top,指定输出设计名称为 opt_top,优化后的输出名称就会是 opt_top;第四部分是 Simulation 选项,选中 Start immediately 后,就可以在设计优化后直接启动仿真。

　　第二个选项卡是 Libraries 标签,如图 5-35 所示。这里可以设置搜索库,可以指定一个库来搜索实例化的 VHDL 设计单元。Search Libraries 和 Search Libraries First 的功能基本一致,唯一不同的是,Search Libraries First 中指定的库会被指定在用户库之前被搜索。注意名称后面的-L 和-Lf,这些都是优化指令 vopt 与设计名称 designname 之间的参数。

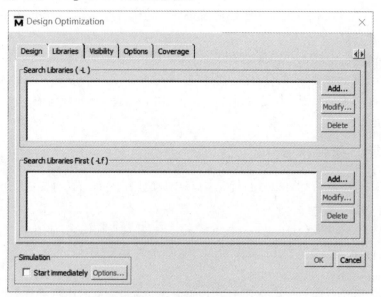

图 5-35　Libraries 标签

　　第三个选项卡是 Visibility(可见度)标签,如图 5-36 所示。可以通过对该选项卡进行设定来选择性地激活对设计文件的访问,可以使用此功能来保护设计文件。可提供的三个选项,第一个选项是 No design object visibility,即没有设计对象是可见的,选择此选项后优化命令适用于所有可能的优化并且不关心调试的透明度。许多的 nets、ports 和 registers 在用户界面和其他各种图形界面中是不可见的。此外，许多这类对象没有 PLI 的访问句柄，潜在地影响 PLI 的应用。

第二个选项是 Apply full visibility to all modules(full debug mode)，这个选项正好与第一个选项相反，会访问所有设计对象，但是这可能会大大降低仿真器的性能。

可见度标签中的第三个选项是 Customized visibility，即自定义可见度。选中此选项后单击右侧的 Add 按钮，可弹出如图 5-37 所示的窗口，在此窗口中可以设置所有的库和设计单元的可见度。在 Selected Module(s)中可以输入一个或多个想要添加访问标志的模块，可以手动地输入模块名称或者在上方窗口的库中选择需要访问的模块，注意只有 Module 格式的才能被选择，即库中的图标是一个大写的 M 形式的才是可选的模块，库中的 Package 或 Entity 等格式都不可以被选中。如果想添加全部的模块，只需勾选后面的 Apply to all modules 选项即可。在 Selected Module(s)下方的 Recursive(递归)选项的作用是为选中模块的子区域或子模块添加标志。最下方的一个部分是 Access Visibility Specifications（访问可见度说明）。

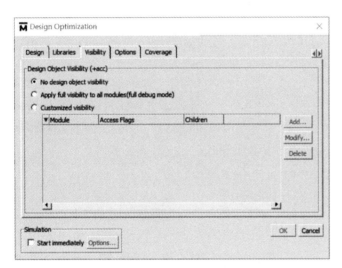

图 5-36　Visibility 标签

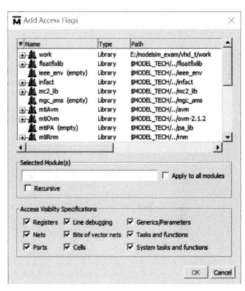

图 5-37　设置可见度

设计优化中的第四个标签是 Options 标签，如图 5-38 所示。顾名思义，这里有很多的选项设置，按功能的不同划分成了不同的区域。Optimization Level 区域用来指定设计的优化等级，这个选项只对 VHDL 和 SystemC 设计有效，可以根据需要指定禁用优化、启用部分优化、最大优化等。Optimized Code Generation 区域用来指定优化代码的产生，其中 EnableHazard Checking 用来启用冒险检测，这是针对 Verilog 模块的；Keep delta delays 用来保持 delta 延迟，即在优化时不去除 delta 延迟，这是针对 Verilog 编译器的；Disable Timing Checks in Specify Blocks 是用来禁止在指定的块中进行时序检测任务，这也是针对 Verilog 编译器的。Verilog Delay Select 区域用来选择延迟，默认为 default 状态，即典型状态，可提供三种不同的延迟，即最小延迟、典型延迟和最大延迟，根据此处的选择来调用器件库中元器件的延迟值。Command Files 区域用来添加命令文件，其文件格式应该是 text 格式，内部包含命令参数，可以单击右侧的 Add 按钮进行添加，单击 Modify 和 Delete 按钮进行修改和删除。Other Vopt Options 区域可以附加 vopt 命令，即手动输入 ModelSim 可识别的优化指令，用来实现在 Design Optimization 窗口中没有定义的选项。

图 5-38　Options 标签

设计优化窗口的主要选项都已介绍完毕,在使用中可以根据不同情况来选择适当的设置。在最简单的情况下,只需要选中 Design 标签中的设计单元,指定输出设计单元的名称,就可以添加一个设计优化文件。直接在菜单栏中进行设计优化和在 Project 标签中添加设计优化文件有所不同。

5.3.3　VHDL 设计仿真

编译成功并建立需要的优化后,就可以对被编译的文件进行仿真了。仿真开始的方式有很多,可以选择快捷工具栏中的仿真按钮开始仿真；可以通过菜单栏选择 Simulate→Start Simulation 开始仿真；

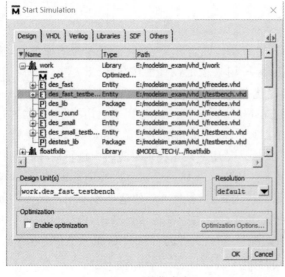

图 5-39　开始仿真窗口

可以通过命令行形式输入 vsim 指令开始仿真,以上的三种方式都会弹出 Start Simulation 窗口,如图 5-39 所示。同样是多标签选项的形式,共有 Design、VHDL、Verilog、Libraries、SDF 和 Others 6 个标签,每个标签中提供不同的选项设置。

首先介绍 Design 标签。该标签内居中的部分是 ModelSim 中包含的全部库,可展开看到库中包含的设计单元,这些库和单元是为仿真提供选择的,可以选择需要进行仿真的设计单元开始仿真,被选中的仿真单元的名称会出现在下方的 Design Unit(s)位置。ModelSim 支持同时对多个文件进行仿真,可以利用 Ctrl＋Shift 键来选择多个文件,被选中的全部文件名都会出现在 Design Unit(s) 区域,本节选择 work 中的 des_fast_testbench 进行仿真。在 Design Unit(s)区域的右侧是 Resolution 选项,这里可以选择仿真的时间刻度(时间单位)。时间刻度的概念类似于长度度量单位的米,在 ModelSim 进行仿真的时候,有一个最小的时间单位,这个单位是可以指定的。如最小单位是 10ns,在仿真器工作的时候都是按 10ns 为单位进行仿真,对 10ns 单位以下发生的信号变化不予考虑或不予显示,当测试文档中有类似于"♯1 a=1'b1;"的句子时,ModelSim 就不会考虑句中的延迟。Resolution 选项一般都是设置在默认的状态,这时会根据仿真器中指定的最小时间刻度来进行仿真,如果设计文件中没有指定,则按 1ns 来进行仿真。最下方的区域是 Optimization 区域,可以在仿真开始的时候激活优化。在 5.3.2 节优化窗口中也有选项,可以在优化设计后立刻开始仿真,两者功能是相同的。选中 Enable optimization 后,右侧的 Optimization Options 按钮会变为可选,单击就会弹出优化设置的相关选项,这里出现的优化设置选项的功能与 5.3.2 节中介绍的完全相同,只是没有了 Design 标签(因为在 Start Simulation 中已经指定了设计单元)。

第二个标签是 VHDL 标签,如图 5-40 所示。其中有 VITAL、TEXTIO Files 和 Other Options 三个区域。①VITAL 区域内有三个选项:Disable timing checks 的功能是对 VITAL 中生成的模块禁用时序检测;Use VITAL 2.2b SDF mapping 的功能是采用 VITAL 2.2b 库进行 SDF 文件的标注,默认情况下是采用 VITAL95 库;Disable glitch generation 的功能是禁用毛刺生成。②TEXTIO Files 区域可以选择输入或输出的 TEXTIO 文件。③Other Options 中有两个选项:Treat non-existent VHDL Files opened for read as empty 的功能是当需要打开一个库中不存在的 VHDL 文件时,把该文件作为一个空文件读入;Do not share file descriptors for VHDL files opened for write or append that have identical names 的功能是关闭文件描述符的共享,ModelSim 默认情况下向所有打开的 VHDL 分享文件描述符。

第三个标签是 Verilog 标签,如图 5-41 所示。图中的 Pulse Options 区域用来设置脉冲选项,可以选择 Disable pulse error and warning messages 来禁用路径脉冲的 error 和 warning 信息。下方的两个选项中:Rejection Limit(抑制限度)用来设置抑制限度,这个限度值采用路径延迟的百分比形式;Error Limit(误差限度)用来设置误差限度,也是采用路径延迟的百分比形式。Other Options 区域提供两个附加选项:Enable hazard checking 选中后可激活冒险检测;Disable timing checks in specify blocks 选

图 5-40　VHDL 标签

图 5-41　Verilog 标签

中后可以禁用指定块中的时序检测。User Defined Arguments 区域由使用者自行设定参数值,数值必须以"＋"开头,否则 ModelSim 就会报错。Delay Selection 选项用来设置延迟信息,可以从下拉列表中选择 default(缺省延迟)、min(最小延迟)、type(典型延迟)或者 max(最大延迟)。

有关这三种(最大、最小和典型)延迟的解释在各类硬件语言书中都可以找到,这里只做一个简单的解释。在硬件描述语言中,会为各类基础器件建立一个器件模型,这个模型就要用到这三类延迟,这些延迟反映了集成电路制造工艺过程中带来的影响。真实的器件延迟总是在最大值和最小值之间变化,而典型值则是所有器件的一个平均期待水平。举例来说,一个最基本的与非门,假定由工艺决定该与非门的最小延迟是 0.1ns,最大延迟是 0.3ns,典型值是 0.15ns,就表明实际信号从输入到输出要经过 0.1～0.3ns 的延迟,而不是立即输出。0.15ns 的典型值表示在该工艺条件下生产一批该与非门,有一定百分比的器件延迟在 0.15ns 以下,这个百分比可由工艺厂商制定。在实际用 VHDL 描述该与非门时,就需要对应设定这三种延迟信息,以求最好地反映实际硬件电路。这些延迟会在时序仿真的时候使用到,而且这些值的大小会直接影响时序电路的工作状态,更加详细的内容可以查阅有关时序分析的书籍。

第四个标签是 Libraries 标签。这个标签的内容和功能与优化设计窗口中的 Libraries 标签完全一致,这里不再赘述。

第五个标签是 SDF 标签。其内容如图 5-42 所示。SDF 是 Standard Delay Format(标准延迟格式)的缩写,内部包含了各种延迟信息,也是用于时序仿真的重要文件。SDF Files 区域用来添加 SDF 文件,选择 Add 进行添加;选择 Modify 进行修改;选择 Delete 删除添加的文件。SDF Options 设置 SDF 文件的 warning(警告)和 error(错误)信息:第一个 Disable SDF warnings 是禁用 SDF 警告;第二个 Reduce SDF errors to warnings 是把所有的 SDF 错误信息转变成警告信息。Multi-Source delay 可以控制多个目标对同一端口的驱动,如果有多个控制信号同时控制同一个端口或互联,且每个信号的延迟值不同,可以设置此选项统一延迟,此功能下拉列表中可供选择的有三个选项,max、min 和 latest:max 即选择所有信号中延迟最大的值作为统一值;min 即选择所有信号中延迟最小的值作为统一值;latest 则是选择所有信号中最后的延迟作为统一值。

添加 SDF 文件的窗口如图 5-43 所示。SDF File 区域可以输入需要添加的 SDF 文件名,或单击 Browse

图 5-42　SDF 标签

图 5-43　添加 SDF 文件

浏览选择。Apply to Region 用来指定一个设计区域,把 SDF 标签中的所有选项都应用到这个区域中。Delay 也是用来选择最小、最大、典型三种延迟类型的。

第六个标签是 Others 标签,这里包含一些杂项,如图 5-44 所示。Generics/Parameters 区域用来指定参数值,单击 Add 按钮会出现对话框,如图 5-45 所示:在对话框中 Name 区域输入参数的名称,在 Value 区域输入对应的数值,单击 OK 按钮后该参数就会出现在 Generics/Parameters 区域;对话框中 Override Instance-specific Values 是覆盖选项,选中此选项后,如果设计文件中有相同的参数就会被此处的参数值覆盖。Coverage 区域用来指定代码覆盖检测,选中此选项开始仿真,就会自动出现代码覆盖率检测的窗口。Profiler 区域用来激活内存分析。WLF File 区域用来指定 WLF 文件(波形文件)的存储路径和存储名称,默认的路径是工作路径,即 C:\modeltech64_2020.4\examples,默认的名称是 vsim.wlf。Assertions 区域用来设置断言选项,可以勾选或取消三个选项来启动或禁用 PSL、SVA 和断言调试窗口。断言文件的名称可在 Assert File 区域指定。和其他窗口一样,如果需要设置选项卡中没有的功能,可以在 Other Vsim Options 区域输入标准格式的 vsim 命令。

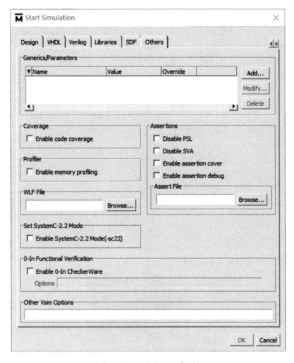

图 5-44　Others 标签

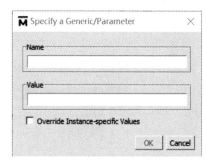

图 5-45　添加指定参数值

Start Simulation 窗口的选项基本如上所述,进行不同文件的仿真需要设置不同的选项,设置完毕后,单击 OK 按钮即可开始仿真。开始仿真后,多标签区域会增加很多新的标签。在仿真之前,多标签区域一般只有 Project 和 Library 两个标签。

开始仿真后,在多标签区域一般会增加 sim 标签、Files 标签和 Memories 标签。除了多标签区域会增加标签,在 MDI 窗口中也会新出现一个 Object 窗口,在多标签区域中的 sim 标签选中一个设计单元,在 Object 窗口中就会出现该单元包含的输入/输出端口,如图 5-46 所示。

另一种开始仿真的方式,是在库中选择需要仿真的单元,使用右键菜单中的 Simulate 或 Simulate with coverage 命令开始仿真,选中命令后会跳过 Start Simulation 窗口,直接出现 sim 标签和 Object 窗口。如果不需要进行选项设置,也可以采用这种方式快速地开始仿真。

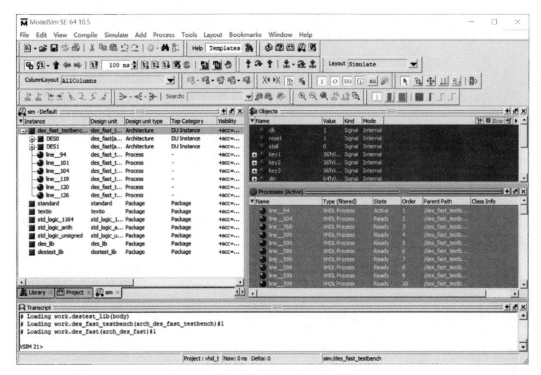

图 5-46　仿真开始后的工作区和对象窗口

在 sim 标签中可以看到本次仿真的模块 des_fast_testbench 内部调用实例化模块和内部包含的寄存器、线网等信息。选中 sim 标签中的模块,在右键菜单中选择 Add Wave 命令,可将选中模块的所有信号全部添加到波形窗口中;或者选择 Add to→Wave 命令,在三个选项中选择需要显示的信号即可。如果只需要选择模块中的一个或几个信号,可以在右侧的 Object 窗口中采用同样方式在右键菜单中选择 Add→Add to→Wave 命令添加选中的信号,如图 5-47 所示。

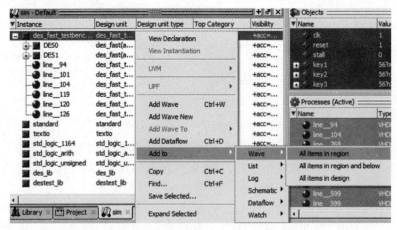

图 5-47　向波形窗口中添加信号

添加信号后,波形窗口会出现在 MDI 区域(在启动仿真时波形窗口并不出现),如图 5-48 所示。但此时只是将信号添加到了波形窗口中,仿真并没有开始运行,所以在波形显示区域并没有输入/输出的信号波形。

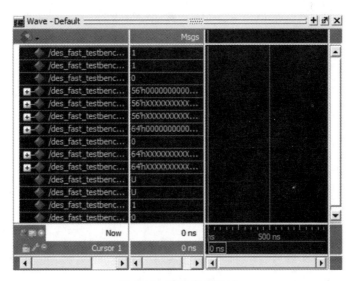

图 5-48 波形窗口显示

添加信号后,在命令窗口中输入 run -all 命令可以运行仿真。此条命令的功能是运行全部的仿真,即从测试平台中 0 时刻开始直至有系统任务或函数中断仿真为止。由于测试平台中没有使用具有停止和中断功能的系统函数,所以仿真会一直持续下去。但是仿真运行的时候波形是不会更新的,依然是一片空白。此时选择快捷工具栏中的中断仿真按钮或在菜单栏中选择 Simulate→Break 命令可以中断仿真。中断仿真后,在波形窗口中会出现刚才运行的全部仿真波形,如图 5-49 所示。

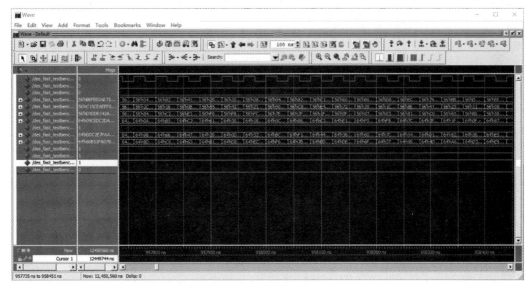

图 5-49 仿真波形窗口

5.4 Verilog 仿真

Verilog 和 VHDL 同属于硬件描述语言,故在编译、优化、仿真的过程中,所进行的操作也十分类似。本节介绍对于 Verilog 设计的仿真,与 VHDL 相同的部分会简单略过,重点在于不同的操作步骤。

本节中以一个 32 位浮点乘法器说明 Verilog 文件的仿真过程。Verilog 文件的仿真过程与 VHDL 文件的仿真过程是基本相同的，只是语言上有各自的特点，所以仿真时用到的功能会有局部的区别。为了使 Verilog 文件的仿真实例不成为 VHDL 仿真实例的翻版，在 VHDL 文件仿真时只用到了波形窗口，且未作任何设置。在本节的 Verilog 文件仿真实例中不再使用波形窗口，使用列表窗口观察信号值，虽然两者的形式不同，但都是观察仿真结果的方式。

5.4.1 Verilog 文件编译

同 VHDL 一样，Verilog 文件的编译也有两种方式，即基于建立工程的仿真和基于不建立工程的仿真。仿真的过程也与 VHDL 相似，只有一点不同：VHDL 中仿真（编译）的命令是 vcom，而 Verilog 语言中编译的命令是 vlog。例如，对 Verilog 文件的编译可采用如下形式：

```
vlog design_name
```

Verilog 文件中有一类比较特殊，这就是 SystemVerilog。SystemVerilog 语言可以说是 Verilog 的一种发展，但与 Verilog 语言又有很大区别。对于这两种语言的区别和联系，可以查阅相关文献进行了解。在 ModelSim 的使用中，默认的语言标准是针对 Verilog 语言的，如果要编译 SystemVerilog 语言，则需要在选项中进行设置，或采用命令行参数的形式进行编译。设置 SystemVerilog 工程编译选项如图 5-50 所示。这个 Project Compiler Settings 是在建立工程的情况下，在 Project 标签内使用右键菜单，选择 Compile→Compile Properties 命令后出现。对于不建立工程的情况，可以在菜单栏中选择 Compile→Compile Options，会出现一个名为 CompilerOptions 的窗口，名称不同，但是 Verilog 标签内的选项都是相同的，在 Verilog 标签中把语言版本从 Default 选为 Use SystemVerilog，就可以对

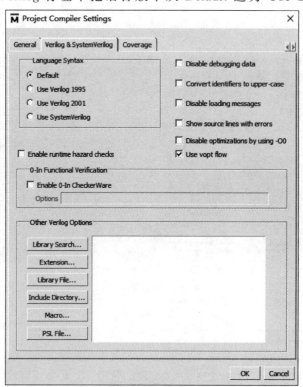

图 5-50　激活 SystemVerilog 的编译

SystemVerilog 文件进行编译了。

采用命令行方式也可以对 SystemVerilog 文件进行编译。ModelSim 中提供了如下两种方式：

```
vlog design_name.sv
vlog – sv design_name.v
```

第一种方式中使用 .sv 后缀的文件名,ModelSim 在编译的时候会根据文件名自动激活 SystemVerilog 语法标准。第二种方式中使用 .v 后缀的文件名,此时需要添加命令参数把编译器设置为 SystemVerilog 语法标准,即采用"-sv"来设置命令参数。

ModelSim 对于 Verilog 的编译命令参数有一部分是和其他仿真软件相同的,这样就可以很方便地完成两种软件间的切换和衔接。

在本节仿真的过程依然采用建立工程的方式,建立工程的名称为 Verilog_t,默认的库依然指定为 work,这样所有编译的单元都会添加到 work 库中。将全部文件加入工程中进行编译,通过编译的工程界面如图 5-51 所示。

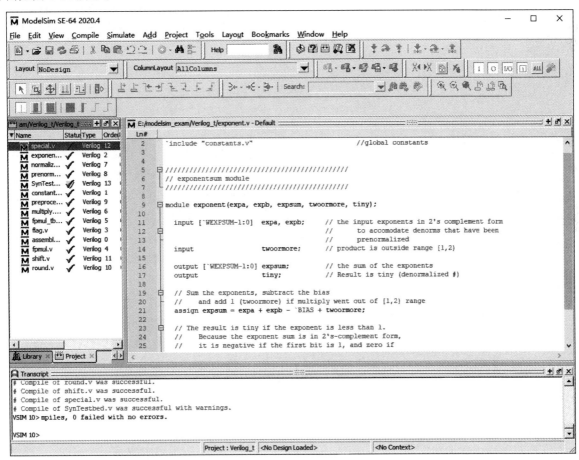

图 5-51 通过编译的工程界面

5.4.2 Verilog 设计优化

Verilog 语言的优化也有两种方式：第一种是通过菜单栏；第二种是通过命令行。通过菜单栏的方式与 VHDL 相同,也是在菜单栏中选择 Simulate→Design Optimization 命令来进行设置。具体的选项设置和选项功能在 5.4.1 节中均已详细介绍,这里就不再重复了。采用命令行的方式与 VHDL 类似,也是使用 vopt 命令,命令格式如下:

vopt lib_name.unit_name − o output_name

同样也可以在编译时输入 vopt 命令,命令格式如下:

vlog − work lib_name − vopt file_name

与 VHDL 唯一的不同就在于指令是以 vlog 开头而不是 vcom。

5.4.3 Verilog 设计仿真

Verilog 文件的仿真和 VHDL 一样,可以选择快捷工具栏中的仿真按钮开始仿真;可以通过菜单栏选择 Simulate→Start Simulation 开始仿真;可以通过命令行形式输入 vsim 指令开始仿真。这三种方式都会弹出 Start Simulation 窗口,该窗口在 5.3.3 节中已经详细介绍,可以参考其中的内容。

在 5.3.3 节中,只是介绍了开始仿真的部分,对仿真的中间过程并没有介绍,包括仿真时间的设置、重新仿真、sim 标签中的快捷菜单等,此节将进行介绍。按照仿真进行的顺序,首先介绍 sim 标签中的快捷菜单。

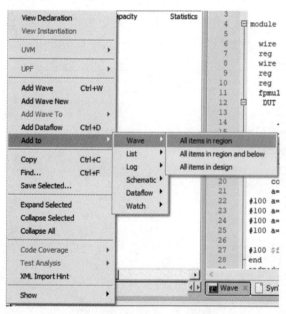

图 5-52　sim 标签中的右键快捷菜单

在 ModelSim 的任意位置右击都会出现快捷菜单,且不同区域出现的菜单不尽相同。在 sim 标签中的快捷菜单主要是为了仿真使用,其包含的命令如图 5-52 所示。

右键快捷菜单中包含的命令功能如下:

(1) View Declaration(显示声明语句)。选中 sim 标签中一个线网、寄存器或设计模块单元的时候,该选项变为可选选项,使用此命令可以查看被选中目标在源代码中第一次被声明的位置。如果源文件处于打开状态,则会直接跳转到声明语句所在的行;如果源文件未打开,则会打开该文件并显示声明语句。

(2) View Instantiation(显示实例化语句)。选中设计模块时变为可选选项,但是选中的设计模块不能是顶层模块。该命令的功能是显示被选中的模块在何处被实例化。由于除了模块之外的 Verilog 类型都没有被实例化,所以只有选中模块才能使用此命令。又因为顶层模块在此工程中不会被调用,所以顶层模块也不能使用此命令。

(3) Add Wave(添加到波形)。把选中的信号添加到波形窗口,如果选中的是一个模块,则把整个模块中包含的可见信息(如端口、局部信号等)都添加到波形窗口。

(4) Add Wave New(添加波形到新窗口)。把选中的信号添加到一个新的窗口中,一般仿真打开时,都会出现一个默认的波形窗口。而使用此命令,可以新建一个窗口并把信号添加进去。

(5) Add Wave To(添加波形到)。当出现多个波形窗口的时候此选项变为可选,可以把选中的信号指定添加到某一个波形窗口中。

(6) Add Dataflow(添加到数据流)。把所选的模块或信号添加到数据流窗口。

(7) Add to(添加到)。此为多选项菜单,可以把选中的信号或模块添加到 Wave(波形)窗口、List(列表)窗口、Log(日志)窗口、Schematic(原理图)窗口、Dataflow(数据流)窗口、Watch(观察)窗口。

(8) Copy(复制)。此命令的功能是复制选中信号的路径名称。前面的内容介绍过,添加信号的命令形式为 add wave sim:/module_name/single_name,在 sim 标签中复制选中的信号或模块,复制的就是 add wave 后需要添加的信号路径。

(9) Find(查找)。选中此命令会出现对话框。此框在 sim 标签页的下方,在 Find 区域输入想要查找的名称,在 Search For 区域用下拉菜单选择查找的类型,根据选中目标不同可以选择 Instance(实例)、Design Unit(设计单元)、Entity/Module(实体/模块)或 Architecture(结构体)。

(10) Expand/Collapse Selected(展开/合并所选)。模块中一般包含一些输入与输出信号,故模块可以有展开和合并两种形式,展开时可以显示内部的信号,合并时只是显示模块名。这两个命令可以展开或合并选中的模块。

(11) Collapse All(合并所有)。功能和 Expand/Collapse Selected 相似,只是此命令会合并 sim 标签中所有可展开的项。

(12) Code Coverage(代码覆盖)。只有在进行代码覆盖率仿真时此命令才是可选命令。该命令具有三个子命令:Code Coverage Report 命令的功能是输出代码覆盖率报告;Clear Code Coverage Data 命令的功能是清除已有代码覆盖率的数据;Enable Recursive Coverage Sums 命令的功能是显示每个设计对象或文件的覆盖率数据和图标,默认是已选的。

(13) Test Analysis(测试分析)。此选项在 UCDB 文件被选中时变为可选,可以选择一些覆盖率的分析情况。

(14) XML Import Hint(XML 导入提示)。显示 XML 的导入路径层次名称和行数等信息。

(15) Show(显示)。显示 sim 标签(Structure 窗口)中可以显示的信息,勾选的类型将被显示,如果要隐藏某些类型,可以取消选择。另外,还可以根据个人需要,在 Change Filter 选项中选择此子菜单要显示的选项。

在仿真标签使用右键菜单选择 Add to 命令,在 VHDL 实例中选择的是添加到波形窗口,本例中选择添加到列表,即选择 Add to→List。添加信号后的列表窗口如图 5-53 所示。由于没有进行仿真,所以初始时间在 0s,所有的数据都是未知状态。

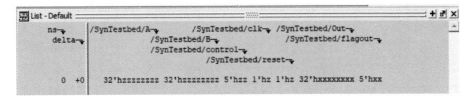

图 5-53 列表窗口

设计中采用'timescale 命令自定义了时间刻度,所以在仿真选项中不需要设置。仿真刻度设定是1ns/10ps,即最小的刻度是 10ps,所以仿真时间会调整到 ps 级别。在 Runtime Options 窗口中设定的运行命令运行的是 100 个时间单位,这个时间单位是以仿真器给出的单位为准,在本例中就是运行100ns。具体如图 5-54 所示,在输入数字的框中也可以输入单位。例如,在框中输入 100ns,执行 run 命令的时候仿真器会优先按照用户指定的时间运行,即运行 100ns。

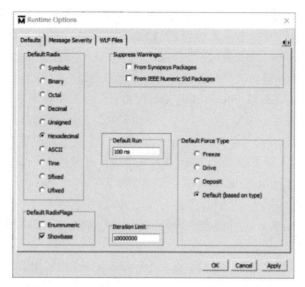

图 5-54　默认运行时间

　　在 ModelSim 的命令行中输入 run -all,执行此命令后,测试程序中所有测试向量都会被输入,列表窗口的数据会更新,如图 5-55 所示。

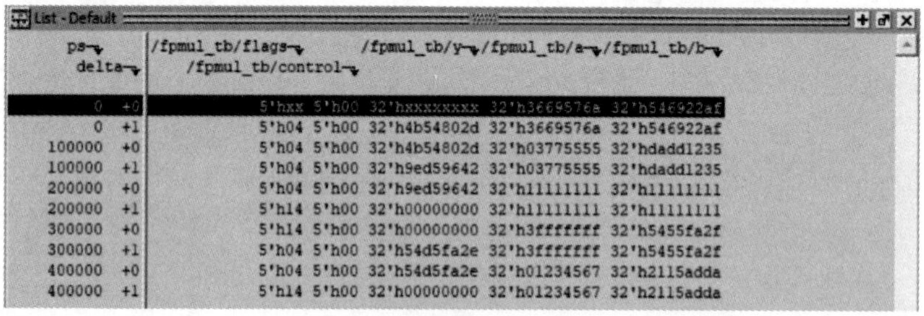

图 5-55　列表窗口数据

　　在列表窗口的顶端用箭头形式指示出了每个信号的路径和在列表窗口中的位置,这里的数据是以十六进制显示的,默认情况下是以 32 位二进制形式表示,可以在 Runtime Options 窗口中设置显示数据的基数。基数的设置最好在仿真开始的时候进行,因为列表窗口不同于波形窗口,波形窗口可以任意修改仿真波形的表示方式。

　　无论从十六进制修改成二进制还是从二进制修改成十六进制,都不会有任何问题。但是在列表窗口中,只能由多位向少位转变。以本例来说,在仿真最初将基数设置为十六进制,仿真后的数据如果改成二进制表示,在列表中就无法显示正常的数据,只显示一连串的"＊"号。这时只能通过右键菜单中查看细节命令才能看到数据。但是如果初始设置为二进制,仿真后修改为十六进制,所有数据都能正常显示。这是一个显示上的问题,使用的时候需要留意。

　　在 VHDL 的仿真曾经提到,仿真时如果没有设置中断或停止命令,仿真会一直运行,直到使用 ModelSim 的 Break 命令,即使用中断仿真命令时才能停止仿真。但是采用这种中断的方式时,中断的时间和位置是不能确定的,如果需要在某一个确定的位置暂停仿真,就不可能采用这种形式,而是要采用设置中断点的方式。

　　中断点可以在源文件窗口中设置,图 5-56 中第 22 行就是设置好的中断点。中断点的添加很简单,需要在哪一行添加中断点,就在哪一行的最前端单击,在该行的行号后方就会出现一个实心的红色圆点,表示该行已经被设置成中断点了。如果要取消中断点,只需再单击一次,红色实心点会变成灰色的空心点,表示该点取消。

设置中断点后,当仿真器运行到中断点时就会自动跳出仿真。例如,图 5-56 中第 22 行为测试模块添加了中断点,在命令行中输入 run -all 命令执行全部仿真,会得到以下的输出信息:

```
run - all
# Break in Module fpmul_tb at E:/modelsim_exam/v_t/fpuml_tb.v line 22
```

该信息提示,当前的仿真在第 22 行被中断。需要注意的是,中断点设置的代码行不会在仿真中执行,也就是说,在此例中第 22 行的代码是不被执行的。

如果需要在执行完全部测试向量后停止仿真,可以采用设置中断点来实现,也可以使用系统任务的方式来实现。常用的系统函数(命令)有 $ stop 和 $ finish。 $ stop 命令表示运行到此行停止仿真,与中断点功能相同。例如,在源文件的第 27 行中添加 $ stop 命令(需要取消第 22 行的中断点,否则不会执行到第 27 行),如图 5-57 所示。

```
18    initial
19  ⊟ begin
20        control=5'b00000;
21        a=32'h3669_576a;b=32'h5469_22af;
22 ●  #100 a=32'h0377_5555;b=32'hdadd_1235;
23    #100 a=32'h1111_1111;b=32'h1111_1111;
24    #100 a=32'h3fff_ffff;b=32'h5455_fa2f;
25    #100 a=32'h0123_4567;b=32'h2115_adda;
26
27 ➡  #100 $finish;
28    end
29    endmodule
```

图 5-56　中断点设置

```
18    initial
19  ⊟ begin
20        control=5'b00000;
21        a=32'h3669_576a;b=32'h5469_22af;
22    #100 a=32'h0377_5555;b=32'hdadd_1235;
23    #100 a=32'h1111_1111;b=32'h1111_1111;
24    #100 a=32'h3fff_ffff;b=32'h5455_fa2f;
25    #100 a=32'h0123_4567;b=32'h2115_adda;
26
27 ➡  #100 $stop;
```

图 5-57　添加 stop 函数(命令)

此时运行 run -all 命令会在命令行中得到如下输出:

```
run - all
# ** Note: $ stop         : E:/modelsim_exam/v_t/fpuml_tb.v(27)
# Time: 500 ns           Iteration: 0 Instance: /fpmul_tb
# Break in Module fpmul_tb at E:/modelsim_exam/v_t/fpuml_tb.v line 27
```

与中断点一样,在此行之前的所有测试向量都被执行。

另一个系统任务 $ finish 并不常使用,因为使用此命令会关闭仿真器。例如,在程序中添加了 $ finish 语句,执行到此条语句时仿真器会弹出对话框,询问是否关闭仿真,如图 5-58 所示。

选择"否"会出现如下提示:

图 5-58　Finish 对话框

```
run - all
# * * Note: $ finish       : E:/modelsim_exam/v_t/fpuml_tb.v(28)
# Time: 600 ns           Iteration: 0 Instance: /fpmul_tb
# 1
# Break in Module fpmul_tb at E:/modelsim_exam/v_t/fpuml_tb.v line 28
```

此时功能与中断的功能相同。但是如果选择了"是",ModelSim 就会自动关闭,所有仿真的波形和数据都不会被保存。

5.4.4　单元库

ModelSim 通过了 ASIC 委员会制定的 Verilog 测试集并由此获得了通过测试的库,即获得了被该委员会认可的库。使用到的测试集是专门为了确保 Verilog 的时序正确性和功能正确性而设计的,是完成全 ASIC 设计的重要支持。许多 ASIC 厂商和 FPGA 厂商的 Verilog 单元库与 ModelSim 的单元库并不冲突。

单元模块通常包含 Verilog 的"特定块",这些块用来描述单元中的路径延迟和时序约束。在 ModelSim 模块中,源引脚(input 或 inout)到目的引脚(output 或 inout)的延迟称为模块路径延迟(module path delay),在 Verilog 中,路径延迟用关键字 specify 和 endspecify 表示。在这两个关键字之间的部分构成一个 specify 块。时序约束是指对于各条路径上数据的传输和变化做一个时间上的约束,使整个系统能够正常地工作。

Verilog 模型可以包含两种延迟:分布式延迟和路径延迟。在 Primitive、UDP 和连续赋值语句中定义的延迟是分布式延迟,而端口到端口的延迟被定为路径延迟。这两个延迟相互作用,直接影响最终观测到的实际延迟。大多数的 Verilog 单元库中仅仅使用到路径延迟,而分布式延迟则被设置成零。分布式延迟的例子如下:

```
module or2(y, a, b)
input a, b;
output y;
or (y, a, b)
specify
    (a => y) = 4;
    (b => y) = 4;
endspecify
endmodule
```

上面这个代码是一个二输入或门的例子,这个或门的分布式延迟被定义为0,实际从模块端口得到的延迟是从路径延迟中获得的,路径延迟已经说过,是在 specify 和 endspecify 中定义的。这个例子不是一个独立的实例,大多数的单元都是采用这种结构进行建模的。当单元中需要指定两种延迟时,这两种延迟中比较大的一种延迟被使用到各条路径中,这是一种默认的准则。另外,在 ModelSim 中,编译器的延迟模式参数要优先于延迟在这个代码指令中的模式。

单元库中包含的延迟模型主要有以下几种:

(1) Distributed delay mode(分布式延迟模型)。在分布式延迟模型中,路径延迟信息是被忽略的,重点关注分布式延迟。可以使用编译参数"+delay_mode_distributed"或者使用编译指令"`delay_mode_distributed"调用这种延迟模型。

(2) Path delay mode(路径延迟模型)。在路径延迟模型中,分布式延迟在所有的模块中都被设置成0。可以使用编译参数"+delay_mode_path"或者使用编译指令"`delay_mode_path"调用这种延迟模型。

(3) Unit delay mode(单位延迟模型)。在单位延迟模型中,所有非零的分布式延迟被设置成一个时间单位,这个时间单位会在设计文件的"`timescale"中定义,或在仿真时设置。可以使用编译参数"+delay_mode-unit"或者使用编译指令"`delay_mode_unit",调用这种延迟模型。

(4) Zero delay mode(零延迟模型)。在零延迟模型中所有的分布式延迟被设为0,而且所有的路径延迟和时序约束都被忽略。可以使用编译参数"+delay_mode_zero"或者使用编译指令"`delay_mode_zero"调用这种延迟模型。

5.5　针对不同器件的时序仿真

时序仿真,是利用 SDF 文件对原有设计进行时序标注,继而进行仿真的方式。后仿真从一定程度上可以反映设计的时序性能,更加接近设计的实际工作情况。本章前面所做的仿真称为功能仿真,主要是验证功能是否符合设计要求。

ModelSim 本身并不能生成后仿真需要的 SDF 文件,但是由于 ModelSim 对多数 FPGA 厂商的支持,使其可以利用其他 FPGA 工具生成的 SDF 文件进行时序仿真。本节中以主流的 Altera 公司和 Xilinx 公司的工具为例,介绍 ModelSim 如何对这两个公司的器件进行时序仿真。

5.5.1　ModelSim 对 Altera 器件的时序仿真

Altera 公司的 FPGA/CPLD 器件占据了大量的市场,很多学校和公司都使用 Altera 公司的产品进行设计和开发,如何利用 ModelSim 对 Altera 提供的器件进行后仿真也是很多初学者面临的问题,由于采用的设置方式不同,加之对两种软件提供的功能不是非常了解,往往会出现不能进行后仿真的情况。在本节中会详细地介绍如何使用 ModelSim 对 Altera 器件进行后仿真。

Quartus 与 ModelSim 进行后仿真的流程有两种:一种是直接使用 Quartus 调用 ModelSim 进行时序仿真;另一种是使用 Quartus 生成 ModelSim 进行后仿真需要的文件,再使用 ModelSim 进行时序仿真。这两种仿真的实际效果都是一样的,只是采用步骤和设置有所不同。

使用 Quartus 调用 ModelSim 时,需要设置的是 ModelSim 的路径。因为此时 Quartus 需要按指定的路径调用 ModelSim 软件。采用这种方法的时候还要注意 ModelSim 的 license 问题,当 license 达到上限时是无法启动 ModelSim 的。例如,PC 的 license 仅能支持一个 ModelSim,如果打开 ModelSim 的时候再使用 Quartus 调用 ModelSim 就会产生错误。使用第一种方法进行后仿真的流程可以归纳为以下几步:

(1) 在 Quartus 中创建工程并按向导进行设置。

(2) 指定 ModelSim 仿真的 Testbench。

(3) 在 Quartus 中执行综合、布局布线、时序分析等步骤。

(4) 生成网表文件和 SDF 文件后,调用 ModelSim。

(5) ModelSim 自动完成仿真功能。

第二种方法是分段操作的:先使用 Quartus 软件;再使用 ModelSim 进行时序仿真。这时 ModelSim 不是被调用的,而是设计者自行启动的,这里就会有一个问题:在第一种方法中,Quartus 调用 ModelSim 的时候会把需要的库文件同时加载到 ModelSim 中,但是在第二种方法中这些库文件是没有的,需要设计者指定,如果没有库文件的支持,整个设计显然是无法仿真的。使用第二种方法进行后仿真的流程可以归纳为以下几步:

(1) 在 Quartus 中创建工程并按向导进行设置。

(2) 在 Quartus 中执行综合、布局布线、时序分析等步骤。

(3) 生成网表文件和 SDF 文件后,退出 Quartus。

(4) 启动 ModelSim,编译对应器件的库文件。

(5) 把 Quartus 生成的后仿真文件添加到工程中。

(6) 编译添加的文件,进行仿真。

以上两种方式有两步的描述都是相同的,但是设置上有所不同,随后的综合、布局布线等操作的显示也有不同。

1. 在 Quartus 中创建工程并按向导进行设置

这里以 Quartus Prime Lite 22.1 为例介绍采用 ModelSim 的时序仿真。启动 Quartus Prime Lite 22.1,选择菜单栏中的 File→New Project Wizard,打开一个新的工程向导,如图 5-59 所示。

执行该命令后,会出现工程向导对话框。这个工程向导有很多步骤,第一步出现的是介绍,如图 5-60 所示。这个对话框中介绍了本工程向导如何建立一个新的工程,用项目编号的形式给出了包含的步骤:工程名和目录、顶层设计名称、工程文件和库、目标器件设定、EDA 工具的选择。第一步是介绍页面,不需要选择,可以单击 Next 按钮进入下一步,如果不想在以后新建工程的过程中看到这个页面,可以把左下角的 Don't show me this introduction again 勾选上。

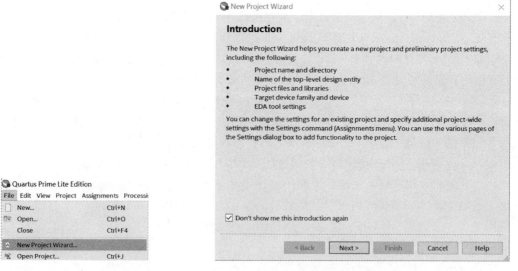

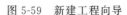

图 5-59　新建工程向导　　　　　　　　　图 5-60　工程向导-介绍

进入向导的下一步是设置工程的目录、工程名和顶层模块,如图 5-61 所示。第一栏中指定当前工程使用的目标文件夹,这里在默认目录下建立一个名为 mywork 的文件夹,用来存放本节的例子,即目标路径为 C:\intelFPGA_lite\。第二栏中指定工程的名称,在此栏中输入的工程名会被 ModelSim 默认为顶层模块名,如图 5-61 中所示,在第二栏中输入工程名 fpadd,在第三栏中就会同步显示 fpadd。这里就需要注意:Quartus 对工程名没有特别的要求,但是对第三栏中的顶层设计单元是有要求的,图中也说得很详细,这个顶层设计单元的名称必须要和设计文件中的顶层单元名称相同,否则在 Quartus 进行分析的时候就会提示找不到设计单元。为了避免错误,一般都是采用和顶层设计相同的工程名称,即如图 5-61 所示的样式。如果比较熟练,可以指定不同的工程名和顶层设计单元名称。设置好这三个参数后,单击 Next 按钮进入下一步设置。

设置工程名后需要指定添加的文件,如图 5-62 所示。首先要单击图中 File name 空白栏后的按钮浏览需要添加的文件,单击此按钮后会自动打开前一步中设置的工程目录;然后将此工程用到的源文件复制到该目录中,同时选中这些文件,选中的文件名就会显示在 File name 一栏;再单击 Add 按钮后这些文件就会添加到工程中,图中中间区域所示就是添加后的文件;添加文件并配置库文件后单击 Next 按钮进入下一步。

图 5-61 工程向导-目录、工程名和顶层模块

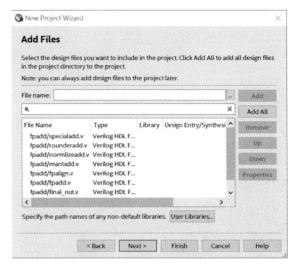

图 5-62 工程向导-添加文件

添加文件后要指定使用的 FPGA 器件,如图 5-63 所示。如图中标示的位置,选择器件族 Cyclone 10 LP,选择 Auto device selected by the Fitter,让 Quartus 根据需要选择器件。要记住选择的器件族,后仿真的时候需要用到,选择好后单击 Next 按钮进入下一步。

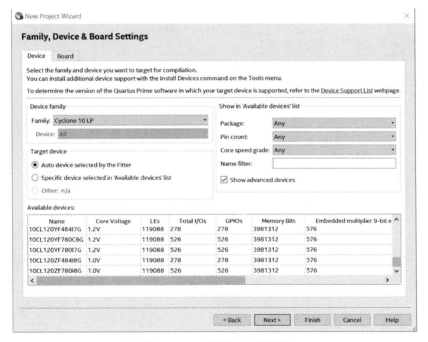

图 5-63 工程向导-选择器件

这一步中需要指定 EDA 工具,可以使用的 EDA 工具分别是:综合工具、仿真工具、形式验证工具和板级工具。本节中使用到的是仿真工具(如图 5-64 所示),在 Simulation 行的 Tool Name 下拉菜单中选择工具 ModelSim,根据文件的需要选择文件形式,Format 一栏为 Verilog HDL。特别要注意,在第一种流程中要勾选选项 Run gate-level simulation automatically after compilation,这个选项会在编译后直接运行门级仿真,即运行时序仿真。设置好 EDA 工具后单击 Next 按钮进入最后一步。

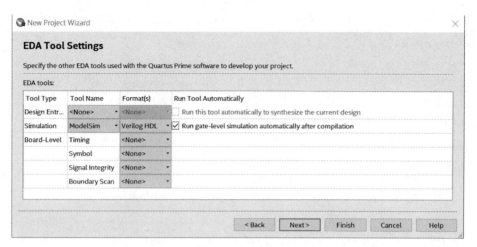

图 5-64　工程向导-指定仿真工具

最后一步是前面所有设置的一个摘要,如图 5-65 所示。此界面可以查看前面设置的所有项目,如果与预想不同,可以单击 Back 按钮返回上一步进行修改。确认无误后单击 Finish 按钮结束工程向导。

New Project Wizard   ×

Summary

When you click Finish, the project will be created with the following settings:

Project directory:	C:\intelFPGA_lite\
Project name:	fpadd
Top-level design entity:	fpadd
Number of files added:	8
Number of user libraries added:	0
Device assignments:	
Design template:	n/a
Family name:	Cyclone 10 LP
Device:	AUTO
Board:	n/a
EDA tools:	
Design entry/synthesis:	<None> (<None>)
Simulation:	ModelSim (Verilog HDL)
Timing analysis:	0
Operating conditions:	
Core voltage:	n/a
Junction temperature range:	n/a

< Back　　Next >　　Finish　　Cancel　　Help

图 5-65　工程向导-确定设置

单击 Finish 按钮结束向导后,在工程区域的显示会发生变化,如图 5-66 所示。在层次标签中显示的是顶层设计单元的名称 fpadd,名称上方的 Cyclone 10 LP:AUTO 表示自动选择 Cyclone 10 LP 器件族的器件,如果在工程设置中指定了器件,AUTO 则会被选中的器件型号代替。在文件标签中显示所有添加的 8 个文件,这 8 个文件被划分在器件设计文件夹中。

2. 指定 ModelSim 仿真的 Test bench

若想进行自动仿真,需要为设计提供一个 Test bench,否则进入 ModelSim 后会陷入等待状态,而不能充分发挥 Quartus 的功能。由

Project Navigator ⌂ Hierarchy	▾ Q 🔳 🗗 ×
Entity:Instance	
⌂ Cyclone 10 LP: AUTO	
⟶ fpadd	

图 5-66　工程区域的显示

于工程向导中设置的仿真选项很简单,这里需要再次启动详细的设置,选择菜单栏中的 Assignments→Settings 命令。运行该命令后会显示如图 5-67 所示的窗口,可以详细地设置各项参数,其中包括 EDA Tool Settings 下的 Simulation 选项,在左侧选中此项后,右侧的区域会显示详细的参数设置。上方标示的区域是设置仿真工具和启动门级仿真选项,如果在工程设置中没有修改仿真工具,可以在此处进行修改。在 EDA Netlist Writer settings 中指定输出的网表格式是 Verilog HDL,仿真的时间刻度也改为 1ns,输出的目标文件夹是 simulation/modelsim。下方标示的 NativeLink settings 区域是指定 Test Benches 的位置,默认选项是 None,选中第二项 Compile test bench 可以进行指定。单击 Test Benches 按钮后会出现图 5-68 所示的窗口,此窗口中加入 tb_fpadd.v 测试文件。

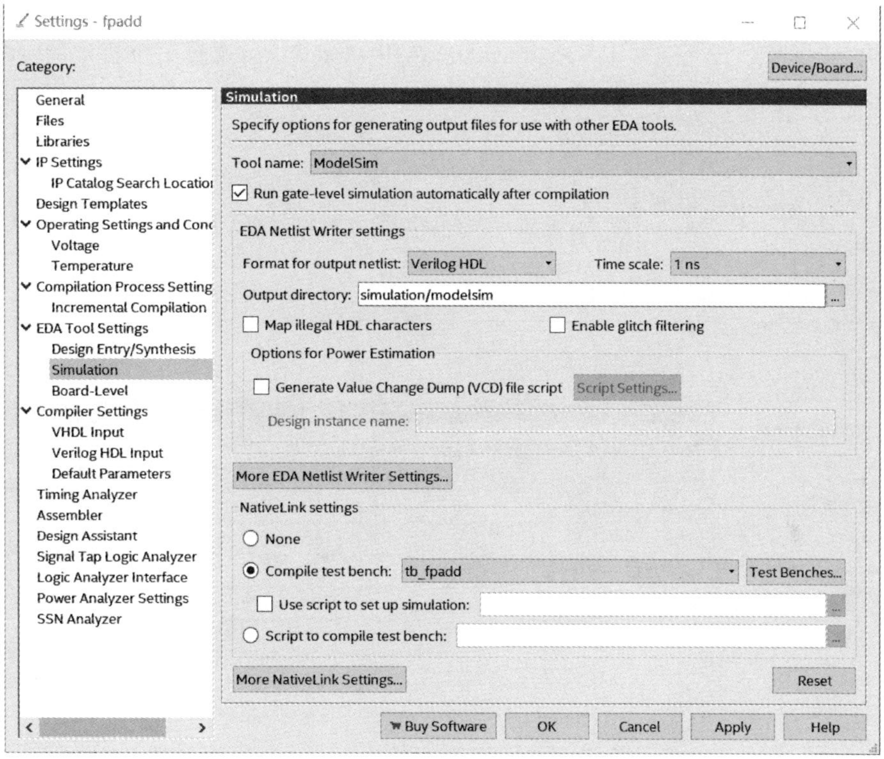

图 5-67 设置仿真参数

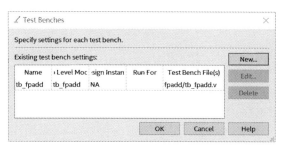

图 5-68 设置仿真测试文件

单击 New 按钮后会出现如图 5-69 所示的窗口,这是设置的关键窗口。窗口分为两部分,第一部分有三栏需要填写,要在 Test bench name 一栏中填写测试平台名称 tb_fpadd.v,在 Top level module in test bench 一栏中填写测试平台的顶层模块名称 tb_fpadd,勾选上 Use test bench to perform VHDL

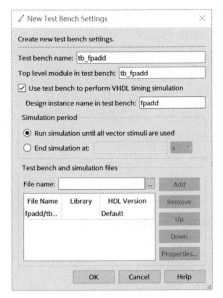

图 5-69　添加仿真测试文件

timing simulation,可以进行时序仿真；在第二部分里可以指定运行仿真时的终止条件,选择第一个选项 Run simulation until all vector stimuli are used,即所有的仿真向量运行结束时终止仿真,第二个选项是指定一个具体的时间,当仿真运行指定时间后会终止仿真,可以在使用的时候根据需要设置,设置这两处后还要在下方的区域添加测试文件,添加方式与工程中添加文件的方式相同。设置好所述的几项之后单击 OK 按钮会出现图 5-67 所示的显示,指定 Testbench 的步骤就结束了。

设置了测试平台,还需要指定 ModelSim 的安装路径,否则 Quartus 无法调用 ModelSim,选择菜单栏中的 Tools→Options 选项,会出现图 5-70 所示的对话框,在左侧选中 EDA Tool Options,在右侧区域就会显示 EDA 工具,选择其中的 ModelSim 行,把路径信息设置为 C:\ modeltech64 _ 2020. 4 \ win64,即 ModelSim. exe 所在的文件夹,单击 OK 按钮确认设置。

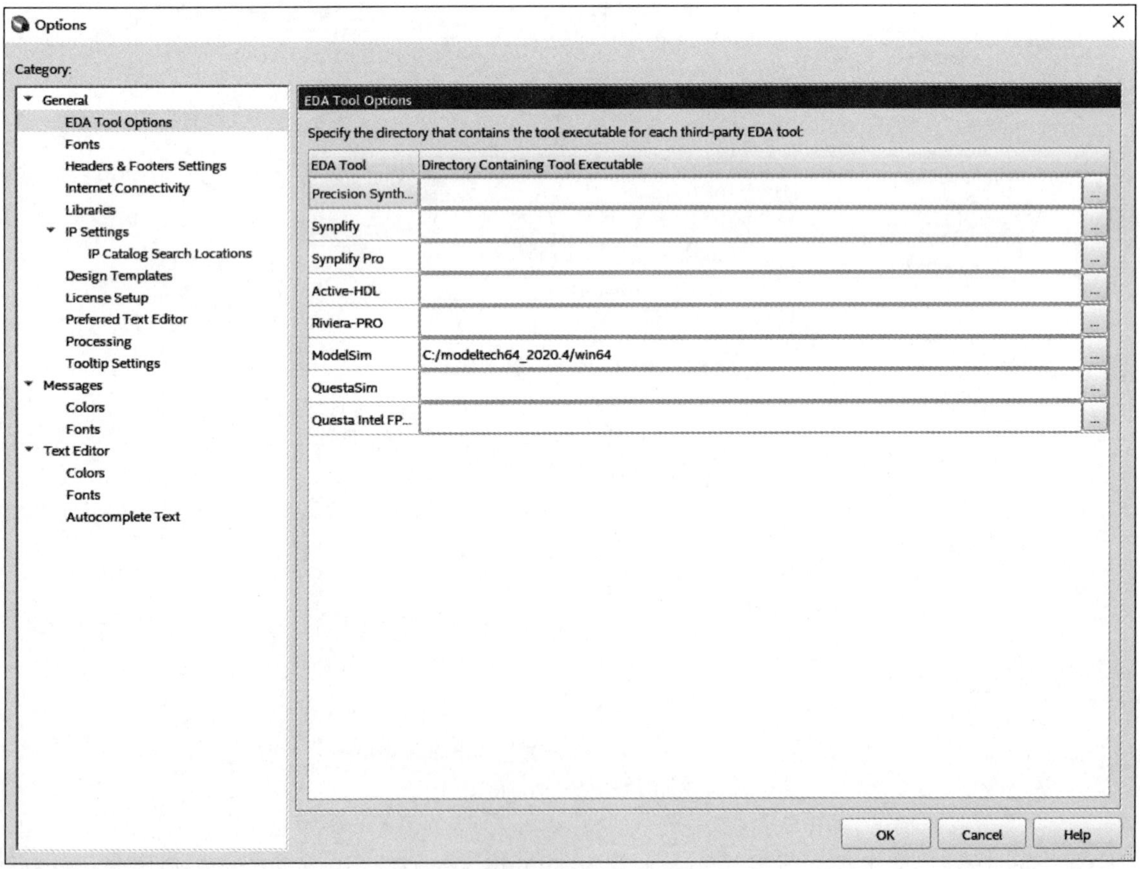

图 5-70　配置 ModelSim 路径

3. 在 Quartus 中执行综合、布局布线、时序分析等步骤

启动 Quartus 的各项功能有不同的用处,每项功能都可以做大篇幅的解释,这里采用一种比较简单的方式。在工具栏中单击 Start Compilation 按钮后会自动地完成后仿真需要的全部步骤(在菜单中也可以分别进行调用),如图 5-71 所示。

同时,在 Quartus 的状态区会显示要进行的操作状态,如图 5-72 所示。在该图中显示了五个步骤:Analysis&Synthesis、Fitter、Assembler、Timing Analysis、EDA Netlist Writer,这里不去关心前四个步骤,这些步骤是为最后的仿真做准备的。与 EDA 工具有关的是最后两个操作的运行状态。EDA Netlist Writer 是生成 EDA 工具需要的网表文件,生成的文件后缀为".v0"格式,同时生成的文件还有一个后缀名为".sdo"的 SDF 文件,这两个文件都是时序仿真的必要文件。执行此步操作之后,Quartus 会自动调用指定的 EDA 软件进行门级仿真,这里指定的是 ModelSim,会启动 ModelSim 进行仿真。

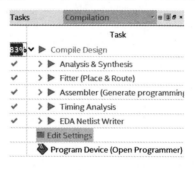

图 5-71　启动编译　　　　　　　　　　图 5-72　编译过程需要进行的操作及运行状态

在进行分析和综合后,工程区的显示会发生变化,如图 5-73 所示。层级标签中会显示整个设计的设计层次,可以单击前面的箭头来展开设计层次;设计单元标签中会显示全部的设计单元,还有该单元对应的 HDL 类型。

随着 Quartus 中操作的进行,任务区各条命令会显示其完成状态和运行时间,在如图 5-74 所示的 Compile Design 功能完成 83% 的时候,完成 ModelSim 的功能仿真如图 5-75 所示。退出 ModelSim 软件,完成整个编译过程。

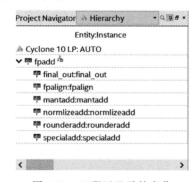

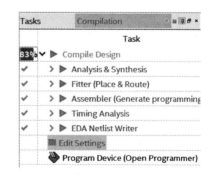

图 5-73　工程区显示的变化　　　　　　　　图 5-74　编译过程进度

4. ModelSim 自动完成仿真功能

在第一种流程中,启动了 ModelSim 后的工作完全由上一步中 fpadd_run_msim_gate_verilog.do 来执行,所有的编译、信号添加、仿真等原本需要手工操作的命令都会在这个.do 文件中。该.do 文件中包含的信息如图 5-76 所示。

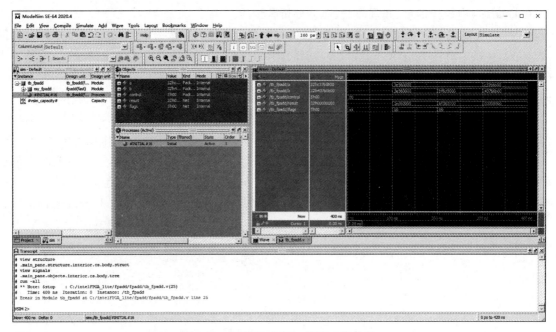

图 5-75　调用 ModelSim 完成功能仿真

```
1   transcript on
2   if ![file isdirectory verilog_libs] {
3       file mkdir verilog_libs
4   }
5
6   vlib verilog_libs/altera_ver
7   vmap altera_ver ./verilog_libs/altera_ver
8   vlog -vlog01compat -work altera_ver {c:/intelfpga_lite/22.1std/quartus/eda/sim_lib/altera_primitives.v}
9
10  vlib verilog_libs/cyclone10lp_ver
11  vmap cyclone10lp_ver ./verilog_libs/cyclone10lp_ver
12  vlog -vlog01compat -work cyclone10lp_ver {c:/intelfpga_lite/22.1std/quartus/eda/sim_lib/cyclone10lp_atoms.v}
13
14  if {[file exists gate_work]} {
15      vdel -lib gate_work -all
16  }
17  vlib gate_work
18  vmap work gate_work
19
20  vlog -vlog01compat -work work +incdir+. {fpadd.vo}
21
22  vlog -vlog01compat -work work +incdir+C:/intelFPGA_lite/fpadd {C:/intelFPGA_lite/fpadd/tb_fpadd.v}
23
24  vsim -t 1ps -L altera_ver -L cyclone10lp_ver -L gate_work -L work -voptargs="+acc"  tb_fpadd
25
26  add wave *
27  view structure
28  view signals
29  run -all
```

图 5-76　生成的.do仿真文件

　　整个的运行过程除了少数 TCL 语句之外,全都是 ModelSim 中使用到的命令行形式。首先建立了一个 Altera 的库文件,用来支持对 Cyclone 10 LP 器件族的仿真,然后建立了工程库,把预先设置好的测试平台和在 Quartus 中刚刚得到的设计优化文件进行编译和仿真,接着添加波形,运行仿真,最后等待操作。简而言之,就是按照.do 文件中的命令依次执行,直至运行到 run -all 命令,然后停止。得到的波形如图 5-77 所示。

　　如果对仿真波形有深入认识,就会明白时序仿真与逻辑仿真的不同。前面的逻辑仿真波形中,如果输入信号发生了变化,输出的波形就会立即发生变化,因为之前进行的仿真都是功能仿真,没有时序的

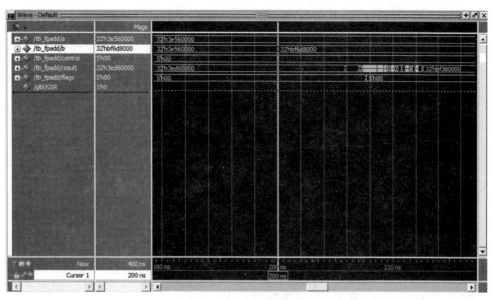

图 5-77 仿真波形(显示)

信息,只是按照程序的代码依次执行。而在时序仿真中,每一条代码程序都要耗费一定的时间,这样从输入信号变化到输出信号就需要一定的时间。在图中标示出了两个光标,一个是输入信号发生变化的位置,对应的时间点是 200ns;另一个是输出信号发生变化的位置,对应的时间点是 212.654ns,从输入信号到输出结果相差了 12.654ns,这就是本例中浮点加法器的实际工作时间。当然,实际的器件中工作时间可能与这个时间还不相同,但是比较接近的。

如果注意观察会发现,输入信号发生变化后,输出信号 result 会发生多次的波动,在图中表现就是一段浓密的信号,如果把图示中光标的波形放大到如图 5-78 所示的波形,会看出细节上变化,这也是时序仿真特有的。因为本例是一个组合逻辑器件,注定内部会发生一系列的变化,只有当信号稳定后的输

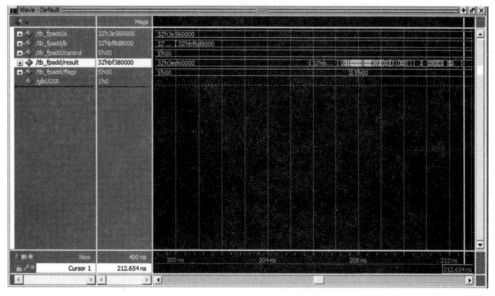

图 5-78 放大的细节波形

出才是最终的输出,而中间状态只是运算过程中的副产品。观察仿真波形后就可以关闭 ModelSim 了,关闭 ModelSim 后 Quartus 会继续接管控制权。

5.5.2　ModelSim 对 Xilinx 器件的时序仿真

当使用 Xilinx 器件的时候,就必须使用 Xilinx 公司提供的软件进行编译和后仿真。Xilinx 器件的使用范围也很广泛,本节中会对 Xilinx 器件的后仿真进行介绍。

本节中使用的版本是 Vivado 2022.2,该版本 ISE 打开后的整体界面如图 5-79 所示。该界面与 Quartus 的界面相似,由于还没有建立工程,所以左侧区域中没有层次显示和进程信息等,建立工程后即可出现。

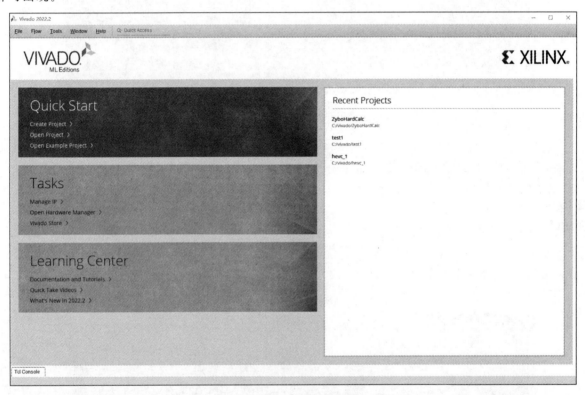

图 5-79　Vivado 2022.2 界面

Vivado 的时序仿真流程和 Altera 的流程相同,也可以分为两种:第一种是先使用 Vivado 生成后仿真需要的文件,再启动 ModelSim 进行仿真;第二种是使用 Vivado 启动 ModelSim 进行仿真。

第一种流程与 Altera 的流程相似,这里归纳为 6 个步骤。

(1) 在 Vivado 中创建工程并完成设置。

(2) 在 Vivado 中执行编译区的综合、布线等功能。

(3) 生成布线后仿真模型,退出 Vivado。

(4) 启动 ModelSim,编译 Xilinx 库文件。

(5) 把 Vivado 生成的后仿真文件添加到工程。

(6) 编译添加的文件,进行仿真。

下面在实例中详细讲解。

1. 在 ISE 中创建工程并完成设置

启动 ISE 后,在菜单栏中选择 File→NewProject,打开新的工程,如果之前从未建立过工程,会在初始界面的左侧看到工程选项。选择图 5-79 主界面左上角的 New Project 一样可以建立新工程,生成图 5-80 所示的工程向导界面。

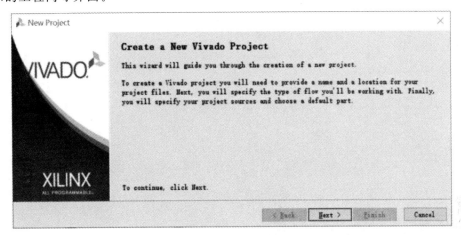

图 5-80　Vivado 工程向导界面

选中新建工程命令后会出现新建工程向导,同 Quartus 一样,也分为多个步骤,第一步的窗口如图 5-81 所示,要设置工程的名称和工程路径,并指定顶层设计的类型。在 Project name 中填写 fpadd,在 Project location 中指定目录为 E:/vivado,单击 Next 按钮进入下一步。下一步是创建工程类型,出现的窗口如图 5-82 所示。选择 RTL Project 即可。

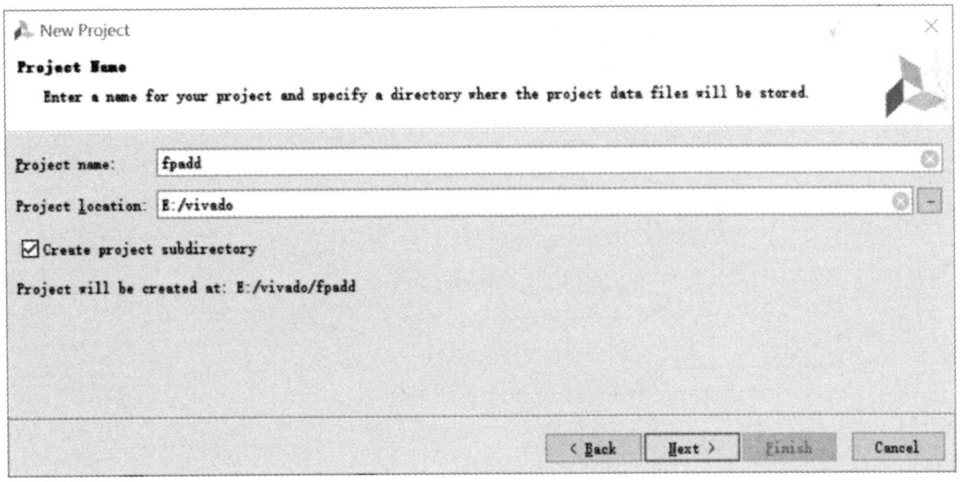

图 5-81　指定工程名称

设置工程信息后需要添加指定工程原文件,如图 5-83 所示。首先要单击图中 Add Files 空白栏后的按钮浏览需要添加的文件,单击 OK 按钮后这些文件就会添加到工程中,图中中间区域所示就是添加后的文件。添加文件后单击 Next 按钮进入下一步。

下一步为添加工程约束文件,如图 5-84 所示。首先要单击 Create File 按钮,在 Create Constraints Files 对话框中输入 File Name:为 fadd 后单击 OK 按钮退出。系统将生成的约束文件添加到工程中,图中中间区域所示就是添加后的文件。添加文件后单击 Next 按钮进入下一步。

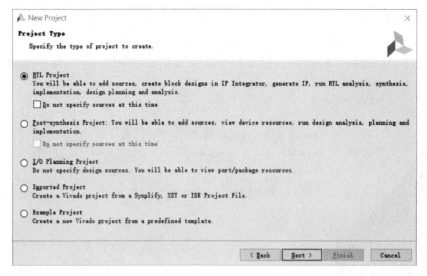

图 5-82 选择工程类型

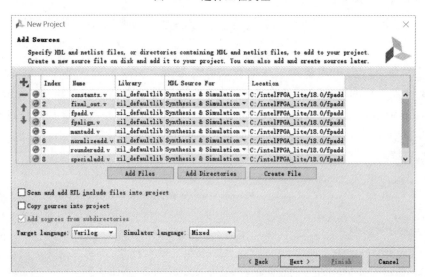

图 5-83 添加工程文件

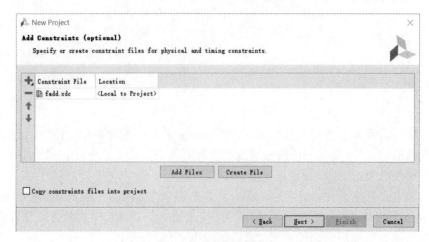

图 5-84 选择约束文件

下一步是器件选择和工具的指定,出现的窗口如图 5-85 所示。在窗口的上半部分是器件的选择,还可以选择不同的开发板。由于没有固定的器件可供使用,这里随意选择即可,本例中选择的是 xcku025-ffva1156-2-e,单击 Next 按钮进入下一步。

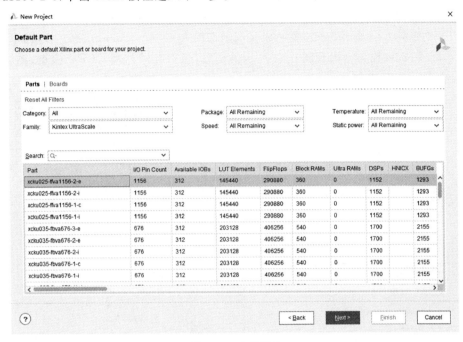

图 5-85　选择器件

最后一步是工程设置的概要,供使用者确认,如图 5-86 所示。如果有问题,则可以单击 Cancel 按钮取消操作;如果没有问题,则单击 Finish 按钮完成工程。

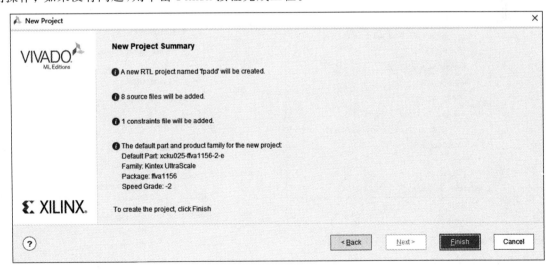

图 5-86　工程设置的概要

完成工程后在 Vivado Project Manager 窗口会出现图 5-87 所示的信息,在 Hierarchy 选项卡区域中显示的是工程设计文件和仿真文件信息:层次显示区域会出现本设计中包含的模块,这里显示的是 fpadd(fpadd.v),括号内显示的是文件名,括号外显示的是该文件中包含的模块名,共包含 6 个模块;在

Simulation Sources 单击右键选择 Add Sources 加入仿真测试文件 tb_fpadd 作为仿真源文件,如图 5-87 所示。

2. 在 Vivado 中执行编译区的综合、布线等功能

在 Vivado 中执行编译区的综合、布线等功能可以通过如图 5-88 所示的 Flow Navigator 窗口进行。如果要执行综合则选择 Run Synthesis,要完成实现则选择 Run Implementation。在完成了综合、转译、布局等过程后,在 Vivado 窗口会出现图 5-89 所示的信息,包括编译、综合、DRC 检查、系统资源利用情况、时序报告、电源报告信息。

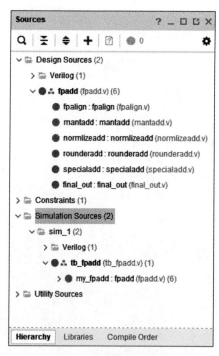

图 5-87　工程相关信息

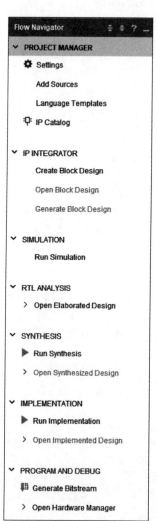

图 5-88　Flow Navigator 窗口界面

3. 设置 ModelSim 仿真环境并执行仿真

通过菜单 Tools→Compile Simulation Libraries 进行仿真模型器件库的编译,如图 5-90 设置仿真模型为 ModelSim 及其所在路径,系统将自动生成执行仿真的命令。单击 Compile 按钮进行仿真模型器件库的编译。

编译结束后可以在 E:\vivado\fpadd\fpadd.cache\compile_simlib\modelsim 目录中生成用于 ModelSim 进行仿真的器件库,如图 5-91 所示。

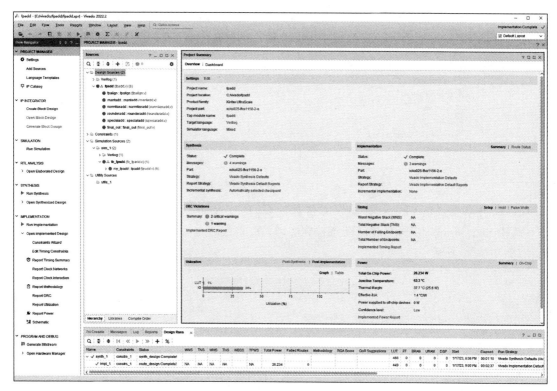

图 5-89 工程完成综合和实现后的窗口界面

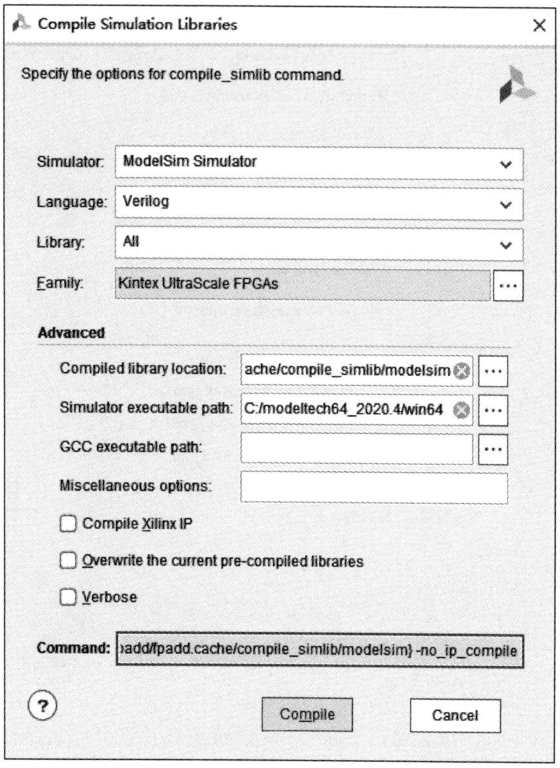

图 5-90 设置编译 ModelSim 仿真界面

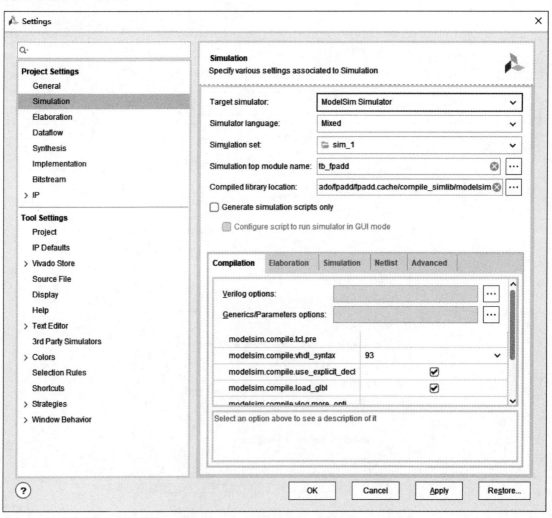

名称	修改日期	类型	大小
secureip	2023/1/17 21:42	文件夹	
simprims_ver	2023/1/17 21:49	文件夹	
unifast_ver	2023/1/17 21:42	文件夹	
unimacro_ver	2023/1/17 21:42	文件夹	
unisims_ver	2023/1/17 21:42	文件夹	
xilinx_vip	2023/1/17 21:49	文件夹	
xpm	2023/1/17 21:49	文件夹	
.cxl.modelsim.nt64.cmd	2023/1/17 21:49	Windows 命令脚本	3 KB
.cxl.stat	2023/1/17 21:49	3dsstat	1 KB
modelsim.ini	2023/1/17 21:49	配置设置	106 KB

图 5-91　编译生成 ModelSim 使用的器件库

在 Vivado 中设置 ModelSim(即第三方仿真工具)的安装路径。在 Vivado 菜单中选择 Tools→Options,选择 Simulation 选项卡,将滚动条拉到底部,在 Target Simulator 栏中选择 ModelSim 工具的安装路径,如图 5-92 所示。

图 5-92　设置使用 ModelSim 进行仿真并设置安装路径

设置好仿真参数后,如果设计文件和仿真文件也准备好,那么就可以开始对设计的功能进行仿真了。选择 Flow→Run Simulation→Run Post-Implementation Timing Simulation 类型或单击流程向导中的 Run Simulation→Run Post-Implementation Timing Simulation 进行仿真,如图 5-93 所示。

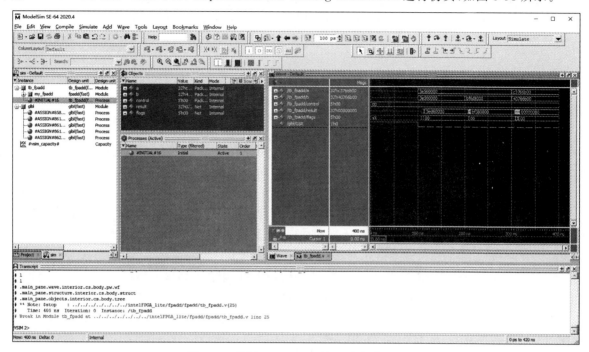

图 5-93　使用 ModelSim 进行时序仿真结果

第6章 控制电路设计与仿真

CHAPTER 6

控制电路被广泛地应用于电子设备的控制中,以单片机、嵌入式处理器为核心的控制电路成为主流的设计方案。针对单片机、嵌入式处理器的设计及仿真,可以在硬件设计前期进行高效的开发和验证,大大缩短了系统开发的时间,提高了设计效率。

本章主要介绍 Proteus VSM 单片机仿真,内容包括常用的 MCS-51 单片机以及 Atmel AVR 单片机的仿真。针对单片机及其外设与 Proteus 中的单片机仿真调试展开介绍。针对 MCS-51 系列单片机,内容涉及 Proteus 中的仿真环境建立、Proteus 中的仿真调试以及与 Keil μVision 开发环境的联合仿真调试等内容;针对 Atmel AVR 单片机,内容涉及在 Proteus 中建立仿真环境、在 Proteus 中进行仿真调试以及与 IAR EWB for AVR 工具进行联合仿真调试等内容。

6.1 Proteus 系统仿真基础

Proteus VSM(Proteus virtual system modeling)软件是 Proteus 单片机仿真的核心,提供了使单片机同时进行高级语言和低级语言仿真的能力。同时,对单片机的仿真可以和对电路中的其他部分进行 Spice 仿真一起进行。因此,Proteus VSM 提供一个对数字系统和模拟系统进行混合仿真的开发环境。在仿真时,它将 Spice 混合仿真、具有动画效果的仿真元器件、微处理器系统模型综合在一起进行协同仿真。在进行真实的原型系统开发前,可以在 Proteus VSM 软件中对设计进行初步的验证。设计者在设计时可以通过仿真屏幕与各种具有动画效果的仿真元器件(如 LED 元器件、LCD 显示元器件)以及各种可以在仿真时改变状态的元器件(如开关元器件、按钮元器件)进行交互。如果设计者使用的 PC 性能较好,则可以在仿真时得到近乎实时的仿真效果。例如,使用 Pentium Ⅲ 1GHz 的处理器可以仿真一个以 12MHz 时钟频率运行的 51 单片机系统。Proteus VSM 还提供了各种调试的手段,例如在汇编语言调试和高级语言调试时都可以设置断点,单步运行,调试时观察各种变量值。这些手段极大地方便了设计者进行数字原型设计。进行单片机系统的仿真,Proteus VSM 需要具有设计、仿真、分析与测量、调试以及诊断功能。下面分别进行介绍。

1. 设计

Proteus VSM 使用经过验证的原理图编辑工具 Proteus ISIS(如图 6-1 所示)进行设计的输入和开发。Proteus ISIS 是一个久经考验的设计工具,是结合了易用性和强大功能性的编辑工具。在 Proteus ISIS 中,同时提供了原理图编辑和仿真两个功能。因此,Proteus ISIS 是单片机仿真的基础和设计输入的工具。

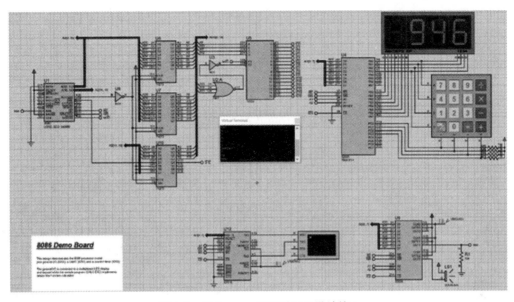

图 6-1　用 Proteus 原理图工具设计输入

Proteus ISIS 还提供了对原理图中对象外观的各种高级控制功能,如线宽、填充模式、字体等,这些功能在电路仿真动态呈现时是十分必要的。

2. 仿真

Proteus VSM 中最激动人心和最重要的特征是:可以仿真在单片机上运行的软件和单片机外部的任何模拟量或数字量之间的交互。图 6-2 所示是 Proteus VSM 中仿真一个国际象棋嵌入式软件的页

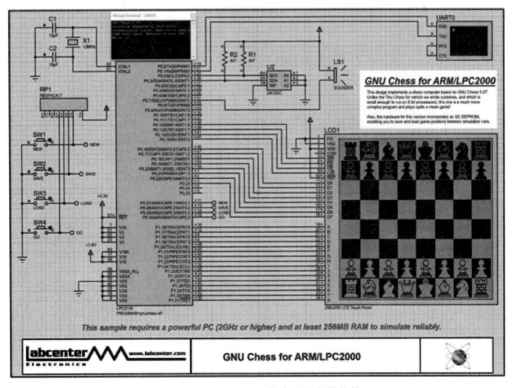

图 6-2　Proteus VSM 仿真国际象棋软件

面,设计者可以用鼠标在 LCD 显示模块上进行操作,如移动棋子。在仿真前,设计者可以在原理图上绘制需要仿真的单片机模型和用于生成所需的模拟量和数字量的其他电路模型。在仿真时,它可以让代码像在物理元器件中运行一样在单片机系统中运行。如果程序代码向某个端口写入数据,那么端口上的逻辑电平将会做相应的改变;如果在仿真时出现某个输入端口的状态被某个电路改变,那么这个改变也会被单片机中的代码观察到。这一切就像在真实的物理原型系统上运行一样。

Proteus VSM 的 CPU 模型可以完整地仿真单片机的 I/O 端口、中断、计时器、通用同步/异步串行接收/发送器以及其他 Proteus VSM 所支持的处理器的外设。在 Proteus VSM 中,由于一切都是软件模拟器,所有单片机、外设、原理图中的其他外部电路模块(模拟的或者数字的)都是在波形的级别上建模以进行统一的仿真,因此数字系统和模拟系统的交互与仿真可以同时进行。

在 Proteus VSM 中有超过 700 种单片机及其变种的仿真模型,以及几千种具有 Spice 模型可以进行单片机仿真的外设库。这些仿真模型使 Proteus 成为最方便使用的数字系统及数模混合系统的模拟工具,因此 Proteus VSM 仍然是目前最具潜力和使用最广泛的嵌入式系统模拟工具。

3. 分析与测量

在产品原型设计中,需要一系列的电子仪器和仪表。Proteus VSM 中包含各种常见的虚拟仪器,如图 6-3 所示,包括示波器、逻辑分析仪、函数信号发生器、模式信号发生器、终端等;还包括简单的仪表,如电压表、电流表。此外,还有主模式、从模式、监控模式的协议分析仪对 I^2C、SPI 等协议进行分析。这些虚拟仪器仪表可以极大地方便数字系统的原型设计,使产品的软件代码在物理原型完成之前得到大部分的验证,极大地缩短了开发周期。而且因为各种仪器仪表相当昂贵,Proteus VSM 提供的这些虚拟仪器仪表也极大地节约了开发成本。

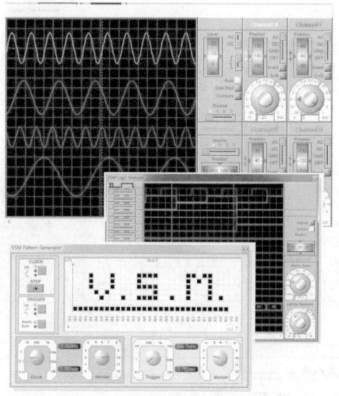

图 6-3　Proteus VSM 中的虚拟仪器

4．调试

调试在嵌入式软件开发中是一个重要的话题。由于嵌入式软件的特殊性，其调试也远比调试 PC 上的软件要复杂。尽管 Proteus VSM 提供了近乎实时的模拟运行环境，但是真正体现 Proteus VSM 的能力是它的调试功能。Proteus VSM 提供了单步运行的功能，就像在 Visual Studio 中单步执行代码去寻找错误一样。在单步运行的过程中，设计者可以观察整个系统的运行（包括单片机以外的外部电路）。这是在真实的物理原型系统上无法做到的。因为在真实的物理原型中，单片机可以单步运行或者停止，但是外部电路却不受调试器的限制，尤其是外部的模拟电路。

调试中的另一个重要功能是观察点（watchpoint）。运行观察点监视寄存器、内存变量等值的变化，当被观察的变量或者寄存器取某个特殊的值或者使某个逻辑表达式为真时，调试器可以暂停程序代码的运行。使用观察点可以方便地调试类似算术溢出之类的错误，如图 6-4 所示。

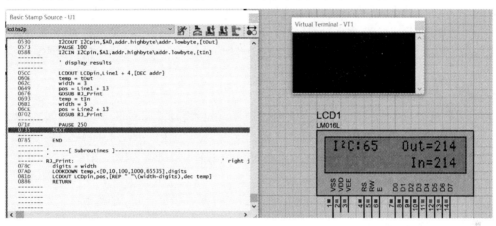

图 6-4 设置硬件断点并调试程序代码

5．诊断

Proteus VSM 具有复杂的诊断和跟踪功能。这些功能允许指定某些元器件或者处理器外设在任何时间接收关于活动和系统交互的详细文本报告，如图 6-5 所示。除了诊断和跟踪单片机内设备外，设计

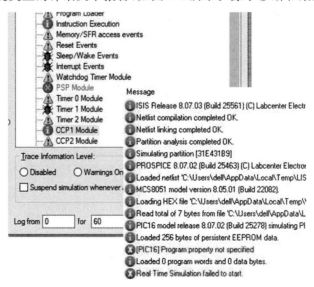

图 6-5 Proteus VSM 对 PIC 单片机进行仿真

者还可以对指定的单片机外设(如 SPI 控制器)或者单片机外的某个设备(如内存芯片、LCD 显示模块等)进行诊断和跟踪。

同时对单片机内和单片机外的设备进行诊断和跟踪对调试来说是非常有意义的功能,这将帮助设计者定位和修复软件缺陷和硬件设计上的错误。而且这个过程比在真实的物理原型上进行要快速和廉价得多。

6.2 Proteus 中的单片机模型

Proteus 中内置了各种单片机模型,包括 8051 单片机及其各种变种、8086 微处理器、基于 ARM7 内核的各种单片机、AVR 系列单片机、摩托罗拉 HC11 系列单片机、TI 的 MSP430 系列单片机、Microchip 的 PIC 系列单片机等。这些单片机模型具有完整的 CPU 内核仿真功能,以及内置于单片机的各种外设模块的仿真,例如输入/输出外设、中断控制器外设、用于同步串行通信的 I^2C/SPI 控制器外设等。

在 Proteus VSM 中,所有的仿真模型都是以动态链接库的形式提供的。例如,MCS8051 单片机的仿真模型就由 MCS8051.DLL 提供。

1. MCS8051 单片机模型

单片微型计算机简称为单片机,又称为微型控制器,是微型计算机的一个重要分支。单片机是 20 世纪 70 年代中期发展起来的一种超大规模集成电路芯片,是将 CPU、RAM、ROM、I/O 接口和中断系统集成到同一芯片上的元器件。MCS8051 是一种 8 位的单芯片微型控制器,属于 MCS-51 单芯片的一种,由 Intel 公司于 1981 年制造。Intel 公司将 MCS8051 的核心技术授权给很多其他公司,所以有很多公司在做以 MCS8051 为核心的单片机,如 Atmel、飞利浦、深联华等公司,并且相继开发了功能更多、更强大的兼容产品。

MCS8051.DLL 提供了标准 80C51 和 80C52 单片机及其各种变种的仿真支持。将来也可能添加对其他 51 系列单片机的支持。MCS8051 系列单片机仿真模型的属性如表 6-1 所示。

表 6-1　MCS8051 仿真模型属性

属　　性	默 认 值	描　　述
PROGRAM	无	这个属性指明了在仿真时要加载到仿真模型中的一个或多个程序文件。程序文件可以是 Intel HEX 格式,也可能是 OMF51 目标文件格式。如果需要指明有多个文件需要加载,那么用逗号分隔多个文件名
CLOCK	12MHz	该属性指明仿真目标处理器运行的频率。因为效率的原因,时钟电路并没有被仿真,仿真时的处理器运行频率仅由这个属性值指出
DBG_FETCH	FALSE	如果这个属性设置为真,在仿真时模型将会从外部存储器取指令运行。这样取指令会导致外部总线操作,而这些操作都需要进行仿真。所以会导致处理器运行异常缓慢,但这也是一种测试外部程序存储器的方式
DATARAM	无	该属性支持内存中映射对应外部数据存储器的位置。如果要使用外部数据存储器,那么必须指明该位置,这会加速仿真的运行
CODERAM	无	该属性指明内存映射中对应外部程序存储器的位置(如果是冯·诺依曼结构的单片机,那么该属性也是数据存储器的位置)

2. AVR 单片机模型

1997 年,由 Atmel 公司挪威设计中心的 Alf-Egil Bogen 与 Vegard Wollan 利用 Atmel 公司的 Flash 新技术共同研发出 RISC 的高速 8 位单片机,简称 AVR。RISC(精简指令系统计算机)是相对于

CISC(复杂指令系统计算机)而言的。RISC 并非只是简单地减少了指令,而是通过使计算机的结构更加简单合理而提高了运算速度。RISC 优先选取使用频率最高的简单指令,避免复杂指令,并固定指令宽度,减少指令格式和寻址方式的种类,从而缩短指令周期,提高运行速度。由于 AVR 采用了 RISC 的结构,使 AVR 系列单片机都具备了 1MIPS/MHz 的高速处理能力。

Proteus VSM 所提供的 AVR 模型可以仿真一系列来自 Atmel 公司的 AVR 单片机,包括 ATTiny、AT90S、ATMEGA 等。

AVR 单片机的一个特点就是其指令集为 C 语言优化,这在 8 位单片机中是较少见的。即使是只有 2KB 程序存储器的 AT Tiny 系列,也可以使用 C 语言进行开发。Proteus VSM 中的 AVR 模型支持三种 C 语言编译器:

(1) Imagecraft 和 CodeVision C 编译器。使用该编译器时支持 COFF 目标文件格式。

(2) WINAVR/GNU 编译器。使用该编译器时支持 ELF/DWARF 目标文件格式。

(3) IARC 编译器。使用该编译器时支持 UBROF 目标文件格式。

COFF 目标文件格式也是一个支持符号调试的目标文件格式,它也被 AVR Studio 支持。该格式的目标文件以". COF"作为扩展名。要加载 COFF 格式的目标文件到仿真模型中,也是通过 PROGRAM 属性来声明,例如在仿真模型中设置 PROGRAM＝MYFILE. COF。需要注意的是,COFF 文件格式中包含编译时要引用的 C 语言程序文件的绝对路径。如果将整个工程复制或移动到其他文件夹,那么 COFF 文件需要重新编译生成。

ELF/DWARF 格式是一个由 AVR Studio 和开源的 GNU 工具链共同支持的目标文件格式。如果使用这种目标文件格式,那么 ELF 文件与 DWARF 文件必须和 ISIS 设计文件放置在同一个目录下。在仿真前,将要加载的目标文件通过 PROGRAM 属性指明,例如 PROGRAWNMYFILE. ELF。需要注意的是,Proteus VSM 支持的 DWARF 是 DWARF2 格式,如果该格式不是默认的输出格式,那么需要在编译时通过编译选项强制其生成 DWARF2 格式的文件。

UBROF 格式是 IAR 公司独有的目标文件格式。它也支持通过调试器进行符号调试。这种目标文件格式的文件以". D90"作为扩展名。AVR 的 UBROF 格式包含完整的符号调试信息,包括源文件的位置、文件名、符号对应的源代码行的位置等信息。要将 UBROF 格式的目标文件加载进仿真模型,需要设置模型的 PROGRAM 属性,例如 PROGRAM＝MYFILE. D90。与 COFF 格式类似,UBROF 格式中的符号调试信息包含的是绝对路径信息,因此在将工程文件移动或复制到其他文件夹后,需要重新编译整个工程。

这三种支持 AVR 单片机的编译器都得到了广泛的应用。在本章后面的内容中,将把 IAR C for AVR 编译器作为编译器设计 AVR 单片机中的固件程序。

6.3 51 系列单片机系统仿真

本节通过设计实例介绍基于 8051 系列单片机的设计和仿真。将通过 Proteus 原理图工具绘制仿真原理图,并在 Proteus VSM 中仿真运行,最后介绍 Keil μVision 与 Proteus VSM 进行联合调试的方法。

6.3.1 51 系列单片机基础

MCS8051 系列单片机中 8051 是基本型,包括 8051、8751、8031、8951,这 4 个机种的区别仅在于单片机内(片内)程序储存器。8051 为 4KB ROM；8751 为 4KB EPROM；8031 片内无程序储存器；8951 为 4KB EEPROM。其他性能结构一样,有片内 128B RAM、2 个 16 位定时器/计数器和 5 个中断源。其中,8031 由于片内无存储器,因而性价比更高,又易于开发,在过去应用广泛。但是 8031 系列需要外扩程序存储器,需要额外的 ROM/Flash 芯片存储程序。在 20 世纪 90 年代后,由于集成电路集成度的提高,多家厂商推出了价格便宜的内置 Flash 存储器的 8051 系列单片机,由于其性价比得到了提高,因此 8031 系列逐渐淡出市场。

MCS8051 系列在结构上具有以下特点:

(1) 8 位 CPU 内核。

(2) 片内带振荡器,频率范围为 1.2～12MHz。

(3) 片内带 128B 的数据存储器。

(4) 片内带 4KB 的程序存储器。

(5) 程序存储器的寻址空间为 64KB。

(6) 片外数据存储器的寻址空间为 64KB。

(7) 128 个用户位寻址空间。

(8) 21B 的特殊功能寄存器。

(9) 4 个 8 位的 I/O 并行接口：P0、P1、P2、P3。

(10) 2 个 16 位定时/计数器。

(11) 具有 2 个优先级别的 5 个中断源。

(12) 1 个全双工的串行 I/O 接口,可多机通信。

(13) 111 条指令,包含乘法指令和除法指令。

(14) 片内采用单总线结构。

(15) 有较强的位处理能力。

(16) 采用单一的+5V 电源。

除了 MCS8051 系列之外,还出现了 MCS8052 系列单片机。52 系列是增强型,有 8032、8052、8752、8952 等类型。例如,MCS8052 的 ROM 为 8KB,RAM 为 256B,片内 RAM 资源和 ROM 资源都比 MCS8051 多了一倍。此外,MCS8052 比 MCS8051 多了 1 个定时器/计数器,增加了 1 个中断源。

MCS8051 系列单片机的一个特点是具有位操作指令。位操作指令将其他指令及修改某个内存或寄存器位时需要进行的"读—修改—写"操作简化为 1 个位操作。这在 MCS8051 刚出现的时代是一个较大的进步,因为它不仅提高了位操作的速度,而且在这个特性的帮助下,能够将代码减少 30% 左右。这在存储器价格昂贵的时代是一个能够较好地提高性价比的特性。MCS8051 的另一个特点是将内部的寄存器分为 4 个组(bank),这个特点使 MCS8051 在进行终端服务时可以不必保存当前的寄存器,而只是切换寄存器组即可。而切换寄存器组的操作仅需要一条指令,这使得中断可以得到快速响应。MCS8051 单片机内部结构如图 6-6 所示。

6.3.2 在 Proteus 中进行源程序设计与编译

本节在最小系统上介绍 Proteus VSM 中的单片机仿真调试。首先在 Proteus ISIS 中建立如图 6-7 所示的 AT89C51 最小系统,其中元器件 X1 为振荡晶体,其在 Proteus ISIS 中的元器件名为 XTAL；C1 和 C2 的容值为 22pF；C3 的容值为 $10\mu F$；R1 的阻值为 $1.0k\Omega$。

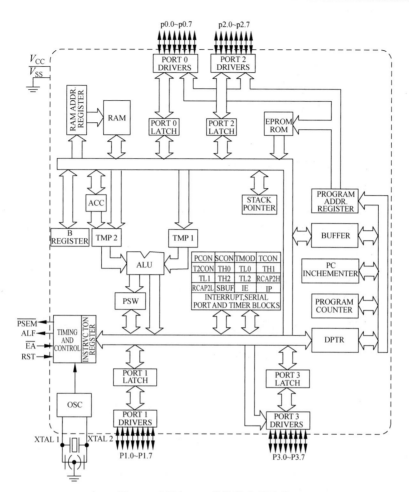

图 6-6 MCS8051 单片机内部结构

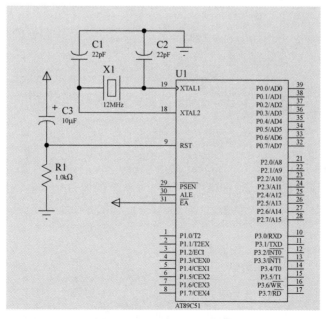

图 6-7 AT89C51 最小系统

首先在记事本中输入如下的源程序：

```
ORG     0H
MAIN:   MOV A, ♯10          ;加载立即数♯10 到累加器 A
        MOV R0, ♯5          ;加载立即数♯5 到寄存器 R0
        ADD A, R0           ;寄存器相加,结果保存在累加器 A 中
        JMP MAIN            ;跳转到 MAIN, MAIN 为标号,在此程序中其代表的地址为♯0H
END
```

将其命名为 proteus_exam1. ASM,并保存在与该设计名称相同的目录下。

在 Proteus 中按照下面的步骤编译并调试该程序：

（1）选择工具栏中的 Source Code 按钮 ██,在新标签 Source Code 中,选择 Project→Create Project 命令,如图 6-8 所示进行设置,不要勾选 Create Quick Start Files。如图 6-9 所示,选择 Project→Add Files 命令,为刚才新建的 Project 添加文件 proteus_exam1. asm。

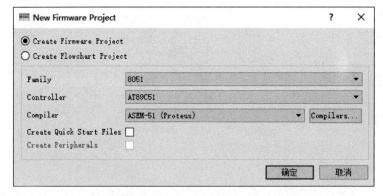

图 6-8　生成 51 单片机的新工程

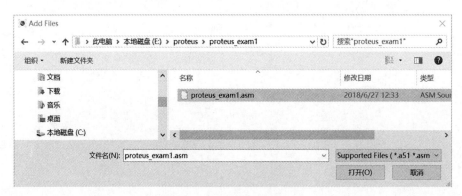

图 6-9　选择汇编语言文件

（2）选择主菜单中的 Build→Build Project 命令。Proteus 将会调用 51 汇编器将源文件编译为 HEX 格式的目标文件。成功执行后,将会弹出如图 6-10 所示的窗口显示编译日志。

图 6-10　编译日志

（3）双击原理图中的 U1 元器件，打开如图 6-11 所示的元器件属性。确认其中 Program File 属性的值为 DEBUG. HEX。如果不是，则单击其旁边的 图 图标，选择正确的 HEX 文件。

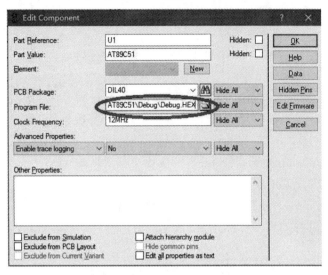

图 6-11　设置 Program File 属性

（4）单击 ▶ 按钮开始仿真，然后单击 ‖ 按钮暂停。

（5）选择菜单栏中的 Debug 菜单，在列表底部选择 8051CPU，其中有 4 个命令，如图 6-12 所示。

① 选择 Source Code-U1 菜单项将显示源代码调试窗口，如图 6-13 所示。

图 6-12　仿真运行时 8051 子菜单（CPU）中的菜单项

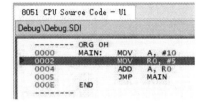

图 6-13　Proteus VSM 中的源代码调试窗口

② 选择 Registers-U1 菜单项将显示 8051 处理器的寄存器窗口，如图 6-14 所示。

③ 选择 Internal（IDATA）Memory-U1 菜单项将显示内部 RAM 窗口，如图 6-15 所示。

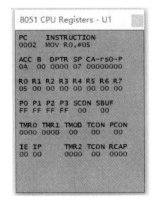

图 6-14　Proteus VSM 中的 8051 寄存器窗口

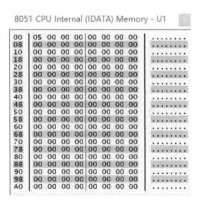

图 6-15　Proteus VSM 中的 8051CPU 的 IDATA 窗口

④ 选择 SFR Memory-U1 菜单项将会显示 8051 内部 SFR 寄存器窗口,如图 6-16 所示。

(6) 源代码调试窗口中,其工具栏中的各功能如下:

① 🎣 代表运行,单击该按钮将继续程序运行。

② 🔍 代表 Step Over Source Code,单击该按钮将单步执行当前行的程序。

③ 🔍 代表 Step Into Source Code,单击该按钮将单步执行当前行的程序,如果当前行代码是函数调用,则执行调用指令,进入被调用函数的第一行,并暂停。

④ 🔍 代表 Step Out From Source Code,单击该按钮将从当前调用栈中退出,返回到上一层调用该函数的那一行程序。

⑤ 🔍 代表 Run To Source Line,单击该按钮,则调试器会让程序运行,直到运行到当前选择的那一行停止,相当于在当前选择的程序行设置了临时断点。

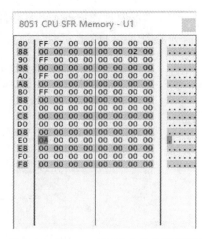

图 6-16 Proteus VSM 中的 8051CPU 的 SFR 窗口

⑥ 🔳 代表 Toggle Breakpoint,单击该按钮将在当前已选择的程序行中设置或者取消断点。这里单击 🔍 按钮,一次执行一行代码,并观察 8051 CPU 寄存器窗口的变化。该程序将立即数♯10 加载到累加器 A 中,将立即数♯5 加载到寄存器 R0 中,然后将 A 与 R0 相加的结果存放在累加器 A 中。因此在执行程序的过程中将会看到累加器 A 中的值的变化过程。

经过这个实验可以看到,Proteus VSM 具有和其他开发环境几乎一样的编程调试环境,具有在单片机上加载程序、运行、暂停、单步执行、设置断点等功能。这些功能配合它的模拟及数字电路仿真功能,为设计者提供了一个相对完整的虚拟嵌入式系统实验室。

6.3.3 在 Keil μVision 中进行源程序设计与编译

6.3.2 中的汇编语言程序也可以在 Keil μVision 中编译和调试。在学习 Proteus 与 Keil μVision 联合调试之前,先介绍如何在 Keil μVision 中建立工程。本书选择使用 Keil C51 V9.61 来介绍如何使用 Keil μVision。

Keil C51 是美国 Keil Software 公司开发的 51 系列兼容单片机 C 语言软件开发系统,与汇编语言相比,C 语言在功能、结构性、可读性、可维护性上有明显的优势,因而易学易用。Keil 提供了包括 C 编译器、宏汇编、链接器、库管理和功能强大的仿真调试器等在内的完整开发方案,通过一个集成开发环境(μVision)将这些部分组合在一起。其方便易用的集成环境、强大的软件仿真调试工具使开发设计工作事半功倍。

Keil C51 使用 Keil μVision 5 作为编辑器和集成开发环境。它的主窗口如图 6-17 所示。按照如下步骤进行 Keil μVision 项目的创建、编译和调试。

(1) 在 Keil μVision 中创建工程。在主菜单中选择 Project→New μVision Project 命令,弹出如图 6-18 所示的对话框。在该对话框中选择项目路径,并在"文件名"栏中填写项目名称。本例中使用 proteus_exam1 作为项目名称,然后单击"保存"按钮保存。

(2) Keil μVision 会弹出如图 6-19 所示的对话框要求选择该项目所使用的单片机型号。本例中选用的是 Microchip 公司的 AT89C51 单片机,然后单击 OK 按钮。

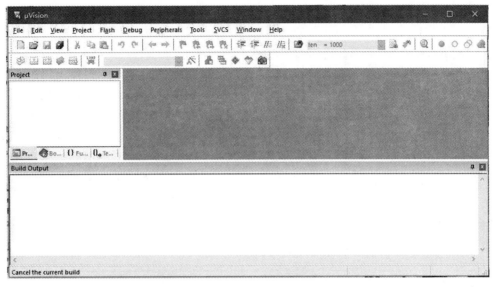

图 6-17　Keil μVision 主窗口

图 6-18　建立 Keil μVision 工程

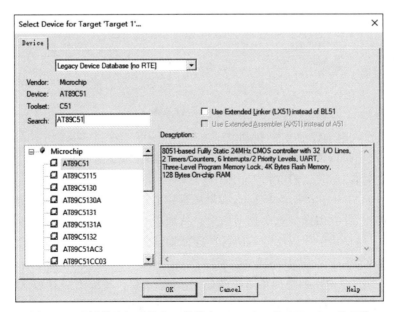

图 6-19　选择单片机型号窗口并指定 Microchip 的 AT89C51 处理器

（3）Keil μVision 弹出如图 6-20 所示的提示框。在该提示框中单击"否"按钮。STARTUP. A51 是 Keil μVision 提供的启动文件。因为本例中的汇编语言程序过于简单，所以并不需要使用 Keil μVision 提供的启动文件进行初始化的工作。

（4）下一步工程文件就创建完毕了。在主窗口的 Project 窗格中可以看到，目前还没有源文件被添加到工程中。因此接下来要创建源文件。在图 6-21 所示的窗格中，右击 Source Group 1，选择 Add New Item to 'Source Group 1'将会弹出源文件向导，如图 6-22 所示。在该对话框左侧选择 Asm File(s)，并在 Name 输入框中输入 proteus_exam1 作为文件名，在 Location 输入框中输入工程所在的路径，最后单击 OK 按钮。

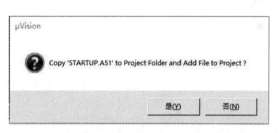

图 6-20　选择是否加入 STARTUP. A51 到工程中

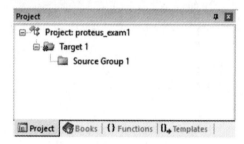

图 6-21　Keil μVision 工程窗格

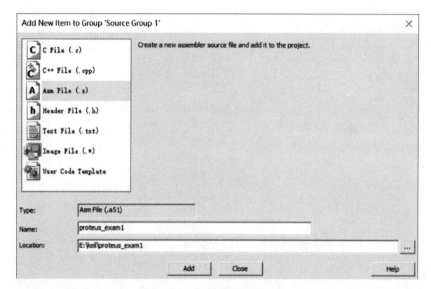

图 6-22　为工程添加源文件

（5）将程序代码输入刚创建的文件中，如图 6-23 所示。可以看到，Keil μVision 的源代码编辑器具有语法高亮的功能，这样可以清晰地区分各个语法单元，以减少输入错误的可能性。

（6）选择主菜单中的 Project→Build Target 命令，对工程文件进行编译。Keil μVision 将会在窗口下方的 Build Output 窗口中显示出编译日志，如果源程序有语法错误或者工程设置有不正确的地方，那么编译器就会给出提示，并在编译日志中显示出来。从如图 6-24 所示的编译日志可见，工程编译正确，生成了代码，并给出了编译后的代码所使用的各种存储器的大小。这些代码编译后有 7 字节长。

（7）如果需要在 Keil μVision 中调试该程序，首先在 Keil μVision 中设置调试选项。在 Project 窗格中的 Target 1 上右击，在弹出的快捷菜单中选择 Option 命令。在弹出的对话框中选择 Debug 标签，确认 Use Simulator 被选中，如图 6-25 所示。然后单击 OK 按钮确认修改。

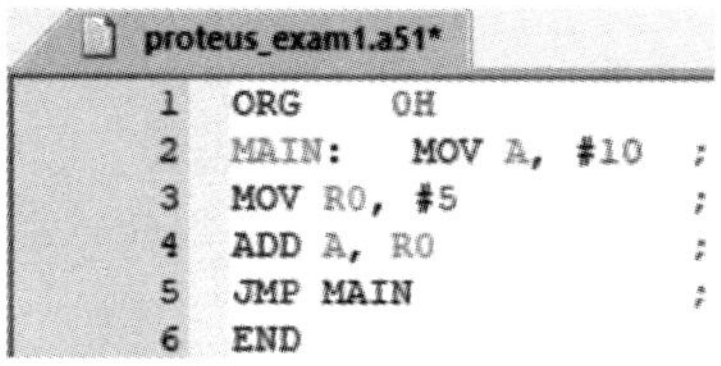

proteus_exam1.a51*		
1	ORG 0H	
2	MAIN: MOV A, #10	;
3	MOV R0, #5	;
4	ADD A, R0	;
5	JMP MAIN	;
6	END	

图 6-23　将代码复制到编辑器中

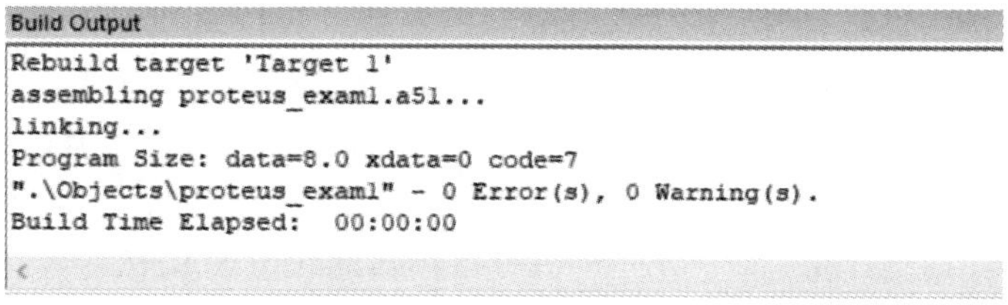

```
Build Output

Rebuild target 'Target 1'
assembling proteus_exam1.a51...
linking...
Program Size: data=8.0 xdata=0 code=7
".\Objects\proteus_exam1" - 0 Error(s), 0 Warning(s).
Build Time Elapsed:   00:00:00
```

图 6-24　Keil μVision 编译日志

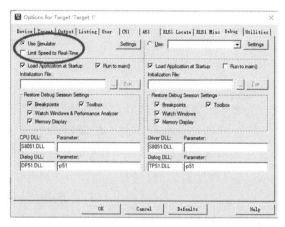

图 6-25　在 Debug 选项卡中选中 Use Simulator

（8）在主菜单中选择 Debug→Start/Stop Debug Session 命令。Keil μVision 将切换窗口布局，如图 6-26 所示，其中 Disassembly 窗口显示的是从编译生成的目标文件中反汇编得到的机器指令，其下方是被调试的源代码。在进行调试时，反汇编窗口和源代码窗口将同步更新，执行到某一行时，反汇编窗

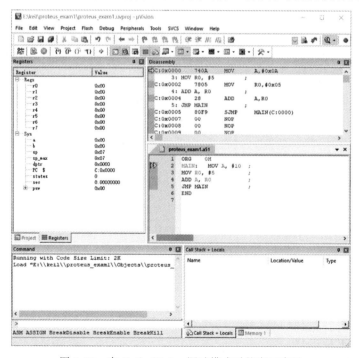

图 6-26　在 Keil μVision 调试模式时的窗口布局

口将同步显示当前源代码对应的汇编语言。Register 窗口显示的是当前被调试的 CPU 中的寄存器。从图中可以看到,当前 PSW 为 0,因此该窗口中的 R0~R7 这 8 个寄存器是 Bank0 的寄存器。

Keil μVision 对所支持的单片机的外设也具有部分调试功能。但其与 Proteus 相比功能过于简单。它可以以图形化的形式显示 AT89C51 中各外设的状态,包括外设寄存器以及外设所对应的端口。但是这些信息在仿真时是基于对外设寄存器的状态读取值来确定的,而并不是对外设进行仿真得来的。从这一点来说,Keil μVision 并不能对外设进行仿真。它所仿真的仅仅是 AT89C51 的处理器内核。

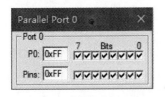

图 6-27　仿真运行时的外设窗口状态

选择 Keil μVision 主菜单的 Peripherals→I/O Ports→Port 0 命令,可以打开 AT89C51 的 I/O 端口外设窗口,如图 6-27 所示,此时端口的状态以图形化的方式呈现。

(9) 在调试布局下,工具栏中与调试运行有关的按钮有 8 个。其中, 代表将仿真器(被调试的处理器)复位,被调试程序将从复位向量处开始取指令并执行; 代表从当前程序指针(PC)所指向的位置开始执行; 代表单步进入被调用的子程序,如果下一步并不是子程序调用,则直接单步执行; 代表单步当前的代码行,不论当前的代码调用子程序与否,都执行到下一行代码并暂停。此处单击 图标进行单步运行,并观察寄存器窗口中寄存器值的变化。

本节介绍了使用 Keil μVision 建立工程、输入代码并进行简单调试的过程。通过与 Proteus 对比,可以看出两者各有长处。Keil μVision 是专门的软件开发工具,虽然它提供了对单片机的仿真功能,但是其仅仅能够仿真单片机的内核,也就是说只能仿真一个单片机最小系统。而 Proteus VSM 则能仿真一个完整的基于单片机的嵌入式电路板上的所有元器件并进行数字原型的开发。

6.3.4　Proteus 和 Keil μVision 联合调试

Keil μVision 与 Proteus 各有所长,Keil μVision 擅长调试,并提供了各种工程模板,具有出色的代码编辑功能,这些都是 Proteus 所不具备的。Proteus 具有强大的仿真能力,能够对一个完整的嵌入式设计的片内和片外的各种元器件进行仿真。如果将 Proteus 的硬件仿真能力与 Keil μVision 的源代码编写及软件调试功能结合起来,将很大程度上减轻设计者的负担,得到一个相对完美的虚拟嵌入式实验室。Proteus 提供了用外部软件对原理图中的微处理器进行调试的接口。本节将介绍如何配置 Proteus 和 Keil μVision 进行联合调试。

为了进行联合调试,首先需要设置 Keil μVision 环境,然后在 Proteus VSM 中设置使用远程调试器。

(1) 将 VDM51.DLL 复制到 Keil C51 安装目录的 BIN 目录下(采用默认安装时,该目录是 C:\KEIL\C51\BIN)。VDM51.DLL 是 Proteus 提供的针对 MCS8051 系列单片机和 Keil C51 的远程调试代理。该动态链接库是需要加载进 Keil μVision 被调试器调用的,因此需要安装到 Keil C51 的安装目录中。

(2) 修改 Keil C51 的 TOOLS-OLD.INI 文件,注册 VDM51.DLL。TOOLS-OLD.INI 文件如图 6-28 所示。从图中可以看到,所有 Keil μVision 支持的调试代理都在该文件中注册。

在该文件的最后添加如下一行内容:

```
TDRV10 = BIN\VDM51.dll("Proteus VSM 51 In-System Debugger")
```

添加后得到如图 6-29 所示的 TOOLS.INI 文件。

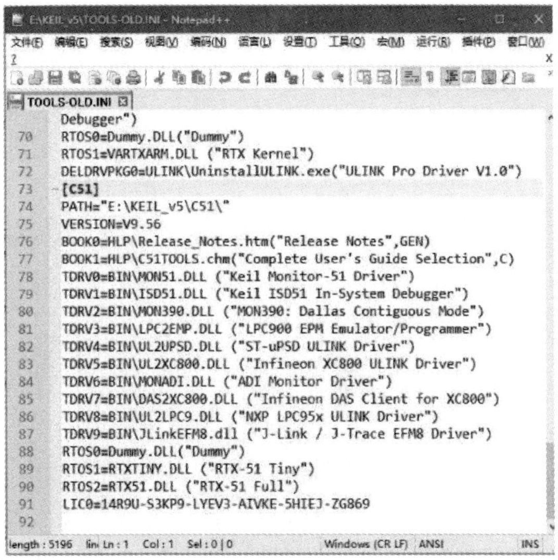

图 6-28 Keil C51 的 TOOLS-OLD.INI 文件(原始文件)    图 6-29 Keil C51 的 TOOLS.INI 文件(修改后的文件)

(3) 关闭 Keil μVision,再重新启动 Keil μVision,加载之前创建的工程。

(4) 在 Project 窗格中右击 Target1,在弹出的快捷菜单中选择 Option 命令,弹出如图 9-30 所示的对话框,在其中选择 Debug 标签,得到如图 6-30 所示的窗口。在 Use 下拉列表中选择 Proteus VSM 51 In-System-Debugger。

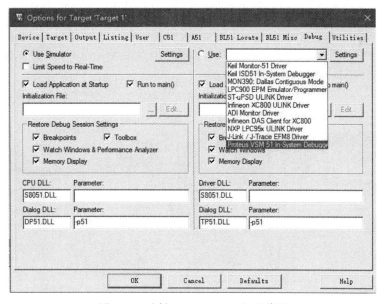

图 6-30 选择 Proteus VSM 调试代理

(5) 单击右边的 Settings 按钮,打开如图 6-31 所示的对话框。在对话框中需要设置的是 Host 和 Port 属性。其中 Host 是指运行 Proteus VSM 的 PC 的 IP 地址,如果 Keil μVision 与 Proteus 不在同一个 PC 上运行,则要将 Host 修改为运行 Proteus 的 PC 的 IP 地址;Port 端口默认值为 8000,不用修改。单击 OK 按钮结束设置。

在 Options for Target 对话框中单击 OK 按钮结束设置。

（6）回到 Proteus 软件中，选择主菜单中的 Debug→Enable Remote Debug Monitor 命令，如图 6-32 所示，确保该子菜单选项被选择。

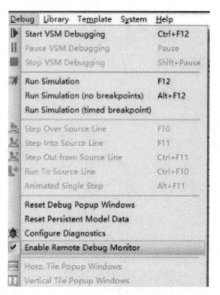

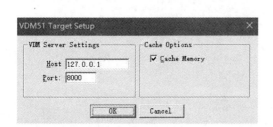

图 6-31　设置 VDM51 调试目标的 IP 地址和端口

图 6-32　设置 Proteus 使用远程调试器

（7）回到 Keil μVision 中，选择主菜单中的 Debug→Start/Stop Debug Session 命令开始调试。可以看到 Keil μVision 进入调试状态，窗口布局切换到调试模式，如图 6-26 所示；同时 Proteus VSM 也进入如图 6-13 所示的仿真状态。

（8）如图 6-33 所示，在 Keil μVision 单步运行程序，可以发现 Proteus 中的源代码调试窗口也在同步更新，A 寄存器的值和 PC 的值也在变化。

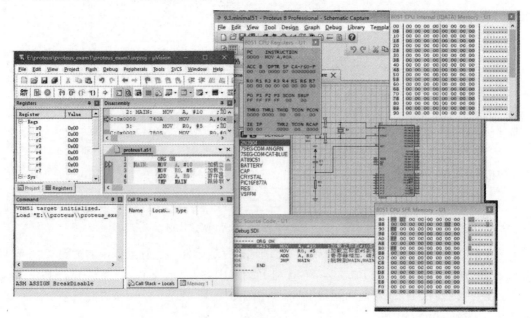

图 6-33　Keil μVision 与 Proteus 联合调试

（9）在 Keil μVision 中结束调试，则 Proteus VSM 也退出仿真状态。

Keil μVision 与 Proteus 的结合使得 Proteus VSM 的软件开发与调试能力得到了提高。实际上，Proteus VSM 不仅能与 Keil μVision 进行联合调试，还可以与 IAR Workbench 进行联合调试。由于 Proteus VSM 具有内建的符号调试能力，且支持多种在单片机开发中使用的目标文件格式，因此还可以与 SDCC、WIN AVR、WIN ARM 等开源编译器协同工作，为嵌入式数字原型提供了便利的开发手段。

6.4　用 51 单片机实现电子秒表设计实例

本节以七段数码管显示的电子秒表为例，讲授使用 C51 开发语言与 Proteus 进行联合开发调试的方法和技巧。

如图 6-34 所示的电路，以 AT89C51 为核心驱动 4 个七段数码管，由于 4 个七段数码管至少需要 28 个引脚，因此对 AT89C51 来说，资源非常紧张。为了节约使用 AT89C51 的引脚资源，该电路图中将 4 个七段数码管的 a～g 引脚复用，连接在 P0 端口上，再将 4 个七段数码管的公共端分别控制，这样分时地驱动每个七段数码管。由于人眼的限制，如果每个七段数码管每秒更新 25 次以上，则人眼无法看到其闪烁，所以需要在程序中分别控制 Q3～Q0 这 4 个公共端。

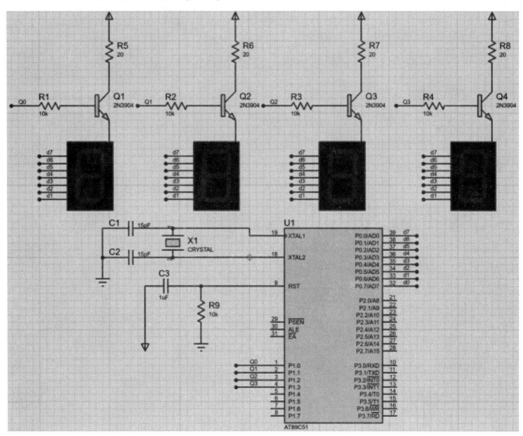

图 6-34　基于 AT89C51 的秒表仿真原理图

为此，在程序中使用定时器及其中断来完成七段数码管的刷新工作，AT89C51 有 3 个定时器。本例中使用 Timer1 作为刷新七段数码管的时间控制单元，在 Timed 的中断服务程序中进行数码显示。

由于有 4 个七段数码管,则 Timer1 的中断服务程序需要每 $1000/(4 \times 25) = 10ms$ 运行一次,在每次进入中断服务程序后,让某一个七段数码管显示字符。

由于该例是一个电子秒表,则在 Timer1 的中断服务程序中还应当对中断次数进行计数。如果每 100 次中断代表时间过去 1s,则数码管上显示的分秒值跟着更新。图中的 M1M0 代表分钟数,S1S0 代表过去的秒数。

AT89C51 有 3 个定时器,本例中使用其中的定时器 Timer1。在 AT89C51 中,定时器使用时钟频率的 6 分频作为计数器工作频率,因此当 AT89C51 工作在 12MHz 时钟时,要获得 10ms 的定时,计数器的计数值为 20000。所以在定时器模式下,Timer1 的重新装载值为 $65535 - 20000 = 0xB1DF$,基于此必须使用 16 位的定时器。

在 AT89C51 中,每个定时器有 4 种模式,其中只有模式 1 使用 16 位定时器,因此本例中要将 Timer1 设置为模式 1。因此 TMOD 寄存器的高 4 位要设置为 1,TH1 要设置为 0xB1,TL1 要设置为 0xDF。由于计时器工作在模式 1,因此需要在定时器中断发生后重新加载 TH1 和 TL1 的值。

下面在 Keil μVision 和 Proteus VSM 中联合调试。为了运行这个例子,并在 Keil μVision 中调试,请按下列步骤进行。

(1) 打开 Keil μVision,新建项目。

(2) 选择 CPU 类型,此例选择 Microchip AT89C51。

(3) Keil μVision 提示是否将 STARTUP.A51 添加进项目中,单击 Yes 按钮确定。

(4) 打开新建的项目,在 Project 窗格中右击 Target 1,选择添加新文件。在弹出的对话框中选择新建 C 文件。

(5) 将源代码输入新建的 C 语言文件中。源代码请参考后文((11)点下面)中的代码。

(6) 在 Project 窗格中右击 Target 1,在弹出的快捷菜单中选择 Option for Target 1 命令,在弹出的对话框中选择 Output 标签,在此标签中选中 Create HEX File。

(7) 选择 Debug 选项卡,在窗口的右侧选择 Use Proteus VSM 51 In-System Debugger,单击 OK 按钮保存修改。

(8) 在 Project 菜单中选择 Build target 命令,编译此项目。

(9) 在 Proteus 中,按照图 6-34 所示建立仿真原理图。

(10) 在 Proteus 中,选择主菜单中的 Debug→Enable remote debug monitor 命令,并确认 Enable remote debug monitor 已被选中。

(11) 在 Keil μVision 中,选择主菜单中的 Debug→Start/Stop Debug Session 命令开始仿真调试。

该例子程序源代码如下:

```c
#include <at89x51.h>
static const char num7seg[] = {0x3f,0x06,0x5b,0x4f,0x66,0x6d,0x7d,0x07,0x7f,0x6f};
volatile int minute;
volatile int second;
void init_timer1(void)
{
    TMOD &= 0x0F;                    //设置 Timer 1 工作模式
    TMOD |= 0x10;
    TH1 = 0xB1;                      //计数器计数值,高 8 位
    TL1 = 0xDF;                      //计数器计数值,低 8 位
    ET1 = 1;                         //Timer1 中断
    TR1 = 1;                         //开启计时器
```

```
}
void led_disp(void)
{
    char m1, m0, s1,s0;
    char pattern;
    static char dcnt = 0;
    m1 = minute / 10;
    m0 = minute % 10;
    s1 = second / 10;
    s0 = second % 10;
    dcnt = (dcnt + 1) % 4 ;
    switch (dcnt) {
        case 0: pattern = num7seg[s0]; break;
        case 1: pattern = num7seg[s1]; break;
        case 2: pattern = num7seg[m0]; break;
        case 3: pattern = num7seg[m1]; break;
        }
    P0 = ~pattern;                      //输出七段数码管段位值(a~g)
    P1 = 0x1 << dcnt;                    //输出 LED 数码管公共端控制信号
}
void time_count(void)
{
    static int count = 0;
    count ++;
    if (count == 100)
    {
        second++;
        count = 0;
    }
    if (second == 60)
    {
        minute++;
        second = 0;
    }
    if (minute == 60)
    {
        minute = 0;
        second = 0;
    }
}
void timer1_isr() interrupt 3
{
    TF1 = 0;                            //清除中断标志
    TH1 = 0xB1;                         //重新加载计数值,高 8 位
    TL1 = 0xDF;                         //重新加载计数值,低 8 位
    time_count();                       //计时
    led_disp();                         //LED 分时显示
}
void main(void)
{
    minute = 0;
    second = 0;
    init_timer1();                      //初始化定时器 1
    EA = 1;                             //开中断
    while (1)
    {}
}
```

仿真开始后,可以看到 4 个七段数码管开始从 00∶00 显示时间,如图 6-35 所示。

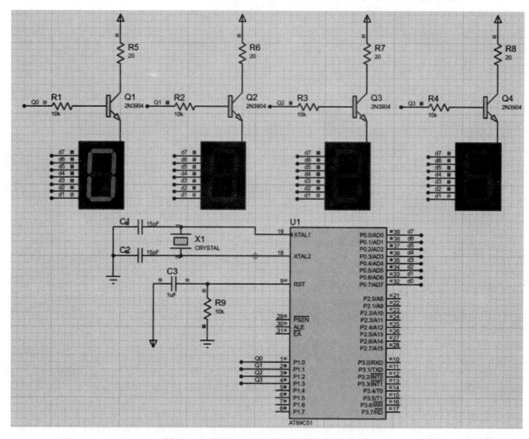

图 6-35 基于 AT89C51 的秒表仿真结果

由于 4 个七段数码管是分时显示的,因此在仿真时会有闪烁,且由于任何时刻只有 1 个数码管显示字符,在截图中只能看到 1 个数码管是点亮的。

6.5 AVR 系列单片机仿真

AVR 单片机是 Atmel 公司于 1997 年推出的 RISC 单片机。RISC 是相对于 CISC 而言的。RISC 并非只是简单地减少指令,而是通过使计算机的结构更加简单合理而提高运算速度。RISC 优先选取使用频率最高的简单指令,避免复杂指令,并固定指令宽度,减少指令格式和寻址方式的种类,从而缩短指令周期,提高运行速度。由于 AVR 采用了 RISC 这种结构,使 AVR 系列单片机都具备了 1MIPS/MHz 的高速处理能力。高速度、为高级语言开发优化以及高可靠性是 AVR 单片机优于之前的各种单片机的主要特点。

6.5.1 AVR 系列单片机基础

AVR 单片机采用了一种修改过的哈佛结构,在该结构中,指令和代码存储在不同的物理存储器中,而且指令存储器和数据存储器也分别位于不同的地址空间(程序空间和数据空间)。因此与其他哈佛结构的微处理器类似,AVR 有两条总线:数据总线和指令总线。但是 AVR 指令集也提供了某些特殊的指令用于从程序空间读取数据。

AVR 单片机主要分为以下几个系列：

（1）tinyAVR。0.5～16KB 程序存储器，6～32 个引脚，有限的外设。

（2）megaAVR。4～256KB 程序存储器，2～100 个引脚，扩展的指令集（主要包含乘法指令和用于处理大内存的指令）。

（3）XMEGA。4～256KB 的程序存储器，44～100 个引脚，用于提高性能的外设（主要包含 DMA、事件处理外设、加/解密设备等）。

（4）AVR32。2006 年，AVR 推出了 32 位的 AVR 体系结构以及采用该体系结构的 AVR 单片机。AVR32 与之前的 AVR 具有完全不同的体系结构，它有 32 位宽度的数据总线、SIMD 和 DSP 指令集，以及用于音频和视频处理的其他特点。AVR32 的指令集与 8 位 AVR 有相似之处，但不完全兼容。

在嵌入式系统开发中，AVR 单片机是很有特点的一种。它的特点如下：

（1）多功能的 GPIO 控制器。

（2）多种内部振荡器。

（3）集成在芯片内部。

（4）可通过 JTAG 或 DebugWIRE 进行在线调试。

（5）内部集成 EEPROM。

（6）大容量的内部 RAM。

（7）具有外部总线（不分型号）。

（8）多个定时器（8 位或 16 位）。

（9）内部集成的模拟比较器。

（10）内部集成的 A/D 转换器（8 位精度或 12 位精度）。

（11）内建的支持多种串行通信协议的串行通信控制器（支持 I^2C、SPI、RS232 协议）。

（12）内建的看门狗电路。

（13）内建的 CAN 总线控制器。

（14）内建的 USB 控制器。

（15）内建的以太网控制器。

（16）内建的 LCD 控制器。

（17）内建的 AES 和 DES 模块（部分型号）。

（18）DSP 指令（AVR32）。

AVR 单片机的特性十分丰富，这里不一一列举。这些特点让其具有广泛的应用价值，其内建的设备降低了最终的 BOM 成本以及开发难度。例如，内建上拉和下拉控制的多功能的 GPIO 控制器可以减少外部电阻的数量，且使用更灵活；集成的 ADC、EEPROM、看门狗电路等降低了设计难度并使电路板更简单可靠；在对时钟要求不高时可以使用内部振荡器作为时钟源；可以通过指令编程的 Flash 存储器使得现场更新固件成为可能；在内部丰富的外设仍不能满足设计要求时，可以通过外部总线扩展外部设备。再加上 AVR 单片机本身的高性能、高可靠性以及低成本，使得 AVR 单片机在各种应用场合得到了广泛的使用。

6.5.2　Proteus 和 IAR EWB for AVR 联合开发

IAR EWB（embedded work bench）是业界流行的开发工具之一，是具有完整的编辑、编译、调试、烧写功能的工具。其中,IAR EWB for AVR 是针对 Atmel AVR 系列单片机开发的,它支持目前所有的 AVR 单片机的嵌入式软件开发工作。

1. 在 IAR EWB for AVR 上建立新工程

可以将 IAR EWB 中的 Workspace 看作工程的容器。一个 Workspace 中可以包含多个工程,这些工程之间可能存在依赖关系。

(1)在 IAR EWB 中开始一个新工程首先要新建一个工作空间。

选择菜单栏中的 File→Workspace 命令建立工作空间,如图 6-36 所示。

注意,在 IAR 创建的项目的路径名不能包含中文,否则会在和 Proteus 的联合调试中出现乱码的错误,所以工作空间不要存放在中文路径下。

(2)选择主菜单中的 Project→Create New Project 命令新建工程,如图 6-37 所示。

图 6-36　建立工作空间

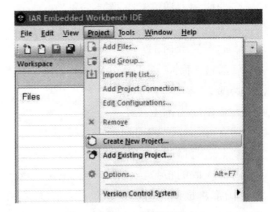

图 6-37　新建工程

(3)之后会弹出如图 6-38 所示的对话框,在该对话框中依次选择模板类型为 C 和 main 模板。IAR EWB 将使用该模板创建一个新的工程,工程中包含名为 main.c 的 C 语言源程序。

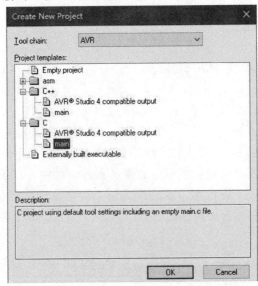

图 6-38　选择新建工程的模板

（4）单击 OK 按钮确认之后，IAR EWB 会提示用户保存新建工程，这里将其命名为 minimal-avr，如图 6-39 所示。之后 IAR EWB 会创建此工程，并且在此工程中生成一个名为 main.c 的源文件，如图 6-40 所示。

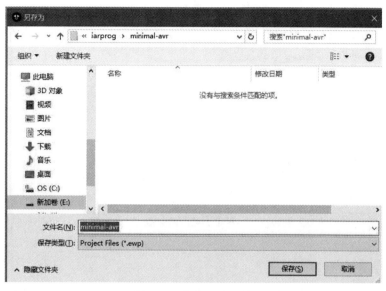

图 6-39　保存工程文件

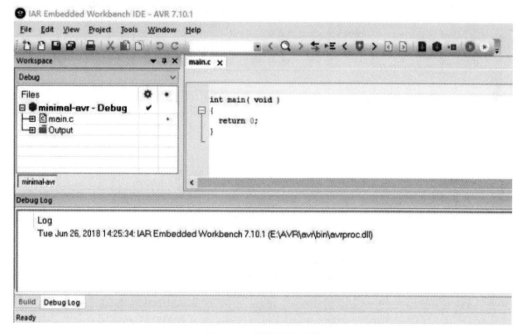

图 6-40　创建的新工程

（5）配置该工程。在如图 6-40 所示的窗口中，左侧是 Workspace 窗格，该窗格里列出了所有包含的工程，这时只有唯一的一个名为 minimal-avr 的工程。在 minimal-avr 上右击，在弹出的快捷菜单中选择 Options 命令，如图 6-41 所示。IAR EWB 会弹出如图 6-42 所示的对话框。

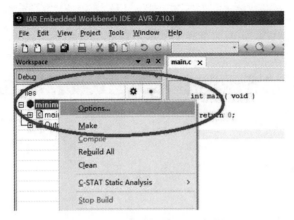

图 6-41　打开工程的设置对话框

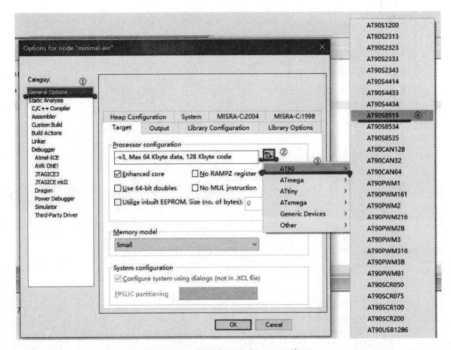

图 6-42　设置该工程的 CPU 类型

在该对话框中，依次选择 General Options、Target、Processor configuration、AT90、AT90S8515，设置该 Project 使用的处理器是 AT90S8515，这是一款与 MCS8051 引脚兼容的 AVR 单片机，如图 6-43 所示。单击 OK 按钮确认修改。其他的所有选项保持默认值即可。

（6）由于 IAR EWB 已经为工程创建了一个 main.c 源文件，此时可以通过主菜单 Project→Make 命令尝试编译该工程。IAR EWB 在编译前会提示工作空间尚未保存，并弹出如图 6-44 所示的对话框要求保存工作空间。

（7）在对话框的"文件名"输入框中输入文件名，本例中使用 minimal-avr 作为工作空间的名称，然后，单击"保存"按钮保存。

编译后 IAR EWB 将在窗口下方的 Build 窗格中输出编译信息，如图 6-45 所示，表明新创建的工程编译成功。

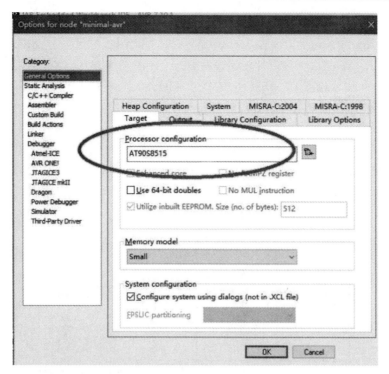

图 6-43 设置处理器为 AT90S8515

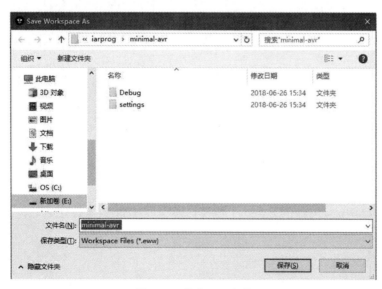

图 6-44 保存工程文件

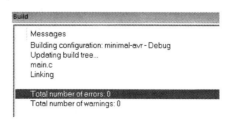

图 6-45 工程编译完成信息

2. 在 Proteus 中建立 AT90S8515 最小系统

AT90S8515 是 Atmel 公司推出兼容 MCS8051 引脚的单片机,它相对于 MCS8051 大幅提高了性能,具有更多的片内 RAM,集成了可由片内擦写的 FLASH 工艺的程序存储器,集成了增强型的外设,具有相同的抗干扰能力,因此 AT90S8515 是替代 MCS8051 系列单片机的理想选择。由于它与 MCS8051 引脚相互兼容,在不修改电路设计的情况下即可替换 MCS8051,因此也是老旧系统升级的理想选择。

本节中的最小系统使用 AT90S8515 为主要元器件。从图 6-46 中可以看到,它与图 6-7 中的 AT89C51 除了芯片型号之外其他都是相同的。该最小系统中除了 AT90S8515 外,只有几个阻容元器件,但是这样的最小系统足够在本节用于说明 IAR EWB 和 Proteus VSM 联合调试的过程。

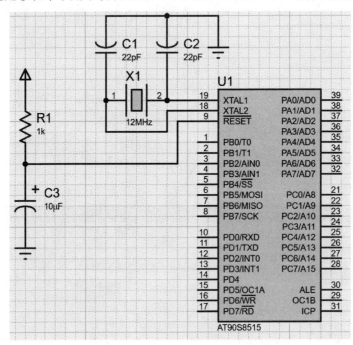

图 6-46 AT90S8515 最小系统

3. 设计最小系统测试程序

本节使用 AT90S8515 定时器的 PWM 工作模式来作为例子,实验程序如下:

```
# include < io8515.h>
void pwm_start()
{
  OCR1AL = 0x40;              /* 装载:PWM 宽度 */
  OCR1AH = 0;
  DDRD |= (1 << 5);          /* 设置 PortD.5 为输出 */
  TCCR1A = 0x81;             /* 8 位非翻转 PWM */
  TCCR1B = 1;                /* 启动 PWM */
}
int main(void)
{
  pwm_start();
  while (1);
}
```

打开前面创建的 IAR EWB 工程,将 main.c 中的代码替换为上面的测试程序,然后保存。

4. 在 IAR EWB for AVR 中编译并生成目标代码

接下来按 F7 键或者通过主菜单中的 Project→Make 命令编译工程。编译成功后,在主窗口的下方 Build 窗格中将显示如图 6-47 所示信息,代表编译成功。

5. 设置生成的目标文件格式

但是此时产生的目标文件还不能为 Proteus VSM 所用,还需要依照下面的步骤设置 IAR EWB 生成 Proteus VSM 支持的目标文件格式。

(1)如图 6-48 所示,在 Project 窗格中单击 Release 或者 Debug 下拉列表,确认当前编译选项为 Debug。

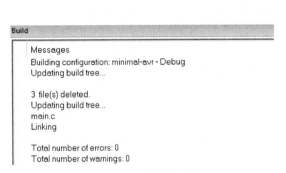

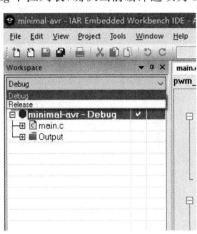

图 6-47　工程编译完成信息　　　　　　　　　图 6-48　设置编译模式为 Debug

(2)在工程名上右击,在弹出的快捷菜单中选择 Options 命令,弹出的对话框如图 6-49 所示。

图 6-49　设置生成的目标文件格式

（3）在弹出的对话框中选择 Linker，在右侧的窗格中选择 Output 选项卡。

（4）选中 Override default，将输出文件命名为 minimal-avr.d90。

（5）在 Format 中选择 Other，然后在 Output format 中选择 ubrof 8(forced)作为输出格式。

（6）重新编译工程。

6. 在 Proteus VSM 中调试

回到 Proteus VSM，在仿真原理图中双击 AT90S8515 元器件，将 Program File 属性设置为 IAR EWB 输出的目标文件，文件名为 minimal-avr.d90，如图 6-50 所示。

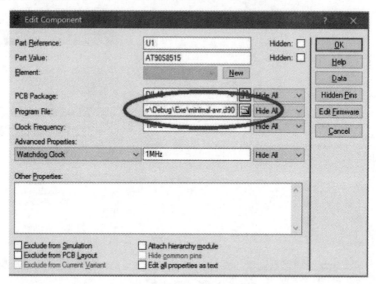

图 6-50　设置 AT90S8515 的 Program File 属性

此时，单击 ▶ 按钮开始仿真。为了进行源代码调试，在开始仿真后单击 ‖ 按钮暂停，然后按如下步骤操作。如果该窗口显示空白，则单击窗口上方的文件名下拉列表框，选择文件 main.c。

（1）选择主菜单中的 Debug→AVR→Source Code-U1 命令，如图 6-51 所示。

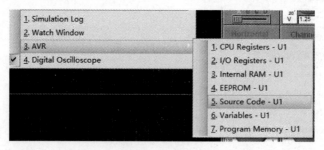

图 6-51　通过菜单打开源代码调试窗口

（2）显示如图 6-52 所示的源代码调试窗口。

（3）在源代码调试窗口中右击，在弹出的快捷菜单中选择 Display Line Numbers 命令。

（4）在第 14 行代码处右击，在弹出的快捷菜单中选择 Toggle(Set/Clear)Breakpoint 命令，如图 6-53 所示。

单击 ▶ 按钮恢复程序运行，或者单击 ■ 按钮停止仿真，再单击 ▶ 按钮开始仿真。

这时可以看到程序停止在断点处。然后可以通过单步调试手段一步步地执行程序。此时，该例程

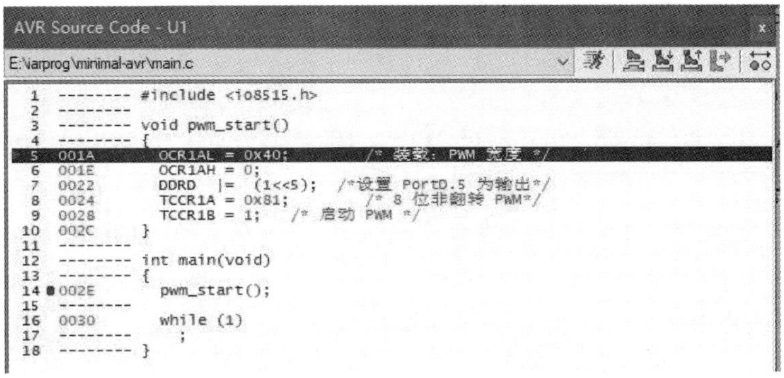

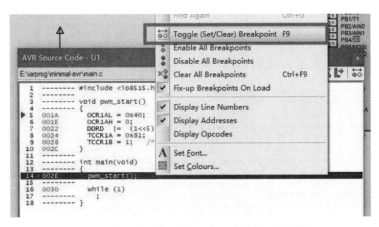

图 6-52　源代码调试窗口

图 6-53　在源代码调试窗口中显示行号、设置断点

序已经正常运行。如果在端口 PortD.5 上连接虚拟示波器,则可以看到 PortD.5 上输出的 PWM 波形,如图 6-54 所示。

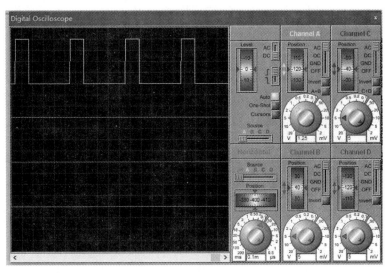

图 6-54　AT90S8515 最小系统产生的 PWM 波形

本节介绍了建立 AT90S8515 最小系统,并使用 IAR EWB for AVR 为 AVR 单片机编写程序,以及

在 Proteus VSM 中进行 AVR 单片机符号调试。在本节内容的基础上,6.6 将通过一个相对复杂和完整的示例进一步介绍 IAR EWB for AVR 与 Proteus VSM 进行联合调试的技巧。

6.6 用 AVR 单片机实现数字电压表设计实例

本节以一个完整的基于 AT90S8515 的数字电压表为例来说明 IAR EWB for AVR 和 Proteus VSM 联合调试的方法。在该例中将使用 TLC549 作为 A/D 转换器;使用 LM016L 作为显示元器件;核心 CPU 仍然使用 AT90S8515;开发工具采用 IAR EWB for AVR。

TLC549 是 TI 公司生产的一种低价位、高性能的 8 位 A/D 转换器,采用了 CMOS 工艺,它以 8 位开关电容逐次逼近的方法实现 A/D 转换,其转换速度小于 $17\mu s$,最大转换速率为 40000Hz,典型值为 4MHz 的内部系统时钟,电源为 3～6V。它能方便地采用 SPI 接口方式与各种微处理器连接,构成测控应用系统。其操作时序如图 6-55 所示。

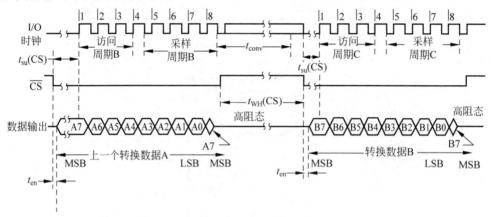

图 6-55   TLC549 操作时序图

从 TLC549 的操作时序图中可以看到,当片选信号有效时 TLC549 开始输出模数转换的结果,其结果是 8 位二进制数。当片选信号有效时(低电平),前一次模数转换结果的最高位(MSB)就出现在 DATAOUT 引脚上,也就是 SDO 引脚。当片选信号无效时,SDO 引脚上出现的数据没有意义,也不会被 SPI 主机读取。当片选信号再次有效时,TLC549 再次用同样的方式输出最近一次模数转换的结果。

TLC549 作为 SPI 的从设备只有 SDO、CS、SCK 三个数据引脚,这说明该元器件是只读元器件。SPI 的主设备无法向 TLC549 写入数据或命令。因此,模数转换只能由其内部逻辑控制。从图 6-55 中可以看出,t_{conv} 是 TLC549 进行模数转换的时间,根据其数据手册,这个时间是 36 个内部时钟周期(注意,不是 36 个 SPI 时钟周期),即大约 $17\mu s$。而触发 TLC549 进行一次模数转换的事件是 SCK 和 SS 上的信号。当片选信号有效时,连续 8 个 SCK 信号的下降沿将触发一次模数转换。因此,在两次读取 TLC549 之间,至少需要 $17\mu s$ 的时间间隔,否则中间读取的数据将是重复的。

AT90S8515 的端口 B 中的第 4、5、6、7 脚的第二个功能可以作为 SPI 总线控制器使用。其中,PB7 是主机模式的时钟输出(SCK);PB6 是 SPI 主机数据输入、从机数据输出端(MISO);PB5 是 SPI 主机数据输出、从机数据输入端(MOSI);PB4 是从机片选信号(SS)。在 AT90S8515 读取了 TLC549 中输出的模数转换结果后,将其显示在 LM016L 显示模块上。LM016L 是一个与 LCD1602 兼容的字符型点阵液晶显示模块,其主控芯片是 HD44780。它具有集成的字符发生器和 32 个字符点阵,可以以 16 个一行的形式同时显示 32 个字符,LM016L 与单片机接口的信号有 D7～D0、RS、R/W 和 E。其中,RS (register select)信号是作为读写 LM016L 内部寄存器的选择信号。当 RS 有效时,MCU 读写的是 LM016L 的寄存器;当 RS 无效时,MCU 读写的是字符缓存。R/W 信号控制对 LM016L 的读写。E 信号为数据允许信号。当 EN 信号有效时,D7～D0 为 LM016L 读取信号。

　　LM016L 的写数据时序如图 6-56 所示。显然在写数据操作开始前,首先要设置正确的 RS 信号,选择读写寄存器或字符缓存,然后设置正确的 R/W 信号。如果 RS 和 R/W 信号属于同一个 I/O 端口,则 RS 和 R/W 信号可以在一条指令中同时设置。在向 LM016L 写数据前,先输出 E 信号。接下来在下一条指令中输出 D7～D0。一般为了方便,将 D7～D0 连接在一个 I/O 端口上。这样可以使用一条指令写入 8 位数据。LM016L 的读数据时序如图 6-57 所示。与写数据操作时序类似,LM016L 在 E 信号有效后,才在 D7～D0 上输出有效数据。

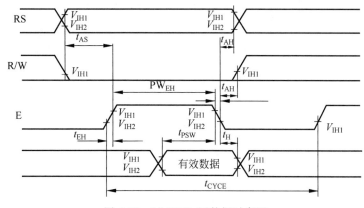

图 6-56　LM016L 写数据时序图

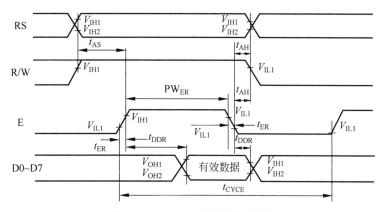

图 6-57　LM016L 读数据时序图

　　为了仿真数字电压表,还需要准备一个被测信号。图 6-58 中的 RV1 为滑动变阻器。滑动变阻器相当于两个电阻的串联,在变阻器控制端滑动时将同时改变 R1 和 R2,但是 R1 与 R2 的阻值之和为固定值。这样将控制端连接到 TLC549 的模拟输入端,即可在仿真时改变被测信号的电压值。

　　首先请按照图 6-58 所示准备仿真调试的原理图。在该图中,输入 TLC549 的模拟量输入端跨接了一个虚拟电压表。这么做是为了在仿真时将 LCD 显示模块中显示的电压和虚拟电压表中的电压作比较,以验证硬件和程序设计的正确性。

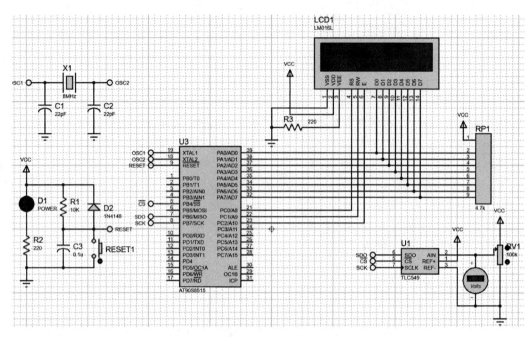

图 6-58　基于 AT90S8515 的数字电压表仿真原理图

（1）为了进行仿真，接下来在 IAR EWB for AVR 中建立数字电压表的软件工程，并将工程命名为 digital_voltage_meter。建立的过程请参考上节中的示例。在 main.c 中输入下面的程序并保存。

```
# include < intrinsics. h >
# include < io8515. h >
# include < stdio. h >
# define F_CPU(12000000)
# define delay_us(us) __delay_cycles((F_CPU / 1000000) * us)
# define delay_ms(ms) __delay_cycles((F_CPU / 1000) * ms)
# define   LCD_EN_PORTPORTC
# define   LCD_EN_DDRDDRC
# define   LCD_EN_MSK(1 << 2)
# define   LCD_RW_PORT PORTC
# define   LCD_RW_DDR DDRC
# define   LCD_RW_MSK(1 << 1)
# define   LCD_RS_PORT PORTC
# define   LCD_RS_DDR DDRC
# define   LCD_RS_MSK(1 << 0)
# define   LCD_DATA_PORT PORTA
# define   LCD_DATA_DDR DDRA
# define EN_0()(LCD_EN_PORT & = ~LCD_EN_MSK)
# define RW_0()(LCD_RW_PORT & = ~LCD_RW_MSK)
# define RW_1()(LCD_RW_PORT | = LCD_RW_MSK)
# define RS_0()(LCD_RS_PORT & = ~LCD_RS_MSK)
# define RS_1()(LCD_RS_PORT | = LCD_RS_MSK)
void lcd_busy_wait()
{
  LCD_DATA_PORT = 0x00;
  LCD_DATA_DDR = 0x00;
  do {
      EN_0();
      RS_0();
```

```c
        RW_1();
        EN_1();
        asm("nop");
        } while (LCD_DATA_PORT & 0x80);
    EN_0();
}
void lcd_write_command(char command)
{
    lcd_busy_wait();
    LCD_DATA_DDR = 0xFF;
    EN_0 ();
    RS_0();
    RW_0();
    LCD_DATA_PORT = command;
    EN_1();
    asm("nop");
    EN_0();
    delay_us(100);
}
void lcd_write_data(char data)
{
    lcd_busy_wait();
    LCD_DATA_DDR = 0xFF;
    EN_0();
    RS_1();
    RW_0();
    LCD_DATA_PORT = data;
    EN_1();
    asm("nop");
    EN_0();
    delay_us(100);
}
void lcd_set_xy(char x, char y)
{
    unsigned char address;
    if (y == 0)
        address = 0x80 + x;
    else
        address = 0xc0 + x;
    lcd_write_command(address);
}
void lcd_write_string(char x, char y, const char * s)
{
    lcd_set_xy(x,y);
    while ( * s)
    {
        lcd_write_data( * s);
        s++;
        delay_us(100);
    }
}
void lcd_write_char(char x, char y, char c)
{
    lcd_set_xy(x, y);
    lcd_write_data(c);
}
```

```
void lcd_init()
{
  LCD_EN_DDR | = LCD_EN_MSK;
  LCD_RW_DDR | = LCD_RW_MSK;
  LCD_RS_DDR | = LCD_RS_MSK;
  EN_0();
  lcd_write_command(0x38);              //8 位模式,两行 5×7 点阵
  delay_ms(1);
  lcd_write_command(0x0C);              //取消光标,取消闪烁,显示使能
  delay_ms(1);
  lcd_write_command(0x06);              //打开自增模式
  delay_ms(1);
  lcd_write_command(0x01);              //清屏
  delay_ms(1);
}
void init_spi()
{
  DDRB = 0x90;                          //SCK & SS 引脚为输入,SDO 引脚为输出
  SPCR = 0x53;                          //SPI 使能,SPI 主模式,SPI 时钟频率为 Fosc/128
  SPSR & = 0xFE;                        //正常 SPI 速度
}
double read_voltage()
{
  char data;
  PORTB & = ~(1 << 4);
  SPDR = 0;
  while(!(SPSR & (1 << 7))) ;           //等待接收完成
  data = SPDR;                          //数据寄存器
  PORTB | = (1 << 4);                   //转换成电压值,参考电压 5.0V
  return (double)5.0 * data/256;
}
void main(void)
{
  char buf[17] = "Volt(s) : 0.00";
  int d1,d2,d3;
  double voltage;

  lcd_init();
  delay_ms(10);

  lcd_write_string(0,0,"Voltage Meter!");
  delay_ms(1);

  init_spi();
  for (;;)
  {
    voltage = read_voltage();
    //计算电压值的个位
    d1 = (int)voltage;
    //计算电压值的十分位
    d2 = (int)(voltage * 10 - 10.0 * d1);
    //计算电压值的百分位
    d3 = (int) (voltage * 100 - 100.0 * d1 - 10.0 * d2);
    buf[10] = '0' + d1;
    buf[12] = '0' + d2;
    buf[13] = '0' + d3;
```

```
        lcd_write_string(0,1,buf);
        delay_ms(10);
    }
}
```

打开前面创建的 IAR EWB 工程,将 main.c 中的代码替换为上面的测试程序,然后保存。

（2）工程建立好之后,按如图 6-49 所示设置目标文件格式为 ubrof 8,并将输出的目标文件设置为 digital_voltage_meter.d90。

（3）在 IAR EWB for AVR 中按 F7 键编译代码,并生成目标文件。如果工程配置正确,且源代码输入正确,将会显示如图 6-59 所示的编译日志。如果编译日志中显示错误信息,则参考错误信息进行修改。

（4）在 Proteus VSM 中参考图 6-58 建立仿真原理图。

（5）单击原理图中的 U1（AT90S8515）打开处理器设置对话框。将 Clock Frequency 设置为 12MHz,按如图 6-60 所示设置处理器运行频率。

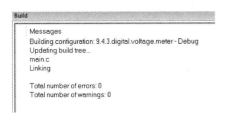

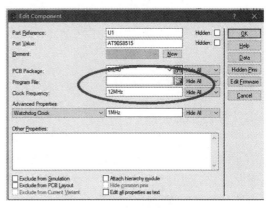

图 6-59 编译日志   图 6-60 设置处理器运行频率

（6）在图 6-60 中,单击 Program File 输入框右侧的 ▣ 图标,选择 IAR EWB for AVR 生成的 digital_voltage_meter.d90 文件,并单击 OK 按钮保存修改。

（7）单击 ▶ 按钮开始仿真。在仿真开始后按 Esc 键或者单击 ▮▮ 按钮暂停仿真。此时 Proteus 将会自动打开源代码调试窗口和变量观察窗口,如图 6-61 所示。如果调试窗口未打开,则参考图 6-51 所示,通过菜单打开源代码调试窗口。

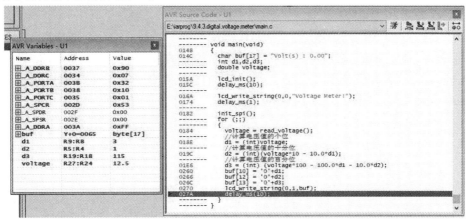

图 6-61 源代码调试窗口和变量观察窗口

（8）单击 ▶ 按钮继续程序仿真。如果前面的工作无误，则会显示如图 6-62 所示的界面。

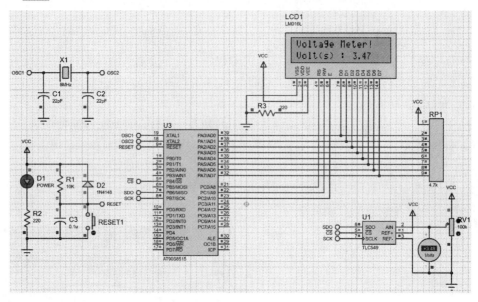

图 6-62　数字电压表仿真结果

在该界面中单击滑动变阻器旁的上下箭头，可以改变滑动变阻器中间触点的位置，从而改变分压值。如图 6-63 所示，此时 TLC549 模拟输入端的电压值为 3.48V。

如图 6-64 所示，在 LM016L 上将显示测量到的电压值为 3.47V。考虑到数模转换的精度和在程序中将结果从 8 位二进制数转换到浮点数时可能会损失精度，这样的误差可以忽略不计。这验证了数字电压表电路和程序的正确性。

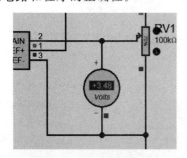

图 6-63　通过滑动变阻器改变输入电压

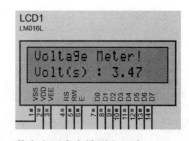

图 6-64　数字电压表在被测电压为 3.48V 时的显示

本节通过设计一个完整的基于 AT90S8515 和 TLC549 的数字电压表，演示了 Proteus VSM 与 IAR EWB for AVR 的联合设计与调试能力，证明了通过 Proteus VSM 进行嵌入式系统的虚拟数字原型设计简单易用且功能强大。

第二部分 电路原理图及 PCB 设计

PART 2

本部分介绍基于 AD 工具绘制原理图和 PCB 的原理及方法，内容主要包括电路原理图和 PCB 设计的流程、电路原理图和 PCB 绘制方法以及 PCB 设计中的布局、布线的规则。

在印制电路板基础部分，主要介绍了印制电路板的发展、印制电路板制板流程及工艺、常用电子元器件参数及封装、集成电路芯片的各种封装形式和自定义元器件的设计流程。

在原理图参数设置与绘制部分，主要介绍了以下内容：原理图绘制流程、原理图设计规则、原理图绘制环境参数设置、所需元器件库的安装和原理图绘制。

在 PCB 绘制部分，主要介绍了以下内容：PCB 设计流程、PCB 层标签、PCB 视图查看命令、PCB 绘图对象、PCB 绘图环境参数设置、PCB 形状和边界设置、PCB 叠层设置、PCB 面板的使用、PCB 设计规则、PCB 高级绘图对象和运行设计规则检查等内容。

## 第 7 章

印制电路板设计基础

在实际电路设计中,完成电路原理图设计和电路仿真后,最终需要将电路中的实际元器件安装在印制电路板(printed circuit board,PCB)上。原理图的绘制解决了电路的逻辑连接,而电路元器件的物理连接是靠 PCB 上的铜箔实现的。

随着中、大型规模集成电路出现,元器件安装朝着自动化、高密度方向发展,对印制电路板导电图形的布线密度、导线精度和可靠性要求越来越高。为满足对印制电路板数量和质量上的要求,印制电路板的生产也越来越专业化、标准化、机械化和自动化,如今已在电子工业领域中形成一门新兴的 PCB 制造工业。

印制电路板(也称印制线路板,简称印制板)是指以绝缘基板为基础材料加工成一定尺寸的板,在其上面至少有一个导电图形及所有设计好的孔(如元器件孔、机械安装孔及金属化孔等),以实现元器件之间的电气互连。

7.1 印制电路板基础知识

在印制电路板出现之前,电子元器件之间都是依靠电线直接连接而组成完整的线路。在当代,电路面板只是作为有效的实验工具而存在,而印制电路板在电子工业中已经占据了绝对统治的地位。

7.1.1 印制电路板的发展

印制电路技术虽然是在第二次世界大战后才获得迅速发展,但是"印制电路"这一概念的来源,却要追溯到 19 世纪。

19 世纪,由于不存在复杂的电子装置和电气机械,因此没有大量生产印制电路板的问题,只是需要大量无源元器件,如电阻、线圈等。1899 年,美国人提出采用金属箔冲压法,在基板上冲压金属箔制造出电阻器,1927 年提出采用电镀法制造电感、电容。

20 世纪初,人们为了简化电子机器的制作,减少电子零件间的配线,降低制作成本等,于是开始钻研以印刷的方式取代配线的方法。三十年间,不断有工程师提出在绝缘的基板上加以金属导体作配线。而最成功的是 1925 年,美国的 Charles Ducas 在绝缘的基板上印刷出线路图案,再以电镀的方式成功建立导体作配线。

直至 1936 年,奥地利人保罗·爱斯勒(Paul Eisler)在英国发表了箔膜技术,他在一个收音机装置内采用了印制电路板;而在日本,宫本喜之助以喷附配线法成功申请专利。而两者中 Paul Eisler 的方法与现今的印制电路板最为相似,这类做法称为减去法,是把不需要的金属除去;而 Charles Ducas、宫本喜之助的做法是只加上所需的配线,称为加成法。虽然如此,但因为当时的电子零件发热量大,两者的基板也难以配合使用,以致未有正式的实用作品,不过也使印制电路技术更进一步。

20世纪50年代中期,随着大面积的高黏合强度覆铜板的研制,为大量生产印制板提供了材料基础。1954年,美国通用电气公司采用了图形电镀-蚀刻法制板。

20世纪60年代,印制板得到广泛应用,并日益成为电子设备中必不可少的重要部件。在生产上除大量采用丝网漏印法和图形电镀-蚀刻法(即减去法)等工艺外,还应用了加成法工艺,使印制导线密度更高。目前高层数的多层印制板、挠性印制电路、金属芯印制电路、功能化印制电路都得到了长足的发展。

我国印制电路技术的发展现状:20世纪50年代中期,试制出单面板和双面板;20世纪60年代中期,试制出金属化双面印制板和多层板样品;1977年左右开始采用图形电镀-蚀刻法工艺制造印制板;1978年试制出加成法材料——覆铝箔板,并采用半加成法生产印制板;20世纪80年代初研制出挠性印制电路和金属芯印制板。

近十几年来,印制电路板制造行业发展迅速,印制电路板从单层发展到双面板、多层板和挠性板,并不断地向高精度、高密度和高可靠性方向发展。不断地缩小体积、减少成本、提高性能,使得印制电路板在未来电子产品的发展过程中,仍然保持强大的生命力。

未来印制电路板生产制造技术发展趋势是在性能上向高密度、高精度、细孔径、细导线、小间距、高可靠、多层化、高速传输、轻量、薄型方向发展。

在电子设备中,印制电路板通常起三个作用:

(1)为电路中的各种元器件提供必要的机械支撑。

(2)提供电路的电气连接。

(3)用标记符号将板上所安装的各个元器件标注出来,便于插装、检查及调试。

但是,更为重要的是,使用印制电路板有四大优点:

(1)具有重复性。

(2)板的可预测性。

(3)所有信号都可以沿导线任一点直接进行测试,不会因导线接触引起短路。

(4)印制板的焊点可以在一次焊接过程中将大部分焊完。

正因为印制板有以上特点,所以从它面世的那天起,就得到了广泛的应用和发展,现代印制板已经朝着多层、精细线条的方向发展。特别是SMD(表面封装)技术是高精度印制板技术与VLSI(超大规模集成电路)技术的紧密结合,大大提高了系统安装密度与系统的可靠性。

7.1.2 印制电路板的分类

目前的印制电路板一般以铜箔覆在绝缘板(基板)上,故亦称覆铜板。

1. 根据PCB导电板层划分

(1)单面印制电路板(single sided print circuit board)。单面印制电路板指仅一面有导电图形的印制板,板的厚度为0.2~5.0mm,它是在一面敷有铜箔的绝缘基板上,通过印制和腐蚀的方法在基板上形成印制电路。图7-1(a)所示为单面印制电路板的正反面示例,它适用于电路密度低、成本要求低的电子设备,如红外遥控器等。图7-1(b)所示为单面印制电路板焊接示意图。

(2)双面印制电路板(double sided print circuit board)。双面印制电路板指两面都有导电图形的印制板,板的厚度为0.2~5.0mm,它是在两面敷有铜箔的绝缘基板上,通过印制和腐蚀的方法在基板上形成印制电路,两面的电气互连通过金属化孔实现。它适用于要求较高的电子设备,由于双面印制电路板的布线密度较高,所以能减小设备的体积。图 7-2(a)所示为双面印制电路板的正反面示例,它广泛应用于电路密度中等、成本要求不高的电子设备。图 7-2(b)所示为双面印制电路板焊接示意图。

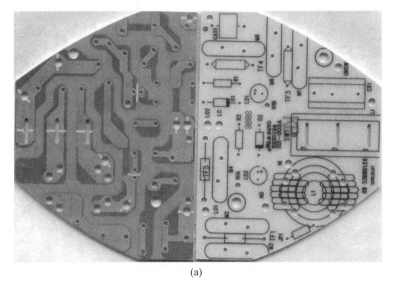

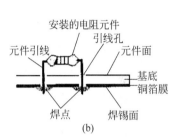

图 7-1 单面印制电路板示例

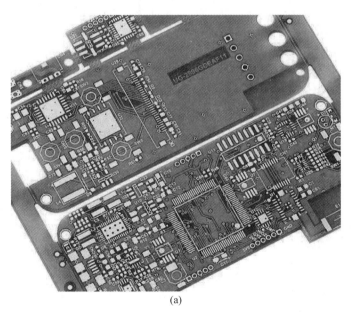

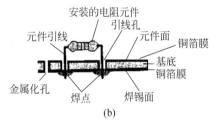

图 7-2 双面印制电路板示例

(3) 多层印制电路板(multilayer print circuit board)。多层印制电路板是由交替的导电图形层及绝缘材料层层压黏合而成的印制板,导电图形的层数在两层以上,层间电气互连通过金属化孔实现。多层印制电路板的连接线短而直,便于屏蔽,但印制电路板的工艺复杂。

图 7-3 所示为四层印制电路板剖面图。通常在电路板上,元器件放在顶层,所以一般顶层也称元器件面;而底层一般是焊接用的,所以又称焊接面。对于表面贴片式元器件(SMD),顶层和底层都可以放

元器件。元器件也分为两大类:插针式元器件和表面贴片式元器件。四层印制电路板广泛应用于电路密度高的电子设备,适用于高新技术产业,如电信、供电、计算机、工业控制、数码产品、科教仪器、医疗器械、汽车、航空航天防御等。

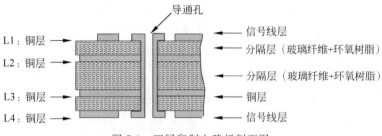

图 7-3　四层印制电路板剖面图

2. 根据 PCB 所用基板材料划分

(1) 刚性印制电路板(rigid print circuit board)。刚性印制电路板是指以刚性基材制成的 PCB,常见的 PCB 一般是刚性 PCB,如计算机中的板卡、家电中的印制板等。常用刚性 PCB 有纸基板、玻璃布板和合成纤维板,后者价格较高,性能较好,常用在高频电路和高档家电产品中;当频率高于数百兆赫时,必须用介电常数和介质损耗更小的材料,如聚四氟乙烯和高频陶瓷作基板。

(2) 柔性印制电路板(flexible print circuit board,也称挠性印制板、软印制板)。柔性印制电路板是以软性绝缘材料为基材的 PCB,如图 7-4 所示。由于它能进行折叠、弯曲和卷绕,因此可以节约 60%～90% 的空间,为电子产品小型化、薄型化创造了条件,它在计算机、打印机、可穿戴设备及通信设备中得到广泛应用。

(3) 铝基板(Aluminum Plate)。铝基板是一种具有良好散热功能的金属基覆铜板,一般单面板由三层结构所组成,分别是电路层(铜箔)、绝缘层和金属基层。与传统的 FR-4 比,铝基板能够将热阻降至最低,使铝基板具有极好的热传导性能;与厚膜陶瓷电路相比,它的机械性能又极为优良。在电路设计方案中对热扩散进行极为有效的处理,从而降低模块运行温度,延长使用寿命,提高功率密度和可靠性;可以减少散热器和其他硬件(包括热界面材料)的装配,缩小产品体积,降低硬件及装配成本。常见于 LED 照明产品,有正反两面,如图 7-5 所示,白色的一面是焊接 LED 引脚的,另一面呈现铝本色,一般会涂抹导热凝浆后与导热部分接触。

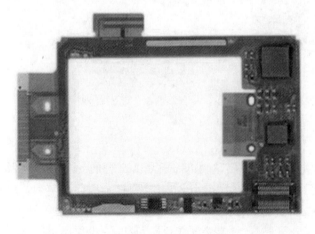

图 7-4　柔性印制电路板示例

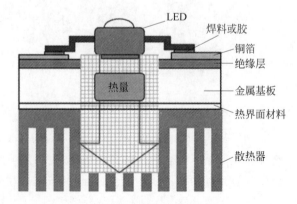

图 7-5　LED 铝基板示例

（4）软硬结合板（Rigid-Flex Board）。FPC 与 PCB 的诞生与发展,催生了软硬结合板这一新产品。软硬结合板是柔性线路板与硬性线路板经过压合等工序,按相关工艺要求组合在一起形成的具有 FPC 特性与 PCB 特性的线路板,如图 7-6 所示。软硬结合板同时具备 FPC 的特性与 PCB 的特性,因此,它可以用于一些有特殊要求的产品中,既有一定的挠性区域,也有一定的刚性区域,对节省产品内部空间,减少成品体积,提高产品性能有很大的帮助。

图 7-6　软硬结合板示例

7.2　PCB 材质及生产加工流程

本节主要介绍印制电路板的材质和生产制造过程。深入了解和掌握 PCB 的生产及制造过程对于正确进行 PCB 设计、板层选择、线路阻抗控制及理解 PCB 量产的成品率都是必不可少的。

7.2.1　常用 PCB 结构及特点

印制电路板是以铜箔基板（copper-clad laminate,CCL）作为原料而制造的电器或电子的重要机构组件,了解它们是如何制造出来的,适用于何种产品,它们各有哪些优劣点,才能选择适当的基板。基板是 PCB 的材料基础,主要是由介电层（树脂 Resin,玻璃纤维 Glass fiber）及高纯度的导体（铜箔 Copper foil）所构成的复合材料（composite material）。

基板是由高分子合成树脂和增强材料组成的绝缘层板;在基板的表面覆盖着一层导电率较高、焊接性能良好的纯铜箔,常用厚度为 $35\sim50\mu m$;铜箔只覆盖在基板一面的覆铜板称为单面覆铜板,基板的两面均覆盖铜箔的覆铜板称为双面覆铜板;铜箔能否牢固地覆在基板上,取决于黏合剂。常用覆铜板的厚度有 1.0mm、1.5mm 和 2.0mm 三种。

覆铜板的种类也较多。按绝缘材料不同可分为纸基板、玻璃布基板和合成纤维板;按黏合剂树脂不同又分为酚醛、环氧、聚酯和聚四氟乙烯等;按用途可分为通用型和特殊型。

1）覆铜箔酚醛纸层压板

覆铜箔酚醛纸层压板是由绝缘浸渍纸或棉纤维浸渍纸浸以酚醛树脂（phonetic）经热压而成的层压制品,两表面胶纸可用单张无碱玻璃浸胶布,其一面覆以铜箔。主要用作无线电设备中的印制电路板。

2）覆铜箔酚醛玻璃布层压板

覆铜箔酚醛玻璃布层压板是用无碱玻璃布浸以环氧酚醛树脂（epoxy）经热压而成的层压制品,其一面或双面覆以铜箔,具有质轻、电气和机械性能良好、加工方便等优点。其板面呈淡黄色,若用三氰二胺作固化剂,则板面呈淡绿色,具有良好的透明度。主要在工作温度和工作频率较高的无线电设备中用作印制电路板。

3）覆铜箔聚四氟乙烯层压板

覆铜箔聚四氟乙烯（polytetrafluoethylene,PTFE 或 TEFLON）层压板是以聚四氟乙烯板为基板,覆以铜箔经热压而成的一种覆铜板。主要在高频和超高频线路中作印制电路板用。

4）覆铜箔环氧玻璃布层压板

覆铜箔环氧玻璃布层压板是将电子玻纤布或其他增强材料浸以树脂,一面或双面覆以铜箔并经热压而制成的一种板状材料,是孔金属化印制电路板常用的材料。

5）软性聚酯敷铜薄膜

软性聚酯敷铜薄膜是用聚酯薄膜与铜热压而成的带状材料,在应用中将它卷曲成螺旋形状放在设备内部。为了加固或防潮,常以环氧树脂将它灌注成一个整体。主要用作柔性印制电路和印制电缆,可作为接插件的过渡线。

7.2.2　PCB 生产加工流程

图 7-7 和图 7-8 分别为双面电路板和多层电路板的制版工艺及流程。下面对工艺流程中的一些术语进行说明:

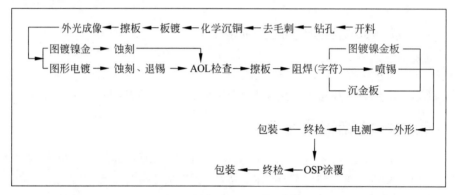

图 7-7　双面电路板的制版工艺

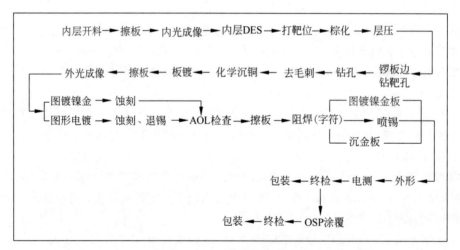

图 7-8　多层电路板的制版工艺

1）开料

开料就是将一张大料根据不同制板要求用机器锯成小料的过程,将大块的覆铜板剪裁成生产板加工尺寸,方便生产加工。

2）刨边、洗板

开料后的板边角处尖锐,容易划伤手,也易使板与板之间擦花,所以开料后再用圆角机圆角。圆角后去除板面的氧化层。

3）内光成像

进行内层图形的转移,将底片上的图形转移到板面的干膜上,形成抗蚀层。

4）内层刻蚀 DES

曝光后的内层板，通过 DES 线，完成显影刻蚀、去膜，形成内层线路，如图 7-9 所示。

5）打靶位

将内层板板边层压用的管位孔（铆钉孔）冲出用于层压的预排定位。

6）棕化

使内层铜面形成微观的粗糙，增强层间化片的黏结力，如图 7-10 所示。

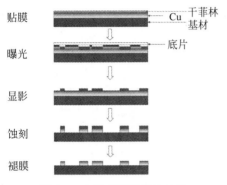

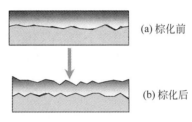

图 7-9　内光成像和刻蚀过程　　　　图 7-10　棕化前后对比

7）层压

使多层板间的各层间黏合在一起，形成一个完整的板。利用半固化片的特性，在一定温度下融化，成为液态填充至图形空处，形成绝缘层，然后进一步加热后逐步固化，形成稳定的绝缘材料，同时将各线路各层连接成一个整体的多层板，如图 7-11 所示。

8）锣板边钻靶孔

将 3 个定位孔周边铜皮锣掉，用钻靶机将钻孔用的定位孔钻出来。

9）钻孔

使线路板层间产生通孔，达到连通层间的作用。

10）去毛刺（磨板）

去除板面的氧化层、钻孔产生的粉尘、毛刺，使板面孔内清洁、干净。

11）化学沉铜

对孔进行孔金属化，使原来绝缘的基材表面沉淀上铜，达到层间电性相通。它是一种自催化的化学氧化及

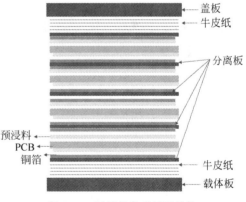

图 7-11　层压的各多层板结构

还原反应，在化学镀铜过程中，Cu^{2+} 离子得到电子还原为金属铜，还原剂放出电子，本身被氧化。

12）板镀

使刚沉铜出来的板进行板面、孔内铜加厚 $5\sim 8\mu m$，防止在图形电镀前孔内薄铜被氧化、微蚀掉而漏基材。

13）烘板

去除板面的杂物，烘干板面及孔内的水分。

14）外光成像

完成外层图形转移，形成外层线路。

15）图形电镀

使线路、孔内铜加厚到客户要求标准。

16）外层刻蚀

将板面没有用的铜刻蚀掉,露出有用的线路图形。

17）磨板

清洁板面,增强阻焊的黏结力。

18）阻焊字符

板面涂上一层阻焊,通过曝光显影,露出要焊接的盘与孔,其他地方盖上阻焊层,防止焊接短路在板面印上字符,起到标识作用。

19）树脂塞孔

平整平面、消除杂质进入导通孔或避免卷入腐蚀杂质,有利于层压时真空度下降过程及制造精细线条,可实现任意层互联。

20）碳油

跨接线路导体,键盘用接点,固定阻抗器及半固体阻抗器。

21）OSP 涂覆(防氧化层)

在要焊接的表面铜上沉积一层有机保护膜,起到保护铜面与提高焊接性能的作用。

22）沉锡

在裸露的铜面上涂盖上一层锡,达到保护铜面不氧化,利于焊接,主要是取代高污染的铅、镉、汞等有害物质。PCB制程中,代替喷锡高温、高污染、高噪声制程及昂贵化学镍金污染制程,化学锡主要是低温(20～30℃)制程,无污染作业流程。

23）喷锡

喷锡又称热风整平,是将印制板浸入熔融的焊料中,再通过热风将印制板的表面及金属化孔内的多余焊料吹掉,从而得一个平滑、均匀光亮的焊料涂覆层,达到保护铜面不氧化利于焊接的作用。

24）沉金

通过化学反应在裸露的铜面上沉淀一层平坦的镍金,使焊盘表面平整不被氧化,增加 SMD 组装和贴装的可靠性及安全性。

25）外形

加工形成客户要求的有效尺寸大小。

26）电测试

模拟板的状态,通电进行电性能检查是否有开短路。

27）物理、化学试验测试

利用物理、化学反应分析药水浓度、物质含量等,确认是否异常,为生产相关工序提供可靠、及时、准确的化学分析数据,能协助各工序顺利生产。

28）终检

对板的外观、尺寸、孔径、板厚、标记等检查,满足客户要求。

29）包装

板包装成捆,易于运送。

7.2.3 PCB 叠层定义

本节主要介绍印制电路板中的每层定义,包括 PCB 的各层名称及功能。

(1) 底层(bottom layer):又称为焊锡面,主要用于制作底层铜箔导线,它是单面板唯一的布线层,也是双面板和多面板的主要布线层,注意单面板只使用底层,即使电路中有表面贴装元器件也只能安装于底层。

(2) 顶层(top layer):主要用在双面板、多层板中制作顶层铜箔导线,在实际电路板中又称为元器件面,元器件引脚安插在本层面焊孔中,焊接在底面焊盘上。由于在双面板、多层板顶层可以布线,因此为了安装和维修的方便,表面贴装元器件尽可能安装于顶层。

(3) 中间信号层(mid1~mid14):在一般电路板中较少采用,通常只有在 5 层以上较为复杂的电路板中才采用。

(4) 内电源层(internal plane):主要用于放置电源/地线,编辑器可以支持 16 个内部电源/地线。因为在各种电路中,电源/地线所接的元器件引脚数是最多的,所以在多层板中,可充分利用内部电源/地线将大量的接电源(或接地线)的元器件引脚通过元器件焊盘或过孔直接与电源(或地线)相连,从而极大地减少顶层和底层电源/地线的连线长度,例如图 7-12。

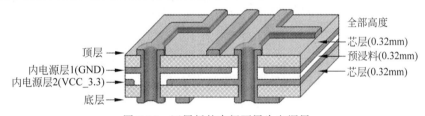

图 7-12 四层板的中间两层为电源层

(5) 丝印层(silkscreen layer):主要通过丝印的方式将元器件的外形、序号、参数等说明性文字印制在元器件面(或焊锡面),以便电路板装配过程中插件(即将元器件插入焊盘孔中)、产品的调试、维修等。丝印层一般分为顶层和底层,通常尽量使用顶层,只有维修率较高的电路板或底层装配有贴片元器件的电路板中,才使用底层作为丝印层,以便维修人员查看电路(如电视机电路板、显示器电路板等),丝印层如图 7-13 所示。

(6) 机械层(mechanical layer):没有电气特性,在真实电路板中也没有实际的对象与其对应,是 PCB 编辑器便于电路板厂家规划尺寸制板而设置,属于逻辑层(即在真实电路板中不存在实际的物理层与其相对应),主要为电路板厂家制作电路板时提供所需的加工尺寸信息,如电路板边框尺寸、固定孔、对准孔以及大型元器件或散热片的安装孔等尺寸标注信息,PCB 可支持 16 个以上机械层。

(7) 禁止布线层(keep out layer):在真实电路板中也没有实际的层面对象与其对应,它起着规范信号层布线的目的,即在该层中绘制的对象(如导线),信号层的铜箔导线无法穿越,所以信号层的铜箔导线被限制在禁止布线层导线所围的区域内。该层主要用于定义电路板的边框,或定义电路板中

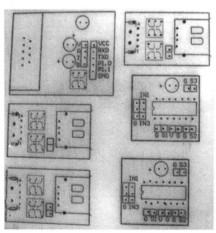

图 7-13 PCB 丝印层示例

不能有铜箔导线穿越的区域,例如电路板中的挖空区域,如图 7-14 所示。

（8）阻焊层（solder mask layer）：主要为一些不需要焊锡的铜箔部分（如导线、填充区、覆铜区等）涂上一层阻焊漆（一般为绿色）,用于阻止进行波峰焊接时,焊盘以外的导线、覆铜区粘上不必要的焊锡而设置,从而避免相邻导线波峰焊接时短路；还可防止电路板在恶劣的环境中长期使用时氧化腐蚀。因此它和信号层相对应出现,也分为顶部和底部,如图 7-15 所示。

图 7-14　PCB禁止布线层示例

图 7-15　PCB阻焊层示例

（9）焊锡膏层（paste mask layer）：贴片元器件的安装方式比传统的穿插式元器件的安装方式要复杂很多,该安装方式必须包括以下几个过程：刮锡膏→贴片→回流焊,在第一步"刮锡膏"时,需要一块掩模板,其上有许多和贴片元器件焊盘相对应的方形小孔,将该掩模板放在对应的贴片元器件封装焊盘上,将锡膏通过掩模板方形小孔均匀涂覆在对应的焊盘上,与掩模板相对应的就是焊锡膏层,例如图 7-16。

图 7-16　PCB焊锡膏层示例

7.3　常用电子元器件特性及封装

本节主要介绍常用电子元器件的物理封装,内容包括电阻元器件特性及封装、电容元器件特性及封装、电感元器件特性及封装、二极管元器件特性及封装、三极管元器件特性及封装。

7.3.1　电阻元器件特性及封装

各种材料的物体对通过它的电流呈现一定的阻力,这种阻碍电流的作用叫作电阻。电阻主要用于降低电压、分配电压、限制电路电流，以及为各种电子元器件提供必要的工作条件(电压或者电流)等。

1．电阻元器件的分类

电阻主要从材料、功率和精度等方面进行分类，下面详细介绍这些分类方法。

1) 按材料对电阻进行分类

(1) 薄膜电阻

碳膜电阻 RT 稳定性较高，噪声也比较低，一般在无线电通信设备和仪表中做限流、阻尼、分流、分压、降压、负载和匹配等用途。金属膜电阻 RJ 和金属氧化膜电阻 RY 用途和碳膜电阻一样，具有噪声低、耐高温、体积小、稳定性好和精密度高等特点。如图 7-17 所示，通常底色是米色的为碳膜电阻，底色是天蓝色的为金属膜电阻。

(2) 实心电阻

实心电阻具有成本低、阻值范围广、容易制作等特点，但阻值稳定性差，噪声和温度系数大。图 7-18 给出了实心电阻的外观。

图 7-17　薄膜电阻的外观

图 7-18　实心电阻的外观

(3) 绕线电阻

绕线电阻有固定和可调式两种，特点是稳定、耐热性能好、噪声小、误差范围小。一般在功率和电流较大的低频交流和直流电路中做降压、分压、负载等用途，额定功率大都在 1W 以上。图 7-19 给出了绕线电阻的外观。

(4) 贴片电阻

如图 7-20 所示，贴片电阻的特点主要有：

① 体积小，质量轻。

② 适应回流焊与波峰焊。

③ 电性能稳定，可靠性高。

④ 装配成本低，并自动与装贴设备匹配。

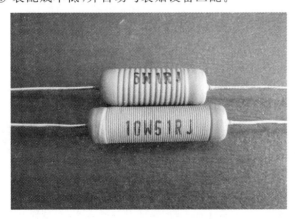

图 7-19　绕线电阻的外观

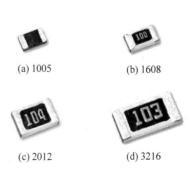

(a) 1005　　(b) 1608

(c) 2012　　(d) 3216

图 7-20　贴片电阻的外观

⑤ 机械强度高,高频特性优越。

（5）敏感电阻

敏感电阻主要包含热敏 MZ/MF、湿敏 MS、光敏 MG、压敏 MY、力敏 ML、磁敏 MC 和气敏 MQ 等。图 7-21 给出了敏感电阻的外观图。

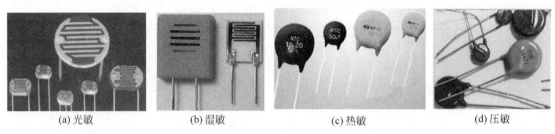

(a) 光敏   (b) 湿敏   (c) 热敏   (d) 压敏

图 7-21　敏感电阻的外观

2）按功率对电阻进行分类

有 1/16W、1/8W、1/4W、1/2W、1W、2W 等额定功率的电阻。

3）按电阻值的精确度分类

（1）有精确度为±5%、±10%、±20% 等的普通电阻。

（2）还有精确度为±0.1%、±0.2%、±0.5%、±1% 和±2% 等的精密电阻。

4）排电阻

排电阻器,简称排阻,是一种将按一定规律排列的分立电阻器集成在一起的组合型电阻器,也称集成电阻器或电阻器网络。

如图 7-22 所示,排电阻器有单列式(SIP)、双列直插式(DIP)、贴片式的外形结构,内部电阻器的排列又有多种形式。

2. 电阻元器件阻值标示方法

电阻元器件阻值的标示方法有三种：色环标示法、数字索位标示法和 E96 系列数字代码与字母混合标示法。

1）色环标示法

色环标示法是用色环或色点(大多用色环)来标示电阻器的标称阻值、允许误差。

（1）普通电阻色环标示

普通电阻有四道色环。图 7-23(a)给出了四道色环电阻的标示方法。图中,第一、二道色环表示标称阻值的有效值;第三道色环表示倍乘;第四道色环表示允许偏差。

(a)　　　　　　(b)

图 7-22　各种排电阻的外观

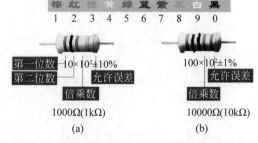

图 7-23　四道色环和五道色环电阻的标示方法

（2）精密电阻色环标示

精密电阻有五道色环。图 7-23(b)给出了五道色环电阻的标示方法。图中,第一、二、三道色环表示标称阻值的有效值；第四道色环表示倍乘；第五道色环表示允许偏差。

为了方便计算,表 7-1 给出了色环标示法的表示规则。

表 7-1 色环标示法的表示规则

色 环 颜 色	第一道色环（×100）	第二道色环（×10）	第三道色环（×1）	第四道色环（倍数）	第五道色环（误差）
黑	—	—	—	×1	—
棕	1	1	1	×10	±1%
红	2	2	2	×100	±2%
橙	3	3	3	×1000	—
黄	4	4	4	×10000	—
绿	5	5	5	×100000	±0.5%
蓝	6	6	6	×1000000	±0.25%
紫	7	7	7	—	±0.1%
灰	8	8	8	—	±0.05%
白	9	9	9	—	—
金	—	—	—	×0.1	±5%
银	—	—	—	×0.01	±10%

2）数字索位标示法

数字索位标示法就是在电阻体上用三位数字来标明其阻值。典型地,矩形片状电阻采用这种标示法。它的第一位和第二位为有效数字,第三位表示在有效数字后面所加 0 的个数,这一位不会出现字母,例如,472 表示 4700Ω；151 表示 150Ω。如果是小数,则用 R 表示小数点,并占用一位有效数字,其余两位是有效数字。例如,2R4 表示 2.4Ω；R15 表示 0.15Ω。

3）E96 系列数字代码与字母混合标示法

E96 系列数字代码与字母混合标示法也是采用三位标明电阻阻值,即两位数字加一位字母。其中两位数字表示的是 E96 系列电阻代码,第三位是用字母代码表示的倍率。例如,查 E96 系列电阻代码表可知：51D 表示 332×10^3,即 $332\text{k}\Omega$；249Y 表示 249×10^{-2},即 2.49Ω。

3. 电阻元器件物理封装的标识

电阻元器件的物理封装有直插式、贴片式和定制三种。

1）直插式单个电阻元器件的 PCB 封装

直插式电阻 PCB 封装为 AXIAL-XX 形式(如 AXIAL-0.3、AXIAL-0.4),后面的 XX 代表焊盘中心间距为 XX,单位为 in。这个尺寸肯定比电阻本身要稍微大一点,表 7-2 给出了常见直插式电阻封装与常见功率封装。

表 7-2 常见直插式电阻封装与常见功率封装

常见封装	AXIAL-0.3	AXIAL-0.4	AXIAL-0.5	AXIAL-0.7	AXIAL-0.8	AXIAL-0.9	AXIAL-1.0	AXIAL-1.2
功率/W	1/8	1/4	1/2	1	—	2	3	5

如图 7-24 所示,典型地,AD 提供的直插式电阻的 PCB 封装为 AXIAL-0.3。该封装默认的焊盘直径为 62mil,焊孔直径为 32mil。

另外,很多热敏、压敏、光敏、湿敏电阻的封装很像电容,或看起来根本不像个电阻器。因此,对于这类电阻可以参照下文的无极电容封装来设计,例如,RAD 0.2 等。

而可调式电阻器封装也很有特点,如引导的独特性。很多引脚宽度也不能使用传统的圆形,一般都不能按照上述封装进行,需要遵照产品手册进行单独设计。

2)贴片式单个电阻元器件的 PCB 封装

贴片式电阻电容常见封装有 9 种(电容指无级贴片),有英制和公制两种表示方式。英制表示方法是采用 4 位数字表示的 EIA(美国电子工业协会)代码,前 2 位表示电阻或电容长度,后 2 位表示宽度,以英寸为单位。实际上公制很少用到,公制代码也由 4 位数字表示,其单位为 mm,与英制类似。

图 7-25 所示为单个贴片电阻物理尺寸的标注。表 7-3 给出了贴片式电阻封装的规格、尺寸和功率的对应关系。

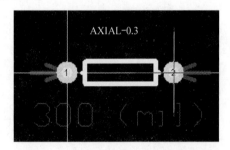

图 7-24　直插式电阻的 PCB 封装表示

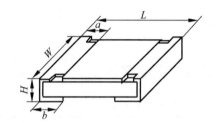

图 7-25　贴片电阻 PCB 物理尺寸的标注

表 7-3　贴片式电阻封装规格、尺寸和功率对应关系

英制代码/in	公制代码/mm	长(L)/mm	宽(W)/mm	高(H)/mm	a/mm	b/mm	额定功率/W	最大工作电压/V
0201	0603	0.60 ± 0.05	0.30 ± 0.05	0.23 ± 0.05	0.10 ± 0.05	0.15 ± 0.05	1/20	25
0402	1005	1.00 ± 0.10	0.50 ± 0.10	0.30 ± 0.10	0.20 ± 0.10	0.25 ± 0.10	1/16	50
0603	1608	1.60 ± 0.15	0.80 ± 0.15	0.40 ± 0.10	0.30 ± 0.20	0.30 ± 0.20	1/10	50
0805	2012	2.00 ± 0.20	1.25 ± 0.15	0.50 ± 0.10	0.40 ± 0.20	0.40 ± 0.20	1/8	150
1206	3216	3.20 ± 0.20	1.60 ± 0.15	0.55 ± 0.20	0.50 ± 0.20	0.50 ± 0.20	1/4	200
1210	3225	3.20 ± 0.20	2.50 ± 0.20	0.55 ± 0.20	0.50 ± 0.20	0.50 ± 0.20	1/3	200
1812	4832	4.50 ± 0.20	3.20 ± 0.20	0.55 ± 0.20	0.50 ± 0.20	0.50 ± 0.20	1/2	200
2010	5025	5.00 ± 0.20	2.50 ± 0.20	0.55 ± 0.20	0.60 ± 0.20	0.60 ± 0.20	3/4	200
2512	6432	6.40 ± 0.20	3.20 ± 0.20	0.55 ± 0.20	0.60 ± 0.20	0.60 ± 0.20	1	200

3)排阻元器件的 PCB 封装

使用排阻,减小了占用 PCB 的空间而且方便安装。

(1)SIP 直插式排阻

引脚左端有一个公共端(用白色圆点表示),内部电阻不相互独立。常见的此种排阻有 4、7、8 个独立电阻,故其引脚对应为 5、8、9 个,即电阻数加 1 个。经常作为上拉电阻使用,需要注意,单列排阻有方向性。

（2）贴片式双列排阻

如图7-26所示，贴片式排阻的引脚总是偶数的，没有公共端，内部电阻相互独立，常见排阻有4个电阻，故有8个引脚，即电阻数的2倍，经常作为限流电阻使用。其参数如表7-4所示。

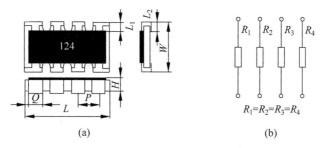

图7-26 贴片式排阻的物理封装

表7-4 贴片式排阻的参数

尺寸型号	L	W	H	L_1	L_2	P	Q
RCA03-4D（0603）	3.2 ± 0.2	1.6 ± 0.15	0.5 ± 0.1	0.30 ± 0.15	$0.35\mathrm{max}$	0.8 ± 0.1	0.5 ± 0.1

7.3.2 电容元器件特性及封装

电容器是由两个金属电极中间夹一层电介质构成的电子元器件。简单地讲，电容器是储存电荷的容器，即储能元器件。

1. 电容元器件的作用

电容的主要作用是通交流、隔直流。电容器通常起滤波、旁路、耦合、去耦、移相、储能等电气作用。

1）旁路

旁路电容是为本地器件提供能量的储能器件，它能使稳压器的输出均匀化，降低负载需求。就像小型可充电电池一样，旁路电容能够被充电，并向器件进行放电。为尽量减少阻抗，旁路电容要尽可能靠近负载元器件的供电电源引脚和地引脚，这能够很好地防止输入值过大而导致的地电位抬高和噪声。地电位是地连接处在通过大电流毛刺时的电压降。

2）去耦

去耦又称解耦。从电路来说，总是可以区分为驱动源和被驱动负载。如果负载电容比较大，驱动电路要把电容充电、放电，才能完成信号的跳变，在上升沿比较陡峭的时候，电流比较大，这样驱动的电流就会吸收很大的电源电流。由于电路中的电感（特别是芯片引脚上的电感，会产生反弹），这种电流相对于正常情况来说实际上就是一种噪声，会影响前级的正常工作，这就是所谓的耦合。

去耦电容就是起到一个电池的作用，满足驱动电路电流的变化，避免相互间的耦合干扰，在电路中进一步减小电源与参考地之间的高频干扰阻抗。

将旁路电容和去耦电容结合起来将更容易理解。旁路电容实际也是去耦合的，只是旁路电容一般是指高频旁路，也就是给高频的开关噪声提供一条低阻抗路径。

（1）高频旁路电容一般比较小，根据谐振频率一般取$0.1\mu\mathrm{F}$、$0.01\mu\mathrm{F}$等。

（2）去耦合电容的容量一般较大，可能是$10\mu\mathrm{F}$或者更大，依据电路中分布参数以及驱动电流的变化大小来确定。

旁路是把输入信号中的干扰作为滤除对象；而去耦是把输出信号的干扰作为滤除对象,防止干扰信号返回电源,这应该是它们的本质区别。

3) 滤波

假设电容为纯电容,从理论上来讲,电容越大,阻抗越小,通过的频率也越高。但实际上,超过 $1\mu F$ 的电容大多为电解电容,有很大的电感成分,所以频率高后反而阻抗会增大。有时会看到有一个电容量较大的电解电容并联了一个小的陶瓷电容,这时大电容通低频,小电容通高频。电容的作用就是通高阻低,即通高频阻低频,电容越大低频越不容易通过。具体用在滤波中,大电容($1000\mu F$)滤低频,小电容($20pF$)滤高频。曾有工程师形象地将滤波电容比作水塘,由于电容的两端电压不会突变,由此可知,信号频率越高则衰减越大,所以说电容像个水塘,不会因几滴水的加入或蒸发而引起水量的变化。它把电压的变动转化为电流的变化,频率越高,峰值电流就越大,从而缓冲了电压,滤波就是充电、放电的过程。

4) 储能

储能型电容器通过整流器收集电荷,并将存储的能量通过变换器引线传送至电源的输出端。电压额定值为 $40\sim450VDC$,电容值在 $220\sim150\,000\mu F$ 的铝电解电容器是比较常用的,典型的有 EPCOS 公司 B43504 或 B43505。根据不同的电源要求,元器件有时会采用串联、并联或其他组合的连接形式。对于功率超过 $10kW$ 的电源,通常采用体积较大的罐形螺旋端子电容器。

2. 电容元器件的分类

1) 按结构分类

按照结构可以将电容分为三大类,即固定电容器、可变电容器和微调电容器。

2) 按功能分类

如表 7-5 所示,给出了按功能对电容进行分类的列表。

表 7-5 按功能对电容进行分类

名　称	符　号	电容量	额定电压	特　点	应　用	图　片
聚酯(涤纶)电容	CL	$40pF\sim$ $4\mu F$	$63\sim630V$	小体积,大容量,耐热耐湿,稳定性差	对稳定性和损耗要求不高的低频电路	
聚苯乙烯电容	CB	$10pF\sim$ $1\mu F$	$100V\sim$ $30kV$	稳定,低损耗,体积较大	对稳定性和损耗要求较高的电路	
聚丙烯电容	CBB	$1000pF\sim$ $10\mu F$	$63\sim$ $2000V$	性能与聚苯乙烯相似但体积小,稳定性略差	代替大部分聚苯乙烯或云母电容,用于要求较高的电路	
云母电容	CY	$10pF\sim$ $0.1\mu F$	$100V\sim$ $7kV$	价格较高,但精度、温度特性、耐热性、寿命等均较好	高频振荡,脉冲等对可靠性和稳定性要求较高的电子装置	

续表

名　称	符　号	电容量	额定电压	特　点	应　用	图　片
高频瓷介电容	CC	1～6800pF	63～500V	高频损耗小,稳定性好	高频电路	
低频瓷介电容	CT	10pF～4.7μF	50～100V	体积小,价廉,损耗大,稳定性差	要求不高的低频电路	
玻璃釉电容	CI	10pF～0.1μF	63～400V	稳定性较好,损耗小,耐高温(200℃)	电源滤波、低频耦合、去耦、旁路等	
铝电解电容	CD	0.47F～10 000μF	6.3～450V	体积小,容量大,损耗大,漏电大,有极性,安装时要注意	电源滤波、低频耦合、去耦、旁路等	
钽电解电容	CA	0.1F～1000μF	6.3～125V	损耗小,漏电小于铝电解电容	在要求高的电路中代替铝电解电容	
空气介质可变电容器	—	100F～1500pF	—	损耗小,效率高;可根据要求制成直线式、直线波长式、直线频率式及对数式等	电子仪器、广播电视设备等	
薄膜介质可变电容器	—	15F～550pF	—	体积小,质量轻,损耗比空气介质可变电容大	通信、广播接收机等	
薄膜介质微调电容器	—	—	—	损耗较大,体积小	收录机、电子仪器等电路作电路补偿	
陶瓷介质微调电容器	—	0.3～22pF	—	损耗较小,体积较小	精密调谐的高频振荡回路	

续表

名　称	符　号	电容量	额定电压	特　点	应　用	图　片
独石电容	—	0.5pF～10μF	二倍额定电压	电容量大,体积小,可靠性高,电容量稳定、耐高温、耐湿性好等	广泛应用于精密仪器,各种小型电子设备作谐振、耦合、滤波、旁路等	

3. 电容元器件电容值的标示方法

电容元器件电容值的标示方法主要包括直标法、色标法、文字符号法和数码法。

1) 直标法

电容器的直标法与电阻器的直标法一样,在电容器外壳上直接标出标称容量(电容量)和允许偏差。当用整数表示时,单位为 pF;用小数表示时,单位为 μF。还有不标单位的情况,例如 2200 为 2200pF,0.056 为 0.056μF。

2) 色标法

顺着引线方向,第 1、2 环表示有效值,第 3 环表示倍乘,也有用色标点表示电容器的主要参数,电容器的色标法与电阻相同。

3) 文字符号法

采用单位开头字母(p、n、μ、m、F)来标示单位量,允许偏差和电阻的表示方法相同。小于 10pF 的电容,其允许偏差用字母代替,其中,B 代表±0.1%pF;C 代表±0.2%pF;D 代表±0.5%pF;F 代表±1%pF。

4) 数码法

是用 3 位数来标示标称容量,再用 1 个字母表示允许偏差,如 104k、512M 等。前 2 位数是标示有效值,第 3 位数为倍乘,即 10 的多少次方。对于非电解电容器,其单位为 pF;而对电解电容器而言,单位为 μF。

4. 电容元器件的主要参数

电容元器件的主要参数包括容量与误差、额定耐压值、温度系数、绝缘电阻、损耗、频率特性。

1) 容量与误差

实际电容量和标称电容量允许的最大偏差范围,一般分为三级:

(1) Ⅰ 级:±5%。

(2) Ⅱ 级:±10%。

(3) Ⅲ 级:±20%。

在有些情况下,还有 0 级,偏差为±20%。精密电容器的允许偏差较小,而电解电容器的允许偏差较大,它们采用不同的偏差等级,常用的电容器精度等级和电阻器的精度等级表示方法相同。用字母表示:

(1) D——005 级——±0.5%。

(2) F——01 级——±1%。

(3) G——02 级——±2%。

(4) J——Ⅰ 级——±5%。

（5）K——Ⅱ级——±10%。

（6）M——Ⅲ级——±20%。

2）额定耐压值

额定耐压值表示电容接入电路后,能连续可靠地工作不被击穿所能承受的最大直流电压。使用时绝对不允许超过这个电压值,否则电容就要损坏或被击穿。一般选择电容额定电压应高于实际工作电压的10%~20%。如果电容用于交流电路中,其电压最大值不能超过额定的直流工作电压。

3）温度系数

温度系数是指在一定温度范围内,温度每变化1℃,电容量的相对变化值,温度系数越小越好。

4）绝缘电阻

绝缘电阻用来表明漏电大小。一般小容量的电容,绝缘电阻很大,在几百兆欧姆或几千兆欧姆。电解电容的绝缘电阻一般较小。相对而言,绝缘电阻越大越好,漏电也小。

5）损耗

损耗是指在电场的作用下,电容器在单位时间内发热而消耗的能量。这些损耗主要来自介质损耗和金属损耗,通常用损耗角正切值来表示。

6）频率特性

频率特性是指电容器的电参数随电场频率而变化的性质。在高频条件下工作的电容器,由于介电常数在高频时比低频时小,电容量也相应减小,损耗也随频率的升高而增加。另外,在高频工作时,电容器的分布参数,如极片电阻、引线和极片间的电阻、极片的自身电感、引线电感等,都会影响到电容器的性能。所有这些使得电容器的使用频率受到限制。

不同品种的电容器,最高使用频率不同。典型的:

（1）小型云母电容器在250MHz以内。

（2）圆片型瓷介电容器为300MHz。

（3）圆管型瓷介电容器为200MHz。

（4）圆盘型瓷介电容器可达3000MHz。

（5）小型纸介电容器为80MHz。

（6）中型纸介电容器只有8MHz。

5. 电容元器件正负极判断

如图7-27（a）所示,电解电容外面有一条很粗的白线,里面有一行负号,表示负极,另一边为正极。也有用引脚长短来区别正负极,长脚为正,短脚为负;电容上面有标志的黑块为负极;在PCB电容位置上有两个半圆,涂颜色的半圆对应的引脚为负极。当不确定电容的正负极时,可以用万用表来测量,方法是两表笔分别接触两电极,每次测量时先把电容器放电,电阻大的那次,黑表笔接的那一极是正极。

如图7-27（b）、（c）所示,贴片电容正负极区分:一种是常见的钽电容,为长方体形状,有"—"标记的

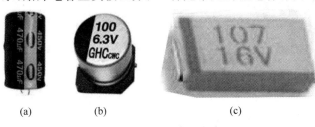

    (a)   (b)   (c)

图 7-27　电容正负极判断

一端为正；另外一种银色的表贴电容，是铝电容，上面为圆形，下面为方形，在电脑主板上很常见，这种电容则是有标记的一端为负。

6. 电容元器件 PCB 封装的标示

电容可分为无极性和有极性两种，容值范围在 $0.22\text{pF}\sim100\mu\text{F}$。绘制 PCB 时，设计者需要考虑实际使用的电容值、耐压值及电容类别等因素，这些因素也决定了电容的外形、尺寸等参数。一般而言，同种类型、相同类别的电容，容值越大电容外形越大；同种类型、相同容值的电容，耐压越高电容外形越大。

1）无极性电容

直插式无极性电容在电路原理图中的符号是 CAP，在 PCB 中常选用 RAD 系列的封装。如图 7-28 所示，常见有 RAD0.1、RAD0.2、RAD0.3、RAD0.4 共 4 种。和电阻类似，这些封装名称中的数字也代表封装中焊盘的中心距，单位为 mil。例如，RAD0.4 指电容封装的两焊盘中心相距 400mil，常见耐压有 6.3V、10V、16V、25V、50V、100V、200V、500V、1000V、2000V、3000V、4000V。表 7-6 给出了无极性贴片电容的常见封装和规格。

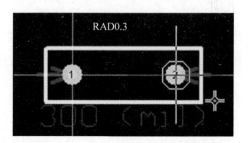

图 7-28　直插式无极性电容的封装

表 7-6　无极性贴片电容的常见封装和规格

英制代码/in	公制代码/mm	长(L)/mm	宽(W)/mm	高(H)/mm
0402	1005	1.00 ± 0.05	0.50 ± 0.05	0.50 ± 0.05
0603	1608	1.60 ± 0.10	0.80 ± 0.10	0.80 ± 0.10
0805	2012	2.00 ± 0.20	1.25 ± 0.20	0.70 ± 0.20
1206	3216	3.20 ± 0.30	1.60 ± 0.20	0.70 ± 0.20
1210	3225	3.20 ± 0.30	2.50 ± 0.30	1.25 ± 0.30
1808	4520	4.50 ± 0.40	2.00 ± 0.20	$\leqslant2.00$
1812	4532	4.50 ± 0.40	3.20 ± 0.30	$\leqslant2.50$
2225	5763	5.70 ± 0.50	6.30 ± 0.50	$\leqslant2.50$
3035	7690	7.60 ± 0.50	9.00 ± 0.05	$\leqslant3.00$

2）有极性电容

有极性电容也就是平时所称的电解电容，一般用得最多的为铝电解电容，由于电解质为铝，所以温度稳定性以及精度都不是很高。有极性电容在电路原理图中的符号名称为 ELECTR01 和 ELECTR02。

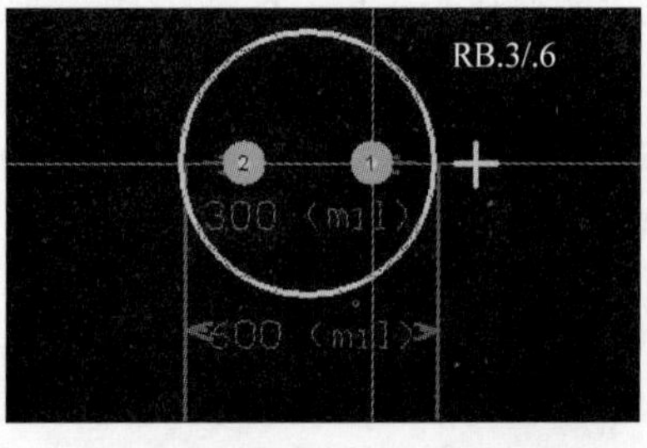

直插式电解电容的常见封装为 RB.2/.4、RB.3/.6、RB.4/.8、RB.5/1.0 共 4 种。封装名称中前 2 位数字代表焊盘中心距，后 2 位代表轮廓圆的直径。如图 7-29 所示，AD 元器件库中所提供的 RB.3/.6 封装，表示焊盘中心距 0.3in，即 300mil；轮廓圆的直径是 0.6in，即 600mil。

图 7-29　直插式有极性电容的封装

贴片元器件由于其紧贴电路板，对温度稳定性要求较高，所以有极性贴片电容以钽电容应用较多。根据其耐压不同，贴片电容又可分为 A、B、C、D 四个系列。表 7-7 给出了有极性贴片电容常见封装分类。

表 7-7 有极性贴片电容常见封装分类

类 型	封 装 形 式	耐压/V
A	3216	10
B	3528	16
C	6032	25
D	7343	35

7.3.3 电感元器件特性及封装

电感是一种非线性元器件,可以储存磁能。由于通过电感的电流值不能突变,所以电感对直流电流短路,对突变的电流呈高阻态。电感器常用于 LC 滤波器、LC 振荡器、扼流圈、变压器、继电器、交流负载、调谐、补偿、偏转等。

1. 电感元器件的分类

图 7-30 给出了常用的电感元器件。电感元器件的分类主要包括两类:一类是应用自感作用的电感线圈,另一类是应用互感作用的变压器。

1) 按绕线结构分类

(1) 单层线圈。这种线圈电感量小,通常用在高频电路中,要求它的骨架具有良好的高频特性,介质损耗小。

(2) 多层线圈。多层线圈可以增大电感量,但线圈的分布电容也随之增大。

(3) 峰房线圈。峰房线圈在绕制时导线不断以一定的偏转角在骨架上偏转绕向,这样可大大减小线圈的分布电容。

图 7-30 常用电感举例

2) 按外形分类

电感按外形可以分为空心线圈和实心线圈。

3) 按工作性质分类

电感按工作性质可以分为高频电感器,包括各种天线线圈、振荡线圈,以及低频电感器,如各种扼流圈、滤波线圈等。

4) 按封装形式分类

电感按封装形式可以分为普通电感器、色环电感器、环氧树脂电感器和贴片电感器等。

5) 按电感量分类

电感按电感量可以分为固定电感器和可调电感器。

2. 电感元器件电感值标注方法

电感元器件电感值标注主要有以下几种方法:直标法、文字符号法、数码法和色标法。

1) 直标法

在采用直标法时,直接将电感量标在电感器外壳上,并同时标示允许偏差。

2) 文字符号法

用文字符号标示电感的标称容量及允许偏差,当其单位为 μH 时,用 R 作为电感的文字符号,其他与电阻器的标法相同。如图 7-31 所示,该电感元器件的电感量为 $3.3\mu H$,允许偏差为 $\pm 10\%$。

3）数码法

电感的数码标示法与电阻器一样,前面的 2 位数为有效数,第 3 位为倍乘,单位为 μH。如图 7-32 所示,该电感元器件的电感量表示为 $22\times10^0=22\mu$H,其允许偏差为 $\pm20\%$。

图 7-31　电感值用文字符号标示

图 7-32　数码法标示电感值

4）色标法

电感器的色标法多采用色环标示法,色环电感标示方法与电阻的相同。通常为四色环,色环电感中前面 2 条色环代表有效值,第 3 条色环代表倍乘,第 4 条色环为允许偏差。

3. 电感元器件的主要参数

电感元器件的主要参数包括电感量、允许偏差、最大电流等。

1）电感量

电感器工作能力用电感量来表示,说明产生感应电动势的能力。电感量是表征线圈的一个重要参数,通常线圈的匝数越多,电感量越大。此外,电感量大小与线圈绕制方式、有无磁芯及磁芯位置和材料有关。

电感量标称值(按 E12 系列)分别有 1、1.2、1.5、1.8、2.2、2.7、3.3、3.9、4.7、5.6、6.8、8.2。电感量的常用单位为 H(亨)、mH(毫亨)和 μH(微亨)。$1H=1\times10^3\,mH=1\times10^6\,\mu H$。

2）允许偏差

允许偏差采用百分数表示,为 $\pm5\%$(Ⅰ)、$\pm10\%$(Ⅱ)、$\pm20\%$(Ⅲ)。用文字符号 J 表示 $\pm5\%$;K 表示 $\pm10\%$;M 表示 $\pm20\%$。

用途不同对电感的精度要求不同:振荡线圈要求较高,为 $0.2\%\sim0.5\%$,对耦合线圈和高频扼流线圈要求较低,允许 $10\%\sim15\%$。

3）最大电流

一旦电感通过的电流值超过电感允许通过的最大电流值,就会损害和烧毁电感。

4. 电感元器件 PCB 封装的标示

功率电感封装以骨架的尺寸做封装标示:

(1) 贴片用椭圆形标示方法,如 5.8(5.2)×4,表示长径为 5.8mm,短径为 5.2mm,高为 4mm 的电感。

(2) 插件用圆柱形标示方法,如 $\phi6\times8$,表示直径为 6mm,高为 8mm 的电感。只是它们的骨架一般要通用,否则要定制。

普通线性电感、色环电感与电阻电容的封装都有一样的标示,贴片用尺寸标示,如 0402、0603、0805、1206 等,插件用功率标示,如 1/8W、1/4W、1/2W、1W 等。

电感在绝大多数情况下是一个线圈,在特高频时可能就是一段导线。在单独使用时是不显示其极性的,即正接和反接都是没有区别的。

7.3.4　二极管元器件特性及封装

电子元器件中,二极管元器件是一种具有两个电极的装置,只允许电流由单一方向流过,常用于整流、开关、限幅、续流、检波、阻尼、显示、稳压、触发等。

1. 二极管元器件的分类

1) 按材料分

二极管按材料可分为锗二极管、硅二极管、砷化镓二极管等。

2) 按制作工艺分

二极管按制作工艺可分为面接触二极管和点接触二极管。

3) 按结构类型分

二极管按结构类型可分为半导体结型二极管、金属半导体接触二极管等。

4) 按封装形式分

二极管按封装形式可分为常规封装二极管、特殊封装二极管等。

5) 按用途不同分

二极管按用途不同可分为整流二极管、检波二极管、稳压二极管、变容二极管、光电二极管、发光二极管、开关二极管、快速恢复二极管等。

(1) 整流二极管。整流二极管是将交流电转变(整流)成脉动直流电的二极管,它利用二极管的单向导电性工作。

(2) 检波二极管。检波二极管是用于把在高频载波上的低频信号卸载下来(去载)的器件,具有较高的检波效率和良好的频率特性。图 7-33 给出了常见检波二极管的外形结构。

(3) 开关二极管。开关二极管是利用半导体二极管的单向导电性,即导通时相当于开关闭合(电路接通);截止时相当于开关打开(电路切断),是特殊设计制造的一类二极管。

开关二极管的特点是导通和截止速度快,能满足高频和超高频电路的需要,常用于脉冲数字电路、自动控制电路等。图 7-34 给出了常见开关二极管的外形结构。

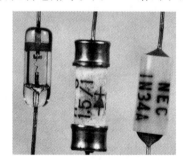

图 7-33　检波二极管外形

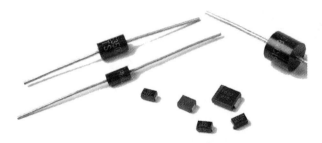

图 7-34　开关二极管外形

(4) 稳压二极管。稳压二极管又称齐纳二极管,是利用硅二极管的反向击穿特性(雪崩现象)来稳定直流电压的,根据击穿电压决定稳压值。需要注意的是,稳压二极管是加反向偏压的。稳压二极管主要用于稳压电源的电压基准电路中或过压保护电路中,图 7-35 给出了常见稳压二极管的外形结构。

(5) 快速恢复二极管。快速恢复二极管是一种开关特性好、反向恢复时间短的二极管,主要应用于开关电源、PWM 脉宽调制器及变频器等电子电路中。

(6) 肖特基二极管。肖特基二极管是肖特基势垒二极管(Schottky barrier diode,SBD)的简称,是近年来生产的低功耗、大电流、超高速半导体器件。其反向恢复时间

图 7-35　检波二极管外形

极短(可以小到几纳秒),正向导通压降仅 0.4V 左右,而整流电流却可达到几千安培。这些优良特性是快速恢复二极管所无法比拟的。肖特基二极管是用贵重金属(金、银、铝、铂等)作为正极,以 N 型半导体为负极,利用二者接触面上形成的势垒具有整流特性而制成的金属半导体器件。

肖特基二极管通常用于高频、大电流、低电压整流电路中。

(7) 瞬态电压抑制二极管。瞬态电压抑制二极管,简称 TVS(transient voltage suppressor)管。它是在稳压管的工艺基础上发展起来的一种半导体器件,主要应用于对电压的快速过压保护电路中。可广泛用于计算机、电子仪表、通信设备、家用电器以及野外作业的机载、船用及汽车用电子设备中,并可以作为人为操作引起的过电压冲击或雷电对设备的电击等的保护元器件。

(8) 发光二极管。如图 7-36 所示,发光二极管的英文简称是 LED。除了具有普通二极管的单向导电特性之外,还可以将电能转换为光能。给发光二极管外加正向电压时,它也处于导通状态,当正向电流流过管芯时,发光二极管就会发光,将电能转换成光能。

图 7-36　发光二极管外形

发光二极管的发光颜色主要由制作管子的材料以及掺入杂质的种类决定。目前常见的发光二极管发光颜色主要有蓝色、绿色、黄色、红色、橙色、白色等。其中,白色发光二极管主要应用在手机背光灯、液晶显示器背光灯、照明等领域。

发光二极管的工作电流通常为 2～25mA,工作电压(即正向压降)随着材料的不同而不同:

① 普通绿色、黄色、红色、橙色发光二极管的工作电压约 2V。

② 白色发光二极管的工作电压通常高于 2.4V。

③ 蓝色发光二极管的工作电压通常高于 3.3V。

发光二极管的工作电流不能超过额定值太高,否则有烧毁的危险。故通常在发光二极管回路中串联一个电阻作为限流电阻。

红外发光二极管是一种特殊的发光二极管,其外形和发光二极管相似,只是它发出的是红外光,在正常情况下人眼是看不见的。其工作电压约 1.4V,工作电流一般小于 20mA。有些公司将两个不同颜色的发光二极管封装在一起,使之成为双色二极管(又称为变色发光二极管),这种发光二极管通常有三个引脚,其中一个是公共端,因为它可以发出三种颜色的光(其中一种是两种颜色的混合色),通常作为不同工作状态的指示器件。

(9) 雪崩二极管(avalanche diode)。雪崩二极管是在稳压管工艺技术基础上发展起来的一种微波功率器件,它在外加电压的作用下可以产生高频振荡。

雪崩二极管利用雪崩击穿对晶体注入载流子,因载流子穿越半导体晶片需要一定的时间,所以其电流滞后于电压,出现时间延迟。若适当地控制穿越时间,那么在电流和电压关系上就会出现负阻效应,从而产生高频振荡。它常被应用于微波通信、雷达、战术导弹、遥控、遥测、仪器仪表等设备中。

(10) 双向触发二极管。双向触发二极管也称二端交流元器件(DIAC)。它是一种硅双向电压触发开关器件,当双向触发二极管两端施加的电压超过其击穿电压时,两端即导通,导通将持续到电流中断或降到器件的最小保持电流才会再次关断。双向触发二极管通常应用在过压保护电路、移相电路、晶闸管触发电路、定时电路中。

(11) 变容二极管。变容二极管,简称为 VCD(variable capactiance diode)管,是利用反向偏压来改变 PN 结电容量的特殊半导体器件。变容二极管相当于一个容量可变的电容器,它的两个电极之间的 PN 结电容大小随加到变容二极管两端反向电压的改变而变化。当加到变容二极管两端的反向电压增大时,变容二极管的容量减小。由于变容二极管具有这一特性,所以它主要用于电调谐回路(如彩色电视机的高频头)中,作为一个可以通过电压控制的自动微调电容器。

选用变容二极管时,应着重考虑其工作频率、最高反向工作电压、最大正向电流和零偏压结电容等参数是否符合应用电路的要求,应选用结电容变化大、高 Q 值、反向漏电流小的变容二极管。

2. 二极管元器件的识别和检测

1) 二极管元器件的识别

晶体二极管在电路中常用 VD 加数字表示,如 VD5 表示编号为 5 的二极管。

(1) 小功率二极管的负极通常在表面用一个色环标出;有些二极管也采用 P、N 符号来确定二极管极性,其中,P 表示正极,N 表示负极;金属封装二极管通常在表面印有与极性一致的二极管符号;发光二极管则通常用引脚长短来识别正负极,长脚为正,短脚为负。

(2) 整流桥的表面通常标注内部电路结构或者交流输入端以及直流输出端的名称,交流输入端通常用 AC 或者~表示;直流输出端通常以＋、－符号表示。

(3) 贴片二极管由于外形多种多样,其极性也有多种标注方法:在有引线的贴片二极管中,管体有白色色环的一端为负极;在有引线而无色环的贴片二极管中,引线较长的一端为正极;在无引线的贴片二极管中,表面有色带或者有缺口的一端为负极。

2) 二极管的检测

用数字万用表的二极管挡检测二极管时,将数字万用表置在二极管挡,然后将二极管的负极与数字万用表的黑表笔相接,正极与红表笔相接,此时显示屏上即可显示二极管正向压降值。不同材料的二极管的正向压降值不同:硅二极管为 0.55~0.7V,锗二极管为 0.15~0.3V。若显示屏显示 0000,说明二极管已短路;若显示 OL 或者"过载",说明二极管内部开路或处于反向状态,此时可对调表笔再测。

3. 二极管元器件的主要参数

二极管元器件的主要参数包括额定正向工作电流、最大浪涌电流、最高反向工作电压、反向电流、反向恢复时间和最大功率。

1) 额定正向工作电流

额定正向工作电流是指二极管长期连续工作时允许通过的最大正向电流值。因为电流通过二极管时会使管芯发热,温度上升,温度超过容许限度(硅管为 140℃左右,锗管为 90℃左右)时,就会使管芯过热而损坏。所以,二极管使用中不要超过二极管额定正向工作电流值。例如,常用的 1N4001 型锗二极管的额定正向工作电流为 1A。

2) 最大浪涌电流

最大浪涌电流是指允许流过的过量正向电流值。它不是正常工作电流,而是瞬间电流,这个值通常为额定正向工作电流的 20 倍左右。

3) 最高反向工作电压

加在二极管两端的反向电压高到一定值时,二极管将会击穿,失去单向导电能力。为了保证使用安全,规定了最高反向工作电压值。例如,1N4001 二极管最高反向电压为 50V,1N4007 的最高反向电压为 1000V。

4)反向电流

反向电流是指二极管在规定的温度和最高反向电压作用下,允许通过二极管的反向电流。反向电流越小,二极管的单方向导电性能越好。值得注意的是,反向电流与温度有着密切的关系,温度大约每升高10℃,反向电流增大一倍。例如,2AP1型锗二极管:

(1) 在25℃时,反向电流为250μA。

(2) 温度升高到35℃,反向电流将上升到500μA。

(3) 在75℃时,它的反向电流已达8mA,不仅失去了单方向导电特性,还会使二极管过热而损坏。硅二极管比锗二极管在高温下具有更好的稳定性。

5)反向恢复时间

从正向电压变成反向电压时,理想情况是电流能瞬时截止。实际上,一般要延迟一点点时间。决定电流截止延时的长短,就是反向恢复时间,虽然它直接影响到二极管的开关速度,但不一定这个值越小就越好。

6)最大功率

最大功率就是加在二极管两端的电压乘以流过的电流,这个极限参数对稳压二极管等显得特别重要。

4. 二极管元器件 PCB 封装的标示

二极管元器件主要有直插式、贴片式两种。二极管根据种类在原理图中的常见符号有 DIODE、DIODE SHOTTIKY、DIODE TUNNEL、ZENERE1、ZENERE2、ZENERE3 等。

1)直插式二极管元器件

如图 7-37 所示,其中,阳极对应 A,阴极对应 K。在 AD 软件的 PCB 库中,经常选用 DIODE0.4 和 DIODE0.7 系列的封装,其中,0.4 指两焊盘之间的距离为 0.4in。

图 7-37 直插式二极管的封装

2)贴片式二极管元器件

下面给出了常见贴片式二极管(简称贴片二极管)的封装和参数。图 7-38 给出了 SOT-23 贴片二极管的封装;图 7-39 给出了 SOD-123 贴片二极管的封装;图 7-40 给出了 SMA、SMB、SMC 贴片二极管的封装;图 7-41 给出了 D²PAK 贴片二极管的封装。

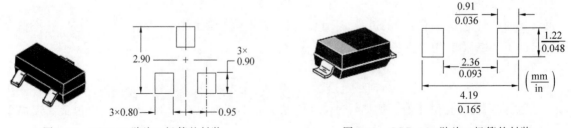

图 7-38　SOT-23 贴片二极管的封装　　　图 7-39　SOD-123 贴片二极管的封装

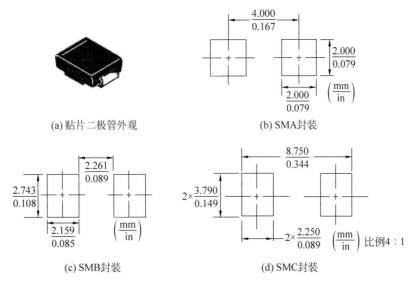

(a) 贴片二极管外观   (b) SMA封装

(c) SMB封装   (d) SMC封装

图 7-40　SMA、SMB、SMC 贴片二极管的封装

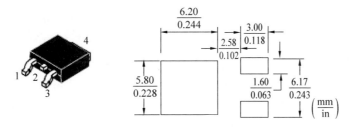

图 7-41　D^2PAK 贴片二极管的封装

7.3.5　三极管元器件特性及封装

半导体三极管也称为晶体三极管或晶体管,在半导体锗或硅的单晶上制备两个能相互影响的 PN 结,组成一个 PNP 或 NPN 结构。中间的 N 区或 P 区叫基区,两边的区域叫发射区和集电区,这三部分各有一条电极引线,分别叫基极 B、发射极 E 和集电极 C。它是能起放大、振荡或开关等作用的半导体电子元器件。

1. 三极管元器件的分类

晶体三极管的种类很多,分类方法也有多种,下面按用途、频率、功率、材料等进行分类。

1) 按材料和极性分

(1) 硅材料的有 NPN 与 PNP 三极管。

(2) 锗材料的有 NPN 与 PNP 三极管。

2) 按用途分

按用途可分为高频放大管、中频放大管、低频放大管、低噪声放大管、光电管、开关管、高反压管、达林顿管、带阻尼的三极管等。

3) 按功率分

按功率可分为小功率三极管、中功率三极管、大功率三极管。

4）按工作频率分

按工作频率可分为低频三极管、高频三极管和超高频三极管。

5）按制作工艺分

按制作工艺可分为平面型三极管、合金型三极管、扩散型三极管。

6）按外形封装分

按外形封装可分为金属封装三极管、玻璃封装三极管、陶瓷封装三极管、塑料封装三极管等。

2. 三极管元器件的识别和检测

市场上有各种类型的晶体三极管,引脚的排列不尽相同。在使用中不确定引脚排列的三极管时,必须进行测量或查找晶体管使用手册,明确三极管的极性及相应的技术参数。

下面主要介绍用数字万用表检测三极管:

(1) 将数字万用表拨至二极管挡,红表笔固定任接某个引脚,用黑表笔依次接触另外两个引脚,如果两次显示值均小于1V或都显示溢出符号OL或1,若是NPN型三极管,则红表笔所接的引脚就是基极B。如果在两次测试中,一次显示值小于1V,另外一次显示溢出符号OL或1(视不同的数字万用表而定),则表明红表笔接的引脚不是基极B,此时应改换其他引脚重新测量,直到找出基极为止。

(2) 用红表笔接基极,用黑表笔先后接触其他两个引脚,如果显示屏上的数值都显示为0.6～0.8V,则被测管属于硅NPN型中、小功率三极管;如果显示屏上的数值都显示为0.4～0.6V,则被测管属于硅NPN型大功率三极管。其中,显示数值较大的一次,黑表笔所接的电极为发射极。在上述测量过程中,如果显示屏上的数值显示都小于0.4V,则被测管属于锗三极管。

(3) H_{FE}是三极管的直流电流放大倍数。用数字万用表可以方便地测出三极管的H_{FE},将数字万用表置于HFE挡,若被测管是NPN型管,则将管的各个引脚插入NPN插孔相应的插座中,此时屏幕上就会显示出被测管的H_{FE}值。

3. 三极管元器件的主要参数

三极管元器件的主要参数包括:

(1) 特征频率f_T。当$f=f_T$时,三极管完全失去电流放大功能,如果工作频率大于f_T,电路将不正常工作。

(2) 工作电压或电流。用这个参数可以指定该晶体管的电压和电流使用范围。

(3) 电流放大倍数H_{FE}。

(4) 集电极、发射极反向击穿电压,表示临界饱和时的饱和电压V_{CEO}。

(5) 最大允许耗散功率P_{CM}。

4. 三极管元器件的PCB封装的标示

三极管的封装形式与尺寸和功率有关,通常功率越大外形越大。

1）直插式三极管

如图7-42所示,常见直插式三极管的封装有TO-92(普通三极管)、TO-220(大功率三极管)、TO-3(大功率达林顿管)等。

2）贴片式三极管

贴片式三极管的封装,常见为小外形晶体管(small outline transistor,SOT)的封装,如SOT-23、SOT-1123、SOT-732、SC-70、SC-88、SC-89等;以及小外形封装(small outline package,SOP)等系列。图7-43给出了SOT-23贴片三极管的封装;图7-44给出了SC-70贴片三极管的封装;图7-45给出了D^2PAK贴片三极管的封装。

(a) TO-92封装

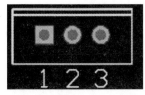

(b) TO-220封装

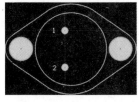

(c) TO-3封装

图 7-42 直插式三极管的封装

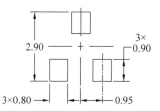

图 7-43 SOT-23 贴片三极管的封装

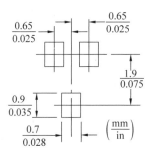

图 7-44 SC-70 贴片三极管的封装

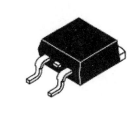
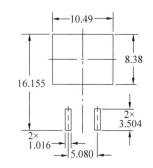

图 7-45 D²PAK 贴片三极管的封装

7.4 集成电路芯片封装

半导体集成电路的数量很多,封装形式更是无数,主要形式有贴片式和直插式两种:

(1) 常用的直插式封装: DIP(双列直插)系列和引脚栅格阵列 PGA 系列等。

(2) 常用的贴片式封装: PLCC、QUAD、SOJ、BGA、SPGA 等系列,其中,QUAD 包含 QFP、TQFP、SQFP 等子系列。

下面详细介绍。

1. 双列直插式封装(dual inline package,DIP)

图 7-46 给出了一个典型的 DIP 外形图及封装参数。绝大多数中小规模集成电路均采用这种封装形式,DIP 的元器件适合在 PCB 上穿孔焊接,操作方便。但是芯片面积与封装面积之间的比值较大,体积也较大。

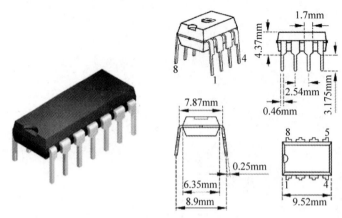

图 7-46　DIP 外形图及封装参数

2．单列直插式封装(signal inline package，SIP)

如图 7-47 所示，SIP 引脚从一个侧面引出，排列成一条直线。通常，它们是通孔式的，引脚插入印制电路板的金属孔内，当装配到印制基板上时封装呈侧立状。

这种形式的一种变化是锯齿形单列式封装(ZIP)，它的引脚仍是从封装体的一侧伸出，但排列成锯齿形。这样，在一个给定的长度范围内，提高了引脚密度，引脚中心距通常为 2.54mm，引脚数从 2～23，多数为定制产品。

封装的形状各异，也有的把形状与 ZIP 相同的封装称为 SIP。

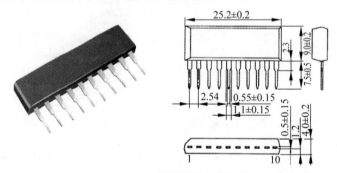

图 7-47　SIP 外形图及封装参数

3．四侧引脚扁平封装(quad flat package，QFP)

图 7-48 给出了 QFP 的封装外形，其引脚从四个侧面引出呈海鸥翼(L)形，并给出了一个典型的 QFP 的外形尺寸。一般大规模或超大规模集成电路采用这种封装形式，其引脚数一般都在 100 以上。主要特点包括：

（1）该技术实现的引脚之间距离很小，引脚很细。

（2）该技术封装时操作方便，可靠性高。

（3）其封装外形尺寸较小，寄生参数较小，适合高频应用。

（4）该技术主要适合用 SMT 表面安装技术在 PCB 上安装布线。

4．小外形封装(small outline package，SOP)

如图 7-49 所示，SOP 是一种表面贴装型封装，其引脚从封装两侧引出呈海鸥翼状(L 形)。SOP 器件又称为小外形集成电路(small outline integrated circuit，SOIC)，是 DIP 的缩小形式，引线中心距为 1.27mm，材料有塑料和陶瓷两种。SOP 也叫 SOL 和 DFP，SOP 标准有 SOP-8、SOP-16、SOP-20、

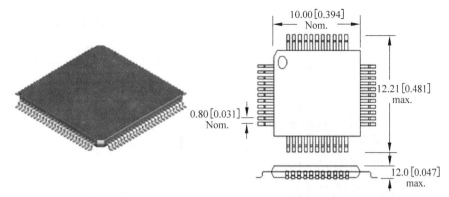

图 7-48 QFP 外形图及封装参数

SOP-28 等,SOP 后面的数字表示引脚数,业界往往把 P 省略,叫小外形(small outline,SO)。另外,还派生出 SOJ(J 型引脚小外形封装)、TSOP(薄小外形封装)、VSOPC(甚小外形封装)、SSOP(缩小型 SOP)、TSSOP(薄的缩小型 SOP)及 SOT(小外形晶体管)、SOIC(小外形集成电路)等。

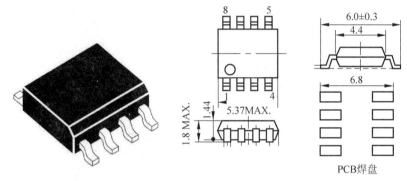

图 7-49 SOP 外形图及封装参数

5. 带引线的塑料芯片载体(plastic leaded chip carrier,PLCC)封装

图 7-50 给出了 PLCC 封装的外形尺寸,其外形呈正方形,32 脚封装,引脚从封装的四个侧面引出,呈丁字形,是塑料制品,外形尺寸比 DIP 封装小得多,并给出了一个典型 PLCC 封装的外形尺寸。

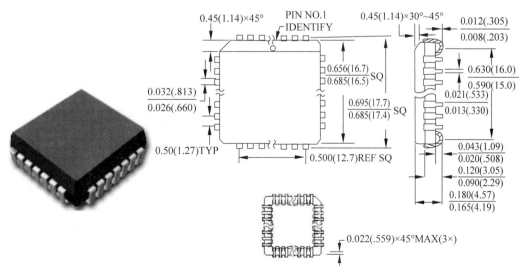

图 7-50 PLCC 封装外形图及封装参数

PLCC 封装适合用 SMT 表面安装技术在 PCB 上安装布线,具有外形尺寸小、可靠性高的优点。

6. 插针网格阵列(pin grid array,PGA)封装

如图 7-51 所示,这种技术封装的芯片内外有多个方阵形的插针,每个方阵形插针沿芯片的四周间隔一定距离排列,根据引脚数目的多少,可以围成 2～5 圈。安装时,将芯片插入专门的 PGA 插座。

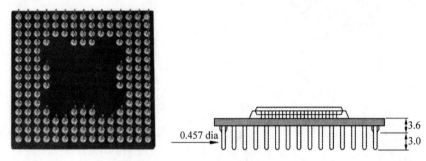

图 7-51 PGA 封装外形图及封装参数

多数为陶瓷 PGA,用于高速大规模逻辑 LSI 电路,成本较高。引脚中心距通常为 2.54mm,引脚数为 64～447。为了降低成本,封装基材可用玻璃环氧树脂印刷基板代替,也有 64～256 个引脚的塑料 PGA。

7. 球极阵列(ball grid array,BGA)封装

如图 7-52 所示,BGA 封装在封装底部,引脚都成球状并排列成一个类似于格子的图案。

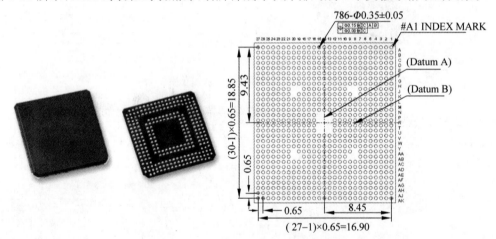

图 7-52 BGA 封装外形图及封装参数

其特点主要有:

(1) I/O 数较多,可极大地提高器件的 I/O 数,缩小封装体尺寸,节省组装的占位空间。

(2) 提高了贴装成品率,潜在地降低了成本。

(3) BGA 的阵列焊球与基板的接触面大,有利于散热。

(4) BGA 的阵列焊球的引脚很短,缩短了信号的传输路径,减小了引线电感、电阻,因而可改善电路的性能。

(5) 明显地改善了 I/O 端的共面性,极大地减小了组装过程中因共面性差而引起的损耗。

(6) BGA 适用于 MCM 封装,能够实现 MCM 的高密度、高性能。

(7) BGA 比细节距的脚形封装的 IC 牢固可靠。

8. 栅格阵列（land grid array，LGA）封装

如图 7-53 所示，用金属触点式封装取代了以往的针状插脚，其原理就像 BGA 封装一样，只不过 BGA 是用锡焊死的，而 LGA 则是可以随时解开扣架更换芯片。

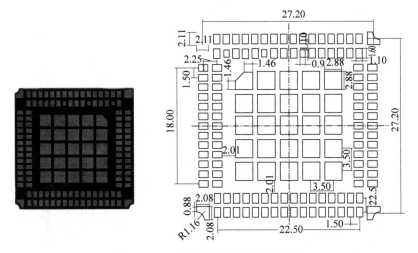

图 7-53　LGA 封装外形图及封装参数

9. 极小空间的芯片级封装（chip scale BGA package，CSP）

CSP 是芯片级封装的意思。CSP 是用最新一代的内存芯片封装技术，其技术性能又有了新的提升。CSP 封装可以让芯片面积与封装面积之比超过 1∶1.14，已经相当接近 1∶1 的理想情况，约为普通的 BGA 的 1/3，仅仅相当于 TSOP 内存芯片面积的 1/6。与 BGA 封装相比，同等空间下 CSP 可以将存储容量提高 3 倍。如图 7-54 所示为 0.5mm 球栅间距 CSP 外形图及封装参数。

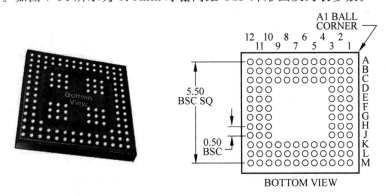

图 7-54　CSP 外形图及封装参数

7.5　自定义元器件设计流程

在电路原理图和 PCB 设计过程中，设计软件会提供一些基本的元器件符号或封装库，针对新型的器件或软件中没有存在的元器件，需要自行设计元器件符号及封装。下面就针对 AD 软件介绍自定义元器件设计流程。

图 7-55 给出了 AD 软件元器件创建的流程。AD 软件包含若干的元器件库，这些库通常按照工程和元器件厂商进行分类。每个元器件库又包含很多电子元器件模型。从图中可以看出，一个完整的元

器件模型应该包含原理图模型、PCB 模型、SPICE 模型、IBIS 模型。通过 AD 软件,将这些模型进行相互的对应和映射。

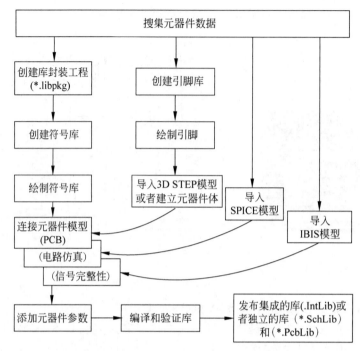

图 7-55　AD 软件元器件创建的流程

下面对 AD 软件相关的库及功能进行说明。

1. Schematic Libraries(原理库)(∗ . SchLib)

可以在 AD 软件主界面菜单下,通过选择 File→Open 打开原理库。原理库中保存着用于绘制电路原理图所需的元器件的原理图符号描述。

2. PCB Libraries(PCB 库)(∗ . PcbLib)

可以在 AD 软件主界面菜单下,通过选择 File→Open 打开 PCB 库。PCB 库中保存着用于绘制电路印制电路板(PCB)图所需的元器件的物理封装描述。

3. Pad Via Libraries(焊盘过孔库)(∗ . PvLib)

除了走线对象,焊盘和过孔是所有电路板设计的基本元素。为了提高 PCB 设计中焊盘和过孔的设计重用及管理能力,AD 软件支持焊盘和过孔模板库。焊盘过孔模板库不存储实际的焊盘和通孔,而是存储预配置的定义,这些定义在放置焊盘或过孔时应用于焊盘或过孔的实例。可以加载保存的焊盘过孔模板库,并用于在任何 PCB 设计或 PCB 封装中放置预定义焊盘和过孔的实例。

4. Integrated Libraries(集成库)(∗ . IntLib)

集成库是已经被编译过的二进制文件,设计者不能对这些二进制文件进行编辑。如果想打开一个集成的库,必须对这个集成库进行反编译。通过对集成库的反编译,提取所有的源库,创建一个新的库封装。AD 软件提供的库都是集成库。

5. Database Libraries(数据库的库)(∗ . DBLib)

DBLib 用于和 ODBC 或者 ADO 数据库进行链接。DBLib 是对数据库的引用,保存 DBLib 用于符号参考、模型链接和参数信息。DBLib 中的每个记录代表一个元器件,该记录保存了所有的参数以及用于模型的链接；也包含了库或者其他厂商元器件数据的链接。使用这种方法,原理图元器件只用于一个符号。元器件模型包括引脚、3D 模型和仿真模型、保存在标准的原理图库文件,以及 PCB 库文件等。通过在 Libraries 面板中安装一个新的 DBLib 文件,可以从数据库中放置元器件。配置 DBLib 文件,用于对元器件数据库的引用。

6. Subversion Database Libraries(Subversion 版本数据库)(＊ . SVNDBLib)

SVNDBLib 和 DBLib 类似,然而在 SVNDBLib 中,所有链接的符号和引脚数据都是由版本控制的。由于这个原因,在 SVNDBLib 中,每个符号和引脚分别保存在 ＊ . SchLib 和 ＊ . PcbLib 文件中。

虽然 AD 软件提供了大量元器件的库模型,设计者可以直接使用。但是,当软件中没有提供设计者所需要的元器件的库模型时,设计者就需要根据 AD 软件的元器件设计流程,定制元器件模型,并且将该定制元器件中的不同模型进行映射。

对于一个使用 AD 软件进行电路设计的设计者来说,必须要熟练掌握自定义元器件库的设计流程,在下面的章节将详细介绍这些设计流程。

## 第 8 章

电路原理图设计

在进行印制电路板设计过程中,首先要完成电路原理图设计。本章将进一步介绍原理图绘制环境的设置,并深入讨论原理图绘制技巧。本章内容主要包括原理图绘制流程、原理图设计规划、原理图绘制环境参数设置、所需元器件库的安装、绘制原理图和导出原理图设计到 PCB 中。

本章通过设计实例,将原理图环境参数的设置方法和原理图的绘制技巧融合在一起进行介绍。这样,读者可通过对设计实例的学习,系统地掌握 Altium Designer(AD)原理图绘制的方法。

8.1 原理图绘制流程

图 8-1 给出了 AD 原理图绘制流程。原理图作为电子系统设计原理的图形化描述方法和手段,对其他设计者或者用户理解电子系统的设计思想起着非常重要的作用,因为设计者实现电子系统的设计思想就体现在原理图中。所以,读者既要能绘制原理图,又要能看懂别人绘制的原理图。

通过层次化和平坦式的设计结构,体现一个电子系统的设计原理。因此,原理图的设计应该遵循以下设计原则。

(1) 在设计原理图时,要规范合理地使用元器件符号和注解方法。

(2) 原理图的设计必须直观,容易读懂。

(3) 原理图的设计质量直接影响到所有后续设计的正确性,因此,设计者必须保证所设计的原理图是对所设计电子系统真实和准确的描述。

(4) 正确地设置用于绘制原理图的环境参数,这对于绘制原理图过程也有很大的影响。

8.1.1 原理图设计规划

本书在介绍原理图、PCB 图和相关的设计部分时,使用了一个设计实例。这个设计实例基于 Xilinx 的 SPARTAN-2E FPGA 器件,实现一个小规模的 FPGA 处理系统。在本章原理图设计过程中,将 AD 原理图绘制参数和原理图绘制方法融合到这个设计过程中。

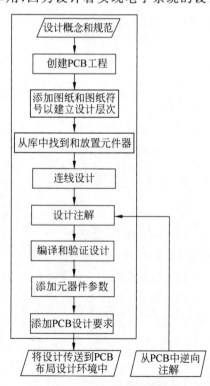

图 8-1 AD 原理图绘制流程

图 8-2 给出了该设计的各个模块之间的连接关系。在构建该系统时,需要阅读以下相关的数据手册。

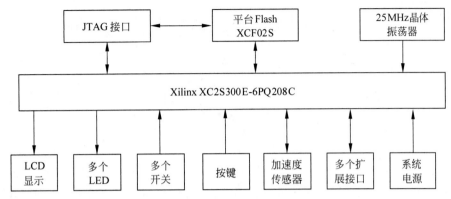

图 8-2 Xilinx SPARTAN-2E FPGA 开发系统结构框架

(1) TI 提供的 LM1084IS-ADJ 电源的数据手册,请登录 http://www.ti.com 获取。

(2) Xilinx 提供的 SPARTAN-2E 用户手册,请登录 http://www.Xilinx.com 获取。

(3) Xilinx 提供的 PQ208C I/O 封装手册,请登录 http://www.Xilinx.com 获取。

(4) Xilinx 提供的 SPARTAN-2E 配置手册,请登录 http://www.Xilinx.com 获取。

原理图设计质量直接影响到后续 PCB 设计和 PCB 制板的质量,所以在绘制原理图之前,必须进行周密的规划。规划主要包括以下几个方面的内容。

(1) 绘制原理图所需要元器件库的原理封装和 PCB 封装是否完备。如果所需要的库元器件不完整,则在绘制原理图前,需要事先完成所需要元器件原理封装或者 PCB 封装的绘制。

(2) 对电子系统的各个模块进行仔细划分,如电源模块、控制模块、模拟电路模块和数字处理模块等。

(3) 设计者根据理论知识或者自己的理解所设计的电路,在必要的时候需要对这些电路进行 SPICE 仿真。

(4) 确定描述电路设计采用的绘制方式,即采用平坦式还是层次化。

(5) 正确地设置原理图所需要的环境参数。

8.1.2 原理图绘制环境参数设置

下面介绍设置原理图绘制环境参数的步骤。其步骤主要包括:

(1) 在 AD 软件主界面菜单下,选择 File→New→Project,在创建工程的窗口中创建一个名称为 PCB_Project1.PrjPCB 的新工程。

(2) 按照前面所介绍的添加原理图的方法,添加名称为 Sheet1.SchDoc 的原理图文件。

(3) 在 AD 软件主界面菜单下,单击右侧的 Preferences 标签,打开如图 8-3 所示的 Schematic-General(原理图通用设置)界面。原理图绘制参数界面包含 Units(单位)、Options(选项)、Include witch Clipboard(剪贴板设置)、Alpha Number Suffix(字母数字后缀设置)、Pin Margin(引脚空白)、Auto-Increment During Placement(放置自动增量)、Port Cross References(端口交叉引用)、Default Blank Sheet Template or Size(默认空白图纸模板或尺寸)、File Format Change Report(文件格式更新报告)等选项标签。

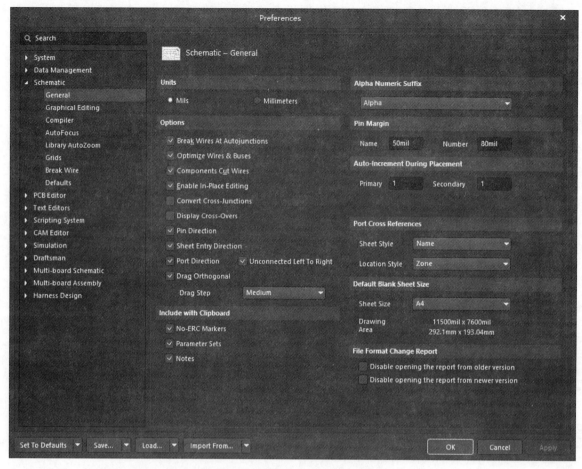

图 8-3　原理图通用设置界面

8.2　原理图元器件库设计

　　元器件的原理图封装用于原理图的设计,它是元器件端口连接关系的符号描述。在完成元器件原理图符号和 PCB 封装的设计后,将通过分配模型和参数的方法,实现它们之间的对应关系。

　　在绘制元器件原理图符号封装之前,介绍一些和绘制元器件原理图符号有关的术语,以帮助读者更深刻地理解元器件原理图符号封装的绘制原理。

8.2.1　元器件原理图符号术语

1. 对象(object)

　　对象是指可以放置在原理图库编辑器空间内的任何一个单个的条目,如引脚、线、圆弧、多边形和IEEE 符号等。

　　注意:可以在放置对象的时候更改 IEEE 符号尺寸。当放置对象的时候,可以通过按"＋"或者"－"键,放大或者缩小符号。

2. 部分(part)

　　图形对象的集合,用来表示多个部分(multi-part)元器件的一部分(如 7404 内总共有 6 个反相器,每个反相器作为 7404 的一部分），或者表示在一个通用元器件或者单封装元器件情况下的一个库元器件。

3. 部分零（part zero）

在多个部分元器件的情况下，可以使用部分零。它是一个特殊的非可见部分。当把元器件添加到原理图时，添加到部分零的引脚被自动添加到元器件的每个部分。将一个引脚添加到部分零，在任何一个部分放置并编辑。并且，在引脚属性对话框内，将 Part Number 属性设置为 Zero。

4. 元器件（component）

可能是一个单个部分（如一个电阻），或者是部分的集合，这些部分被封装在一起（如一个 74HCT32）。

5. 别名（aliases）

当一个库元器件有多个名称，而且其共享一个公用的元器件描述和图形时，可以参考命名系统，如 74LS04 和 74ACT04，其别名为 7404。共享图形信息，使得库更加紧凑。当使用数据库时，使用别名则变得过时。

6. 隐藏引脚（hidden pins）

这些引脚存在于元器件中，但是不需要显示这些引脚。典型地，对于电源引脚，该引脚能自动连接到 Pin Properties 对话框内指定的网络，这个网络不需要出现在原理图中。要创建这个引脚，将所有具有相同网络名称的网络连接在一起。如果这些网络出现在网络中，则不会自动连接。通过在 Component Properties 对话框中选择 Show All Pins 选项，在原理图中显示隐藏引脚。

7. 模式（mode）

一个元器件最多有 255 种不同的显示模式。这些模式可以用于对 IEEE 元器件的描述，用于放大器的可替换的引脚排列等。使用 Tool→Mode 子菜单选项或者 Mode 工具栏，可以为元器件添加新的模式；可以在原理图中修改显示的元器件模式。

8.2.2　为 LM324 器件创建原理图符号封装

本节将为 LM324 器件创建一个原理图符号封装。由于 LM324 有 4 个相同的放大器，因此只需绘制一个原理图符号就可以对 4 个放大器的原理进行描述。下面给出了绘制 LM324 原理图符号的步骤，其步骤主要包括：

（1）在 AD 软件主界面菜单下，选择 File→New→Library，在 NewLibrary 对话框中选择 LIBRARY TYPE 为 File 类型，在选择 Simple File-base Library 中的 Schematic Library 并单击 Create 按钮，生成了名称为 SchLib1 的库文件，并将其保存到 mysch_library 目录下。

（2）自动弹出原理图符号设计界面，在 AD 主界面的左侧出现图 8-4 所示的 SCH Library 对话框，在对话框底部选择 SCH Library 标签。在该标签下的 Components 中列出了所有原理图的符号封装。

（3）在原理图符号设计界面内，右击在弹出的快捷菜单中选择 Place→Line。如图 8-5 所示，绘制放大器的三角形符号。

（4）选中绘制的三角形符号，右击在弹出的快捷菜单中选择 Properties，弹出属性对话框，在该对话框中将其颜色修改成蓝色。

图 8-4　SCH Library 对话框

（5）选择 Text 工具，如图 8-6 所示，添加放大器的极性符号"－"或"＋"。构建符号时，只允许在栅格上画线。在画完线后，按照前面的方法打开其属性对话框，修改线的长度、绘制位置和颜色属性。

（6）添加引脚。在图 8-6 所示的设计界面内，右击在弹出的快捷菜单中选择 Place→Pin。如图 8-7 所示，添加标号为 0~4 的 5 个引脚。在添加引脚时，按空格键可以旋转引脚的方向。

图 8-5　绘制放大器的三角形符号

图 8-6　添加极性符号

（7）修改引脚的属性。下面给出修改引脚属性的步骤。

① 双击标号为 0 的引脚打开配置界面，按下面的参数配置：

- Name：IN-，不选中右侧的 Visible 复选框（表示不显示该名称）。

- Designator：2。

- Electrical Type：Input。

- 其他按默认参数设置，如图 8-8 所示。

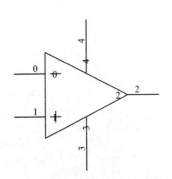

图 8-7　添加引脚连接

图 8-8　引脚属性设置界面

② 双击标号为 1 的引脚打开配置界面，按下面的参数配置：

- Name：1 IN＋，不选中右侧的 Visible 复选框（表示不显示该名称）。

- Designator：3。

- Electrical Type：Input。

- 其他按默认参数设置。

③ 双击标号为 2 的引脚打开配置界面，按下面的参数配置：

- Name：1 OUT，不选中右侧的 Visible 复选框（表示不显示该名称）。

- Designator：1。

- Electrical Type：Output。

• 其他按默认参数设置。

④ 双击标号为 3 的引脚打开配置界面，按下面的参数配置：

• Name：GND，不选中右侧的 Visible 复选框（表示不显示该名称）。

• Designator：11。

• Electrical Type：Power。

• Part Number：0。（每个部分共有引脚设置）

• 其他按默认参数设置。

⑤ 双击标号为 4 的引脚打开配置界面，按下面参数配置：

• Name：VCC，不选中右侧的 Visible 复选框（表示不显示该名称）。

• Designator：4。

• Electrical Type：Power。

• Part Number：0。

• 其他按默认参数设置。

（8）图 8-9 给出了修改引脚属性后的原理图符号。由于 LM324 有 4 个通用的放大器，所以还需要生成其他 3 个放大器原理图符号（其余 3 个部分）。下面给出生成其余 3 部分的步骤。主要包括：

① 在 AD 软件主界面菜单下，选择 Tools→New Part，可以看到新生成了 Part B。将图 8-9 的 Part A 复制到 Part B。按照图 8-10 所示的界面，修改引脚标号和属性。

② 在 AD 软件主界面菜单下，选择 Tools→New Part，可以看到新生成了 Part C。将图 8-9 的 Part A 复制到 Part C。按照图 8-11 所示的界面，修改引脚标号和属性。

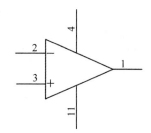

图 8-9　Part A 部分的原理图符号

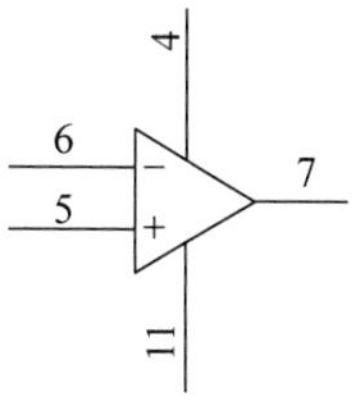

图 8-10　Part B 部分的原理图符号

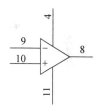

图 8-11　Part C 部分的原理图符号

③ 在 AD 软件主界面菜单下，选择 Tools→New Part，可以看到新生成了 Part D。将图 8-9 的 Part A 复制到 Part D。按照图 8-12 所示的界面，修改引脚标号和属性。

如图 8-13 所示，LM324 元器件包含 Part A～Part D 4 部分。

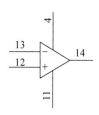

图 8-12　Part D 部分的原理图符号

图 8-13　元器件的 4 部分

（9）修改元器件名称。在图 8-13 所示的界面中，选择 Component_1 名称并用鼠标双击该名称。打开如图 8-14 所示的对话框，在 Design Item ID 右侧输入 LM324。图 8-15 给出了修改元器件名称后的元器件界面。

图 8-14　修改元器件名称

图 8-15　修改元器件名称后的界面

至此，完成了 LM324 原理图封装符号的设计。

8.2.3　为 XC2S300E-6PQ208C 器件创建原理图符号封装

本节将为 Xilinx 公司的 XC2S300E-6PQ208C 器件创建一个原理图符号封装。对于复杂器件的原理图符号封装的绘制，通常需要几个部分才能描述清楚。所以需要精心的规划。

通常按照不同的功能划分每个部分的原理图符号。例如，对于 XC3S100E-CP132 器件来说，就是将该器件的原理图符号封装按照不同的 Bank 进行划分，将其划分为 9 个不同的部分。

在绘制这类器件的原理图符号封装时，可以参考厂商所提供的类似器件的原理封装。这样能够设计出更好的原理图符号封装。

不管根据什么规则来划分原理图符号封装的不同部分，总的规则是简明扼要，便于原理图的绘制。下面给出了创建原理图符号封装的步骤。其步骤主要包括：

（1）在 AD 软件主界面菜单下，选择 Tools→New Component。

（2）出现 New Component Name(新元器件名称)对话框，输入元器件的名称 XC2S300E-6PQ208C。

（3）自动打开原理图符号封装界面，按照图 8-16 绘制 Part A 部分的原理图符号。绘制步骤如下：

① 在设计界面中右击，在弹出的快捷菜单中选择 Place→Rectangle，按图 8-16 所示绘制矩形框。注意绘制矩形框时，大小要合适，应满足下面的规则：

- 矩形框的长度能容纳所要标记的引脚。
- 矩形框的宽度能放置所有引脚名称的标注。

② 在设计界面中右击，在弹出的快捷菜单中选择 Place→Pin，按图 8-16 所示放置引脚。在放置引脚的过程中，按空格键，可以调整引脚的方向。

③ 双击每个引脚，打开配置界面。根据图 8-16 所示的引脚名称和引脚号，在 Name 域右侧给出引脚所显示的名称；在 Designator 域右侧给出引脚号；将所有引脚的 Electrical Type 设置为 I/O。

④ 在设计界面中右击，在弹出的快捷菜单中选择 Place→Text String。按图 8-16 所示，将字符串放置在合适的位置。双击该字符串，打开配置界面，在 Text 右侧输入 BANK 0～BANK 7。

至此，完成了元器件 PART A 部分的原理图符号封装设计。

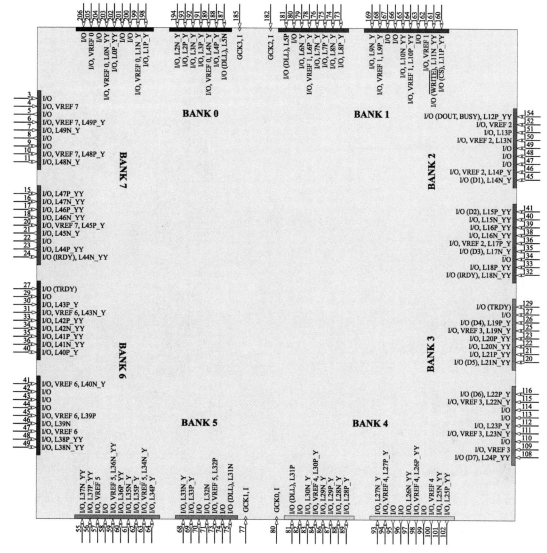

图 8-16　XC2S300E-6PQ208C Part A 部分的原理图符号

（4）在 AD 软件主界面菜单下，选择 Place→New Part，生成 Part B。下面给出在 Part B 中绘制原理图符号封装的步骤。其步骤主要包括：

① 在设计界面中右击，在弹出的快捷菜单中选择 Place→Rectangle。按图 8-17 所示，绘制矩形框。

② 在设计界面中右击，在弹出的快捷菜单中选择 Place→Pin。按图 8-17 所示，放置引脚。

③ 双击每个引脚，打开配置界面。按图 8-17 所示的引脚名称和引脚号，在 Name 域右侧给出引脚所显示的名称，在 Designator 域右侧给出引脚号，将所有引脚的 Electrical Type 设置为 I/O。

至此，完成了 XC2S300E-6PQ208C Part B 部分的原理图符号封装设计。

（5）在 AD 软件主界面菜单下，选择 Place→New Part，生成 Part C。下面给出在 Part C 中绘制原理图符号封装的步骤。其步骤主要包括：

① 在设计界面中右击，在弹出的快捷菜单中选择 Place→Rectangle，按图 8-18 所示，绘制矩形框。

② 在设计界面中右击，在弹出的快捷菜单中选择 Place→Pin，按图 8-18 所示，放置引脚。

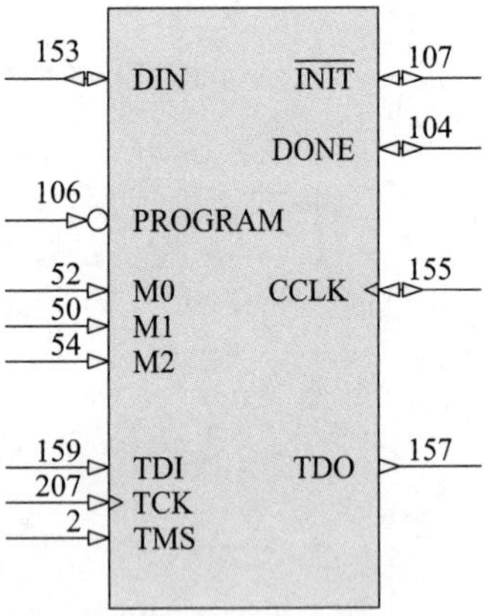

图 8-17   XC2S300E-6PQ208C Part B 部分的原理图符号 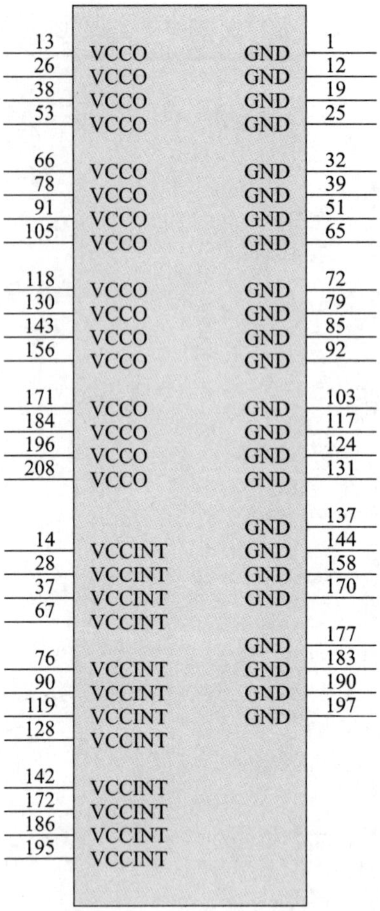   图 8-18   XC2S300E-6PQ208C Part C 部分的原理图符号

③ 双击每个引脚,打开配置界面。按图 8-18 所示的引脚名称和引脚号,在 Name 域右侧给出引脚所显示的名称,在 Designator 域右侧给出引脚号,将所有引脚的 Electrical Type 设置为 Power。

至此,完成了元器件 PART C 部分的原理图符号封装设计。

8.2.4 分配器件模型

分配器件模型的步骤主要包括:

(1) 在 AD 软件主界面菜单下,选择 Tools→Model Manager 命令。

(2) 如图 8-19 所示,出现 Model Manager(模型管理器)对话框。下面为 LM324 和 XC2S300E-6PQ208C 器件分配 PCB 封装模型。

(3) 为 LM324 分配 PCB 封装。

① 在图 8-19 所示界面的左侧,选择 LM324,在右侧单击 Add Footprint 按钮。

② 如图 8-20 所示,出现 PCB Model(PCB 模型)对话框,单击 Browse 按钮。

③ 如图 8-21 所示,出现 Browse Libraries(浏览库)对话框,单击…按钮。

④ 如图 8-22 所示,出现 Available Libraries(可用的库)对话框,单击 Install 按钮,添加 SO14N. PcbLib 进入可用库列表中。

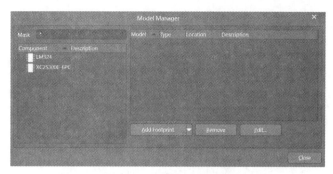

图 8-19 模型管理器对话框

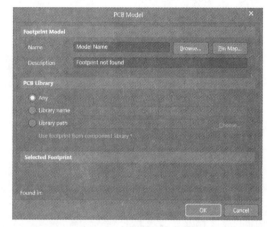

图 8-20 PCB 模型对话框

图 8-21 浏览库对话框

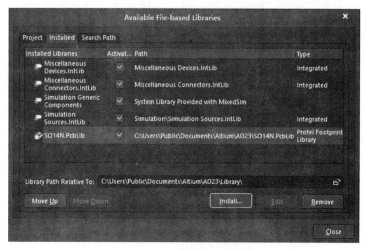

图 8-22 可用的库对话框

⑤ 如图 8-23 所示,在浏览库对话框中,列出了 SO14N.PcbLib 库内的 PCB 封装列表,选择 SO14N,并单击 OK 按钮。

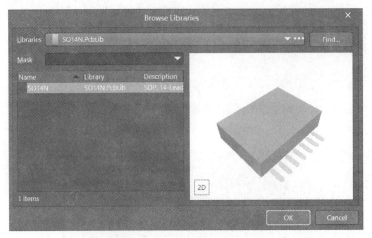

图 8-23　为 LM324 分配 SO14N 封装

⑥ 返回到前面的 PCB Model 对话框。可以看到所分配 PCB 封装的名称和描述,单击 OK 按钮。

⑦ 如图 8-24 所示,可以看到在 Model Manager 对话框中已经为 LM324 分配了 PCB 封装。

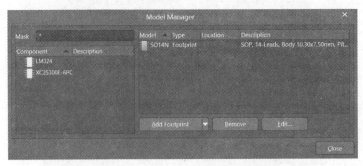

图 8-24　为 LM324 完成封装分配

(4) 为 XC2S300E-6PQ208C 器件分配 PCB 封装。下面给出分配的步骤:

① 在图 8-24 所示界面的左侧,选择 XC2S300E-6PC,在右侧单击 Add Footprint 按钮。

② 出现 PCB Model(PCB 模型)对话框,单击 Browse 按钮。

③ 出现 Browse Libraries(浏览库)对话框,单击…按钮。

④ 在浏览库对话框中,添加 Xilinx Footprints.PcbLib 库内的 PCB 封装列表。选择 PQ208_M,并单击 OK 按钮。

⑤ 返回到前面的 PCB Model 对话框。可以看到所分配 PCB 封装的名称和描述。

⑥ 单击 OK 按钮。

⑦ 可以看到在 Model Manager 对话框中,已经为 XC2S300E-6PQ208C 分配了 PCB 封装。

至此,完成了器件原理图符号和器件 PCB 封装之间的关联。此外,如图 8-25 所示,AD 还提供了下面的库:

• Simulation:仿真库,用于 Spice 仿真。

图 8-25　可添加的
模型类型

- PCB3D：3D显示。
- Signal Integrity：信号完整性，IBIS模型库，用于PCB的验证，在后面将进行详细的说明。

读者可以根据设计的需要添加这些库，用于不同的设计目的。

8.2.5　元器件主要参数功能

图8-26给出了元器件属性对话框。为了便于对元器件参数进行配置，下面对其中的参数进行简单的说明。

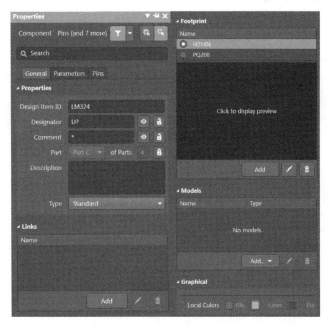

图8-26　元器件属性对话框

1. Designator（默认指示符）

定义了元器件指示符所使用的前缀字符串。

2. Comment（注释）

元器件描述。对于固定定义的元器件，如74HC32，应该输入标准的描述字符串；对于一个值为变化的分立元器件，允许显示元器件参数的任意值。通过输入等号，然后跟随参数的名称（不支持空格），便能间接描述。如果该域为空白，当放置元器件的时候，应该输入元器件库的引用，以用于注释。这样一来，允许设计者在原理图放置元器件后定义注释。

3. Description（描述）

重要的描述。允许用于查找和BOM。

4. Type（类型）

该参数用于特殊环境可替换的元器件类型。如果机械类型同时存在于原理图和PCB中，则可以同步，并且包含在BOM中。网络联系（NetTie）元器件用于短接PCB上的两个或者更多的网络。

5. Parameters（参数）

可以添加不同的元件参数，如Footprint（封装）、Pin Info（管脚信息）、Simulation（仿真模型）、IbisMode（IBIS模型）、Signal Integrity（信号完整性设置）、Parameter（其他参数）、Link（链接）、Rule（设计

规则)等。

6. Part Choices(元器件选择)

添加元器件供应商相关信息。

7. Pins(引脚)

对具体引脚进行编辑。

8.3 原理图绘制及检查

在绘制原理图前,必须确认所需要的元器件原理图符号封装和 PCB 封装。如果 Altium 或者第三方没有提供设计中所需要电子元器件的完整封装,则设计者在绘制原理图前,需要定制没有事先提供的电子元器件的完整封装。当 Altium、第三方或者设计者已经提供了设计中所需元器件的完整模型后,将这些模型添加到 AD 软件的库管理器中。

打开库管理器定位到\Users\Public\Documents\Altium\AD23\Examples\SpiritLevel-SL1 路径,找到名称为 SpiritLevel_2E. SchLib 和 Spirit_Level_Project. PcbLib 的库文件,并将其添加到 AD 的库管理器中。

8.3.1 绘制原理图

原理图的绘制过程直接影响到原理图的绘制质量。在原理图绘制的过程中,不但要考虑电子系统本身原理,还要考虑后续 PCB 绘制。下面给出在绘制原理图过程中需要考虑的一些因素:

(1)在满足电子系统本身原理的情况下,如果连线不合理,会直接导致 PCB 绘制复杂度的增加。尤其是在 8.2.3 设计中,存在 XC2S300E-6PQ208C 可编程逻辑器件。由于该器件绝大多数引脚是根据设计者的要求进行分配的,所以在分配引脚的过程中,一定要考虑到 PCB 布线是否方便,这种分配过程很少能一次成功。甚至在将原理图导入 PCB 绘制工具后,在 PCB 绘制的过程中,才会发现在原理图的引脚分配不够合理。然后,再次对原理图进行修改。这个反复修改原理图连线的过程,其实是在考量设计人员系统规划设计的能力。这种系统级规划设计的能力,必须通过多次的实际绘图设计才能逐步提高。

(2)最终的原理图可能需要提供给其他设计者,让他们对设计进行参考或者作进一步的检查,所以需要对每张设计图纸进行清晰的标注。这样在某种程度上,也能大大降低由于设计者的失误所导致的设计错误。

(3)对于一个电子系统的设计,通常需要绘制多张图纸,到底需要绘制多少张图纸,并没有一个严格的规定。设计原则是每张图纸对电子系统的描述不能太复杂,如果太复杂,则容易造成设计出现问题。但是,一张图纸的描述又不能过于简单,太简单的话,所需要绘制图纸的数量就会增加,在多张图纸之间进行网络连接就会变得非常复杂。并且,对于检查图纸的工程技术人员来说,增加了理解难度和检查错误的难度。所以在绘制原理图时需要折中考虑。这种折中考虑问题的能力,也是在多次绘图设计中总结出来的。

(4)原理图的绘制很少可以一次就完美地实现,可能需要对原理图进行多次的修改,甚至需要重新绘制某些原理图。所以绘图过程一定要有足够的耐心。

8.3.2 添加设计图纸

根据设计的要求,确定一个设计中所需要的总的设计图纸数量。在每添加一张图纸前,设计者都要清楚所添加的图纸需要绘制电子系统的哪个部分。在绘制原理图的过程中,不需要一次就添加完所有的图纸,过程中也可以根据设计需要增加图纸。

下面给出添加剩余图纸的步骤。主要包括:

(1) 在 AD 软件主界面菜单下,选择 File→New→Schematic,自动生成名称为 Sheet2.SchDoc 的图纸。根据附录 B 中图 B-2 右下角给出的图纸参数,按照前面的方法设置 Sheet2 图纸的参数。

(2) 在 AD 软件主界面菜单下,选择 File→New→Schematic,自动生成名称为 Sheet3.SchDoc 的图纸。按照附录 B 中图 B-3 右下角给出的图纸参数,按照前面的方法设置 Sheet3 图纸的参数。

(3) 在 AD 软件主界面菜单下,选择 File→New→Schematic,自动生成名称为 Sheet4.SchDoc 的图纸。按照附录 B 中图 B-4 右下角给出的图纸参数,按照前面的方法设置 Sheet4 图纸的参数。

(4) 在 AD 软件主界面菜单下,选择 File→New→Schematic,自动生成名称为 Sheet5.SchDoc 的图纸。按照附录 B 中图 B-5 右下角给出的图纸参数,按照前面的方法设置 Sheet5 图纸的参数。

8.3.3　放置原理图符号

在 Sheet1～Sheet5 图纸内放置元器件的原理图符号。

1. Sheet1 图纸中放置原理图符号

在 Sheet1 图纸中放置元器件原理图符号,步骤主要包括:

(1) 打开名称为 Sheet1 的原理图文件。

(2) 在库管理器中,找到名称为 SpiritLevel_2E.SchLib 的原理封装库。在该库中,找到名称为 XC2S300E-6PQ208C 的元器件原理图封装。

(3) 按附录 B 中 Sheet1 图纸(图 B-1)所示,将 Part A、PART B 和 PART C 分别拖入 Sheet1 图纸中的合适位置。

(4) 放置电路设计中各网络名称。

(5) 保存设计图纸。

2. Sheet2 图纸中放置原理图符号

在 Sheet2 图纸中放置元器件原理图符号,步骤主要包括:

(1) 打开名称为 Sheet2 的原理图文件。

(2) 在库管理器中,找到名称为 SpiritLevel_2E.SchLib 的原理封装库。在元器件列表中找到名称为 XCF02SVO20C、SN74LVC1G04DBV 等元器件,放入 Sheet2 图纸中的合适位置。

(3) 按照附录 B 中名称为 Sheet2 的图纸(图 B-2)所示,进行网络连接。

(4) 保存设计图纸。

3. Sheet3 图纸中放置原理图符号

在 Sheet3 图纸中放置元器件原理图符号,步骤主要包括:

(1) 打开名称为 Sheet3 的原理图文件。

(2) 在库管理器中,找到名称为 SpiritLevel_2E.SchLib 的原理封装库。在元器件列表中找到名称为 162A、A6ER-8104、2N7002、DTSM-61-NR、电阻和电容等元器件,放入 Sheet3 图纸中的合适位置。

(3) 按照附录 B 中名称为 Sheet3 的图纸(图 B-3)所示,进行网络连接。

(4) 保存设计文件。

4. Sheet4 图纸中放置原理图符号

在 Sheet4 图纸中放置元器件原理图符号,步骤主要包括:

（1）打开名称为 Sheet4 的原理图文件。

（2）在库管理器中，找到名称为 SpiritLevel_2E. SchLib 的原理封装库。在元器件列表中找到名称为 LM1084IS-ADJ、TL36WW050、SM6T6V8A、HSMH-C170、KLD-0202-B、电阻和电容等元器件，放入 Sheet4 图纸中的合适位置。

（3）按照附录 B 中名称为 Sheet4 的图纸（图 B-4）所示，进行网络连接。

（4）保存设计文件。

5. Sheet5 图纸中放置原理图符号

在 Sheet5 图纸中放置元器件原理图符号，步骤主要包括：

（1）打开名称为 Sheet5 的原理图文件。

（2）在库管理器中，找到名称为 SpiritLevel_2E. SchLib 的原理封装库。在元器件列表中找到名称为 ADXL202E、QSMO_4200、Header 10X2、Header 5X2、电阻和电容等元器件，放入 Sheet5 图纸中的合适位置。

（3）选择 Design→Create Sheet Symbol From Sheet 生成原理图符号（见图 8-27），放入 Sheet5 图纸中的合适位置。

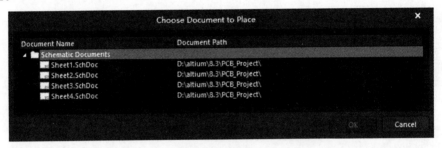

图 8-27　选择原理图生成原理图符号

（4）按照附录 B 中名称为 Sheet5 的图纸（图 B-5）所示，进行网络连接。

（5）保存设计文件。

8.3.4　连接原理图符号

必须预先严格设计指标和要求，将原理图符号连接在一起。在 8.3.3 设计中，通过网络标号和连线实现原理图内元器件和跨页原理图元器件之间的连接。在绘制完成原理图后，如果在 PCB 设计中发现原理图中的连线不满足 PCB 布线要求，还需要返回修改原理图符号之间的连线关系。

连接原理图符号的步骤主要包括：

（1）打开名称为 Sheet1 的原理图文件。

① 参考附录 B 中 Sheet1 图纸（图 B-1），完成连线。

② 在相应的连线上给出网络标号，用来表示原理图中每个电气网络的连接关系。

③ 保存设计图纸。

（2）打开名称为 Sheet2 的原理图文件。

① 参考附录 B 中 Sheet2 图纸（图 B-2），完成连线。

② 在相应的连线上给出网络标号，用来表示原理图中每个电气网络的连接关系。

③ 保存设计图纸。

（3）打开名称为 Sheet3 的原理图文件。

① 参考附录 B 中 Sheet3 图纸(图 B-3),完成连线。

② 在相应的连线上给出网络标号,用来表示原理图中每个电气网络的连接关系。

③ 保存设计图纸。

(4) 打开名称为 Sheet4 的原理图文件。

① 参考附录 B 中 Sheet4 图纸(图 B-4),完成连线。

② 在相应的连线上给出网络标号,用来表示原理图中每个电气网络的连接关系。

③ 保存设计文件。

(5) 打开名称为 Sheet5 的原理图文件。

① 参考附录 B 中 Sheet5 图纸(图 B-5),完成连线。

② 在相应的连线上给出网络标号,用来表示原理图中每个电气网络的连接关系。

③ 保存设计文件。

8.3.5　检查原理图设计

在将原理图设计导入 PCB 布局工具前,需要对原理图设计进行检查。在 AD 软件内,通过对设计进行编译(compiling)来检查逻辑错误、电气错误和绘图错误。

通过在 AD 软件主界面菜单下,选择 Project→Validate PCB Project,或者连续按两次 C 键,可以执行对原理图设计的检查。

对工程编译后,如果设计中存在问题,则自动弹出 Messages(消息)对话框。在这个窗口内,双击某个错误或者警告信息,就可以直接跳到该错误或者该警告。如果没有出现 Messages 对话框,可以在 AD 软件主界面的右下方单击 System 标签,出现快捷菜单,选择 Messages,就可以弹出 Messages 对话框。

当对设计进行编译时,系统建立设计的一个连接模型,这个连接模型可以看作是一个内部网表,通过这个内部网表可以浏览设计的连接结构。

1. 编译器选项

在对设计进行编译前,必须对工程选项进行配置。对编译器选项进行配置的步骤主要包括:

(1) 在 AD 软件主界面菜单下,选择 Project→Project Options。

(2) 如图 8-28 所示,打开工程选项对话框。在该界面中选择 Options 标签,在 Net Identifier Scope 列表框中选择 Global(Netlabels and ports global),单击 OK 按钮。

(3) 在 AD 软件主界面的右下方单击 Panels 按键,出现快捷菜单,选择 Navigator。

(4) 如图 8-29 所示,在 AD 软件主界面的左侧出现 Navigator 窗口。在 Documents for PCB_Project1.PrjPCB 窗口下,当选择一张图纸时,在 Instance 窗口内便会列出该图纸内的所有元器件。选择并展开某一个元器件,可以看到与该元器件连接的所有网络。

单击图 8-29 右上角的 ▦ 按钮,出现如图 8-30 所示的对话框,用于设置如何显示工作区。

① Selecting:选择感兴趣的对象。

② Zooming:跳到图纸并且放大所感兴趣的对象。

③ Connective Graph:用红色(对于网络对象)或者绿色(对于元器件)的线表示连接关系。

④ Dimming:除了感兴趣的外,在其他对象上为阴影显示。

2. 错误报告选项

设置错误报告选项,配置错误报告选项的步骤主要包括:

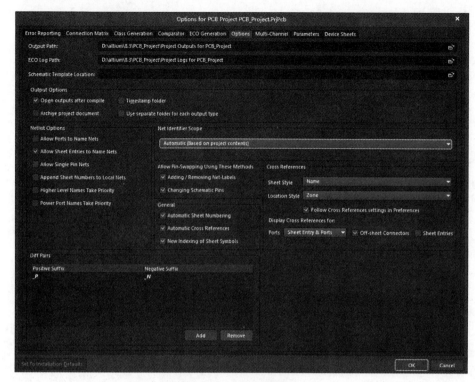

图 8-28　工程选项对话框

图 8-29　Navigator 窗口

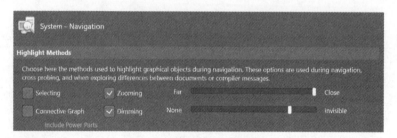

图 8-30　高亮属性设置窗口

（1）在 AD 软件主界面菜单下，选择 Project→Project Options 命令。

（2）出现如图 8-31 所示的界面。单击 Error Reporting 标签，左侧列出了冲突的类型，右侧给出了报告模式。可选择的报告模式有 No Report、Warning、Error、Fatal Error。

（3）如图 8-31 所示，在 Violations Associated with Nets 下有一个条目：Nets with only one pin。该选项用于找到单个（孤立）的节点网络，即一个引脚已经连接到一个端口或者网络标号，但是没有连接到其他的引脚，默认设置为 No Report，将其重新设置为 Error。

（4）单击 OK 按钮，退出工程选项设置窗口。

3. 连接矩阵

设置连接矩阵选项，配置连接矩阵的步骤主要包括：

（1）在 AD 软件主界面菜单下，选择 Project→Project Options。

（2）出现如图 8-32 所示的界面。单击 Connection Matrix 标签，该界面用于在元器件引脚和网络标

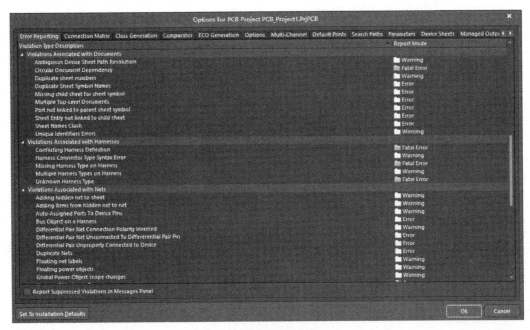

图 8-31 错误报告设置窗口

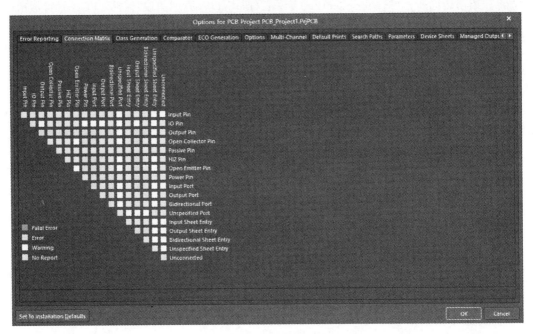

图 8-32 连接矩阵界面

识符之间建立连接性规则机制。同时,它定义报告,将其作为警告或者错误的逻辑/电气条件。

例如,通常情况下,一个输入引脚连接到另一个输入引脚不作为一个错误条件,但是将其连接到输出则不是这样。图 8-32 所示的连接矩阵的设置反映了这种情况。

(3)单击图 8-32 中的每个方块,可以修改相应的规则。

(4)单击 OK 按钮,退出工程选项设置窗口。

4. 理解和分析检查报告

按前面的方法,对当前的设计进行编译。下面给出如何利用 Messages(消息)对话框中的信息对错误进行分析和定位。

(1) 在 AD 软件主界面菜单下,选择 Project→Compile PCB Project。

(2) AD 软件将根据前面的设置规则,对整个原理图设计进行设置。

(3) 当双击 Messages 消息对话框中的一条 warning(警告)或者 error(错误)信息时,则弹出 Compile Errors 对话框。当双击对话框列表中的一个对象时,则跳到错误或警告所对应的图纸。

(4) 在弹出的 Messages 窗口中右击,出现快捷菜单,可以选择 Clear All,清除所有的消息。

(5) 当单击 Messages 窗口的列表头部时,可以对所列的信息进行分类。

(6) 编译完成后,根据给出的各种提示信息,修改原理图中的设计错误。当修改完错误后,重新执行编译过程,直至没有错误出现。

(7) 仔细检查报告中的每个 warning 或 error 信息,修改错误检查的报告模式,或者用 NO ERC 屏蔽符号来屏蔽错误。在将原理图导入 PCB 布局前,必须修改完所有原理图的错误。

8.4 导出原理图至 PCB

本节将介绍使用同步器(synchronizer)或者网表(netlist)将原理图设计导入 PCB 编辑器中的方法。

8.4.1 设置导入 PCB 编辑器工程选项

AD 软件提供了大量的设置,用于控制在原理图设计和 PCB 布局之间的数据传输。设置导入 PCB 编辑器工程选项的步骤主要包括:

(1) 在 AD 软件主界面菜单下,选择 Project→Project Options。

(2) 出现工程选项界面,单击 Comparator 标签。如图 8-33 所示,默认情况下,打开所有选项。对于

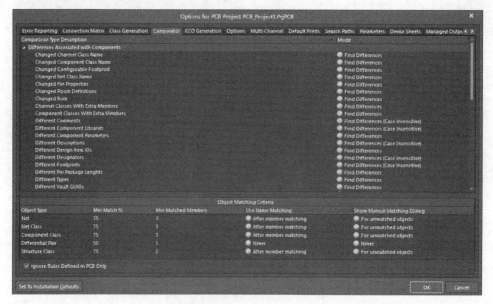

图 8-33 Comparator 设置界面

一些设计,设计者可能不想为每一个原理图创建 Place Rooms,此时就需要修改相应的设置。

(3) 单击 OK 按钮,退出工程选项窗口。

8.4.2　使用同步器将设计导入 PCB 编辑器

使用 AD 软件提供的 PCB 编辑器进行 PCB 的布局和布线,则在原理图和 PCB 之间来回传递设计信息的最好方法是使用(设计)同步器。使用同步器,不需要在原理图内创建网表,以及将网表加载到 PCB 中。通过使用同步器,可以将本书所提供的原理图设计导入 AD 软件的 PCB 编辑器中。

使用同步器将设计导入 PCB 编辑器的步骤主要包括:

(1) 进入原理图编辑器界面,在 AD 软件主界面菜单下,选择 File→New→PCB。生成一个名称为 PCB1.PcbDoc 的 PCB 设计文件,并将其保存为名称为 fpga system.PcbDoc 的 PCB 设计文件。

(2) 在 AD 软件主界面菜单下,选择 Design→Update PCB Document fpga system.PcbDoc,将启动同步过程。

(3) 出现图 8-34 所示的 Engineering Change Order(工程修改顺序)对话框。在该界面中给出了不同的对象和将要执行的操作,单击 Execute Changes(执行变化)按钮。

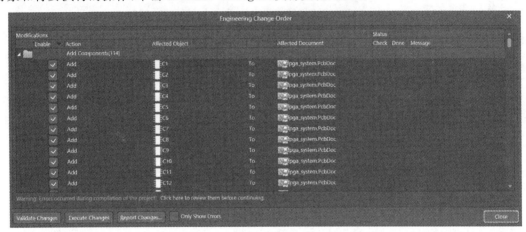

图 8-34　更新"工程修改顺序"对话框

(4) 等一小段时间,等待 AD 软件执行完将原理图设计导入 PCB 编辑器的处理流程后,单击图 8-34 界面内的 Close 按钮。

此时可以看到原理图设计导入了 PCB 编辑器中。

8.4.3　使用网表实现设计间数据交换

本节内容仅作为读者理解相关的概念,Altium 不推荐使用网表方式将原理图设计导入 PCB 编辑器中。

网表是 EDA 软件中用于交换不同信息的重要方法和手段。网表是 ASCII 编码文件,它包含了原理图中定义的元器件和元器件之间连接的信息。通过网表,可以将元器件和连接信息导入其他 EDA 设计工具中,其中也包含来自其他供应商的 PCB 设计封装。可以使用网表将原理图导入 AD 软件的 PCB 编辑器中,但是由于不包含唯一的元器件 ID 号信息,所以使用网表是一个低层次的设计传输方法。

绝大多数的情况,使用同步器而不是使用网表加载。在一些情况下,如果设计 PCB 所用到的原理图由其他 EDA 工具厂商的原理图编辑器完成,则需要使用网表。通过使用 difference 引擎,将网表内元器件和连接信息与 PCB 进行比较。

下面给出生成原理图设计网表,并加载网表的步骤,主要包括:

(1)任意打开一个原理图界面。在 AD 软件主界面菜单下,选择 Design→Netlist For Project→Protel。

(2)在 AD 软件主界面菜单下,选择 Project→Show Difference。

(3)如图 8-35 所示,出现 Choose Documents To Compare(选择比较的文档)界面,在该界面左下角选中 Advanced Mode(高级模式)选项。

(4)在该界面左侧选择 SL_FPGA_Auto_2E. NET 文件,在右侧选择 fpga_system. PcbDoc 文件,单击 OK 按钮。

(5)如图 8-36 所示,出现提示对话框。该界面表示使用唯一的标识符匹配失败。单击 Automatically Create Component Links 按钮,用于匹配剩下的元器件。

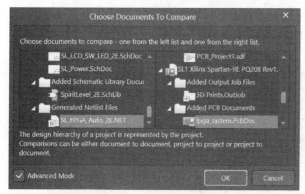

图 8-35　比较文档间差别

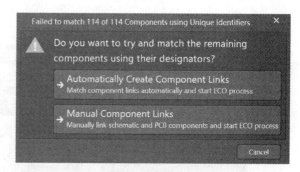

图 8-36　出现匹配失败提示对话框

(6)如图 8-37 所示,给出了网表文件和 PCB 文件之间的差别,单击 Close 按钮。

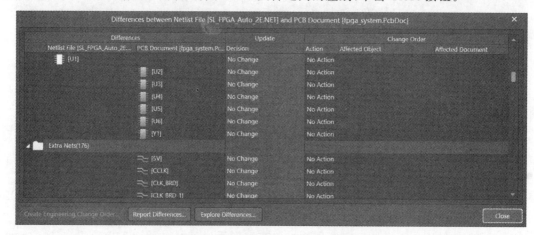

图 8-37　比较网表文件和 PCB 文件差别结果对话框

## 第9章

印制电路板 PCB 设计

印制电路板设计是以电路原理图为根据,实现电路设计者所需要的功能。印制电路板设计主要指版图设计,需要考虑外部连接的布局、内部电子元器件的优化布局、金属连线和通孔的优化布局、电磁保护、热耗散等各种因素。优秀的版图设计可以节约生产成本,达到良好的电路性能和散热性能。简单的版图设计可以用手工实现,复杂的版图设计需要借助计算机辅助设计(CAD)实现。

本章通过 AD 软件介绍电子线路 PCB 设计的流程和设计方法,内容主要包括 PCB 设计流程、PCB 元器件封装设计、PCB 设计规则、PCB 布局设计、PCB 布线设计及 PCB 覆铜设计等。通过本章提供的一个 PCB 设计实例,可以学习 PCB 设计中的关键技术,以便尽快地掌握 PCB 的设计方法。

9.1　PCB 设计流程及基本使用

图 9-1 给出了 PCB 设计流程。绘制 PCB 的流程主要包含导入原理图设计到 PCB 设计工具、设置

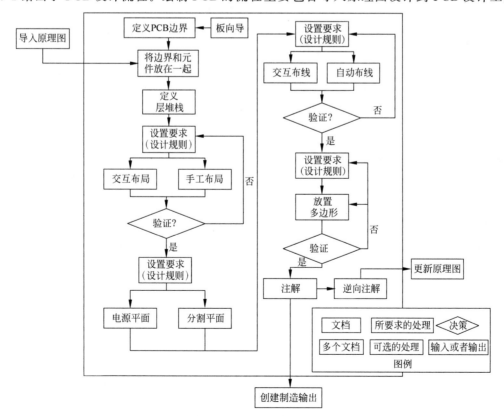

图 9-1　PCB 设计流程

PCB 的尺寸、PCB 布局、PCB 布线、PCB 验证和输出工程文件。

9.1.1　PCB 层标签

一个 PCB 由不同的层构成,包括铜导电、绝缘、保护屏蔽、文本和图像丝印层。当打开 PCB 设计文件进入 PCB 编辑器时,如图 9-2 所示,在 AD 软件主界面的底部为层控制标签。不同的层控制标签使用不同的颜色标识,以便在不同的层进行绘图操作。

图 9-2　PCB 层控制标签

单击图 9-2 中的每个标签,可以控制在该层进行绘图设计。如果在当前窗口中不能看到所有的层控制标签时,通过单击 ◀ ▶ 内的“◀”或者“▶”按钮,层控制标签可以向左或者向右滚动,显示需要的层控制标签。

使用小键盘上的“＊”键,在不同的信号层之间进行切换;使用小键盘上的“＋”/“－”键,在所有层之间进行切换。在笔记本电脑上进行绘图操作时,按 Fn＋NumLock 组合键,就可以打开笔记本电脑键盘上的小键盘。

9.1.2　PCB 视图查看命令

在 AD 软件主界面菜单下选择 View,或者在工具栏中单击相应的按钮,可以修改对视图的查看。表 9-1 给出了视图查看命令的列表。使用这些命令时,需要打开 PCB 设计文件。

表 9-1　视图查看命令的列表

命 令	工 具 栏	快 捷 键	描 述
Fit Document	🔍	VD	使所有的对象适配到当前的文档窗口
Fit Board		VF	使位于信号层的所有对象适配到当前的文档窗口
Area	🔍	VA	通过选择一个矩形的对角线顶点,显示文档的一个矩形区域
Around Point		VP	通过选择一个矩形的中心点和顶点,显示文档的一个矩形区域
View Selected Objects	🔍	VE	使选择的对象适配到当前的文档窗口
View Filtered Objects	🔍	VJ	使过滤的对象适配到当前的文档窗口
Zoom In		VI	在光标的位置上放大
Zoom Out		VO	在光标的位置上缩小
Zoom Last		VZ	返回到最后一个视图命令的前一个显示状态
Flip Board		VB	左右镜像所有的对象

表 9-2 列出的快捷键对操作文档窗口视图非常有用,可以在任何时候使用这些快捷键,甚至正在执行命令的时候。

表 9-2　操作文档窗口视图的快捷键列表

按　键	功　能
End	重新绘制视图
Alt＋End	重新绘制当前层
Page Down	缩小(保持当前光标位置)
Page Up	放大(保持当前光标位置)
Ctrl＋Page Down	查看文档
Ctrl＋Page Up	基于当前光标位置,大幅度放大
Home	平移视图(将当前光标的位置平移到中心)
Arrow	在箭头方向上,以一个捕获栅格的幅度移动光标
Shift＋Arrow	在箭头方向上,以十个捕获栅格的幅度移动光标

9.1.3　自动平移

当执行命令,如光标变成一个十字形时,自动平移就变成活动的。在自动平移状态,接触文档窗口的任何一边时都将初始化自动平移。

实现自动平移的步骤主要包括:

(1) 在 AD 软件主界面菜单下,选择 Tools→Preferences。

(2) 如图 9-3 所示,打开 Preferences 窗口,在该界面左侧找到 PCB Editor 并展开;在展开项中,选择 General。该界面右侧的 Autopan Options 窗口,用于选择平移的速度。

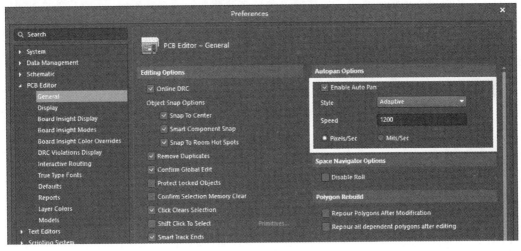

图 9-3　自动平移设置界面

(3) 单击 OK 按钮,退出配置界面。

(4) 在 PCB 设计界面内,按住鼠标右键,此时光标变成一个手的标记;随后移动鼠标,就可以实现 PCB 设计界面的水平移动。

9.1.4　显示连接线

将原理图设计导入 PCB 设计工具后,可以看到设计中的具有连接关系的元器件通过白色的线连接。这些白色的线也称为连接飞线,表示的是每个元器件物理引脚之间的连接关系。在布局时,通过显示连接线,确定设计中各个芯片的布局;在布线时,通过显示连接线,引导设计者进行布线的绘制。但是有时在布线的过程中显示连接线,反而会干扰设计者的布线,是否在布线的过程中显示连接线,要根据具体情况确定。下面给出控制显示连接线的步骤,主要包括:

（1）进入 PCB 编辑器界面,在 AD 软件主界面菜单下,选择 View→Connections 命令。

（2）出现如图 9-4(a)所示的快捷菜单,选择不同的选项,可以控制连接线的显示方式。例如,当选择 Hide All 时,隐藏所有的连接线。

（3）或者在 PCB 编辑器界面内,按 N 键,出现如图 9-4(b) 所示的快捷菜单,在 Show Connections 或者 Hide Connections 下级菜单选项中,可以选择 Net、Component 或 All,用于控制飞线的显示方式。

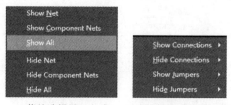

(a) 菜单选择显示方式　　(b) 按N键出现的快捷菜单

图 9-4　控制显示连接线选项

9.2　PCB 绘图对象及绘图环境参数

在 PCB 绘图的过程中,会涉及大量的绘图对象。在 PCB 文件中放置的大部分对象用于定义铜皮区域或者其他。应用于所有的电气对象,例如,迹线(用于连接元器件焊盘之间的所绘制的布线)和焊盘;以及非电气对象,例如,文本和尺寸标注。

大多数对象也被称为原语,设计者可以在 PCB 编辑器中编辑这些原语。元器件由大量的原语对象构成,只能在 PCB 编辑器中编辑它们。后续章节会详细介绍如何放置元器件、分割平面和房间(room)。

图 9-5 给出了不同的 PCB 编辑器中的绘图对象(原语对象)。

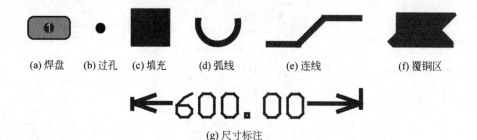

(a) 焊盘　(b) 过孔　(c) 填充　(d) 弧线　(e) 连线　(f) 覆铜区

(g) 尺寸标注

图 9-5　PCB 编辑器中的绘图对象

对绘图对象操作的步骤主要包括:

（1）通过 AD 软件主界面菜单下的 Place 子菜单,或者如图 9-6 所示在 AD 软件主界面下单击连接线工具栏,选择放置对象的命令。

图 9-6　连接线工具栏界面

（2）在 PCB 绘图的过程中,如果需要对所放置对象的属性进行修改,可以在放置对象的时候,按下 Tab 键,自动弹出属性设置对话框。

（3）当放置对象后,可以用下面两种方法修改属性:

① 双击所放置好的对象,打开属性对话框,修改对象的属性。

② 选择需要修改属性的对象,然后按 F11 键,出现 Inspector 对话框,修改对象的属性参数。

（4）在 AD 软件主界面菜单下，选择 Tools→Preferences。如图 9-7 所示，在左侧找到 PCB Editor 条目并展开。在展开项中找到 Defaults，打开对象默认属性设置窗口，修改对象默认属性。

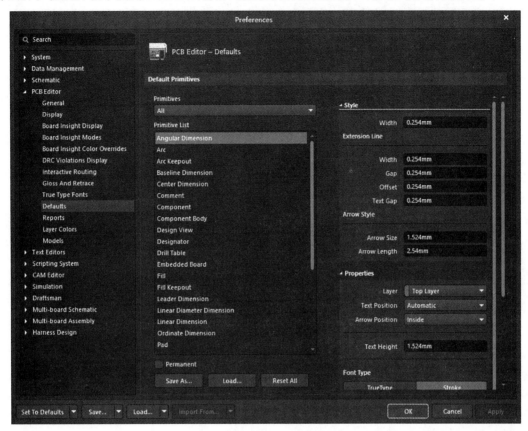

图 9-7　绘图对象默认参数设置界面

9.2.1　电气连接线

交互式布线（interactive routing）命令用来放置带有相关电气网络信息的电气连接线。Track 也是布线，这种布线专用于电子元器件之间的信号传输。

在进行交互布线的时候，一定要注意信号完整性设计规则。在传输信号线尤其是高速信号线的布线中，禁止使用直角的走线，因为这会大大降低信号完整性，建议在拐点处，使用 45°线或者弧度线。

电气连接线走线的步骤主要包括：

（1）通过下面的三种方式，启动交互布线命令：

① 在 AD 软件主界面的绘图工具栏中，选择 。

② 在 AD 软件主界面菜单下，选择 Place→Track。

③ 在 PCB 编辑器界面内，右击出现快捷菜单，选择 Interactive Routing。

（2）在需要画线的地方，单击，鼠标光标变成十字光标，进行布线。

（3）在布线的过程中，按 Tab 键，打开布线属性设置窗口，用于设置线宽等相关的设计规则。

对大多数的布线，可以通过 Preferences 来设置默认的属性。这样可以减少在布线过程中反复设置布线属性的操作，提高布线的效率。

当在不同层之间进行切换时,会在电气连接线上自动添加过孔。在笔记本电脑上实现不同层之间切换的方法是:

(1)同时按下 Fn+NumLock 按键,打开笔记本电脑上的小键盘(笔记本上的小键盘和笔记本电脑键盘上的其他按键复用)。

(2)在布线的过程中如果需要在不同的层之间进行切换,则按小键盘上的"+"和"-"键。

(3)一旦开始执行交互式布线,则可以通过同时按下 Shift 键和空格键,进行布线模式的切换。

(4)对绘制过程中出现绘制弧线的电气连接线,可以修改弧线的弧度大小。方法是:在绘制弧线的时候,同时按住","键(逗号键)使得弧度变小;同时按住"。"键(句号键)使得弧度变大。

(5)使用开始模式或者完成模式时,电气连接线的绘制是互补的。可以在绘制电气连接线的过程中,通过按空格键,在开始模式和完成模式之间切换。

(6)如果电气连接线起始于一个已经分配网络号的对象,则也将该网络分配给电气连接线。交互式布线命令将遵守分配给该网络的任何规则。

(7)当单击一个布线网络,同时按下 Ctrl 按键时,可以高亮显示该布线网络。当单击一个布线网络,同时按下 Shift+Ctrl 按键时,可以高亮显示多个布线网络。

当绘制完某条电气连接线后,可以使用下面的方法修改该电气连接线:

(1)重新放置一个电气连接线结束端。

① 将光标放在电气连接线结束段的一端。

② 单击并保持按下鼠标左键。

③ 移动光标(和连接的顶点)到新的位置。AD 软件将添加电气连接线段,用于保持电气连接线的正交或者对角模式。

(2)分解电气连接线中间段。

① 将光标放在非结束的电气连接线段的中间。

② 单击并保持按下鼠标左键。

③ 移动光标。AD 软件将添加电气连接线段,用于保持电气连接线的正交或者对角模式。

(3)将一个电气连接线段从其他电气连接线段脱离。

① 放弃选择所有的电气连接线段。

② 单击并保持放置在连线中的某个电气连接线段。

③ 将该电气连接线段移动到新的位置。

9.2.2 普通线

AD 软件工具提供了放置普通线的功能。普通线不同于电气连接线,这是因为普通线不具有传输信号的功能。

在 AD 软件中,普通线主要用于表示 PCB 的边界或者在非电气层的禁止边界。绘制普通线的行为和绘制电气连接线的行为是一样的,只是没有给普通线分配任何的网络。当在非电气层放置普通线时,没有任何设计规则的限制。

图 9-8 选择放置普通线

可以通过下面两种方法,启动绘制普通线的命令:

(1)在 AD 软件主界面主菜单下,选择 Place→Line 命令。

(2)如图 9-8 所示,在 AD 软件主界面下的工具栏中单击 Place Line 按钮。

9.2.3 焊盘

通过在 AD 软件主界面菜单下选择 Place→Pad,或者在 AD 软件主界面下的工具栏中单击 ▣ 按钮在 PCB 设计图纸上添加焊盘。焊盘通常是元器件的一部分,也可以单独使用。例如,可以作为测试点或者安装孔。

9.2.4 过孔

正如前面所提到的那样,当在不同层之间走线时,就需要使用过孔。下面对过孔的操作方法进行说明。

(1) 在 PCB 设计图纸上添加过孔的方法。

① 在 AD 软件主界面菜单下选择 Place→Via。

② 在 AD 软件主界面下的工具栏中单击 ⦿ 按钮。

在放置电气连接线过程中,如果在不同的布线层切换,AD 软件会自动放置过孔。

(2) 修改过孔属性的方法。

① 在放置过孔时,按下 Tab 键,打开属性设置界面。

② 放置完过孔后,双击过孔,打开属性设置界面。

图 9-9 给出了过孔的设置界面。下面对过孔属性参数设置进行说明:

① 可以在属性设置界面中设置过孔的 Drill Pairs(钻孔层对)。当过孔穿过 PCB 的顶层和底层时,称为通孔;否则称为埋孔或盲孔。

② 当过孔在中间和底层有不同的大小要求时,在图中选中 Top-Middle-Bottom。如果在很多层都有不同的大小要求时,在图中选中 Full Stack。

③ 选中 Solder Mask Expansion,允许设计者通过在该选项后面输入指定的扩展值,覆盖在设计规则中所设置的阻焊值。

④ 选中 From Hole Edge,将忽略在设计规则中关于阻焊的设置。这样在阻焊层不会开放这个过孔。

⑤ 通过 Fabrication 或者 Assembly 可以将过孔分配成顶层和(或)底层的测试点。

(3) 如果将一个网络手工连接到一个内部的电源层,按下数字小键盘上"/"键,此时将添加一个过孔。通过这个过孔,将网络自动连接到合适的电源平面。除了电气连接线设置为任何角度模式外,这种方法可以用于任意一种放置电气连接线的模式中。

9.2.5 弧线

表 9-3 给出了弧线的布线选项所对应的菜单(主界面菜单)和相应的工具栏按钮。

图 9-9 过孔设置对话框

表 9-3　弧线布线选项

放置的命令	放置的工具栏按钮	放置的命令	放置的工具栏按钮
Place→Arc→Arc(Edge)	◔	Place→Arc→Arc(Any Angle)	◔
Place→Arc→Arc(Center)	◔	Place→Arc→Full Circle	◎

在 PCB 编辑器界面中,当选择放置弧线的相应命令时,则添加了所对应的弧线对象。设计者可以在任何一层放置弧线对象。通过下面两种方法打开弧线属性设置窗口:

(1) 当放置弧线对象时,按 Tab 键。

(2) 放置完弧线对象后,双击弧线对象。

如图 9-10 所示,打开弧线属性设置对话框。

9.2.6　字符串

通过下面两种方法在 PCB 绘图中放置字符串:

(1) 在 AD 软件主界面菜单下选择 Place→String。

(2) 在 AD 软件主界面下的工具栏中单击 A 按钮。

通过下面两种方法打开字符串属性设置窗口:

(1) 当放置字符串对象时,按 Tab 键。

(2) 放置完字符串对象后,双击字符串对象。

如图 9-11 所示,打开字符串属性设置对话框。下面对其参数设置进行说明。

1. Text(文本)设置

如图 9-12 所示,有下面两种方法设置文本内容:

(1) 直接在 Text 右侧的文本框输入文本的内容。

(2) 在下拉框中选择特殊的文本内容。例如:. Arc_Count 和. Component_Count,当打印或者绘制 PCB 图时,就会显示对象的名称。其他的特殊字符串与层的名称、文件的名称和打印选项相关。当创建元器件引脚时,使用. Comment 和. Designator 字符串;当把字符串放在钻孔指导层时;. Legend 字符串用于显示一个钻孔符号图例。

2. Font(字体)设置

在字体设置中,提供了 TrueType 、Stroke 和 BarCode 三种类型。图 9-13 给出了这三种字体的图例。

9.2.7　原点

所有测量和光标的位置计算都是基于该层当前的原点,默认一个 PCB 文档的绝对原点(0,0)在设计区域的左下角。

可以通过下面的方法,将当前的原点设置到 PCB 工作区的任何一点:

图 9-10　弧线属性设置对话框

图 9-11　字符串属性设置对话框

图 9-12　Text 设置下拉框

图 9-13　三种字体图例

（1）在 AD 软件主界面菜单下，选择 Edit→Origin→Set。

（2）将鼠标的十字光标放在需要设置为原点的位置，单击则该点就作为整个 PCB 设计文件的设计原点。

（3）在 AD 软件主界面菜单下，选择 Edit→Origin→Reset，可以撤销所设置的原点，恢复原来的原点。

9.2.8　尺寸

可以将尺寸标注添加到当前设计层。可以通过下面的方法放置尺寸标注：

（1）在 AD 软件主界面菜单下选择 Place→Dimension，并选择子菜单选项。

（2）如图 9-14 所示，在 AD 软件主界面下的工具栏中单击不同的按钮，则在 PCB 设计图纸上添加相应的尺寸标注。

通过下面两种方法打开尺寸标注属性设置窗口：

（1）当放置尺寸标注对象时，按 Tab 键。

（2）放置完尺寸标注对象后，双击尺寸标注对象。

这样就可以打开尺寸标注属性对话框，以修改尺寸标注的设置属性如图 9-15 所示。例如，设置文本的高度和宽度。右击或者按 Esc 键，退出设置属性命令。

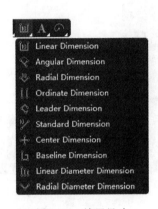

图 9-14　放置尺寸 　　　　　　　　图 9-15　尺寸属性设置对话框

9.2.9　填充

填充是一个长方形的设计对象,它可以放在任何一层,包括铜(信号)层。填充限于一个长方形,该对象不能避开周围的其他对象,例如,焊盘、过孔、电气连接线、区域等其他填充或者文本。如果将该对象放在信号层,则可以连接到网络。

填充由于不能避开周围的其他电气对象,可能会导致短路,所以在使用的时候一定要小心。该对象可以用于一些功率元器件的散热。放置填充对象的步骤,主要包括:

(1) 在 AD 软件主界面菜单下,选择 Place→Fill,启动放置填充对象的命令。

(2) 当鼠标光标变成十字光标,单击需要放置 Fill(填充)的一个矩形顶点,然后在需要放置 Fill 的另一个矩形对角线顶点的位置单击。

(3) 通过下面两种方法,打开填充配置界面:

① 当放置填充对象时,按 Tab 键。

② 放置完填充对象后,双击填充对象。

打开填充配置界面,在该界面内修改填充对象的设置属性。右击或者按 Esc 键,则退出设置属性命令。

(4) 当放置完填充对象后,可以通过下面的方法修改填充对象:

① 用鼠标再次选中所放置的填充对象。然后,单击并拖曳填充对象上的拖曳点(手柄),修改填充

对象的尺寸。

② 通过单击并旋转填充对象中间的小圆圈,对填充对象进行旋转。

9.2.10 固体区

固体区是一个多边形固体对象。尽管将其用作铜皮区域,但是它能放置在任何设计层,包括信号层。类似于填充对象,该对象不能避开周围的其他对象,如焊盘、过孔、电气连接线、区域等其他填充或者文本。如果将该对象放在信号层,则可以连接到网络。

下面给出放置固体区的步骤。其步骤包括:

(1) 可以通过在 AD 软件主界面菜单下选择 Place→Solid Region。

(2) 单击,定义该多边形对象的每个顶点,然后拖动鼠标,完成所有顶点的连接。当闭合多边形固体区后,右击,停止绘制该对象。

(3) 通过下面两种方式,打开固体区属性设置对话框:

① 当放置固体区对象时,按 Tab 键。

② 放置完固体区对象后,双击固体区对象。

打开如图 9-16 所示的固体区属性设置界面。

下面对一些关键属性进行说明:

(1) Polygon Cutout(多边形开口):如图 9-17 所示,当选中该选项时,表示固体区对象实际是一个空的对象,其周围是覆铜区,即由 Polygon Cutout 所划定的区域内不能覆铜。

图 9-16　固体区属性设置

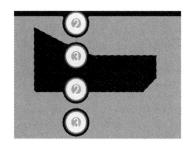

图 9-17　多边形开口属性设置

（2）Board Cutout(板形开口)：选中该选项时,表示这个对象实际是一个空的对象,用于定义在板子上的一个不规则的洞。也就是说,在实际的 PCB 设计中,表示一个掏空的部分。

9.2.11　多边形覆铜

将一个多边形覆铜对象放置在一个信号层,用于创建一个多边形的覆铜区域,该区域是以固体或者网格的形式存在的。当对划定的不规则区域覆铜时,多边形区域允许与周围不同网络的电气对象之间保持一个间隙(安全间距)。安全间距和连接属性由电气间隙和连接类型设计规则控制。图 9-18(a)给出了 Solid 模式的多边形覆铜方法,图 9-18(b)给出了 Hatched 模式的多边形覆铜方法。从图中可以看出覆铜区自动地与不同网络的电气对象进行隔离,保证不发生短路。

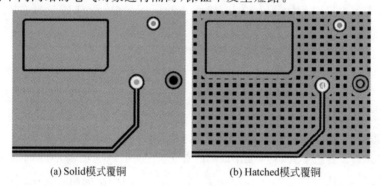

(a) Solid模式覆铜　　　　　　(b) Hatched模式覆铜

图 9-18　不同形式的覆铜方法

1. 放置多边形覆铜区的步骤

放置多边形覆铜区的步骤包括：

（1）通过下面两种方法,启动放置多边形覆铜的命令。

① 在 AD 软件主界面菜单下,选择 Place→Polygon Pour。

② 在 AD 软件主界面下的工具栏中单击 ▣ 按钮。

（2）单击,定义该多边形对象的每个顶点,并拖动鼠标,完成所有顶点的连接。当闭合多边形覆铜区后,右击,停止绘制该对象。

（3）通过下面两种方式,打开多边形覆铜属性对话框：

① 当放置多边形覆铜对象时,按 Tab 键。

② 放置完多边形覆铜区对象后,双击多边形覆铜区对象。

2. 多边形覆铜区属性设置

打开如图 9-19 所示的多边形覆铜区的属性设置界面。下面对一些关键属性进行说明。

1) 填充模式

（1）固体(Solid)。如果选定该模式,则多边形由固体区域对象内部构建。在一个完整的多边形内,每一个连续的固体区分配一个独立的区域。通过使用 Gerber(光绘)区域定义,这种类型的多边形输出到 Gerber 文件中。在 Gerber 区域中,不支持圆形开孔,因此,用于圆形开孔的圆弧(洞),是由直线段进行估计的,其精度由该对话框的 Arc Approximation 确定。此模式的多边形覆铜速度较快,将生成更小的 PCB 和 Gerber 文件。

（2）网格(Hatched)。如果选择这个模式,由电气连接线和弧线对象来创建多边形。通过调整电气连接线和弧线对象的 Width(宽度)和 Grid(栅格)设置,可以以网格或者固体的方式显示完整的多边形。此模式的多边形的覆铜速度较慢,其生成较大的 PCB 和 Gerber 文件。在模拟系统设计中,经常使用网格覆铜。

(3)无(None)。该模式本质上和网格是一样的,它使用电气连接线和弧线定义边界。但是在边界内部添加电气连接线和弧线。这个模式主要是为设计者分析结构和不同多边形而设计的。当修改设计时,该模式是非常有用的。

2)连接到网络

(1) Pour Over All Same Net Objects。选择该选项时,多边形自动连接到和覆铜网络有相同网络的所有对象。

(2) Pour Over Same Net Polygons Only。选择该选项时,设计者需要将多边形自动连接到它边界内的具有相同网络的多边形对象。

(3) Don't Pour Over Same Net Objects。选择该选项时,设计者不希望多边形连接到这个网络上的任何非引脚的对象。

3.固体区和多边形覆铜的公共特性

下面对固体区和多边形覆铜对象的公共特性进行总结。主要包括:

1)多边形拐角的设置

在放置一个多边形的时候,通过按 Shift 键+空格键或空格键,修改多边形的拐角。在 45°、45°圆弧、90°、90°圆弧和任意角度的拐角模式之间进行选择。

2)超前看特性

在一些情况下,当绘制 PCB 时,在没有正式放置多边形之前,需要预测未来电气连接线段或者对象边沿所在的位置。

图 9-19 多边形覆铜区属性设置

为了满足这个要求,AD 软件提供了一个被称为"超前看特性"的特征。在使用"超前看特性"选项的情况下,当设计者单击时,并不真正地放置与当前光标相连的电气连接线或对象边沿。换句话说,在正式放置下一个线段前,允许设计者超前看下一个线段。

图 9-20 给出了一个多边形区域的第一个拐点,图 9-20(a)打开"超前看特性",图 9-20(b)关闭"超前看特性"。

3)快捷键

(1)按下 1 键,用于打开/关闭超前看特性。只有在放置多边形的过程中,才能使用这个快捷键。

(2)在放置多边形的过程中,按"~"键或者 F1 键,列出命令快捷键。

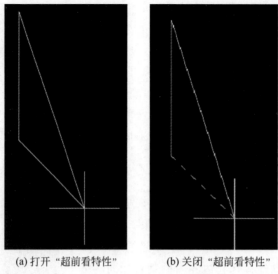

(a) 打开 "超前看特性"　　　　(b) 关闭 "超前看特性"

图 9-20　打开/关闭"超前看特性"

9.2.12　禁止布线对象

电气连接线、填充和弧线都可用于在一个电气层上分配一个区域用于禁止布线。在输出操作时,忽略定义为禁止布线的对象,例如,光绘和打印。

在 AD 软件主界面菜单下,选择 Place→Keepout 进入子菜单。在子菜单下存在电气连接线、填充和弧线。它们能被定义为一个层指定的禁止布线。

通过下面两种方式,打开禁止布线对象属性对话框:

(1) 在放置禁止布线对象时,按 Tab 键。

(2) 放置完禁止布线对象后,双击禁止布线对象。

打开属性设置对话框,用于修改禁止布线对象属性设置。

9.2.13　捕获向导

捕获向导是特殊的对象,用于将光标驱动到某一个轴或者点,以帮助其他对象或者元器件的布局。该对象也用于一个可见的指示器,用作通常的布局或者对齐操作。

AD 软件提供了不同的捕获向导。在 AD 软件主界面菜单下选择 Place→Work Guides 进入子菜单。在子菜单下,提供了下面的选项:

(1) Place Point Guide(放置点向导)。

(2) Place Vertical Guide(放置垂直向导)。

(3) Place Horizontal Guide(放置水平向导)。

(4) Place +45 Degree Guide(放置+45°向导)。

(5) Place −45 Degree Guide(放置−45°向导)。

根据设计者的要求,将光标放置在 PCB 设计界面合适的位置单击,设置捕获向导。

9.2.14　PCB 选项对话框参数设置

在 AD 软件的 PCB 编辑界面右下角 Panels 菜单下选择 Properties,打开板选项对话框。如图 9-21

所示,出现 Properties(PCB 选项)对话框。下面对其参数设置进行详细的说明。

1) Units(单位)

Units 有 imperial(英制)和 metric(公制)。在绘制 PCB 时,一般都是用英制单位,这样容易和 PCB 厂商所要求的工艺相对应。在绘制图的过程中,如果需要使用公制单位,则可以修改 Units 的选项设置。

2) Snap Options(栅格选项)

(1) Grids(捕获栅格)。选中该选项,在放置元器件和布线时,只能在栅格上操作,不允许在栅格之间进行操作。栅格的大小要适中,栅格间距太大,会造成布线密度过低和放置元器件的灵活性降低。由于现在的 PCB 主流工艺已经达到了 4mil(1mil=0.0254mm),所以为了设计方便,在后面可以将栅格的间距设置为 1mil,以方便布线,增加布线的密度。

(2) Guides。选中该选项,用于确保光标能捕获到人工放置的捕获向导。

(3) Object Axes。选中该选项,用于确保光标能捕获到动态对齐向导。通过对已经放置对象的热点估计,得到该动态对齐向导。

9.2.15 栅格尺寸设置

可以通过以下几种方法,进入栅格尺寸设置界面。

1. 栅格尺寸设置方法一

(1) 如图 9-22 所示,在该界面内,单击 Grid Manager。

(2) 如图 9-23 所示,出现 Cartesian Grid Editor(mm)(笛卡儿栅格编辑器)。有两种方式来设置 X 和 Y 的栅格。

① 在 Step X 右侧的下拉框选择栅格大小,本设计的栅格选择 0.127mm。可以看到 Step Y 也自动设置为 0.127mm。通常情况下 X 坐标和 Y 坐标的栅格大小是一样的。

图 9-21　PCB 选项对话框参数设置界面

② 如果设计者想单独设置 Y 的栅格,可以在如图 9-23 所示的界面中,单击 ⊖ 按钮。此时,Step Y 旁边的文本框由灰色变成黑色,设计者可以单独设置 Y 栅格。此处的 X 和 Y 栅格用于控制绘图对象的移动距离。

(3) Display 下的参数设置。

① Fine:用于控制电气栅格的显示模式,包括 Lines(线)、Dots(点)和 Do Not Draw(不画),以及显示颜色。

② Coarse:用于控制显示栅格的显示模式,包括 Lines(线)、Dots(点)和 Do Not Draw(不画),以及显示颜色。

③ Multiplier:用于控制显示栅格和电气栅格之间的关系,可选择 2×、5× 和 10×。

(4) 单击 OK 按钮,退出设置界面。

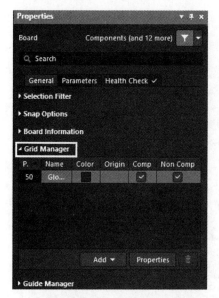

图 9-22 PCB 选项对话框

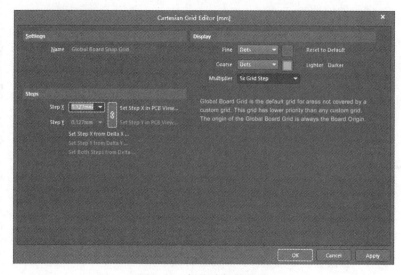

图 9-23 栅格编辑器界面

2. 栅格尺寸设置方法二

按 G 键或者 Ctrl+G 组合键,弹出快捷菜单,直接设置栅格尺寸。

9.2.16 视图配置

通过下面两种方法,打开 View Configurations(视图配置)对话框:

(1) 在 AD 软件主界面右下角,选择 Panels→View Configurations。

(2) 按 L 键。

视图配置对话框用于:

(1) 设置 2D 视图模式下,PCB 每一层的状态和颜色。

(2) 设置 3D 模式下的颜色和透明度。

(3) 用于配置和其他视图相关的信息。例如,每种对象的显示和引脚上网络名称的显示。

该对话框可以保存和重新加载最后一次所使用的视图配置。下面对该视图配置对话框内的参数设置进行详细说明。

1. 视图配置类型

如图 9-24 所示,在 View Configurations 界面的 View Options 中,给出了不同视图配置类型。主要分为 2D 和 3D 类型,定义了层、表面、3D 颜色、可视性和其他条目。

2. 信号层和内层

如图 9-25 所示,在 Layer Stack Manager(层堆叠管理器)中添加或者删除层。在这个对话框中,控制它们的颜色和显示状态。

按名称后面括号内的快捷键,可以切换该层的显示模式。例如,按 T 键,可以在选中/不选中显示

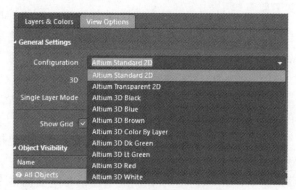

图 9-24 视图配置类型选择

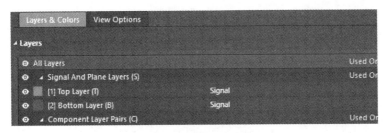

图 9-25　信号层和内层配置

模式之间进行切换。

3. 机械层

如图 9-26 所示，AD 软件有 32 个机械层。双击相应机械层名称可以对该机械层的名称、层数、层类型进行编辑。

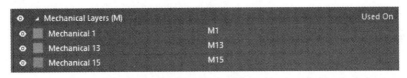

图 9-26　机械层配置

4. 颜色设置

单击不同的颜色框，会自动弹出颜色设置框界面，可以为 PCB 的每层定制显示颜色。

5. 禁止布线层

禁止布线层(keep-out layer)是一个特殊层。放置在禁止布线层的对象，其作用对于放在任何信号层的对象来说，类似于一个障碍物或者边界。典型地，禁止布线层用于定义一些区域。例如，板子布线和布局的区域，或者板子的区域，这些区域避免放置元器件和进行布线。

9.2.17　PCB 坐标系统的设置

PCB 编辑器有一个坐标系统，其原点位于 PCB 绘图工作区的左下角的位置。这个位置有一个明显的标记，这个点的坐标是(0,0)，也就是所说的绝对原点。工作区的尺寸是 100in×100in。

通过下面的方法，修改 PCB 坐标系统的设置：

(1) 在 AD 软件主界面菜单下，选择 Edit→Origin→Set，重新定义坐标系统的参考点。一旦重新定义了原点，在 PCB 设计界面中显示的 X 和 Y 坐标都是相对于这个新原点的。

(2) 在 AD 软件主界面菜单下，选择 Edit→Origin→Reset，将坐标原点重新设置为绝对原点。

可以使用下面的方法，选择坐标系统的单位，即公制或者英制单位：

(1) 在 AD 软件主界面菜单下，选择 View→Toggle Units。

(2) 按 Q 键。

9.2.18　设置选项快捷键

按下 O 键，显示一个菜单，该菜单提供一种快速的方法用于访问所设置的对话框。将 O 键和菜单中带有下画线的另一个按键组合，例如，O 键和 D 键的组合键，用于显示配置选项(View Configuration)。表 9-4 给出了选项设置快捷键。

表 9-4　选项设置快捷键

选　　项	显示的对话框	快　捷　键
Board Layers&Colors	View Configuration 对话框	L 键或者 O+D 键
Layer Stack Manager	Layer Stack Manage 对话框	O+K 键
Classes…	Object Class Explorer 对话框	O+C 键
Preferences	Preferences 对话框的 General 标签	O+P 键
Display	Preferences 对话框的 Display 标签	O+I 键
Edit Nets	NetlistManager 对话框	O+N 键
Defaults	Preferences 对话框的 Defaults 标签	O+U 键

9.3　PCB 元器件封装库设计

本节将使用 IPC Footprint Wizard 创建元器件 PCB 封装。IPC Footprint Wizard 根据 IPC 算法，使用元器件本身的尺寸信息生成 PCB 封装。

该向导支持 BGA、BQFP、CAPAE、CFP、Chip Array、DFN、CHIP、CQFP、DPAK、LCC、LGA、MELF、MOLDED、PLCC、PQFP、PSON、QFN、QFN-2ROW、SODFL、SOIC、SOJ、SON、SOP/TSOP、SOT143/343、SOT223、SOT23、SOT89、SOTFL 和 WIRE WOUND 类型的封装。

IPC Footprint Wizard 的一些特性包含：

(1) 输入整体封装尺寸、引脚信息、脚跟间距、焊锡圆角和误差，并且可以立即看到。

(2) 输入机械尺寸，如围挡、装配和元器件(3D)信息。

(3) 可以输入向导，允许审查和调整，在每一个阶段，可以预览 PCB 的引脚封装。

(4) 可以在任何一个阶段单击 Finish 按钮。这样，可以产生当前预览的引脚视图。

9.3.1　使用 IPC Footprint Wizard 创建元器件 PCB 封装

本节将使用 IPC Footprint Wizard 创建简单元器件的 PCB 封装和复杂元器件的 PCB 封装。

图 9-27 给出了 TI 的 LM324 器件 SOIC 的封装尺寸信息，括号内为公制单位值，括号外面为英制单位值。下面给出创建简单的 SOIC 器件的步骤：

(1) 在 AD 软件主界面菜单下，选择 File→New→Library 命令创建本地文件，选择 PCB Library，生成名称为 PcbLibl 的库文件，并将其保存在 mypcb_library 目录下。

(2) 在 AD 软件主界面菜单下，选择 Tools→IPC Compliant Footprint Wizard 命令，进入 PCB 封装设计向导界面。

(3) 出现 IPC Compliant Footprint Wizard(符合 IPC 引脚向导)对话框，其提示 This wizard will help you to draw footprints that follow the IPC Compliant Footprint standard(该向导帮助设计者绘制符合 IPC 引脚标准的引脚)，单击 Next 按钮。

(4) 出现 Select Component Type(选择元器件类型)界面。如图 9-28 所示，在 Component Types (元器件类型)下，选择 SOIC 那一行。该行描述为：Small Outline Integrated Package，1.27mm Pitch (小集成封装，1.27mm 间距)，这个信息对 SOIC 封装的特性进行了简要的说明。单击 Next 按钮。

(5) 出现图 9-29 所示的 SOIC Package Dimensions(SOIC 封装尺寸)对话框。按照图 9-27 给出的 SOIC 封装的典型尺寸输入下面的参数，SOIC 封装典型的 e 值为 1.27mm。为了便于在 PCB 上焊接元器件,在给定 H 的值时,通常比厂商给出的尺寸要略大一些。参数输入完成后选择 Generate STEP Model Preview 生成三维模型文件,单击 Next 按钮。

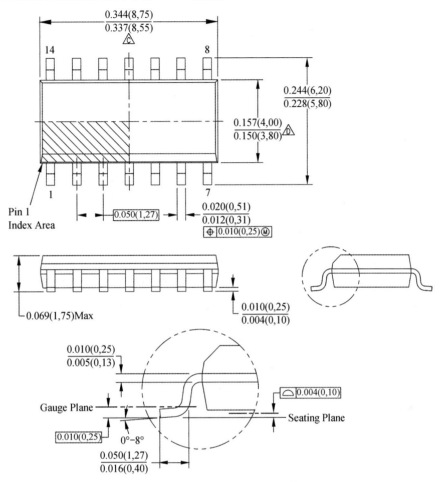

图 9-27   LM324 SOIC 封装尺寸图

Name	Description	Included Packages
LCC	Leadless Chip Carrier	LCC
LGA	Land Grid Array	LGA
MELF	MELF Components, 2-Pins	Diode, Resistor
MOLDED	Molded Components, 2-Pins	Capacitor, Inductor, Diode
PLCC	Plastic Leaded Chip Carrier, Square - J Leads	PLCC
PQFN	Pullback Quad Flat No-Lead	PQFN
PQFP	Plastic Quad Flat Pack	PQFP, PQFP Exposed Pad
PSON	Pullback Small Outline No-Lead	PSON
QFN	Quad Flat No-Lead	QFN, LLP
QFN-2ROW	Quad Flat No-Lead, 2 Rows, Square	Double Row QFN
SODFL	Small Outline Diode, Flat Lead	SODFL
SOIC	Small Outline Integrated Package, 1.27mm Pitch - Gullwing Leads	SOIC, SOIC Exposed Pad
SOJ	Small Outline Package - J Leads	SOJ
SON	Small Outline Non-lead	SON, SON Exposed Pad
SOP/TSOP	Small Outline Package - Gullwing Leads	SOP, TSOP, TSSOP
SOT143/343	Small Outline Transistor	SOT143, SOT343
SOT223	Small Outline Transistor	SOT223
SOT23	Small Outline Transistor	3-Leads, 5-Leads, 6-Leads
SOT89	Small Outline Transistor	SOT89

图 9-28   选择元器件封装类型界面

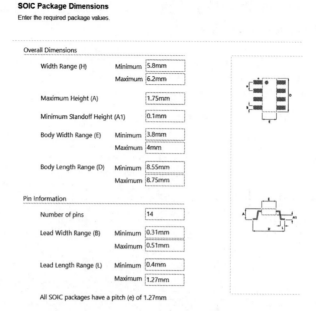

SOIC Package Dimensions
Enter the required package values.

Overall Dimensions

Width Range (H)	Minimum	5.8mm
	Maximum	6.2mm
Maximum Height (A)		1.75mm
Minimum Standoff Height (A1)		0.1mm
Body Width Range (E)	Minimum	3.8mm
	Maximum	4mm
Body Length Range (D)	Minimum	8.55mm
	Maximum	8.75mm

Pin Information

Number of pins		14
Lead Width Range (B)	Minimum	0.31mm
	Maximum	0.51mm
Lead Length Range (L)	Minimum	0.4mm
	Maximum	1.27mm

All SOIC packages have a pitch (e) of 1.27mm

图 9-29　配置 SOIC 器件 PCB 封装界面

（6）出现 SOIC Package Thermal Pad Dimensions（SOIC 封装热焊盘尺寸）对话框,要求输入热焊盘的尺寸参数。

对于一些 SOIC 封装的元器件,由于芯片本身发热量比较大,因此在芯片的下面增加了一个长方形的金属焊盘。这个金属焊盘面积较大,通常与芯片的接地引脚连接,用于芯片散热。当进行 PCB 设计时,该热焊盘连接到 PCB 的地平面,用于帮助芯片散热。

由于 LM324 没有热焊盘,所以不需要输入热焊盘参数。单击 Next 按钮。

（7）出现 SOIC Package Heel Spacing（SOIC 封装脚间距）对话框,使用计算得到的值。单击 Next 按钮。

（8）出现 SOIC Solder Fillets（SOIC 填锡）对话框,使用默认值。单击 Next 按钮。

（9）出现 SOIC Component Tolerance（SOIC 元器件容差）对话框,使用计算得到的元器件误差。单击 Next 按钮。

（10）出现 SOIC Footprint Dimensions（SOIC 引脚尺寸）对话框,使用计算得到的 PCB 封装参数。并且,在该对话框下面的 Pad Shape 中选择 Rectangular（长方形）,而不选择 Rounded（圆形）封装。单击 Next 按钮。

（11）出现 SOIC Silkscreen Dimensions（SOIC 丝印尺寸）对话框,使用默认的丝印参数设置。单击 Next 按钮。

Silkscreen（丝印层）即文字层,在 PCB 制作工艺中最上面一层,可以没有,一般用于注释。PCB 中的丝印层包括 Top OverLayer（顶层）、Bottom OverLayer（底层）,即印制电路板的最上和最下两层。

（12）出现 SOIC Courtyard, Assembly and Component Body Information（SOIC 围挡,组装和元器件体信息）对话框,使用默认设置。单击 Next 按钮。

（13）出现 SOIC Footprint Description（SOIC 引脚描述）对话框,使用默认的封装描述信息。单击 Next 按钮。

（14）出现 Footprint Destination（封装存储）对话框,使用当前默认的路径。单击 Next 按钮。

（15）出现 The IPC Compliant Footprint Wizard is complete(IPC 标准引脚向导完成)对话框,表示 SOIC-14 封装已经完成。单击 Finish 按钮。

按前面的方法,选择 PCB Library 标签,如图 9-30 所示,可以看到生成了一个名称为 SOIC127P600X175-14N 的封装。由于这个默认的 PCB 封装名称太复杂,所以修改该封装名称。下面给出修改该封装名称的步骤,其主要包括:

① 双击图 9-30 内的 SOIC127P600X175-14N 标识。

② 出现图 9-31 所示的对话框。在 Name 右侧输入 SOIC-14N。单击 OK 按钮。这样封装的名称就改成了 SOIC-14N。

图 9-30　生成新的 PCB 封装

图 9-31　修改 PCB 封装名称对话框

9.3.2　使用 Footprint Wizard 创建元器件 PCB 封装

本节将使用 Footprint Wizard 为 LM324N 器件创建 DIP 封装。图 9-32 给出了该器件 DIP 封装的

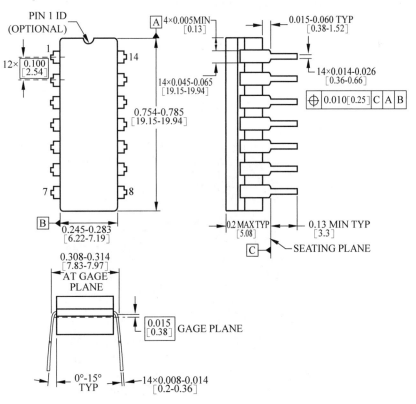

图 9-32　LM324N 器件 DIP 封装的物理尺寸

物理尺寸,下面将详细介绍使用 Footprint Wizard 为 LM324N 创建 DIP 封装的步骤。其主要包括：

（1）在 AD 软件主界面菜单下,选择 Tools→Footprint Wizard,进入元器件向导界面。

（2）出现 PCB Footprint Wizard 对话框。单击 Next 按钮。

（3）出现如图 9-33 所示的 Component patterns 对话框,该界面用于选择封装的类型,按下面参数进行设置：

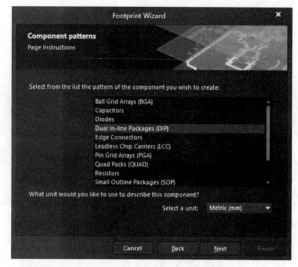

图 9-33　选择封装类型界面

① 在 Select from the list the pattern of the component you wish to create 下面选择 Dual In-line Packages[DIP]。

② Select a unit：Metric[mm]（选择公制单位）。

③ 单击 Next 按钮。

（4）出现如图 9-34 所示的 Dual In-line Packages(DIP)：Define the pads dimensions（定义焊盘尺寸)对话框。标注数字的位置,输入新的数字,用于修改 DIP 封装焊盘的尺寸。单击 Next 按钮。修改完焊盘参数后的界面如图 9-34 所示。

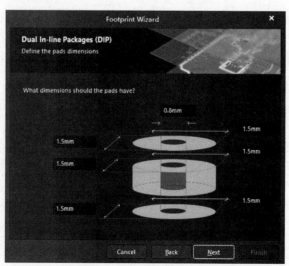

图 9-34　修改完焊盘参数后的界面

（5）出现 Dual In-line Packages(DIP)：Define the pads layout(定义焊盘布局)对话框。如图 9-35 所示，修改焊盘布局的值。单击 Next 按钮。

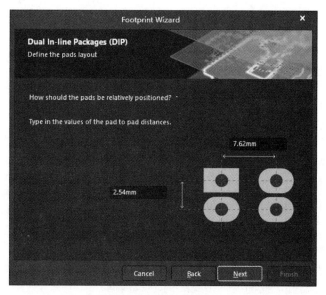

图 9-35　修改完焊盘布局参数后的界面

（6）出现 Dual In-line Packages(DIP)：Define the outline width(定义轮廓线宽度)对话框，接受默认设置。单击 Next 按钮。

（7）如图 9-36 所示，出现 Dual In-line Packages(DIP)：Set number of the pads(设置焊盘的个数)对话框，按下面参数进行设置：

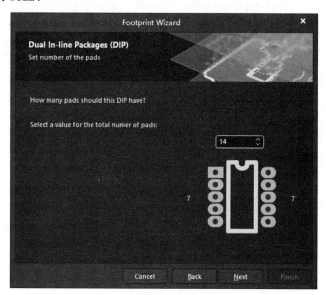

图 9-36　修改焊盘个数的界面

Select a value for the total number of pads：14

单击 Next 按钮。

（8）出现 Dual In-line Packages(DIP)：set the component name(设置元器件名称)，接受默认的元

器件名称 DIP14。单击 Next 按钮。

（9）出现 The Wizard now has enough information to complete the task（现在向导有足够的信息来完成任务）。单击 Finish 按钮。

至此完成了 DIP14 封装的设计。

9.3.3 使用 IPC Footprints Batch Generator 创建元器件 PCB 封装

和前面生成元器件 PCB 封装的方式相比，IPC Footprint Batch Generator（IPC 引脚批处理生成器）可以快速生成封装，并通过包含封装信息的输入文件生成多密度器件。

本节将通过实例介绍 IPC Footprints Batch Generator 快速创建元器件 PCB 封装的步骤。其主要包括：

（1）在 AD 软件主界面菜单下，选择 Tools→IPC Footprints Batch Generator。

（2）出现 IPC Footprints Batch Generator 对话框。在该界面下，可以单击 Open Template 按钮。AD 软件提供了大量元器件 PCB 封装模板的 IPC 封装格式。例如，在浮动菜单中选择 BGA，就会出现图 9-37 所示的 BGA IPC 数据模板。设计者根据 IPC 规则，在表格中填入所要设计的 BGA 封装的数据，元器件厂商都提供了封装的 IPC 数据。

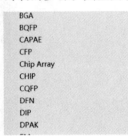

图 9-37 BGA IPC 封装
模板界面

（3）下面将用已经填写好的 IPC 封装数据文件在 PcbLibl.PcbLib 中再生成一个 PCB 封装。在如图 9-38 所示的界面内，单击 Add Files 按钮，弹出打开文件对话框，如图 9-38 所示，打开 BGA.xls 文件。

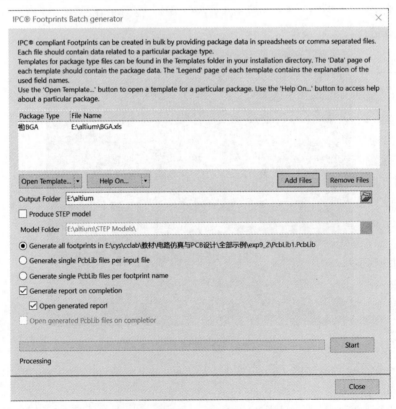

图 9-38 选择 IPC 批处理数据文件

（4）单击图 9-38 界面内的 Start 按钮。IPC Footprints Batch Generator 开始对数据文件进行批处理，在 PcbLibl. PcbLib 中新生成元器件的 PCB 封装。

（5）当批处理完成后，自动打开 IPC Compliant Footprint Wizard-Batch Report（批处理报告），该报告给出了批处理后的结果。

（6）如图 9-39 所示，新生成了名称为 MAPBGA-196 的 PCB 封装（名称由 .xls 文件的相关域确定）。

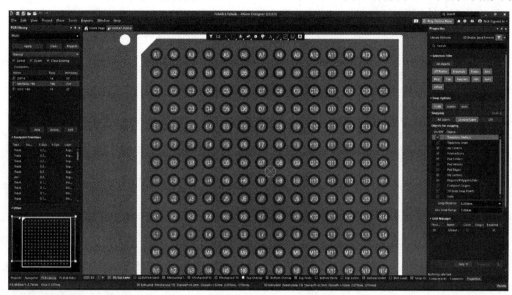

图 9-39　新生成的元器件 PCB 封装

至此，使用 IPC Footprints Batch Generator 快速生成了新的元器件封装。

9.3.4　不规则焊盘和 PCB 封装的绘制

在一些情况下，需要为一些不规则的焊盘绘制 PCB 封装。通过使用库编辑器内的设计对象，就可以为不规则的焊盘绘制 PCB 封装。

根据焊盘对象的形状，软件自动地创建阻焊层和助焊层。如果使用焊盘对象建立一个不规则的形状，将产生正确匹配的不规则阻焊和助焊形状。如果从其他对象，如线、填充、区域或者圆弧，建立不规则形状，则需要通过在阻焊层和助焊层放置合适的扩大或者缩小的对象，来定义任何要求的阻焊或者助焊。

为了更进一步掌握不规则 PCB 封装的绘制方法，下面以 TI 的 UA78L05 的 SOT-89 封装为例，说明手工绘制电子元器件封装的技巧。这些方法便于设计者在前面自动生成的 PCB 封装的基础上修改 PCB 封装，以满足特定的 PCB 封装需求。图 9-40 给出了 SOT-89 详细的封装图。下面给出绘制 SOT-89 的 PCB 封装步骤，该绘制过程仍然在前面的 PCB 设计工程内完成。

（1）在 AD 软件主界面菜单下，选择 Tools→New Blank Footprint。

（2）自动打开 PCB 封装设计界面，生成一个名称为 PCBCOMPONENT_1 的 PCB 封装。

（3）如图 9-41 所示，在 PCB 封装设计界面内出现 PCB 封装坐标基准点图标，其坐标为(0,0)。

（4）绘制图 9-40 中标记为①的区域，其步骤主要包括：

① 在 PCB 设计界面的下面分层标签下，选择 Top Layer，表示在顶层上绘制标记为①的区域封装。

② 在 AD 软件主界面菜单下选择 Place→Solid Region，开始绘制标记为①的多边形区域。在绘制的过程中，要注意多边形的长、宽和角度等尺寸。

③ 区域①绘制完成后,右击如图 9-42 所示的区域①的多边形区域,弹出快捷菜单,选择 Properties。

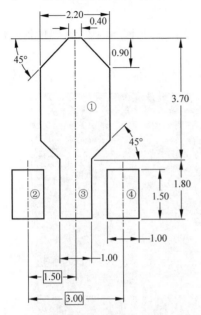

图 9-40　SOT-89 元器件封装尺寸

图 9-41　PCB 封装坐标基准点

图 9-42　PCB 焊盘多边形区域

④ 出现图 9-43 所示的多边形绘制属性配置界面,用于为多边形区域在阻焊层和锡膏保护层添加电气隔离边界。

- 在 Solder Mask Expansion 区域选择 Rule,选中 0.102mm。
- 在 Paste Mask Expansion 区域选择 Rule,选中 0mm。

单击 OK 按钮,这样就为多边形区域配置了电气隔离边界。

(5) 绘制图 9-40 中标记为②、③和④的区域,其步骤主要包括:

① 在图 9-44 所示的设计界面内,右击出现快捷菜单,选择 Place→Pad。

② 在图 9-45 所示的位置放置编号为 0 的圆形焊盘。

③ 双击圆形焊盘图标,打开图 9-46 所示的焊盘配置界面,按如下参数设置:

- Layer：Top Layer。
- X：−0.8mm。
- Y：0mm。
- Shape：Rectangular(表示引脚/焊盘的形状是长方形)。
- X-Size：2mm(设计留有余地,便于今后的焊接和调试)。
- Y-Size：1mm。
- Designator：2(表示是第 2 个引脚)。

④ 如图 9-47 所示,复制两个焊盘到图示的位置。如果非表贴的焊盘,如通孔,当其中间层和底层的尺寸不相同时,单击 TOP-Middle-Bottom。如果要设置不相同的更多层时,则选择 Full Stack。

图 9-43　PCB 焊盘多边形绘制属性
配置界面

图 9-44　添加电器规则后的多边形区域

图 9-45　添加焊盘

图 9-46　焊盘配置界面

⑤ 双击图 9-47 最上面的焊盘,打开属性配置界面,按下面参数进行配置:

- X:−1.05mm(根据图 9-40 的坐标和图 9-47 的中间焊盘的位置确定)。
- Y:1.5mm(根据图 9-40 的坐标和图 9-47 的中间焊盘的位置确定)。
- Shape:Rectangular(表示引脚/焊盘的形状是长方形)。
- X-Size:1.5mm(设计留有余地,便于今后的焊接和调试)。
- Y-Size:1mm。
- Designator:1(表示是第 1 个引脚)。

⑥ 双击图 9-47 最下面的焊盘,打开属性配置界面,按下面参数进行配置:

- X:−1.05mm(根据图 9-40 的坐标和图 9-47 的中间焊盘的位置确定)。
- Y:−1.5mm(根据图 9-40 的坐标和图 9-47 的中间焊盘的位置确定)。
- Shape:Rectangular(表示引脚/焊盘的形状是长方形)。
- X-Size:1.5mm(设计留有余地,便于今后的焊接和调试)。
- Y-Size:1mm。
- Designator:3(表示是第 3 个引脚)。

图 9-48 给出了所有焊盘设置完成后的 PCB 封装界面。

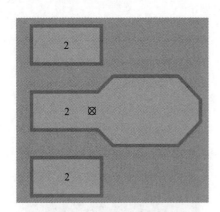

图 9-47　复制两个焊盘

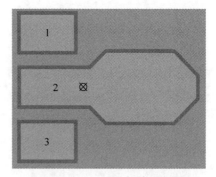

图 9-48　焊盘设置完成后的 PCB 封装界面

（6）设置该 PCB 封装的边界，设置步骤如下：

① 如图 9-49 所示，在 PCB 设计界面的下面分层标签下，选择 Mechanical 15，表示在该层上绘制 PCB 的封装边界。

LS ◀ ▶ ■ Top Layer ■ Bottom Layer ■ Mechanical 1 ■ Mechanical 13 **■ Mechanical 15**

图 9-49　选择机械层界面

② 在图 9-50 所示的设计界面内，右击出现快捷菜单，选择 Place→Line。

③ 如图 9-50 所示，在前面的封装外侧，按照 SOT-89 的封装，画一个矩形框，作为该 PCB 封装的边界。

（7）为 PCB 封装添加丝印描述，其步骤包括：

① 在 PCB 设计界面的下面分层标签下选择 Top Overlay，表示在该层上绘制 PCB 的丝印。

② 在图 9-51 所示的设计界面内，右击出现快捷菜单，选择 Place→Line，按照图所示，添加两条黄色的折线。

③ 在图 9-51 所示的设计界面内，右击出现快捷菜单，选择 Place→Arc，按照图所示，添加一个黄色的圆，表示是芯片的第一个引脚。

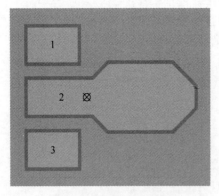

图 9-50　划定 PCB 边界

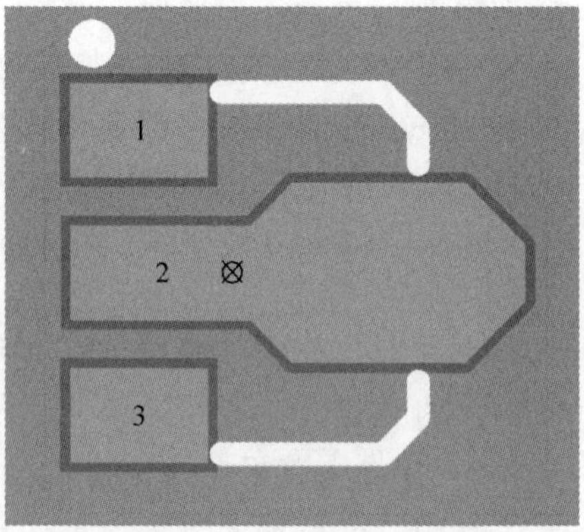

图 9-51　绘制元器件丝印

至此，完成设计基本的 PCB 封装。

9.3.5　添加 3D 封装描述

考虑到现在电子产品的密度和复杂度等因素，作为一个 PCB 设计人员来说，不但要考虑元器件之间的间距要求,还要考虑高度的限制与元器件和元器件之间的位置选择;此外,也需要把最终的 PCB 送到机械绘图 CAD 软件中。在 CAD 环境下,可以对虚拟产品的装配进行验证,这个虚拟的产品中包含了已经开发的元器件的封装。AD 软件为上述不同的需求提供了不同的环境。

下面给出为 SOT-89 PCB 封装手动放置 3D 封装对象的步骤,其主要包括:

(1)在 AD 软件主界面菜单下选择 Place→3D Body,在 Choose Model 对话框中选择 UA78L05ACPK. stp 文件打开,并放入图形中心位置。双击 3D 模型打开属性配置界面,如图 9-52 所示按下面参数配置。修改属性为如下:

X:1mm。

Y:0mm。

Layer:Mechanical 13。

Rotation X°:90。

Rotation Y°:0。

Rotation Z°:90。

(2)在 AD 软件主界面菜单下选择 View→3D Layout Mode 或按快捷键 3,显示该封装的 3D 模型如图 9-53 所示。

图 9-52　修改 3D 模型参数

图 9-53　封装的 3D 模型显示

(3)修改该封装的名称,其步骤主要包括:

① 在 AD 软件主界面左侧的 PCB Library 下的 PCB 封装中,找到名称为 PCBCOMPONENT_1 的封装。

② 双击 PCBCOMPONENT_1 名称,按如下参数设置:

• Name:SOT89。

• Height:1.6mm。

• Description:This is SOT89 footprint。

至此,完成了 3D PCB 的封装设计。

9.3.6　检查元器件 PCB 封装

AD 软件提供了对所设计的 PCB 封装进行检查的功能。本节将介绍检查元器件 PCB 封装的步骤，其主要包括：

（1）在 AD 软件主界面菜单下，选择 Reports→Component Rule Check 命令。

（2）出现如图 9-54 所示的 Component Rule Check(元器件规则检查)对话框，接受默认设置。单击 OK 按钮。

（3）如图 9-55 所示，出现 PcbLib1.ERR 文件界面，该界面显示目前没有任何 PCB 封装错误出现。

图 9-54　元器件规则检查对话框

图 9-55　元器件检查结果报告

（4）关闭 PcbLib1.PcbLib 库。

9.4　PCB 设计规则

在电路板 EDA 软件中设定 PCB 布线设计规则是实现正确布线的重要因素，设计规则是设计者设计指标及要求的体现，这里以 AD 软件为例介绍 PCB 设计规则。这些设计规则涵盖了设计的各个方面，包括布线宽度、间距、平面连接类型、布线过孔类型等。在设计过程中，设计者根据规则对设计进行实时检查，也可以在任意时刻运行一个批处理测试，然后生成设计规则检查(design rule check，DRC)报告。

AD 软件设计规则并不是某个对象的属性，设计规则和绘图对象之间相互独立，每个设计规则都有适用对象的范围。

AD 软件以层次化的方式来应用规则。例如，用于整个板的间距规则，一个间距规则用于一类网络，另一个间距规则用于另一类网络中的某个引脚。使用规则优先级和规则范围，PCB 编辑器能确定将一个规则如何应用到一个绘图对象中。

下面将详细介绍设计规则的定义，以及如何检查 PCB 设计与设计规则之间的冲突。

9.4.1　添加设计规则

打开规则编辑器的步骤主要包括：

（1）在 AD 软件主界面菜单下选择 Design→Rules。

（2）如图 9-56 所示，出现 PCB Rules and Constraints Editor(PCB 规则和约束编辑器)对话框。

添加新设计规则的步骤主要包括：

（1）在如图 9-56 所示的界面左侧，单击 ▶ 按钮，展开规则的目录。

图 9-56 PCB 规则和约束编译器对话框

（2）单击规则种类前面的▶按钮，显示已经定义的规则类型。图 9-56 展开了布线宽度的约束类型。

（3）如图 9-56 所示，在左侧窗口中选中 Width，右击出现快捷菜单，选择 New Rule，添加一个新的规则约束条件。

（4）设计者可以通过前面的方法，打开 PCB Rules and Violations（PCB 规则和冲突）面板查看一个规则所对应的多个对象。

（5）在工作空间内选择所需要查看的对象，右击出现快捷菜单，选择 Applicable Unary Rules 或者 Applicable Binary Rules，查看应用到该对象的规则。

下面对一些术语进行解释：

（1）Unary Rules（一元规则）：应用于一个对象；或者一个对象集中的每个对象，例如：宽度约束。

（2）Binary Rules（二元规则）：应用于一个对象集中的一个对象与另一个对象集中的对象之间，例如：一个二元规则是间距规则，它定义了第一个集合中的任一铜对象和第二个集合中的任一铜对象所要求的间距，通过二元规则查询进行识别。

（3）对象集是指设计规则所对应的一组对象。对象集的范围由设计入口确定。

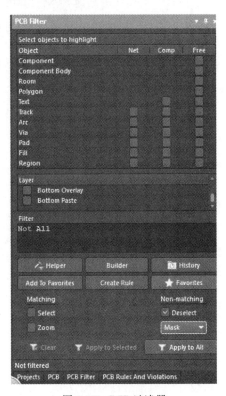

图 9-57 PCB 过滤器

查询是规则所应用对象的一个描述。下面给出查询的步骤：

（1）通过下面两种方式打开 PCB Filter 对话框：

① 按 F12 键。

② 在 PCB 工作空间的右下角找到 Panels 按钮，右击该按钮，出现快捷菜单，选择 PCB Filter。

（2）在 AD 软件主界面左侧，出现如图 9-57 所示的 PCB Filter(PCB 过滤器)界面。

（3）在该界面内，单击 Builder 按钮。

（4）出现图 9-58 所示的界面，可以直接输入查询。例如：

① 在 Condition Type/Operator 下拉框内选择条件类型，例如，在图中选择 Belongs to Net。

② 在 Condition Value(条件值)下选择 GND。

③ 单击 Add another condition，就可以添加另一个条件。

④ 单击 OK 按钮。

图 9-58　建立查询对话框

（5）设置规则优先级。

① 单击图 9-56 内的 Priorities... 按钮，出现图 9-59 所示的改变优先级对话框。

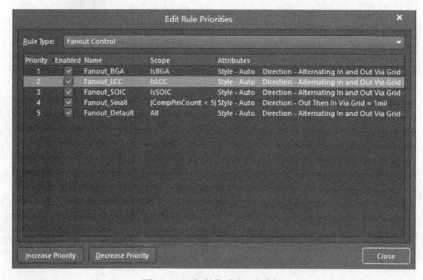

图 9-59　改变优先级对话框

② 单击 Increase Priority 按钮，增加优先级；单击 Decrease Priority 按钮，降低优先级。

9.4.2　如何检查规则

设计规则检查器(DRC)用于检查设计规则。在 PCB 设计过程中，设计者可以通过在线实时方式检查,也可以通过批处理(带有可选择的报告)方式检查。在 PCB 设计过程中的任何时刻,都可以选择运行批处理模式。但是在展开项中,或在实际的 PCB 设计过程中,推荐在完成所有的 PCB 设计后,再运行批处理检查。

在 AD 软件主界面菜单下,选择 Tools→Preferences,打开 Preference 对话框。如图 9-60 所示,展开 PCB Editor。在展开项中选择 General,在右侧窗口选中 Online DRC,使能在线的 DRC。

图 9-60 DRC 运行方式设置

在 AD 软件主界面菜单下,选择 Tools→Design Rule Check,打开如图 9-61 所示的 Design Rule Checker(设计规则检查器)对话框。从中选择 Rule To Check,可以单独地为每一个规则选择 Online 和/或 Batch。

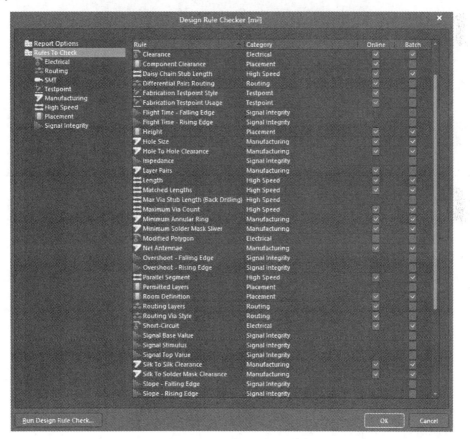

图 9-61 设计规则检查设置界面

通过下面两种方法,设置冲突的显示颜色:

(1) 在视图配置(Panels 中的 View Configuration)对话框中,选择 Layers&Colors 标签,如图 9-62 所示,在 System Colors 中设置 DRC 错误的标识颜色。

(2) 在 AD 软件主界面菜单下,选择 Tools→Preferences→DRC Violations Display。

图 9-62　DRC 错误显示设置界面

9.4.3　AD 软件中相关规则

1. 布线规则

表 9-5 给出了布线规则。

表 9-5　布线规则

规　则　类	手动布线	自动布线	在线 DRC	批处理 DRC	其　　他
间距约束(clearance constraint)	Y	Y	Y	Y	放置多边形
布线拐角(routing corners)	Y				导出 Spectra 格式 DSN
布线层(routing layers)		Y			
布线优先级(routing priority)		Y			
布线拓扑(routing topology)		Y			
布线过孔类型(routing via style)	Y	Y			
SMD 焊盘颈缩率约束(SMD neckdown constraint)		Y	Y	Y	
SMD 到拐角约束(SMD to corner constraint)			Y	Y	
SMD 到平面约束(SMD to plane constraint)			Y	Y	
宽度约束(width constraint)	Y	Y	Y	Y	物理连接的铜

注：表 9-5～表 9-9 中"Y"代表 AD 软件具有该功能。

2. 制造规则

表 9-6 给出了制造规则。

表 9-6 制造规则

规 则 类	自动布线	在线 DRC	批处理 DRC	输出生成	其 他
锐角约束(acute angle constraint)		Y	Y		
孔尺寸约束(hole size constraint)		Y	Y		
层对(layer pairs)		Y	Y		手工布线
最小环宽(minimum annular ring)		Y	Y		
锡膏延伸度(paste mask expansion)				Y	
多边形连接类型(polygon connect style)					放置多边形
电源平面间距(power plane clearance)	Y			Y	内部平面
电源连接类型(power plane connect style)	Y			Y	内部平面
阻焊延伸度(solder mask expansion)				Y	
测试点类型(testpoint style)	Y	Y	Y	Y	测试点
测试点用法(testpoint usage)	Y	Y	Y	Y	测试点
孔到孔的间距(hole to hole clearance)		Y	Y		
最小阻焊间隙(minimum solder mask silver)		Y	Y		
丝印和阻焊间距(silkscreen to solder mask clearance)		Y	Y		
网络天线(net antennae)		Y	Y		
丝印间距(silk to silk clearance)		Y	Y		

3. 高速规则

表 9-7 给出了高速规则。

表 9-7 高速规则

规 则 类	自动布线	在线 DRC	批处理 DRC	输出生成	其 他
菊花链分支长度(daisy chain stub length)		Y	Y		
长度约束(length constraint)		Y	Y		
匹配长度(matched lengths)		Y	Y		交互式长度调整工具
差分对(differential pairs)		Y	Y		交互式差分对长度调整工具
最大过孔个数(maximum via count)		Y	Y		
平行线段(parallel segment)		Y	Y		
SMD 下的过孔(vias under SMD)		Y	Y		

4. 布局规则

表 9-8 给出了布局规则。

表 9-8 布局规则

规 则 类	在线 DRC	批处理 DRC	其 他
元器件间距约束(component clearance constraint)	Y	Y	成组自动布局器
元器件方向(component orientation)			成组自动布局器
忽略网络(nets to ignore)			成组自动布局器
允许的层(permitted layers)			成组自动布局器
房间定义(room definition)	Y	Y	房间内的安排

5. 其他设计规则

表 9-9 给出了其他设计规则。

表 9-9 其他设计规则

规 则 类	在线 DRC	批处理 DRC	其 他
短路约束(short circuit constraint)	Y	Y	
未连接引脚的约束(unconnected pin constraint)	Y		
未布线网络的约束(unrouted net constraint)	Y	Y	

9.5 PCB 布局设计

在 PCB 设计流程中,首先确定电路板尺寸形状,然后对电路中的元器件进行布局。本节介绍电路板的尺寸设置和布局原则及设置。

9.5.1 PCB 形状和尺寸设置

在开始 PCB 设计前,必须确认 PCB 的形状和尺寸。一般来说,PCB 的形状和尺寸由设计要求给出。当没有给出对 PCB 形状和尺寸的具体设计要求时,则需要 PCB 设计者通盘考虑,确定 PCB 的形状和尺寸。例如,以一个长方形的 PCB 设计为例,其尺寸长宽比例为 120mm∶90mm。

PCB 形状和尺寸设置的步骤主要包括:

(1) 在 AD 软件主界面菜单下,选择 File→New→Project 命令,在创建工程的窗口中创建一个名称为 PCB_Project1. PrjPCB 的新工程,并在工程中添加名称为 PCB1. PCBDoc 的文件。

(2) 在 AD 软件主界面右下角,选择 Panels→View Configuration 命令,打开视图配置对话框。将 mechanical 1 的名称改为 PCB Boundary。

(3) 在 AD 软件主界面菜单下,选择 Edit→Origin→set 命令,设置黑色背景的图纸左下角为原点,并通过快捷键 Q 设置绘图单位为 mm。

(4) 将绘图标签切换到 PCB Boundary,在 AD 软件主界面菜单下,选择 Place→rectangle 命令,在原点处放置矩形边框,尺寸设置 width(宽)为 120mm 和 Height(长)为 90mm,作为 PCB 的外部边界。

(5) 选中放置的矩形边框,在 AD 软件主界面菜单下,选择 Design→Board Shape→Define Board Shape from Selected Objects 命令,设置该矩形边框为 PCB 板形状。

(6) 在 AD 软件主界面菜单下,选择 Design→Board Shape→Create Primitives From Board Shape 命令,在 Line/Arc Primitives From Board Shape[mm]对话框中设置 Layer 为 Keep-Out Layer,单击 OK 按钮退出后生成 PCB 用于布局和布线的禁布层边界。

9.5.2　PCB 布局规则的设置

在进行布局前,进行一些规则的设置,以保证正确实现 PCB 布局。设置 PCB 布局规则的步骤包括:

(1) 通过快捷键 Ctrl+G 进入栅格编辑器界面,参数设置如下:

- Step X:0.1mm。
- Step Y:0.1mm。
- Multiplier:5x Grid Step。

(2) 在 AD 软件主界面菜单下,选择 Designer→Rules,打开 PCB Rules and Constrains Editor(PCB 规则和约束编辑)对话框。在该对话框中,按如下参数设置:

① 展开 Placement,在 Component Clearance 中设置:

- Minimum Vertical Clearance:3mil。
- Minimum Horizontal Clearance:3mil。

② 展开 Permitted Layers,新建一个名称为 PermittedLayers 的规则。在该规则中允许的层为 Top Layer 和 Bottom Layer。

9.5.3　PCB 布局原则

在进行 PCB 布局的时候,要兼顾美观和信号完整性规则。下面给出一些 PCB 布局的建议。

1. 器件布局基本规则

(1) 在通常条件下,所有的元器件均应布置在印制电路的同一面上,只有在顶层元器件过密时,才能将一些高度有限并且发热量小的器件,如贴片电阻、贴片电容、贴片 IC 等放在底层。

(2) 遵照"先大后小,先难后易"的布线原则,即重要的单元电路、核心元器件应该先布局。

(3) 总的连接线尽可能短,关键信号线最短;高电压大电流信号与小电流低电压的弱信号完全分开;模拟信号与数字信号分开;高频信号与低频信号分开;高频元器件的隔离要充分。

(4) 布局中应参考原理框图,根据单板的主信号流向规律安排主要元器件。

(5) 元器件的布局应便于信号流通,使信号尽可能保持一致的方向。多数情况下,信号的流向安排为从左到右或从上到下,与输入、输出端直接相连的元器件应当放在靠近输入、输出接插件或连接器的地方。

(6) 在保证电气性能的前提下,元器件应放置在栅格上且相互平行或垂直排列,以求整齐、美观,一般情况下不允许元器件重叠;元器件排列要紧凑,输入和输出元器件尽量远离。

(7) 元器件或导线之间可能存在较高的电位差,如果存在,则应加大它们的距离,以免因放电、击穿而引起意外短路。

(8) 带高电压的元器件应尽量布置在调试时手不易触及的地方。

2. 元器件排列规则

(1) 位于板边缘的元器件,离板边缘至少有 2 个板厚的距离,元器件在整个板面上应分布均匀、疏密一致。

(2) 同类型插装元器件在 X 或 Y 方向上应朝一个方向放置。同一种类型的有极性分立元器件也要力争在 X 或 Y 方向上保持一致,便于生产和检验。

(3) 对于非传输边大于 300mm 的 PCB,较重的器件尽量不要布局在 PCB 的中间,以减小由插装器件的重量在焊接过程中对 PCB 变形的影响,以及插装过程对板上已经贴放的器件的影响。为方便插装,器件推荐布置在靠近插装操作侧的位置。

(4) 通孔回流焊器件本体间距离大于 10mm;器件焊盘边缘与传送边的距离不小于 10mm,与非传送边距离不小于 5mm。

(5) 如图 9-63 所示的元器件布局要满足手工焊接和维修的操作空间要求。

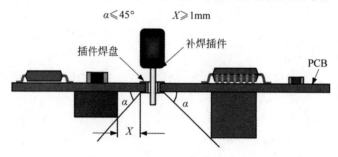

图 9-63　元器件布局需要考虑位置

(6) 需要安装较重的元器件时,应考虑安装位置和安装强度,应安排在靠近印制板支承点的地方,使印制板的翘曲度最小;还应计算引脚单位面积所承受的力,当该值不小于 0.22N/mm^2 时,必须对该模块采取固定措施,不能仅仅靠引脚焊接来固定。

(7) 对于有结构尺寸要求的单板,其元器件允许最大高度应为"结构允许尺寸－印制板厚度－4.5mm"。

(8) 超高的应采用卧式安装。

3. 防止电磁干扰

(1) 对辐射电磁场较强的元器件,以及对电磁感应较灵敏的元器件,应加大它们相互之间的距离或加以屏蔽,元器件放置的方向应与相邻的印制导线交叉。

(2) 尽量避免高低电压器件相互混杂、强弱信号器件交错在一起。

(3) 对于会产生磁场的元器件,如变压器、扬声器、电感等,布局时应注意减少磁力线对印制导线的切割,相邻元器件磁场方向应相互垂直,减少彼此之间的耦合。

(4) 对干扰源进行屏蔽,屏蔽罩应有良好的接地。

(5) 在高频工作的电路,要考虑元器件之间的分布参数的影响。

4. 抑制热干扰

(1) 了解元器件的热特性,如耗散功率、最高允许温度、有效散热面积等。

(2) 了解设备、印制板组件和元器件周围的环境条件,如周围环境温度、气压、冷却剂入口温度、流速等,与电气设计、结构设计同时进行,以便获得热阻最低的传热路径方案。

(3) 对于发热元器件,应优先安排在利于散热的位置,必要时可以单独设置散热器或小风扇,以降低温度,减少对邻近元器件的影响。

(4) 一些功耗大的集成块、大或中功率管、电阻等元器件,要布置在容易散热的地方,并与其他元器件隔开一定距离。

(5) 热敏元器件应紧贴被测元器件并远离高温区域,以免受到其他发热功率元器件影响,引起误动作。

(6) 双面放置元器件时,底层一般不放置发热元器件。

（7）PCB在布局中考虑将高热器件放于出风口或利于对流的位置。应该给电源变换元器件（如变压器、DC/DC变换器、三端稳压管等）留有足够的散热空间。

（8）小功率分立器件与印制板之间的间隙应为3～5mm，以利于自然对流散热；功率较大的元器件，在器件与印制板之间填充导热绝缘材料，如导热硅橡胶等。

（9）在条件允许的情况下，选择更厚一点的覆铜箔，可有效提高散热性能。PCB散热设计中，应尽可能采用大面积接地，大面积的接地铜箔能迅速向外散发PCB的热量。对印制板上的接地安装孔采用较大焊盘，不得小于安装界面，以充分利用安装螺栓和印制板两侧的铜箔进行散热。

（10）为了保证搪锡易于操作，锡道宽度应小于或等于2.0mm，锡道边缘间距大于1.5mm。

5. 可调元器件的布局

对于电位器、可变电容器、可调电感线圈或微动开关等可调元器件的布局应考虑整机的结构要求，若是机外调节，其位置要与调节旋钮在机箱面板上的位置相适应；若是机内调节，则应放置在印制电路板便于调节的地方。

（1）根据设计要求，先确定主芯片的位置，在该设计中主芯片是Xilinx的FPGA器件。

（2）根据电源接口规范，确定电源管理模块的位置，电源模块周围元器件的布局要满足电源模块厂商给出的相关电源模块的设计规范。

（3）布局其他器件。在布局其他器件时，要考虑布线的方便。

（4）去耦合电容和旁路电容的布局，要充分满足信号完整性的设计要求。

（5）在允许空间范围内，用于传输高速信号的两个元器件要尽可能地靠近。

（6）在元器件布局的时候，要充分利用PCB顶层和底层的设计空间，合理布局，同时要兼顾信号完整性的要求。

6. PCB布局的"五分开"

（1）输入和输出要分开。

（2）电源和信号要分开。

（3）数字和模拟要分开。

（4）高频和低频要分开。

（5）强电和弱电要分开。

9.5.4　PCB布局中的其他操作

在PCB布局的过程中，经常会涉及下面的一些操作过程。

1. 对齐操作

在进行PCB布局时，为了美观，有时需要对多个元器件同时进行对齐操作。其操作步骤主要包括：

（1）用鼠标左键＋Shift键，选中所需要对齐的PCB元器件对象。

（2）右击出现快捷菜单，根据设计需要，选择Align下的子菜单，如果需要左对齐，则选择Align→Align Left。

2. 指定位置操作

在PCB布局的过程中，有时需要设计者精确地指定布局绘图对象的位置。指定位置的操作步骤如下：

（1）选中所需要指定位置的PCB绘图对象。

（2）双击所选中的PCB元器件对象，打开绘图对象属性对话框，输入X和Y的值。这样就可以为指定绘图对象精确地指定位置。

3. 在 PCB 布局的过程中显示/隐藏飞线

在 PCB 布局的过程中,显示飞线可以帮助设计者选择元器件最佳的布局位置。当布局基本完成时,设计者可以控制关闭飞线,以便对布局进行微调。

控制"显示/关闭飞线"最简单的方法是,在 PCB 编辑器界面按下 N 键,出现快捷菜单,选择 Show Connections(显示所有连接)或者 Hide Connections(隐藏所有连接),再选 All,即可显示全部连线或者隐藏全部连线。

4. 修改元器件标识符(Designator)字体

可以采用逐个修改或者批量修改的方式。

(1) 逐个修改就是选中要修改的标识符,双击打开标识符对话框,按前面介绍的方法,逐个修改标识符的字体以及标识符的大小等属性。

(2) 批量修改就是通过按 Shift 键+鼠标左键,选中所有需要修改字体的标识符。在 Properties 对话框中选择 Font Type 设置为 TrueType Font,然后在 TrueType Font Name 右侧的下拉框中选择需要的字体。需要修改标识符大小等属性时,在该对话框相应的选项内进行修改即可。

9.6　PCB 布线设计

布线是具有连接关系的两个网络节点之间生成物理连接通路的过程。AD 软件中包含一个强大的交互布线的引擎,用于帮助设计者高效率地对 PCB 进行布线操作。AD 软件提供了三种交互布线命令。

(1) Interactive Routing(交互布线)。

(2) Interactive Differential Pair Routing(交互差分对布线)。

(3) Interactive Multi-Routing(交互多布线)。

9.6.1　交互布线线宽和过孔大小设置

当选择一个交互布线命令后,开始手工布线,此时,首先考虑两个问题:

(1) 在布线开始时以及在布线的过程中,需要根据设计要求确定布线的线宽。

(2) 在不同层之间走线时,需要过孔进行连接,因此也需要根据要求事先确定过孔的尺寸。设置布线线宽和过孔大小的步骤主要包括:

① 在 AD 软件主界面菜单下,选择 Tools→Preference。

② 出现 Preference 对话框。在该界面左侧找到 PCB Editor 并展开。如图 9-64 所示,在展开项中找到 Interactive Routing。在右侧窗口中,有 Interactive Routing Width(交互布线宽度)面板。该面板下,提供了 Track Width Mode(布线宽度模式)和 Via Size Mode(过孔大小模式)选项。

其右侧的下拉框提供了下面的选项:

(1) User Choice。选中该选项,则设计者在布线和放置过孔时,从可选择的宽度及过孔尺寸列表中选择合适的尺寸。

单击下面的 Favorite Interactive Routing Widths(最喜欢的交互布线宽度)按钮,编辑/添加设置中使用到的布线宽度。

(2) Rule Minimum。选择该选项,则在布线时,使用设计规则给出的最小布线宽度或最小过孔尺寸。

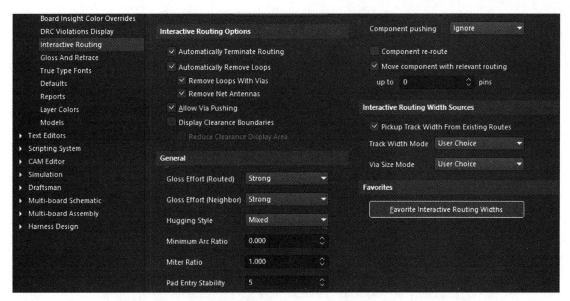

图 9-64 线宽和过孔大小设置对话框

（3）Rule Preferred。选择该选项，则在布线时，使用设计规则给出的所期望使用的布线宽度或所期望使用的过孔尺寸。

（4）Rule Maximum。该选项使得在布线时，使用设计规则给出的最大布线宽度或最大过孔尺寸。

① 例如在设计中使用 16mil/8mil 和 10mil/4mil 的过孔尺寸。在布线过程中，按 Shift＋V 组合键，可以更改过孔尺寸。其中，16mil/8mil 中的 16mil 是指孔的外径，8mil 是指钻孔的直径。

② 例如在设计中使用 4mil 的布线宽度。在布线过程中，按 Shift＋W 组合键，可以切换布线宽度。

③ 在布线的过程中，通过按 3 键（对布线宽度）或者 4 键（对过孔尺寸），可以在修改布线宽度和过孔尺寸模式之间进行切换。在状态栏中，显示了当前过孔或线宽的设置。

一般来说，在 PCB 设计过程中，会频繁使用所期望使用的布线宽度和所期望使用的过孔尺寸。所以，该节设计对于布线宽度和过孔大小的设置均使用 Rule Preferred 选项。

9.6.2 交互布线线宽和过孔大小规则设置

在设计中，布线线宽和过孔尺寸设置与设计规则相关。设置布线线宽和过孔尺寸的步骤主要包括：

（1）在 AD 软件主界面菜单下，选择 Design→Rules。

（2）如图 9-65 所示，出现 PCB 规则和约束编辑器对话框。展开图中左侧的 Routing。在展开项中，找到 Width 条目并展开。在展开项中选择 Width。在右侧 Constraints 下按下面参数设置：

① Min Width：4mil。

② Preferred Width：4mil。

③ Max Width：100mil。

其他按默认参数设置。

（3）如图 9-66 所示，在 PCB 规则和约束编辑器对话框中，展开图左侧的 Routing。在展开项中，找到 Routing Via Style（布线过孔类型），按如下参数设置：

① Via Diameter（过孔的直径）。

• Minimum：10mil。

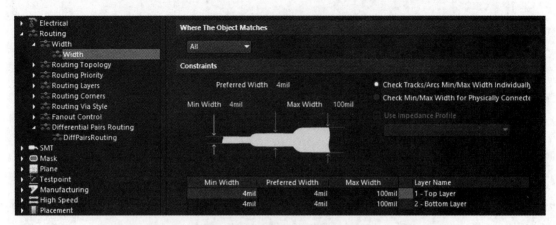

图 9-65　线宽设计规则设置对话框

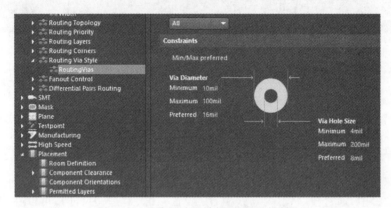

图 9-66　过孔尺寸设计规则设置对话框

- Maximum：100mil。
- Preferred：16mil。
② Via Hole Size(过孔洞的直径)。
- Minimum：4mil。
- Maximum：200mil。
- Preferred：8mil。

9.6.3　处理交互布线冲突

在布线的过程中,会遇到在 PCB 上已经放置的其他布线对象。设计者通过设置,使得 Altium Designer(AD)软件处理潜在的布线冲突。下面给出处理交互布线冲突的设置步骤:

(1) 在 AD 软件主界面菜单下,选择 Tools→Preference。

(2) 出现 Preference 对话框。如图 9-67 所示,在左侧找到 PCB Editor 并展开。在展开项中,找到 Interactive Routing。在 Routing Conflict Resolution(布线冲突解决)下提供了下面的选项:

① Ignore Obstacles(忽略障碍)。在该模式下,允许冲突。可以在已经存在的对象上面布线,高亮显示冲突。

② Push Obstacles(推障碍)。在该模式下,所有已经存在的导线和过孔将为新的布线让出空间。

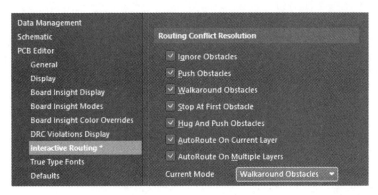

图 9-67　处理布线冲突选项

③ Walkaround Obstacles(绕着障碍)。在该模式下,新的布线将绕过已经存在的障碍。如果可能的话,则跳过障碍。当设计者移动光标时,布线引擎连续尝试在最后单击的位置与当前光标位置之间找到最短路径。

④ Stop At First Obstacle(在第一个障碍前停下来)。在这种模式下,在第一个障碍前停止布线。

⑤ Hug And Push Obstacles(环抱和推障碍)。

在该模式下,可使交互布线尽可能紧密地绕过现有的走线、焊盘和过孔,并在必要时推挤障碍物以继续布线。如果系统在没有引起冲突的情况下不能绕过或推动障碍物,则将出现一个指示符,指示路线已被阻塞。

⑥ AutoRoute On Current Layer(在当前层自动布线)。

在该模式下,将自动布线智能应用于交互布线,自动在推入和走动之间进行选择,以提供最短的总体路径长度。

⑦ AutoRoute On Multiple Layers(在多层自动布线)。

在该模式下,将自动布线智能应用于交互布线,自动在推入和走动或切换层之间进行选择,以提供最短的总体布线长度。

按 Shift+R 组合键,可以在不同的冲突处理模式之间进行切换,密切注意状态栏所显示的当前所使用的冲突处理模式。

9.6.4　其他交互布线选项

AD 软件布线工具提供了高效布线的实现过程。下面给出另一组选项,用于辅助实现高效的布线。设置这些选项的步骤主要包括:

(1) 在 AD 软件主界面菜单下,选择 Tools→Preference 命令。

(2) 出现 Preference 对话框。如图 9-68 所示,在左侧找到 PCB Editor,并展开。在展开项中,找到 Interactive Routing。在 Interactive Routing Options(交互布线选项)下提供了下面的选项:

图 9-68　其他布线设置选项

① Automatically Terminate Routing(自动停止布线)。使用该选项,当单击目标引脚时,放置当前布线线段和超前看线段,布线工具能自动地从当前布线中释放出来,并且准备下一个连接。

② Automatically Remove Loops(自动去掉环路)。使用该选项时,将自动删除手工布线过程中所产生的环路。

如果要求在某个网络上存在布线环路时禁止该选项,可以在 PCB 面板中双击网络的名称,通过访问网络属性来改变这个设置。

③ Allow Via Pushing(允许推过孔)。使用该选项时,当已经存在过孔对布线产生障碍时,允许在此模式下,移动已经存在的过孔。

④ Display Clearance Boundaries(显示安全距离边界)。使用该选项,可以动态显示当前走线与其他线路或元器件的安全距离边界。

9.6.5 交互多布线

AD 软件提供了两种使用多布线(multi-routing)的方法:

(1) 通过拖曳多个布线的端点。该功能允许选择一组布线,然后将其扩展为一个实体。设计者可以连续地拖曳,以添加新的布线线段。智能拖曳工具是一个基本的工具,只工作于已存在的总线布线中。

(2) 通过放置多个布线。选择需要同时布线的多个网络,并且在 AD 软件主界面菜单中选择 Route→Interactive Multi-Routing。如图 9-69 所示,光标变成十字形光标,当拖动光标时,所选择多个网络的连线也跟随光标进行移动。这样就从单个网络的布线改成了对多个网络的同时布线。使用这个命令,设计者可以开始一个未布线的元器件,并将布线从元器件引脚高效地拖出来。

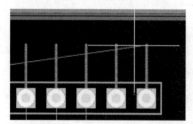

图 9-69 交互多布线模式布线

选择多个网络的方法包括:

① 按下 Shift 键,同时用鼠标左键单击需要布线的网络。

② 按下 Ctrl 键,同时用鼠标左键在需要布线的网络外画一个矩形框。

通过这两种方法,就可以选择多个需要布线的网络。

在多个布线开始时,可以修改布线间距。方法包括:

① 按 Tab 键,打开 Interactive Routing[mil](交互布线)对话框。在 Bus Routing 下,设置 Spacing(间隔)的距离。

② 在布线的过程中,按 Shift+B 组合键,将增加多个布线之间的间距;只按 B 键,将减小多个布线之间的间距。

9.6.6 交互差分对布线

随着传输信号的速度越来越高,差分对布线成为一种非常普遍的高速接口连接的方法。AD 软件提供了对差分信号布线的强大支持功能,其中包括:在原理图上定义差分对,以及在 PCB 上的交互差分对布线。

1. 在原理图中进行差分对定义

(1) 打开需要定义差分对的原理图图纸。

(2) 在 AD 软件主界面菜单下,选择 Place→Directives→Differential Pair。

(3) 如图 9-70 所示,在需要设置差分对的地方,放置差分对符号 ▄▄▄。名称用_P 和_N 标识,这样是为了设计的方便。

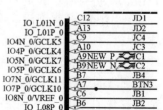

图 9-70 在原理图中定义差分对

2. 在 PCB 图中进行差分对定义

（1）打开 PCB 文件。在右下角单击 PCB 按钮，出现快捷菜单，选择 PCB 选项。

（2）如图 9-71 所示，出现 PCB 面板界面。在 PCB 面板下的下拉框中，选择 Differential Pairs Editor（差分对编辑器）。

（3）单击图 9-71 中的 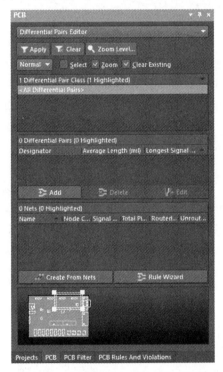 按钮。

（4）如图 9-72 所示，出现 Differential Pair（差分对）设置对话框。按下面方法设置：

① 在 Positive Net 右侧的下拉框中，选择差分对正端网络名称。

② 在 Negative Net 右侧的下拉框中，选择差分对负端网络名称。

为了绘图的方便，在 Name 右侧给出该差分对的名称。

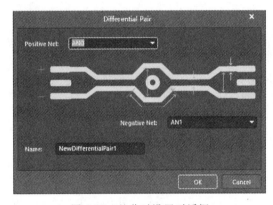

图 9-71　在 PCB 图中定义差分对面板　　　　图 9-72　差分对设置对话框

（5）单击 OK 按钮，为 PCB 设计添加了差分对约束。

3. 设置差分布线规则

在布线差分对前需要设置差分对布线规则。下面给出设置差分对布线规则的步骤，主要包括：

（1）进入 PCB 编辑器模式。

（2）在 AD 软件主界面菜单下，选择 Design→Rules。

（3）出现 PCB 规则和约束编辑器对话框。如图 9-73 所示，在左侧窗口找到 Routing 并展开。在展开项中，找到 Differential Pairs Routing 并展开。在约束条件设置中，给出 Min Gap、Max Gap 和 Preferred Gap 的值。

4. PCB 编辑器中布线差分对

当定义了差分对后，就可以在 PCB 布线时使用 AD 软件提供的差分对布线功能，实现布线差分对网络。下面给出进行差分对布线的步骤：

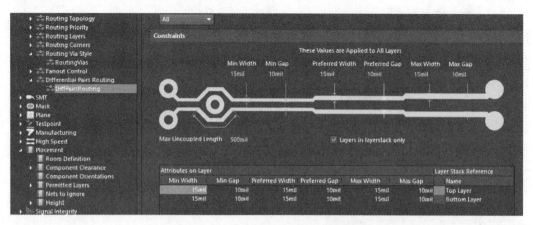

图 9-73　差分对布线规则设置对话框

（1）按 Shift 键，单击需要差分对布线的网络，选择所要进行差分对布线的两个差分网络。

（2）在 AD 软件主界面菜单下，选择 Route→Interactive Differential Pair Routing。

（3）在放置差分对的过程中，按 Tab 键，出现 Interactive Routing[mil]（交互布线）对话框，可以修改差分对布线的相关属性。

9.6.7　交互布线长度对齐

在高速数字系统，布线长度的匹配是一个标准的技术，用于保证信号的完整性设计要求。并且在不同差分对布线中，也有长度对齐的要求。AD 软件提供的交互布线长度对齐功能允许根据 PCB 设计中可利用的空间、规则和障碍，插入可变的幅度模型，优化和控制网络的长度。

控制交互布线长度对齐的步骤主要包括：

（1）进入 PCB 编辑器界面。

（2）在 AD 软件主界面菜单下，选择 Route→Interactive Length Tunings。

（3）光标变成十字形。

（4）用十字光标单击已经完成的但需要调整的布线。该光标将引导所选中布线的调整。如图 9-74 所示，图中对一个已经布线的网络进行了调整，插入了直角（拐点）的拐弯线。

① 在实际设计中，不建议使用直角拐弯线。因为这种直角拐弯线会产生严重的信号完整性问题。

② 图 9-74 中给出了长度的指示标志，表示当前长度和目标长度的差值。

③ 调整是基于设计规则、网络属性或者设计者在如图 9-75 所示的对话框内输入的值。

（5）在调整的过程中，按 Tab 键，出现如图 9-75 所示的长度调整对话框。其中的参数包括：

① Target（目标）。可以设置为 Manual、From Net 和 From Rules。

② 三种调整走线长度模式为：

• Accordion（手风琴）。

• Trombome（长号）。

• Sawtooth（锯齿）。

③ 三种调整走线 Style 方式为：

• Mitered Lines（斜线连接）。

• Mitered Arcs（弧线连接）。

• Rounded（圆连线）。

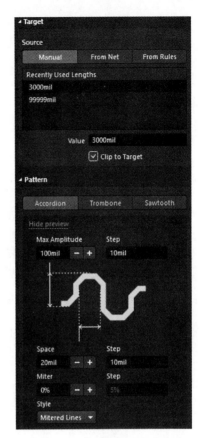

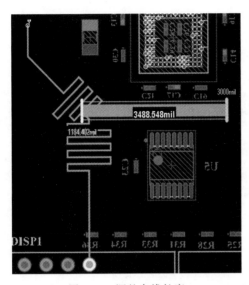

图 9-74 调整布线长度　　　　　　图 9-75 布线长度调整设置

9.6.8 自动布线

AD 软件提供了用于实现机器自动布线 PCB 设计的自动布线器。通过拓扑结构映射，自动布线器可以找到 PCB 上的布线路径。除布线拐角和差分对设计规则以外，自动布线器遵守所有的电气和布线设计规则。

1. 自动布线的建议

自动布线的条件和一些建议主要包括：

（1）PCB 板在 Keep Out 层上必须包含闭合的边界。

（2）必须正确地定义用于自动布线器的设计规则，以保证自动布线器可以进行布线操作。当自动布线器检测到与设计规则冲突时，不会进行布线操作。如果存在潜在的冲突，则将在 Situs Routing Strategies 拓扑布线策略对话框中给出冲突细节。

在启动自动布线器前，应该检查规则的定义是否合理，是否能满足自动布线的要求。

（3）必须配置布线的方向。AD 软件分配了默认布线的方向，没有考虑任何已经存在的手工布线。

（4）在 Situs Routing Strategies 对话框内，可进行下面的设置：

① 单击 Edit Layer Directions 按钮配置布线层的方向。

② 选中 Lock All Pre-routes 复选框，设计者可以保护前面已经布线的连接、扇出和整个网络。该选项也保护扇出和部分已经布线的连接。

（5）在布线的过程中，那些没有锁定的、带有网络名称的对象可能被移动或者拉开。

（6）放置在 Keep Out 层上的对象，为布线器在所有层上创建块。

（7）信号层的 Keepout 对象，为布线器在该信号层创建一个块。

（8）布线器不考虑机械层上的对象。

2. 运行自动布线器

当设置完自动布线需要的参数时，就可以运行自动布线器。运行自动布线器的步骤主要包括：

（1）进入 PCB 编辑器界面。

（2）在 AD 软件主界面菜单下，选择 Route→Auto Route→All 命令。

（3）如图 9-76 所示，出现 Situs Routing Strategies 对话框。

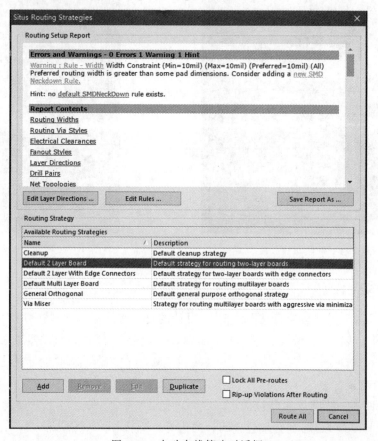

图 9-76　自动布线策略对话框

（4）单击图 9-76 界面下方的 Route All（布线所有）按钮，开始运行自动布线器。

（5）在 AD 软件主界面菜单下，选择 Auto Route→Stop 命令，可以终止自动布线。

3. 创建一个定制的布线策略

创建一个定制的布线策略的步骤主要包括：

（1）在 Routing Strategy（布线策略）下，选择其中的一个策略。

（2）单击 Duplicate 按钮。

（3）如图 9-77 所示，打开 Situs Strategy Editor（拓扑策略编辑器）对话框。在对话框中，设置自动布线的相关策略。

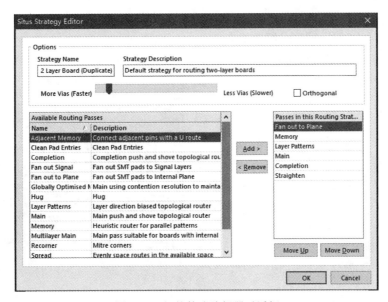

图 9-77　拓扑策略编辑器对话框

（4）单击 OK 按钮，退出该对话框。

4．BGA 的自动布线

由于 BGA 器件采用的是球阵列封装形式，其球形引脚的引线需要通过球形焊盘之间的过孔引出。为了方便 BGA 内部网络连线的引出，AD 软件提供了一种工具用于将 BGA 内部网络连线引出来，以方便后面的手工布线。BGA 引出布线的步骤主要包括：

（1）选中所要引出连线的 BGA 器件。

（2）右击出现快捷菜单，选择 Component Actions→Fanout Component。

（3）如图 9-78 所示，弹出扇出选项对话框，单击 OK 按钮。

（4）图 9-79 给出了 BGA 自动布线后的实现。

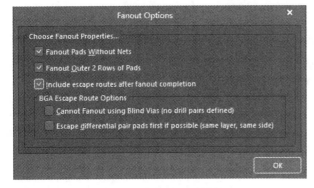

图 9-78　扇出选项对话框

图 9-79　BGA 自动布线的实现

9.6.9 布线中泪滴的处理

泪滴(teardrop)是指导线和焊盘或者过孔之间的一段过渡。如图 9-80 所示,过渡的地方呈泪滴状,可以用于保护焊盘,避免在导线与焊盘的接触点处出现应力集中而断裂。一般情况下,设计者不用特意在设计中加入泪滴。如果 PCB 制板厂商认为连线与过孔或焊盘连接的地方可能会出现断裂,则会在这些地方添加泪滴。

添加泪滴的步骤主要包括:

(1) 在 AD 软件主界面菜单下,选择 Tools→Teardrops 命令。

(2) 如图 9-81 所示,出现 Teardrop Options (泪滴选项)对话框,下面对该对话框的参数进行说明。

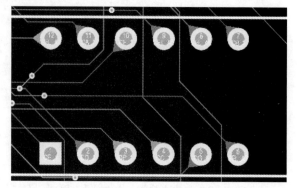

图 9-80　建立泪滴作为连线的过渡

① 在 Working Mode 下选择 Add 时,添加泪滴;当选择 Remove 时,去除 PCB 设计中已经存在的泪滴。

② 在 Teardropstyle 下选择 Curved 或者 Line,控制生成泪滴的形状。

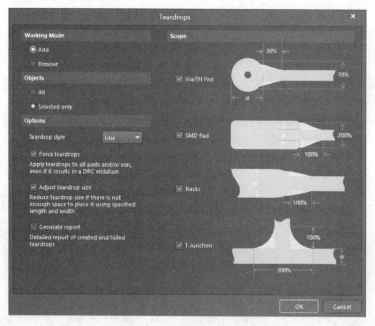

图 9-81　泪滴选项对话框

③ 当选择 Generate report(创建报告)时,会生成相应的报告,该报告给出不能添加泪滴的引脚或过孔。

④ 在 Objects 中,选择 Selected only(只针对所选择的对象)时,控制在哪个引脚或过孔上添加泪滴。

⑤ 当选择 Force teardrops(强制泪滴)时,为所有的引脚或过孔添加泪滴。这种强制添加泪滴的操

作,可能会产生 DRC 冲突。

9.6.10 设计中关键布线策略

设计中元器件的封装有 DIP、TSOP 和 BGA 等,其布线的策略需要根据 PCB 的制造工艺、制造成本和信号完整性等几个方面进行权衡考虑。下面对 PCB 设计中布线的策略和布线规则的设置进行详细的分析,以帮助读者掌握 PCB 设计中布线的关键技术。

1. 叠层设置的考虑

在设计例子中,因为有 BGA 器件,所以必须添加额外的叠层。一般叠层有两种:一种是用于布线;另一种是设计中所需要的电源层和地层。

(1) 在本设计中,需要布线的外设比较简单,对信号完整性的要求不是很高。因此需要布线的数目并不是很多。

(2) 布线设计中最复杂的是 BGA 器件的走线。由于 FPGA 采用的是 BGA 封装,如果只在顶层和底层布线,则 BGA 的布线难度很大。所以最好添加一个布线层。

(3) 在设计中,电源的种类有 VCC5V0(5V)、VCC3V3(3.3V)、VCC1V2(1.2V)、VCC2V5(2.5V),以及一个系统公共的地(GND)。设计中的 FPGA 供电系统比较复杂,共有三种供电电源,经过对 FPGA 电源和地引脚分布的观察和评估后,为了减少电源平面和地平面网络分配的困难,尤其是电源平面网络分配的困难,确定增加三个平面层,其名称分别为 POWER1、POWER2 和 GND。

综上所述,如设计使用了 6 个叠层,可采用图 9-82 给出的该设计的叠层分布。

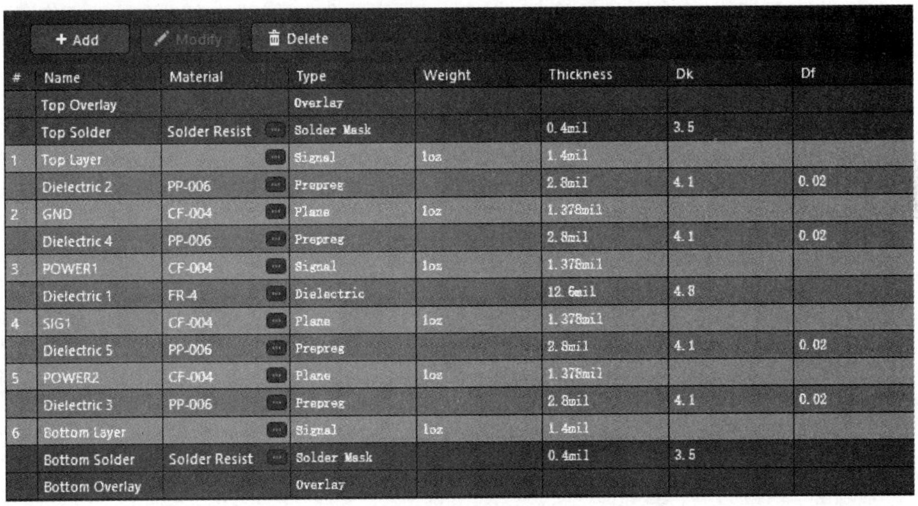

#	Name	Material	Type	Weight	Thickness	Dk	Df
	Top Overlay		Overlay				
	Top Solder	Solder Resist	Solder Mask		0.4mil	3.5	
1	Top Layer		Signal	1oz	1.4mil		
	Dielectric 2	PP-006	Prepreg		2.8mil	4.1	0.02
2	GND	CF-004	Plane	1oz	1.378mil		
	Dielectric 4	PP-006	Prepreg		2.8mil	4.1	0.02
3	POWER1	CF-004	Signal	1oz	1.378mil		
	Dielectric 1	FR-4	Dielectric		12.6mil	4.8	
4	SIG1	CF-004	Plane	1oz	1.378mil		
	Dielectric 5	PP-006	Prepreg		2.8mil	4.1	0.02
5	POWER2	CF-004	Plane	1oz	1.378mil		
	Dielectric 3	PP-006	Prepreg		2.8mil	4.1	0.02
6	Bottom Layer		Signal	1oz	1.4mil		
	Bottom Solder	Solder Resist	Solder Mask		0.4mil	3.5	
	Bottom Overlay		Overlay				

图 9-82 叠层分布

在本设计中,第 3、5 层是分割电源平面层;第 2 层是地层;第 4 层是信号内层,该层允许走线。

2. 过孔的使用

在 PCB 布线过程中,一方面,当布线在不同层之间走线时,通过过孔进行连接;另一方面,当电源或地引脚连接到电源或者地平面层时,也通过过孔进行连接。

1) 通孔

通孔即孔穿过 PCB 的顶层和底层。在工艺上采用机械钻孔的方式实现,例如,通孔尺寸为 8mil/16mil,作用范围为 Top Layer(顶层)到 Bottom Layer(底层)。

2) 盲孔和埋孔

盲孔和埋孔即孔只穿过 PCB 的某些层,而不是全部。具体来说:

(1) 埋孔:不穿越顶层和底层。在工艺上采用机械钻孔的方式实现,例如,埋孔尺寸为 8mil/16mil,作用范围为 SIG1 到 POWER2。

(2) 盲孔:穿越顶层或者底层,但不是同时穿过顶层和底层。

① 对该设计来说,盲孔穿越第 1~2 层、第 5~6 层,即 Top Layer~GND,或者 POWER2~Bottom Layer。

② 在工艺上采用激光钻孔的方式实现,例如盲孔尺寸为 4mil/10mil。

从工艺上来说,盲孔和埋孔的制作成本比通孔要高,而且制作工艺较复杂。盲孔和埋孔的可靠性比通孔要差,而且可测试性也不如通孔好。是使用通孔还是盲孔和埋孔,首先要考虑布线的信号完整性。在对叠层个数,以及布线空间有严格限制的情况下,要使用盲孔和埋孔。

9.7 PCB 覆铜设计

在很多设计中,CPU 或 FPGA 的供电电源是最复杂的,需要多个芯片电源,如 VCC3V3、VCC2V5、VCC1V2 和 GND 等,而其他外设供电比较简单,如 VCC5V0。例如,在 FPGA 的 BGA 引脚上 VCC3V3、VCC2V5、VCC1V2 和 GND 互相交织,很难将这些电源网络分配到一个电源平面上,可以添加 POWER1、POWER2 和 GND 三个平面层。实际上,电源平面的分割和划分,在布局的时候就需要进行粗略的估计。这样不至于在真正划分平面区域时,发现电源平面划分有错误,导致重新进行布局和布线的修改。在下面的例子中经过权衡,采用了如下电源和地的分配方案:

(1) 将 VCC5V0、VCC3V3 和 NetJ1_3 电源网络分配到 POWER1 分割平面层上。如图 9-83(a)所示,在 POWER1(电源层 1)平面层上,按照前面的方法分割出多个电源平面。

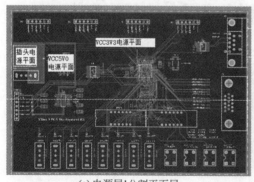 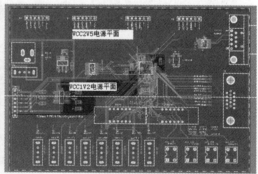

(a) 电源层1分割平面层   (b) 电源层2分割平面层

图 9-83　电源层 1 和电源层 2 分割平面层

在分割平面时,为了将相关的电源网络包含在所划分的分割区域内,可以借助 AD 软件提供的高亮显示功能,确定分割区域的大小。

(2) 将 GND 地网络分配到 GND 平面层上。

(3) 将 VCC2V5 和 VCC1V2 电源网络分配到 POWER2 平面层上。如图 9-83(b)所示,在 POWER2 平面层上,按照前面的方法分割出多个电源平面。

在分割平面时,为了将相关的电源网络包含在所划分的分割区域内,可以借助 AD 软件提供的高亮显示功能,确定分割区域的大小。

通过在规则设置中进行相关的设置,控制不同网络和电源平面的连接方法。如图 9-84 所示,在电源平面层连接类型设置对话框中 Connect Type(连接类型)提供的连线选项包括 Relief Connect、Direct Connect 和 No Connect。

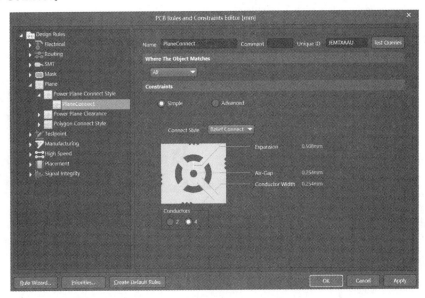

图 9-84 电源平面层连接类型设置对话框

下面给出选用连接类型的一些建议:

(1) 与铜皮相同网络的通孔焊盘的连接方式,采用花孔连接(Relief Connect)。并且,设置 Conductor Width(导体宽度)。很显然,流经的电流越大,所需要的导体的宽度越宽。

(2) 与铜皮网络相同,并且为大电流的通孔焊盘连接方式,采用直接连接(Direct Connect)。

图 9-85 给出了电源平面层安全间距的设置对话框。

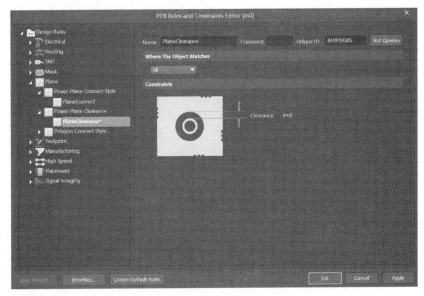

图 9-85 电源平面层安全间距设置对话框

下面给出设置安全间距的一些建议：

（1）过孔与没有连接关系的铜皮网络之间的安全间距设置，需要参考 PCB 制板厂商允许的最小安全间距。

很显然，铜皮和过孔之间的安全间距越大，信号完整性越好。但是，减少了可布线的空间。所以，要权衡设置安全间距。

（2）如果涉及灌铜的问题，下面也给出了一些建议：

① 和铜皮相同的网络的过孔连接方式，可采用直接连接方式或者花孔连接方式。设置具体的连接方式，要咨询 PCB 制板厂商。

② 和铜皮相同网络的 SMD 焊盘，采用直接连接方式或者花孔连接方式。设置具体的连接方式，要咨询 PCB 制板厂商。

③ 对于相同覆铜规则的多个网络，可以按照前面介绍的方法生成一个类，然后再施加连接规则。

图 9-86 给出了过孔和平面层的连接方式。

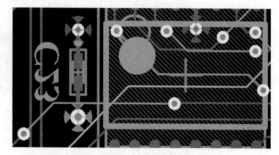

图 9-86　过孔和平面层的连接方式

9.8　PCB 设计检查

在 PCB 覆铜结束后，对 PCB 设计进行检查并修改错误的步骤主要包括：

（1）进入 PCB 编辑器设计界面。

（2）在 AD 软件主界面菜单下，选择 Tools→Design Rule Check。

（3）出现 Design Rule Checker（设计规则检查器）对话框。在该界面中，单击 Run Design Rule Check... 按钮，执行设计规则检查。

（4）在检查的过程中，会报告设计中有冲突产生，设计者需要根据冲突返回去修改 PCB 的设计，设计的修改和规则的修改必须要满足 PCB 制板工艺的最低要求。部分设计中的设计冲突和解决方法如下。

① SMD To Corner Constraint Violation。

解决方法是：进入设计规则界面。如图 9-87 所示，找到 SMT 并展开。在展开项中，选择 SMDToCorner，进入该选项对话框。修改 Constraints 中，SMT to Corner 中的 Distance 值，让其满足要求。运行 DRC，DRC 报告中的这类错误将消失。

② Hole Size Constraint Violation。

解决方法是：进入设计规则界面，如图 9-88 所示，找到 Manufacturing 并展开。在展开项中逐级展开，选择 HoleSize。进入该选项对话框，将 Hole Size 的 Maximum 值修改为合适参数。运行 DRC，DRC 报告中的这类错误将消失。

图 9-87　SMDToCorner 规则入口

图 9-88　HoleSize 规则入口

③ HoleToHoleClearance Constraint Violation。

解决方法是：进入设计规则界面。如图 9-89 所示，找到 Manufacturing 并展开，在逐级展开项中，选择 HoleToHoleClearance。如图 9-90 所示，进入该选项对话框，将 HoleToHoleClearance 值修改为合适参数。执行 DRC，DRC 报告中的这类错误将消失。

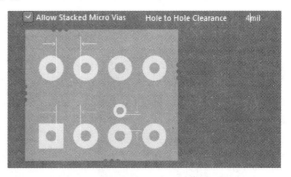

图 9-89 HoleToHoleClearance 规则入口　　　　图 9-90 HoleToHoleClearance 参数设置

④ Minimum Solder Mask Sliver Constraint Violation。

解决方法是：进入设计规则界面。如图 9-91 所示，找到 Manufacturing 并展开，在逐级展开项中，选择 MinimumSolderMaskSilver。如图 9-92 所示，进入该选项对话框，将 MinimumSolder MaskSliver 值修改为合适参数。运行 DRC，DRC 报告中的这类错误将消失。

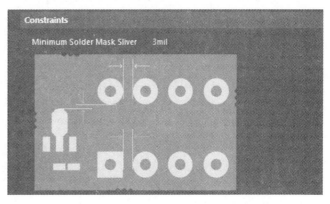

图 9-91 MinimumSolderMaskSliver 规则入口　　　　图 9-92 MinimumSolderMaskSliver 参数设置

⑤ Un-Connected Pin Constraint Violation。

解决方法是：进入设计规则界面。如图 9-93 所示，找到 Electrical 并展开，在逐级展开项中，选择 UnConnectedPin。如图 9-94 所示，进入该选项对话框，选中 Net，在下拉框中选择 No Net。运行 DRC，DRC 报告中的这类错误将消失。

图 9-93 UnConnectedPin 规则入口　　　　图 9-94 UnConnectedPin 参数设置

⑥ Silk To Silk Clearance Constraint Violation。

解决方法如下：

进入设计规则界面。如图 9-95 所示，找到 Manufacturing 并展开，在逐级展开项中，选择 SilkToSilkClearance。如图 9-96 所示，进入该选项对话框，将 Silk Text to Any Silk Object Clearance 值修改为合适参数。运行 DRC，DRC 报告中的这类错误将消失。

图 9-95 SilkToSilkClearance 参数设置入口

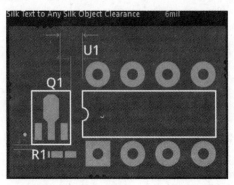

图 9-96 SilkToSilkClearance 参数设置

至此，完成了 PCB 的设计和最终的状态检查。

## 第三部分

信号完整性分析与设计

本篇介绍信号完整性设计及仿真方法，内容主要包括信号完整性的概念、信号的反射和串扰及消除方法、信号完整性和电源完整性的仿真。

在电子线路信号完整性设计规则中，主要介绍了以下内容：信号完整性问题的产生、电源分配系统及其影响、信号反射及其消除方法、信号串扰及其消除方法、电磁干扰（EMI）及解决方法和差分信号设计要求。

在电路板级仿真和输出部分，主要介绍了以下内容：IBIS 模型定义、IBIS 模型所需数据及文件格式、信号完整性和电源完整性的仿真参数设置和分析、PCB 输出文件的配置、CAM 及 Gerber 文件的生成和 3D 视图的显示。

## 第 10 章

信号完整性设计

信号完整性(signal integrity,SI)最原始的含义是信号能否保持其应该具有的波形。在电路设计中主要研究连接线的电气特性参数与数字信号的电压电流波形相互作用后,如何影响到产品性能的问题。电子线路信号完整性的设计规则对于电路原理图和电路 PCB 图设计来讲都是至关重要的,这是因为信号完整性设计规则决定了最终的电路板是否能满足电气特性的要求。

10.1 信号完整性

目前,速度成了许多系统设计中最为重要的因素,从 100MHz 到几吉赫兹的处理器已经非常普及。将来会有更高速的器件出现,以适应人们对于大量数据的处理,如图形处理、音频和视频处理。

高速系统的设计需要设计人员的智慧和仔细的工作。在高速系统中,噪声的产生是一个最值得关注的问题,如高频信号很容易由于辐射而产生干扰;高速变化的信号会导致振铃、反射、串扰等。如果没有经过认真的检查,这些噪声将会严重降低系统的性能。

信号完整性主要表现为:对时序的影响、信号振铃、信号反射、近端串扰、远端串扰、开关噪声、非单调性、地弹、电源反弹、衰减、容性负载、电磁辐射、电磁干扰等。信号完整性主要包括信号波形的完整性和信号时序的完整性。

10.1.1 信号时序完整性

数字信号时序如图 10-1 所示,其时序完整性主要关注的是同步时序方程是否能满足建立方程[式(10-1)]和保持方程[式(10-2)]。对于时序电路,存在时序偏差(skew)和抖动(jitter)的问题。

$$T_1 \geqslant t_{\text{valid(max)}} + t_{\text{flight(max)}} + t_{\text{setup}} + \text{CLK}_{\text{skew}} + \text{CLK}_{\text{jitter}} \tag{10-1}$$

$$t_{\text{valid(min)}} + t_{\text{flight(min)}} \geqslant t_{\text{hold(max)}} + \text{CLK}_{\text{skew}} + \text{CLK}_{\text{jitter}} \tag{10-2}$$

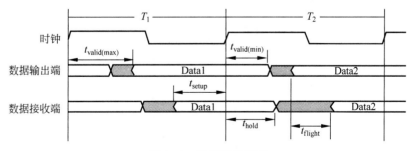

图 10-1 数字信号时序

式中，T_1 为传输信号周期；$t_{\text{valid(max)}}$ 为最长数据有效时间；$t_{\text{valid(min)}}$ 为最短数据有效时间；$t_{\text{flight(max)}}$ 为最长数据传输时间；$t_{\text{flight(min)}}$ 为最短数据传输时间；$t_{\text{hold(max)}}$ 为最长数据保持时间；t_{setup} 为数据建立时间；CLK_{skew} 为时钟偏差时间；$\text{CLK}_{\text{jitter}}$ 为时钟抖动时间。

在实际系统中，造成时序信号的"沿变"与理想"沿变"存在差别的一个主要原因是：逻辑器件的信号传输与实际器件的信号传输在延迟时间上存在差别。因此，人们也常直观地将时序偏差定义为器件输出时序信号的传输延迟之差。如图 10-2 所示，由于电路传输延时导致时序偏差。

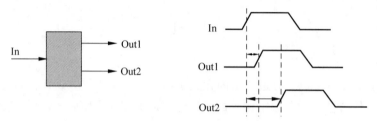

图 10-2　电路传输延迟

实际信号的边沿与理想时序边沿的偏离由于受某种因素（如噪声、串扰、电源电压变化等）影响不断发生变化，而且这种变化是随机的，这种现象就是常说的时序抖动，或者说时序晃动。这种偏离相对于理想位置可能是超前的，也可能是滞后的。如图 10-3 所示，由于电路时钟源的稳定性传输的延时导致时钟抖动。

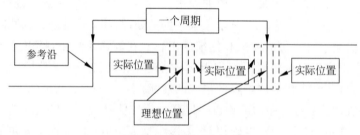

图 10-3　电路时钟抖动

所有项目都应考虑时序最差情况，即考虑时间容限。当然为了更为保险，可以再加一些时间容限，但在当前的高速电路，增加时间容限也是要付出代价的。

10.1.2　信号波形完整性

波形完整性经常提及的五个基本概念，就是信号的上升时间(t_r)和下降时间(t_f)、波形的上冲(overshoot)、下冲(undershoot)和振铃(ring)，以及接收端的信号还存在多大的噪声容限(noise margin)。图 10-4 所示为波形完整性的部分参数示例。

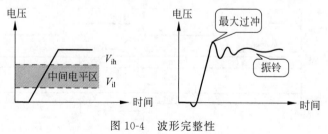

图 10-4　波形完整性

10.1.3 元器件及 PCB 分布参数

在低频电路中,元器件的尺寸相对于信号的波长而言可以忽略(通常小于波长的 1/10),这种情况下的电路被称为节点(lump)电路,此时可以采用常规的电压、电流定律进行电路计算。

但是在高频或微波电路中,由于波长较短,组件的尺寸就无法再被视为一个节点,某一瞬间组件上所分布的电压、电流会不一致。因此基本的电路理论不再适用,而必须采用电磁场理论中的反射及传输模式来分析电路。元器件内部电磁波的进行波与反射波的干涉使电压和电流失去了一致性,电压电流比为稳定状态的固有特性也不再适用,取而代之的是"分布参数"的特性阻抗,此时的电路以电磁波传送与反射为基础要素,即反射系数、衰减系数、传送的延迟时间。

1. 电阻

如图 10-5(a)所示的金属膜电阻在"分布参数"的作用下,可以等效为图 10-5(b)所示的电阻 R 与寄生电容 C_P 并联后与寄生电感 L_S 的串联。以 1MΩ 金属膜引线电阻为例,L_S 约为 5nH,C_P 约为 0.5pF。图 10-6 所示为考虑"分布参数"模型时电阻在不同频率下的阻抗,当频率增加时电阻实际阻抗下降明显。

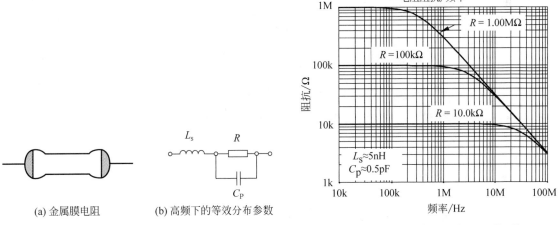

图 10-5 电阻分布参数

图 10-6 不同频率下的电阻(阻抗)值

2. 电容

如图 10-7(a)所示的表贴电容在分布参数的作用下,可以等效为图 10-7(b)所示的电容 C 与寄生电阻 R_S 和寄生电感 L_S 的串联。以 1206 封装 1.0μF X7R 陶瓷电容为例,L_S 约为 3nH,R_S 约为 0.01Ω。图 10-8 所示为考虑分布参数模型时不同频率下电容阻抗的变化。

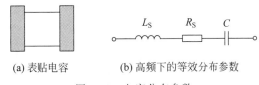

(a) 表贴电容   (b) 高频下的等效分布参数

图 10-7 电容分布参数

3. 钽电容

如图 10-9(a)所示的钽电容在分布参数的作用下,可以等效为图 10-9(b)所示电路。图 10-10 所示为考虑分布参数模型时不同频率下钽电容阻抗的变化。

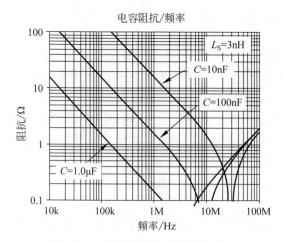

图 10-8　不同频率下电容的阻抗值

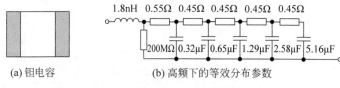

(a) 钽电容　　　　(b) 高频下的等效分布参数

图 10-9　钽电容分布参数

4. 电感

如图 10-11(a)所示的电感在分布参数的作用下，可以等效为图 10-11(b)所示的电感 L 与寄生电阻 R_S 和寄生电感 C_P 的并联。以 0805 1.0μH 封装线绕电感为例，R_S 约为 1.0Ω，C_P 约为 0.25pH。图 10-12 所示为考虑分布参数模型时不同频率下电感阻抗的变化。

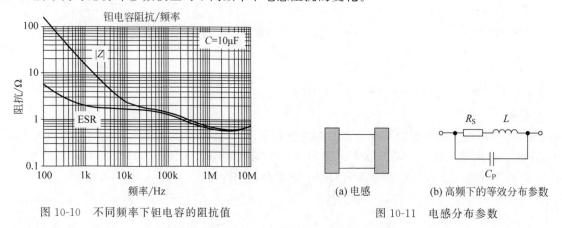

图 10-10　不同频率下钽电容的阻抗值

(a) 电感　　　　(b) 高频下的等效分布参数

图 10-11　电感分布参数

5. PCB 走线电阻

如图 10-13 所示的 PCB 走线可以通过式(10-3)进行计算。R' 为电阻系数，其求取见式(10-4)。

$$R \approx \frac{x}{w} \cdot R' (\mathrm{m}\Omega) \tag{10-3}$$

$$R' \approx 0.5 \cdot \frac{1}{t} (\mathrm{m}\Omega) \tag{10-4}$$

式中，x 为走线长度；w 为线路宽度；t 为线路厚度。

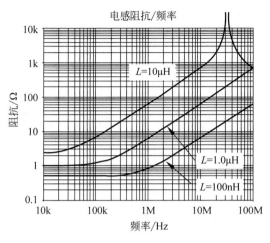

图 10-12　不同频率下电感的阻抗值

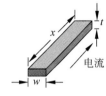

图 10-13　PCB 线路

6. PCB 接地面电阻

如图 10-14 所示的 PCB 接地面电阻可以通过式(10-5)进行计算。接地位置 GF 为几何系数,其求取见式(10-6)。

$$\text{GF} \approx 0.8 + 0.9 \cdot (\text{接近接触边缘系数}) \qquad (10\text{-}5)$$

$$R \approx \text{GF} \cdot R'(\text{m}\Omega) \qquad (10\text{-}6)$$

7. PCB 走线分布电容

如图 10-15(a)所示的 PCB 没有地层的走线分布电容可以通过式(10-7)进行计算。如图 10-15(b)所示的 PCB 没有地层的走线分布电容可以通过式(10-8)进行计算。

$$C_{\text{SH}} \approx \frac{0.71 x \varepsilon_{\text{r}}}{\ln\left(1 + \dfrac{\pi h}{w}\right)}, \quad x \gg w, h \qquad (10\text{-}7)$$

$$C_{\text{M}} \approx \frac{0.71 x \varepsilon_{\text{r}}}{\ln\left(1 + \dfrac{\pi y_s}{w}\right)}, \quad x \gg t, y_s \qquad (10\text{-}8)$$

式中,x 为走线长度(in);w 为线路宽度(in);h 为上下平行 PCB 走线的厚度(in);y_s 为左右平行 PCB 走线的距离(in);电容的单位为 pF;ε_{r} 为 PCB 介质的相对介电常数。

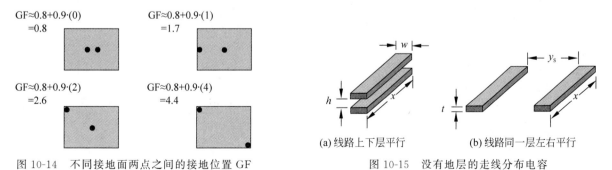

图 10-14　不同接地面两点之间的接地位置 GF

图 10-15　没有地层的走线分布电容

如图 10-16(a)所示的 PCB 下部有地层的走线分布电容可以通过式(10-9)和式(10-10)进行计算,图 10-16(b)所示为图 10-16(a)的等效分布电路。

$$C_{SH} \approx \frac{1.41x\varepsilon_r}{\ln\left(1+\frac{2\pi h}{w}\right)}, \quad x, y_s \gg h \tag{10-9}$$

$$C_M \approx \frac{1.41x\varepsilon_r}{\ln\left(1+\frac{2\pi y_s}{w}\right)}, \quad x, y_s \gg h \tag{10-10}$$

式中，x 为走线长度(in)；w 为线路宽度(in)；h 为 PCB 走线与地层厚度(in)；y_s 为平行 PCB 走线的距离(in)；电容的单位为 pF。

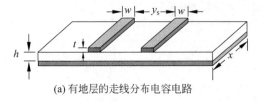

(a) 有地层的走线分布电容电路

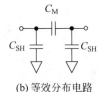

(b) 等效分布电路

图 10-16　有地层的走线分布电容

8. PCB 环路自感

如图 10-17(a)所示的单个矩形环路会产生环路自感，其自感量可以通过式(10-11)进行计算。图 10-17(b)所示的单个圆形环路会产生环路自感，其自感量可以通过式(10-12)进行计算。

$$L \approx 5\left(2x\ln\frac{2y}{d}+y\ln\frac{2x}{d}\right) \tag{10-11}$$

$$L \approx 2\pi \cdot 5\left(\ln\frac{16x}{d}-2\right) \tag{10-12}$$

式中，x 为走线长度(in)；y 为走线宽度(in)；d 为线路的宽度(in)；电感的单位为 nH。

9. PCB 走线分布电感

如图 10-18(a)所示的 PCB 没有地层的走线分布电感可以通过式(10-13)进行计算。如图 10-18(b)所示的 PCB 没有地层的走线分布电感可以通过式(10-14)进行计算。

$$M \approx L \approx 10 \cdot x\ln\left(1+\frac{2\pi h}{w}\right) \tag{10-13}$$

$$M \approx L \approx 10 \cdot x\ln\left(1+\frac{2\pi y_s}{t}\right) \tag{10-14}$$

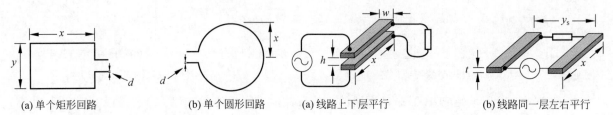

(a) 单个矩形回路　　　　(b) 单个圆形回路　　　　(a) 线路上下层平行　　　　(b) 线路同一层左右平行

图 10-17　环路自感　　　　　　　　　　　　　图 10-18　没有地层的走线分布电感

式中,x 为走线长度(in);w 为线路宽度(in);h 为上下平行 PCB 走线的厚度(in);y_s 为左右平行 PCB 走线的距离(in);电感的单位为 nH。

如图 10-19(a)所示的 PCB 下部有地层的走线分布电感可以通过式(10-15)和式(10-16)进行计算,图 10-19(b)所示为图 10-19(a)的等效分布电路。

$$L \approx 5 \cdot x \ln\left(1 + \frac{2\pi h}{w}\right) \tag{10-15}$$

$$M \approx \frac{5 \cdot x \ln\left(1 + \frac{2\pi y_s}{t}\right)}{1 + (y_s/h)^2} \tag{10-16}$$

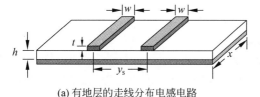

(a) 有地层的走线分布电感电路 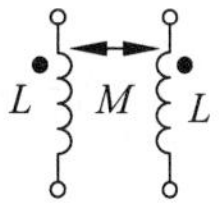　　　　(b) 等效分布电路

图 10-19　有地层的走线分布电感

10. PCB 焊盘分布电容

如图 10-20 所示的 PCB 焊盘看起来像一个对地的电容,其分布电容值可以通过式(10-17)进行计算。

$$C \approx 0.23\varepsilon_r \frac{(w_1 + 1.25h)(w_2 + 1.25h)}{h}, \quad h < w_1, w_2 \tag{10-17}$$

式中,w_1 为焊盘宽度(in);w_2 为焊盘长度(in);h 为焊盘与地层的厚度(in);电容的单位为 pF。

11. PCB 过孔分布参数

如图 10-21 所示的 PCB 过孔的分布参数也非常重要,其分布电阻、电容、电感值可以通过式(10-18)~式(10-20)进行计算。

$$R \approx \frac{870h}{d_1^2} \tag{10-18}$$

$$C \approx \frac{1.41hd_2\varepsilon_r}{d_3 - d_2} \tag{10-19}$$

$$L \approx 5.08 \cdot h \ln\left(1 + \frac{4h}{d_1}\right) \tag{10-20}$$

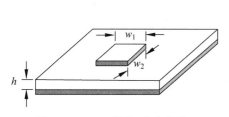

图 10-20　PCB 焊盘(分布电容)

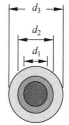

图 10-21　PCB 过孔(分布参数)

式中,d_1 为过孔孔径(in);d_2 为过孔沉铜外径(in);d_3 为接地间隙孔直径(in);h 为过孔高度(in);电阻的单位为 nΩ;电容的单位为 pF;电感的单位为 nH。

10.2　电源分配系统及影响

在高速电路板的设计中,最重要的考虑因素就是电源分配网络。电源分配网络必须为电路板各个部分的电路提供一个低噪声的电源,其中包括电源和地。

特别需要注意的是,一个干净的电源和一个干净的地同等重要,这是因为对于交流信号来说电源就是地。

电源分配网络同时还得为电路板上所有产生或接收的信号提供一个信号回路。设计人员经常忽略这个问题,因为在低频电路中,信号回路的影响并不明显,许多 PCB 设计在忽视信号回路时,也能工作得不错。

10.2.1　理想的电源不存在

假如有一块电路板,包含多个数字集成电路元器件,电路板由＋5V 电源供电,忽略集成电路相对于电源所在的位置和线路上的噪声,则＋5V 电源可以无损耗地传送到各个数字集成电路的电源引脚,并且保持＋5V 的供电电压。

如图 10-22(a)所示,具有这些特性的电源,可以认为是一个理想的电压源,它的输出阻抗是 0。0 阻抗保证了电源端的电压与负载端的电压一致。因为噪声源的源阻抗相对电源的 0 阻抗为无穷大,所有的噪声都将被这个理想的电源所吸收。遗憾的是,这仅仅是一种理想状态。

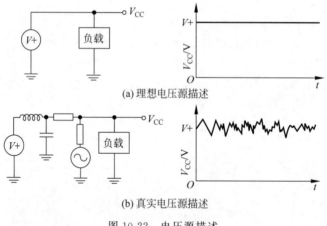

(a) 理想电压源描述

(b) 真实电压源描述

图 10-22　电压源描述

图 10-22(b)给出了一个实际电源的描述。该电源具有一定的输出阻抗,图中这个阻抗用电阻、电感、电容网络的形式表示。事实上,阻抗分布于整个电源分配网络,因此噪声将叠加在电源上。

10.2.2　电源总线和电源层

电源设计的目标就是要尽可能地减少电源分配网络的阻抗。在设计中,电源分配网络的形式可分为总线式和电源层式。通常,电源层式比总线式有更好的阻抗特性,但实际上,有的情况下总线式会更好。

如图 10-23(a)所示,总线系统由一组具有电路板所需的各个电压的电源线组成。电源总线与信号线在同一层,为所有器件提供电源,同时还得为信号线挪出空间。所以,电源线总是长且细的带状线。

早期的设计,由于 PCB 的加工工艺及其成本的制约,多用总线式的电源分配方案,相当于电源线上串有一个小电阻,尽管这个电阻很小,但影响很大。甚至在一个只有 20 个器件的小电路板上,假如每个器件吸收 200mA 电流,总的电流就达 4A。电源总线的电阻就算只有 0.125Ω,也会产生 0.5V 的压降,也就是说电源末端的器件只能得到 4.5V。

如图 10-23(b)所示,电源层系统是由一个或多个电源层或多个层的电源部分组成。在电源层式的电源分配方案中,由于是通过整个层的金属分配电源,其电源输出阻抗会小得多,所以电源噪声也会比总线式的小得多。

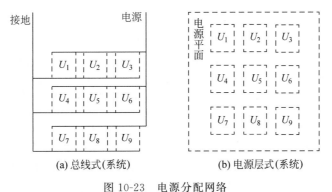

图 10-23 电源分配网络

10.2.3 印制电路板的去耦电容配置

单独的电源层并不能消除电源线路噪声,这是因为电子系统中几乎都会产生足够引起问题的噪声。例如在数字电路中,当电路从一种状态转换为另一种状态时,就会在电源线上产生一个很大的尖峰电流,形成瞬变的噪声电压。不管采用哪种电源分配方案,电源线路都需要抑制噪声和滤波。

通常情况下,使用去耦电容来滤波。一般地,在电源接入电路板的位置摆放一个 $1\sim100\mu F$ 的去耦电容,用于滤除电源的低频噪声;在每一个有源器件的电源引脚处摆放一个 $0.01\sim0.1\mu F$ 的去耦电容,用于滤除高频噪声。

配置去耦电容,可以抑制因负载变化而产生的噪声,这是印制电路板可靠性设计的一种常规做法。滤波的目的是要滤除叠加在电源上的交流成分,理论上电容的容量越大越好。

在实际情况中,电容并不具备理想电容的所有特性,图 10-24(a)给出了理想电容的描述,图 10-24(b)给出了非理想电容的等效电路。由于寄生参数等效为串联在电容上的电阻与电感,所以称为等效串联电阻(equivalent series resistance,ESR)和等效串联电感(equivalent series inductance,ESI)。这样电容实际上就是一个串联谐振电路。

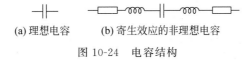

(a) 理想电容   (b) 寄生效应的非理想电容

图 10-24 电容结构

实际情况下,如图 10-25(a)所示,在低于 F_R 的频率时,电容呈现容性;而高于 F_R 的频率时,电容则呈现感性。所以,电容更像是一个带阻滤波器,而不是一个低通滤波器。一个接在电路板电源入口处的 $10\mu F$ 去耦电容,通常是电解电容,它由两片金属薄片夹着一片绝缘介质卷成圆筒状,然后分别从两片金属薄片引出两个引脚,这样的结构决定了它的 ESI 较大,F_R 小于 1MHz。对于 50Hz 的噪声,它是一个很好的滤波器,但对于 100MHz 的高频开关噪声则没有一点作用。

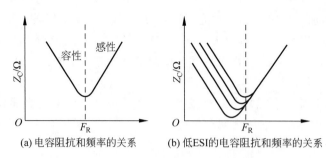

(a) 电容阻抗和频率的关系　　　(b) 低ESI的电容阻抗和频率的关系

图 10-25　不同电容阻抗和频率的关系

电容的 ESR 和 ESI 由电容的结构和所用的介质决定,而不是由电容量决定。对于高频的抑制能力并不会因为更换容量更大的同类型电容而加强。容量更大的同类型电容的阻抗在低于 F_R 的频率下,比小容量的电容会有更小的阻抗;但是在高于 F_R 的频率时,ESI 决定了两者的阻抗不会有什么区别。如图 10-25(b)所示,要提高高频抑制能力,只能更换具有更小 ESI 的电容。

1. 去耦电容的配置原则

为了得到更好的去耦合效果,下面给出了电容配置的一些规则,供设计时参考:

(1) 电源输入端跨接一个 $10\sim100\mu F$ 的电解电容器。如果印制电路板的位置允许,采用 $100\mu F$ 以上的电解电容器的抗干扰效果会更好。

(2) 为每个集成电路芯片配置一个 $0.01\mu F$ 的陶瓷电容器。如遇到印制电路板空间小而装不下时,可每 $4\sim10$ 个芯片配置一个 $1\sim10\mu F$ 钽电解电容器。这种器件的高频阻抗特别小,在 $500kHz\sim20MHz$ 阻抗小于 1Ω,而且漏电流很小($0.5\mu A$ 以下)。

(3) 对于噪声能力弱、关断时电流变化大的元器件(如 ROM、RAM 等)和存储型元器件,应在芯片的电源线和地线间直接接入去耦电容。

(4) 去耦电容的引线不能过长,特别是高频旁路(去耦)电容不能带有引线。

2. 旁路电路选取规则

表 10-1 给出了不同旁路电容适用的场合和范围。

表 10-1　旁路电容特性

类　　型	适用范围/μF	应用(场合)
电解电容	$1\sim100$	通常用于连接到电路板的电源
玻璃封装的陶瓷电容	$0.01\sim0.1$	用于芯片的旁路电容。经常和电解电容并联在一起,用于增加滤波器的带宽和增加阻带
瓷片电容	$0.01\sim0.1$	基本上用于芯片
C0G 电容	<0.1	用于对噪声敏感器件的旁路。经常和另一个瓷片电容并联在一起,用于增加阻带

任何一种电容都只有有限的有效频率范围,而系统既有低频噪声,又有高频噪声,所以在设计时要用不同类型的电容并联,达到更宽的有效频率范围。理论和实践已经证明,两种不同类型电容的并联确实增加了滤波的频率范围。

3. 去耦电容的放置

电容选定以后,就需要将它放置在电路板上。如图 10-26(a)所示为一种低速电路的去耦电容的标准放置方法。这种放置方法只是方便布线,并不能提供最有效的高频滤波性能。图 10-26(b)所示的放置方法,可以得到更好的高频性能。这种放置方法使用一个贴片电容,并将其放置在元器件的另一面。

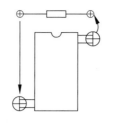 

(a) 去耦电容的典型放置方法   (b) 更好的去耦电容的放置方法

图 10-26 去耦电容的放置方法

对于有多个电源和地的器件,如何获得最好的去耦效果,取决于器件本身。如果器件的地在内部就连接在一起了,则一般只需对一个电源去耦;否则,就要对每一个电源去耦。

10.2.4 信号线路及其信号回路

信号的通断都会产生一个交流电流,因而需要一个电流回路。如图 10-27(a)和图 10-27(b)所示,给出了信号的电流回路,可由电源或地提供信号的回路。图 10-27(a)和图 10-27(b)可等效为图 10-27(c)。

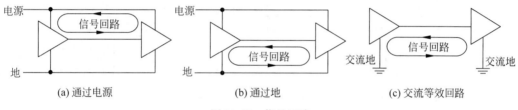

(a) 通过电源   (b) 通过地   (c) 交流等效回路

图 10-27 信号回路

信号线与信号回路构成一个电流环路,这个电流环路有一定的电感量,所以可以把它看成一个线圈,这可能恶化信号的振铃、串扰、辐射。环路的电感量和它所引起的问题会随着环路包围的面积增加而增大,所以最小化环路面积将最小化由于电流环路而引起的振铃、串扰、辐射等问题。

具有电源层作回路的交流信号,将选择一条阻抗最小的回路。阻抗包括电阻、电容和电感,而金属层只有很小的电阻,主要是电感。这就是说,最小阻抗的回路也就是最小电感的回路。

如果两点间的信号有任意的回路,不一定就是那条直线回路的阻抗最小。回路的电感随信号与信号回路之间的距离增大而增大。所以应该是最接近信号线的回路会有最小的电感,也就是最小的阻抗。最接近信号线的回路与信号线所构成的环路面积自然也最小。电源层一定可以提供这样的信号回路。

电源总线有固定的线路,不管是不是最佳的线路,信号的回路只有沿着这些线路返回。在布线时将信号线布在尽可能靠近电源线,以最小化信号回路;否则,易产生大的信号回路。

电源层作为信号回路,并不限制信号的回路路径。这样回路总能沿着阻抗最小的路径返回,从而减少噪声,所以电源层式电源分配系统是一个更好的解决方案。

尽管电源层相比总线有许多的优点,但这些优点很可能被设计者破坏。如图 10-28 所示,因为在电源层的开口可能导致信号最佳回路的破坏,从而增大回路面积,所以在电源层上开口应特别小心。

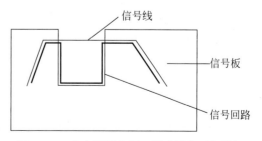

图 10-28 在电源层上开口导致回路面积增加

10.2.5　电源分配方面考虑的电路板设计规则

1．注意板上的通孔

通孔使得电源层需要刻蚀开口留出空间给通孔通过。而有些元器件有很多引脚的连接器会导致电源层大的开口,就可能引发大的噪声。

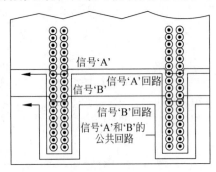

图 10-29　通孔增大环路面积

如图 10-29 所示,104 个引脚连接器的引脚通过电路板,电源层必须开口,这就阻塞了信号的回路。所有信号的回路被迫绕到上面通过,回路面积增大并且信号线有公共回路,公共阻抗将引起串扰。

2．连接线需要足够多的地线

信号回路的原理同样适用于连接其他电路板的连接线,最好每个信号均有自己独立的回路。而且信号与回路的环路面积要尽可能小,即信号与回路要并行。图 10-30(c)较图 10-30(a)和图 10-30(b)来说是更好的接地选择。

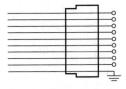
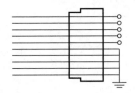
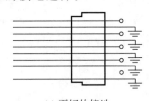

(a) 不充分的接地　　　(b) 充分地接在一起,较大电流回路　　　(c) 更好的接地

图 10-30　不同接地方法

3．模拟电源与数字电源要分开

通常情况下,高速的模拟器件对数字噪声非常敏感。所以在带有数/模混合的电路板上,当设计模拟电源与数字电源时,要将它们分开,然后在电源的入口处将它们连接在一起。但是,有些电路是用于连接模拟电路与数字电路的 DAC 和 ADC,其信号跨越模拟和数字两部分,这时可以在信号跨越处放置一条回路以减小环路面积。

如果系统中 A/D 转换器较多,例如有 10 个 A/D 转换器,此时该怎样连接呢? 如果在每一个 A/D 转换器的下面都将模拟地和数字地连接在一起,则产生多点相连,模拟地和数字地之间的隔离就毫无意义;而如果不这样连接,就违反了厂商的要求,最好的办法是开始时就用统一地。

数/模混合电路分区设计如图 10-31 所示。

4．避免分开的电源在不同层之间重叠

避免分开的电源在不同层之间重叠,否则噪声很容易通过寄生电容耦合过去。

5．隔离敏感元器件

有些元器件对干扰非常敏感,如 PLL。如图 10-32 所示,在电源层造一个 U 形隔离舱,将敏感元器件放在其中。

需要注意的是,所有和敏感元器件相连的信号只能从 U 形舱的开口进出隔离舱,而其他的信号要绕过隔离舱。

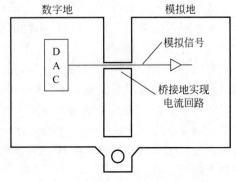

图 10-31　数/模混合电路分区设计

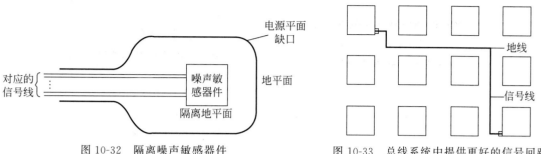

图 10-32　隔离噪声敏感器件　　　　图 10-33　总线系统中提供更好的信号回路

6. 在信号线的边上放置电源线

有时设计者要用单层板或双层板来做设计,此时就需要使用总线式的电源供电。如图 10-33 所示,通过在信号线边上放置电源线,将信号环路面积最小化,这样就可以实现降低噪声的效果。

10.3　信号反射及其消除

本节将系统地介绍信号反射的产生机理以及消除的方法,内容包括信号传输线定义、信号传输线分类、信号反射的定义、信号反射的计算、消除信号反射和传输线的布线规则。

10.3.1　信号传输线定义

信号传输线利用了信号总是选择阻抗最小的路径作为回路的机理,来控制信号线与交流地之间的关系。此外,也可以利用信号线上的阻抗为一个常数的事实,更好地传输信号。阻抗为常数的信号线称为阻抗受控线,它为电路板上信号传输提供最好的介质。

然而,当信号延迟时间远大于信号跳变时间时,信号线必须当作传输线。如图 10-34 所示,如果传输线没有合适的端接,则容易产生反射,导致信号失真,结果是在负载端产生振铃,使系统速度变慢。这也可能严重破坏系统时序关系,使得电子系统不能正常工作。

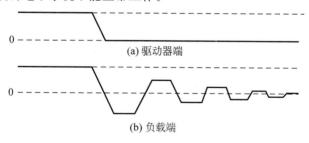

(a) 驱动器端

(b) 负载端

图 10-34　信号反射现象

图 10-35 给出了 PCB 上的两种传输线,即带状线和微带线。其中,h 为绝缘层厚度;t 为覆铜厚度;w 为线宽。图中的电感 L_0 和电容 C_0 均匀地分布在线上,其单位分别为亨利/单位长度和法拉/单位长度。从这个模型可以得到两个重要的参数:阻抗 Z_0 和传输延迟 t_{pd0}。在一个无损信号线上,阻抗 Z_0 是一个交流阻抗;对于驱动电路来说,阻抗 Z_0 为纯电阻,单位为 Ω。可以表示为

$$Z_0 = \sqrt{\frac{L_0}{C_0}}$$

$$(10\text{-}21)$$

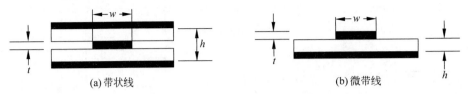

图 10-35　PCB 上传输线结构

传输延迟时间同样取决于 L_0、C_0，单位为时间单位/单位长度，可以表示为

$$t_{pd0} = \sqrt{L_0 C_0} \tag{10-22}$$

10.3.2　信号传输线分类

如上所说，PCB 设计只可能遇到两种传输线：带状线和微带线。如图 10-35(a)所示，带状线指信号夹在两个电源层之间，理论上它能最好地传输信号，因为它两边都有电源层的屏蔽；但由于它让信号线藏在内部，不利于被测试。如图 10-35(b)所示，微带线的信号线在外层，地层在信号线的另一边，便于被测试。

L_0、C_0、Z_0 和 t_{pd0} 是由传输线的物理特性和电路板介质特性决定的。对于带状线，其特性可以表示为

$$Z_0 = \frac{60}{\sqrt{\varepsilon_r}} \ln \frac{4h}{0.67\pi w \left(0.8 + \dfrac{t}{w}\right)}$$

$$t_{pd0} = 1.017 \sqrt{\varepsilon_r} \, (\text{ns/ft})$$

$$C_0 = 1000 \frac{t_{pd0}}{Z_0} (\text{pF/ft})$$

$$L_0 = Z_0^2 C_0 (\text{pH/ft}) \tag{10-23}$$

对于微带线来说，其特性可以表示为

$$Z_0 = \frac{60}{\sqrt{1.41 + \varepsilon_r}} \ln \frac{4h}{0.8w + t}$$

$$t_{pd0} = 0.017 \sqrt{0.457\varepsilon_r + 0.67} \, (\text{ns/ft})$$

$$C_0 = 1000 \frac{t_{pd0}}{Z_0} (\text{pF/ft})$$

$$L_0 = Z_0^2 C_0 (\text{pH/ft}) \tag{10-24}$$

ε_r 是电路板介质的相对介电常数，普通的环氧层压玻璃纤维的相对介电常数大约为 4.2。PCB 板材供应商供应的 1oz(盎司)铜 PCB 板材的金属层厚度约为 1mil。信号线的宽度一般为 4～15mil(现在的主流 PCB 制板工艺可以做到最小线宽 4mil)，典型值为 6mil。层间距离由所要求的板的厚度与层数决定。假如对于微带线，其参数为：

- 线宽 $w = 10\text{mil}$。
- 线厚 $t = 1\text{mil}$。
- 层间距 $h = 30\text{mil}$。
- 介质相对介电常数 $\varepsilon_r = 5$。

则可计算出：$Z_0 = 102.8\Omega, t_{pd0} = 1.75\text{ns/ft}, C_0 = 17.0\text{pF/ft}, L_0 = 180\mu\text{H/ft}$。

如图 10-36 所示,以上对传输线阻抗计算是针对在传输线的末端接上集总式负载情况的。如图 10-37 所示,如果负载分布在传输线上时,这些负载电容将分布在传输线上,并增加线电容。这样就改变了传输线的特征参数阻抗 Z_0 和传输延迟时间 t_{pd0}。改变后的阻抗 Z 和传输延迟时间 t_{pd} 可以通过 Z_0、t_{pd0} 和负载电容 C_L(单位为法拉/单位长度)得出,可表示为

$$Z = \frac{Z_0}{\sqrt{1 + \dfrac{C_L}{C_0}}} \tag{10-25}$$

$$t_{pd} = t_{pd0} \sqrt{1 + \frac{C_L}{C_0}} \ (\text{ns/ft}) \tag{10-26}$$

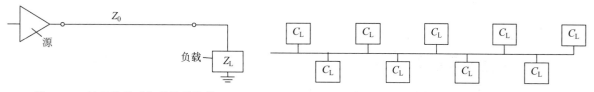

图 10-36 连接集总式负载的传输线 　　　　　　　　图 10-37 连接分布式负载的传输线

10.3.3 信号反射的定义

信号源产生带有能量的信号,接入阻抗为 Z_0 的传输线。尽管传输线被视为一个电阻,但它并不消耗能量,信号能量必须通过负载阻抗吸收。

要得到从信号源到负载的最大能量传输,要求负载阻抗等于源阻抗。如果二者不相等,那么信号的一部分能量被负载吸收,另一部分被反射回信号源,信号源就会产生相应的变化去补偿输出。负载端的信号波形就可以当作反射波与信号源输出的叠加,反射波取决于线阻抗与负载阻抗的失配情况及信号跳变时间与传输延迟时间的比率。

如果跳变时间远大于传输延迟时间,信号反射回信号源时,信号源的输出只改变一点,反射对信号只引起小小的扰动,在负载端表现为小小的过冲。

如果传输延迟足够大,以致当反射信号返回信号源时,信号源的输出已经改变了很多。因此信号源就得做出较大的变化去补偿输出,而负载端又反射信号新一轮的变化,这样就产生了所谓的振铃。信号线足够长到可以产生很大的反射时,信号线就当成传输线。确切的哪个点信号线将被当成传输线,还取决于对信号失真的容忍度。宽松地认为当跳变时间小于传输延迟时间的 4 倍时,信号线将被当成传输线。保守一点,信号跳变时间小于 8 倍的传输延迟时间时,信号线将被当成传输线。二者比值越大,得到的信号线质量越好。

目前对于多数器件来说,跳变时间为 5ns(双极性器件)～1ns(新的双极性和 CMOS 器件)。表 10-2 给出了在跳变时间等于传输延迟时间的 4 倍时对应的信号线长度。

表 10-2 跳变时间等于传输延迟时间的 4 倍时对应的信号线长度

跳变时间/ns	信号线长度/in	跳变时间/ns	信号线长度/in
5	8.6	2	3.4
4	6.9	1	1.7
3	5.1		

对于跳变时间为 5ns 的器件的信号线,当长度小于 8.6in 时,不必当成传输线;而对于高速器件,甚至 2in 信号线,也可能是传输线。实践中,常把高速元器件的所有信号线当作传输线。

若传输负载为分布负载,传输线的最小长度会更小。表 10-3 给出了在跳变时间等于传输延迟时间的 4 倍时,分布负载和集总式负载所对应的信号线长度。

表 10-3　跳变时间等于传输延迟时间的 4 倍时分布负载和集总式负载对应的信号线长度

跳变时间/ns	信号线长度/in	
	集总式负载	分布式负载
5	8.6	3.6
3	5.1	2.17
2	3.4	1.4
1	1.7	0.75

10.3.4　信号反射的计算

信号线长度足够长时被视为传输线,传输线的反射信号的大小取决于传输线阻抗与负载阻抗的差别。反射信号与源信号的比值,简称反射系数,可表示为

$$K_R = \frac{Z_L - Z_0}{Z_L + Z_0} \tag{10-27}$$

所有对于负载开路的传输线,可表示为

$$K_R = \frac{\infty - Z_0}{\infty + Z_0} = 1 \tag{10-28}$$

所有对于负载短路的传输线,可表示为

$$K_R = \frac{0 - Z_0}{0 + Z_0} = -1 \tag{10-29}$$

也就是说,负载开路或短路,信号全部反射回去。短路时反射回去的信号是反向的。在 PCB 上,很容易估计出传输线和负载的失配类型。Z_0 的典型值范围为 $30 \sim 150\Omega$。器件的输入阻抗也就是信号的负载阻抗,范围为 10(双极)$\sim 100k\Omega$(CMOS),而输出阻抗则很小。例如 PALCE16V8 的低电平 0.2V 输出,驱动能力设置为 24mA 时,其输出阻抗大约为 8Ω,高电平输出阻抗约为 50Ω(与 Z_0 相当)。

假如阻抗为 70Ω 的微带线,以 PALCE16V8 输出为信号源,CMOS 器件为负载,下面讨论信号从高到低的变化过程。

源输出阻抗可表示为

$$Z_S \approx \frac{V_{OL}}{I_{OL}} = \frac{0.2V}{24mA} \approx 8\Omega$$

负载阻抗,即 CMOS 的输入阻抗约为 $100k\Omega$,远大于源输出阻抗,所以负载端的反射系数 K_r 为 1。而在源输出端对于传输线上返回输出端信号的反射系数为

$$K_{RS} = \frac{8 - 70}{8 + 70} = -0.794$$

源输出一个从高变低的信号,即 $3.5V \rightarrow 0.2V$。由于源输出阻抗与传输线阻抗形成一个分压,所以 PALCE16V8 输出端得到的交流信号为

$$\Delta V = \frac{(0.2 - 3.5) \times Z_0}{Z_0 + Z_s} = \frac{(0.2 - 3.5) \times 70}{70 + 8} = -2.96(V)$$

在 PALCE16V8 的输出端交流信号为

$$V_{S1} = 3.5V - 2.96V = 0.54V$$

当 ΔV 到达负载端时，产生完全反射，反射信号 V_{R1} 为 $-2.96V$。因负载端原来的电压为 3.5V，加上到达的 $\Delta V(-2.96V)$ 和反射信号 $(-2.96V)$，负载端的电压变为

$$V_{L1} = 3.5V - 2.96V - 2.96V = -2.42$$

反射信号返回输出端时，也发生反射，反射系数 $K_{RS} = -0.794$，这个第二次反射信号为

$$V_{R2} = V_{R1} \times K_{RS} = 2.35V$$

这时输出端交流信号为

$$V_{S2} = 0.54V - 2.96V + 2.35V = -0.07V$$

第二次反射信号又返回到负载端，这时负载端电压为

$$V_{L2} = -2.42V + 2.35V + 2.35V = 2.28V$$

信号如此往返，每往返一次，信号就减弱一些。在经过若干次往返之后，负载端电压降至低于输入门限电压。

重要结论：由于存在信号反射，所以信号需要经过一段时间才能达到所要求的门限内。因此信号反射的存在大大降低了信号工作的频率。所以在高速电路设计中，要想办法消除反射。

10.3.5 消除信号反射

信号反射影响大多数的系统，所以需要消除，至少需要将信号反射可以降低到允许的范围内。在理想情况下，只有当 $Z_0 = Z_L$ 时，才能消除信号反射。下面给出消除信号反射的两种方法。

(1) 并联端接。通过在负载端并联一个电阻，将负载阻抗匹配到 $Z_0 = Z_L$。这样就可以消除第一次反射。

(2) 串联端接。通过在输出端串联一个电阻，增加源阻抗将其匹配到 $Z_0 = Z_L$，这样可以消除第二次反射。

下面给出实现并联端接和串联端接用于消除信号反射的具体方法。

1. 并行端接

如图 10-38(a)所示，由于输入阻抗往往都很高，所以通常使 $Z_0 = R_T$，这种方法的缺点是：高电平输出时电流消耗太大，超出器件所能支持的范围。把并联电阻接到电源上会有一定改善。

2. 戴维南等效

如图 10-38(b)所示，这种方法可以大大减小对输出电流的要求，但要求提供更大输出电流的电源。

3. 有源端接

如图 10-38(c)所示，这种方法是将并联电阻端接在一个 3V、2.5V、1.8V 等 I/O 供电电压源上。但是实际应用中，很难找到一个能高速吸收电流并转换到输出电流的电压源，用于响应信号的跳变。

4. 串联电容

图 10-38(a)～图 10-38(c)三种并联端接都不实用。另一种并联端接的方法如图 10-38(d)所示，是用一个串联 RC 网络作并联端接，其中，$Z_0 = R_T$。电容为 100pF 数量级，确切的容量并不重要，它只是用来通高频阻低频。对于输出驱动来说，不存在直流负载。这种端接方式称为交流并联端接。

5. 串行端接

在负载端采用端接设计是为了消除信号的第一次反射，串行端接是另一种消除反射的方法。如图 10-38(e)所示，串行端接是在输出端串联一个电阻，这个电阻可认为是源阻抗的一部分，这样就可以

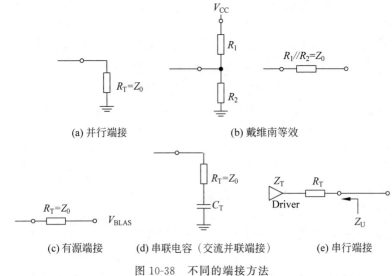

(a) 并行端接　　　　　　　　　　　(b) 戴维南等效

(c) 有源端接　　　(d) 串联电容（交流并联端接）　　(e) 串行端接

图 10-38　不同的端接方法

增加源阻抗到 $R_T + Z_S = Z_0$ 以消除第二次反射。

如图 10-39 所示,这种端接对于集总式负载工作效果很好。由于 $R_T + Z_S = Z_0$,所以 $R_T + Z_S$ 与 Z_0 的分压使跳变减为原来的一半,这个信号传输到负载端后(负载阻抗很大)被完全反射,反射信号与原信号叠加在一起后,信号大小又翻倍,就与源信号大小一样了。

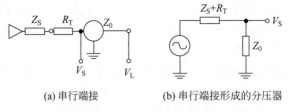

(a) 串行端接　　　　　　　(b) 串行端接形成的分压器

图 10-39　串行端接原理

如图 10-40 所示,这样就可利用第一次反射来达到输出信号完全传送到负载端。反射信号返回到输出端时,由于 $R_T + Z_S = Z_0$ 而被完全传输,不再发生第二次反射。

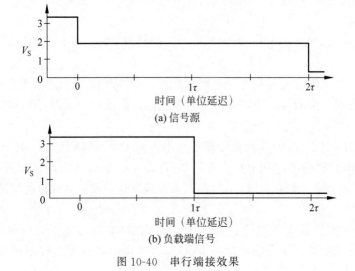

(a) 信号源

(b) 负载端信号

图 10-40　串行端接效果

当负载为分布式时,串联端接就成为一种很危险的做法。因为负载并不在传输线的末端,这将会有一些中间电压返回输出端,直到它们的反射信号将它们清除。同时,也增加信号传输的延迟,因为只有当最靠近输出端的那个器件得到一个有效的输入时,这个信号才能算有效。在反射信号返回后,最靠近输出端的器件的输入才有效,这个延迟比起集总式负载的串联端接要大,因为分布式负载减小了传输线的阻抗 Z_0,因此增加了延迟时间。

尽管有这个缺点,串联端接还是很成功地应用在动态存储器 DRAM 的驱动上,甚至当作 DRAM 分布在传输线上。通过选择合适的 R_T 来减小信号,控制其在输入阈值附近的摆幅和额外的延迟。所以通常驱动器的 Z_S 总是比 Z_0 小,以便得到合适的 R_T 值。

在实际中,任何端接都不可能达到 100% 的完全匹配,所以会产生振铃的情况,如果振铃的大小在可容忍的范围内,并不会产生什么问题。振铃有时会被淹没在存储线的高电容性中。

此外,由于驱动器的高电平输出阻抗和低电平输出阻抗是有差别的,这使得端接电阻的选择变得很难,因为不可能有一个对于两种情况都很理想的端接电阻,设计者必须折中选择。

近年来,随着半导体工艺的不断发展,在芯片内部集成了数字控制阻抗(digital control impedance,DCI),例如在 Xilinx FPGA 内部就集成了 DCI,这大大简化了处理高速信号反射的设计过程。

10.3.6　传输线的布线规则

阻抗受控信号线是信号在电路板上传输的合适的媒介,合适的端接将确保信号的抗干扰性。但仍然有可能因不适当的布线导致较大的噪声。下面的布线规则可减少信号的反射,满足其 PCB 的高设计性能。

1. 避免传输线的阻抗不连续性

阻抗不连续点就是传输线突变的点,例如直拐角、过孔等,它将产生信号的反射。所以在 PCB 布线的时候要尽可能避免阻抗的不连续。布线时应注意以下几点:

1) 避免走线的直拐角

如图 10-41(a)所示,直角走线引起信号不连续,用图 10-41(b)修正,改善阻抗不连续性。如图 10-41(c)和图 10-41(d)所示,在 PCB 布线中,凡是遇到拐点,则尽可能地使用 45°角或者圆弧。

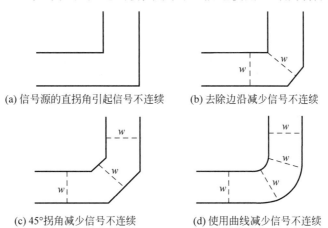

(a) 信号源的直拐角引起信号不连续　　(b) 去除边沿减少信号不连续

(c) 45°拐角减少信号不连续　　(d) 使用曲线减少信号不连续

图 10-41　信号线的直拐角引起信号不连续

2) 尽可能少用过孔

如图 10-42 所示,每个过孔都是一个阻抗不连续点。为了减少过孔的使用,在 PCB 布局和布线时

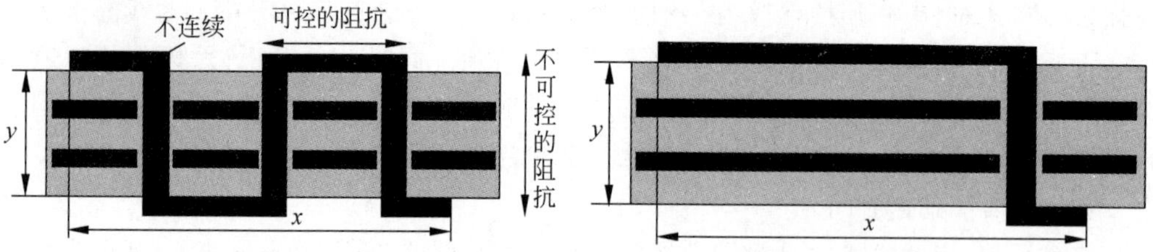

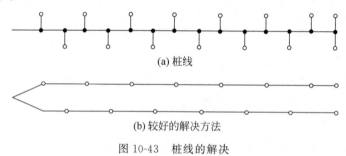

图 10-42　过孔的处理

进行合理规划。

外层的信号避免通过内层,内层信号也避免跑到外层。因为内层信号线属于带状线,而外层信号线属于微带线,两种不同类型的传输线的阻抗是不同的。如果信号从内层到外层,或从外层到内层,就会产生反射。

2. 不要用桩线

图 10-43(a)所示的桩线都是噪声源。如果桩线很短,尽管分布式的负载降低了传输线的阻抗,但只需要在传输线的末端端接就可以。如果桩线足够长,就是一条条的传输线,它以主传输线为源,同样产生反射,情况就变得很复杂。所以,应该避免使用长的桩线,改用两条走线,并在两条线的末端都作端接,如图 10-43(b)所示。

图 10-43　桩线的解决

10.4　信号串扰及其消除

本节将介绍信号串扰产生的机理以及消除串扰的方法,主要内容包括信号串扰的产生、信号串扰的类型、抑制串扰的方法。

10.4.1　信号串扰的产生

串扰是信号间不希望有的耦合,分为容性串扰和感性串扰。感性串扰占的比例要比容性串扰大得多,串扰可以通过一些简单的办法有效地抑制。

10.4.2　信号串扰的类型

1. 容性串扰

容性串扰指的是信号间的容性耦合,当信号线在一定长度上靠得比较近时就会发生。如图 10-44(a)所示,其中的两根信号线分别称为噪声源线和噪声接收器线。

由于线间的寄生电容,噪声源上的噪声就会通过电流注入的形式耦合到噪声接收器线上。对这个

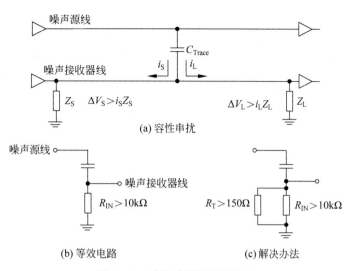

图 10-44 容性串扰及解决方法

电流来说,在传输线上两边阻抗都为 Z_0,它将向两边传输,直到它消耗在源和负载上。

产生的电压尖峰值由 Z_0 决定。当电流脉冲通过 Z_L 和 Z_s 时,产生的电压与其阻抗成正比。如果阻抗不匹配,将产生反射。在没有端接的情况下,在 Z_L 产生的电压尖峰将非常大。所以在负载端端接可以大大减小下一个器件输入端的电压噪声。

通过将两根信号线分开一些,可以减少容性串扰,即两根信号线分开得越远,寄生电容就越小,容性串扰就越小。

但是由于电路板的空间有限,不可能将信号线分开得很远。如图 10-45 所示,减少串扰的另一种方法是在两根相邻信号线的中间放置一根地线。这样可以有效地减少容性串扰。这是因为信号直接耦合到地线,而不是耦合到相邻的信号线。

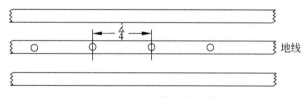

图 10-45 用地线隔离信号线

这根地线必须是纯粹的地,如果仅仅是在地线的两端连接到地上,这根地线就有较高的阻抗。为了更好地接地,这根地线上每隔 $\lambda/4$ 的距离就必须加一个过孔接到地层。其中,λ 为信号线上最高频率信号的波长。

2. 感性串扰

如图 10-46 所示,感性串扰可以看成信号在一个不希望有的寄生变压器初次级之间的耦合。其中,变压器的绕组为电路板上信号电流环路。

如图 10-47(a)和图 10-47(b)所示,这个环路可能是由于布线时的疏忽而产生的人为环路,也可能是信号的自然回路形成的。如图 10-47(c)所示,可以消除人为原因产生的环路。感性串扰的大小取决于两个环路的靠近程度和环路面积的大小,以及所影响负载的阻抗。

两个信号环路靠得越近,环路面积越大,串扰也越大。在负载端的感性串扰信号的大小与容性串扰一样,随着负载阻抗的增大而增大。

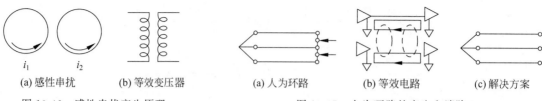

图 10-46　感性串扰产生原理　　　　图 10-47　人为环路的产生和消除(1)

环路的电感量与环路的面积成正比。如图 10-46 所示,当两个信号环路相互作用时,其中一个有初级电感 L_P,另一个有次级电感 L_S。

如图 10-48(a)所示,并不是专门将信号线设计成变压器,但是这是一种有害的寄生效应,使信号相互干扰。如图 10-48(b)所示,当两个信号线的一部分回路重合时,环路就产生相当于自耦变压器的效应。如图 10-48(c)所示,保证每个信号都有独立的回路,可以消除由此引起的干扰。

感性串扰来源于下面两种途径:

(1) 若为人为环路引起,则消除这个环路,但困难在于很难找出这个环路。

(2) 若由信号和信号的自然回路构成的环路所引起,则不能消除该环路,但是可以通过减少负载阻抗的方法来减小串扰。

如图 10-49 所示为次级环路简化原理图。其中,Z_S 为环路固有阻抗,i_S 是环路电流。环路阻抗越大,产生的电压降就越大。在没有端接的信号线上,大的阻抗就在其间的输入端,而输入端是最不希望有较大噪声的。所以在输入端(即信号线的末端)端接,可以大大减小噪声。通常端接电阻 R_T 的范围为 $30 \sim 150\Omega$,这将使负载阻抗降低至少两个数量级,相应的串扰噪声也降低。但是降低多少还得看 Z_S 的大小。尽管 Z_S 的大小很难估计,但负载阻抗能下降两个数量级,一定会有不小的作用。

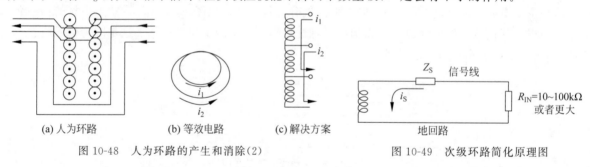

图 10-48　人为环路的产生和消除(2)　　　　图 10-49　次级环路简化原理图

10.4.3　抑制串扰的方法

下面给出抑制串扰的方法。抑制串扰的主要策略包括:

(1) 由于容性串扰和感性串扰的大小均随负载阻抗的增大而增大,所以应对由串扰引起的干扰敏感的信号线进行合理的端接。

(2) 增大信号线间的距离,可以有效地减少容性串扰。

(3) 在相邻信号线间插入一根地线,也可以有效地减少容性串扰。

(4) 对于感性串扰,应尽量减小环路面积。如果允许的话,消除这个环路。

(5) 避免多个信号使用公共的回路。

10.5 电磁干扰及其消除

随着电路速度的提高,电磁干扰(electromagnetic interference,EMI)问题变得越来越严重。与低速器件相比较,高速器件对 EMI 更加敏感,这是由于高速器件更容易接收到高速干扰信号。

在实际应用中,减小 EMI 的方法主要包括屏蔽、滤波、消除电流环路和尽量降低器件的工作速度。

在 PCB 设计中,不可避免地存在环路,环路就相当于一个天线。通过最小化环路来解决 EMI 问题,意味着要减少环路的数量及环路的天线效应、减少人为产生的环路、减小环路的面积。可采取下面的方法:

(1) 通过确保信号上任意两点上只有唯一一条回路路径,就可以避免人为环路。

(2) 尽可能使用电源地层,这样可以保证信号的自然回路与信号的环路面积最小。在使用电源和地层时,要特别注意不能阻塞信号回路。

10.5.1 滤波

在电源线上经常采用滤波的方法来减小 EMI,有时也用在信号线上。只有当其他方法无法消除信号噪声时,才将信号线滤波作为最后的处理手段。

滤波通常有三种选择元器件,即去耦电容、EMI 滤波器、磁性元器件。

EMI 滤波器主要用于对电源线进行滤波,目的是衰减高频噪声。一般用来隔离电路板或系统内外电源,其作用是双向的,既过滤输入噪声,也过滤输出噪声。EMI 滤波器是电容电感的组合,组合的选择取决于滤波器接入端阻抗大小。如图 10-50 所示,EMI 滤波器通常有以下几种组合:穿心电容、LC 型滤波器、π 型滤波器、T 型滤波器。

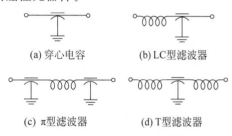

(a) 穿心电容   (b) LC 型滤波器

(c) π 型滤波器   (d) T 型滤波器

图 10-50 EMI 滤波器

通常以插入损耗来衡量 EMI 滤波器的性能,单位为 dB。

10.5.2 磁性元器件

磁性元器件由铁磁材料构成,用来抑制高频噪声,常见的有磁珠、磁环、扁平磁夹子。其中,磁环和扁平磁夹子一般用在连接线上。

图 10-51 给出了磁性元器件工作原理,相当于在线上串上一个电感。图 10-52 所示为一个铁氧体滤波器频率特性图。设计者必须根据需求来选择相应的磁性元器件。

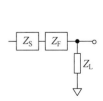

图 10-51 磁性元器件工作原理(铁氧体滤波器等效电路)

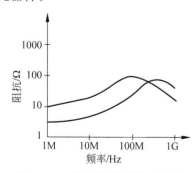

图 10-52 铁氧体滤波器频率特性

磁性元器件并不增加线路的直流阻抗,这使得它非常适合用在电源线上作为噪声抑制器件。

由于磁珠很小且易于处理,有时也将其用在信号线上抑制高频噪声。但并不推荐这种做法,因为它掩盖了问题的本质原因,影响信号的边缘斜率。当 PCB 设计完成后,无法使用其他方法时,才将其作为最后的选择。

10.5.3 器件的速度

在给定的频率范围内,器件产生的能量越少,辐射的噪声就越小。高速器件跳变时间更短,这就意味着在高频范围里有更多的能量,也就是产生更多的噪声。

若系统要求的速度很高,那么必须用足够高速度的器件。但如果更低速度的器件可以满足系统的要求,就没有必要用更高速度的器件。

10.6 差分信号原理及设计规则

在高速数字电路设计过程中,设计者采取各种措施来解决信号完整性问题。随着信号传输速度的不断提高,越来越多的高速数字信号采用差分线进行传输。PCB 中的差分线是耦合带状线或耦合微带线,信号在上面传输为奇模传输方式。因此,差分信号具有抗干扰性强、易匹配等优点。而差分线低压幅或电流驱动输出实现了高速集成功耗的要求。

印制电路板上的差分线等效于工作在准 TEM 模的差分的微波集成传输线对。其中:

(1) 位于 PCB 顶层或底层的差分线等效于耦合微带线。

(2) 位于多层 PCB 的内层的差分线,正负两路信号在同一层的,等效于侧边耦合带状线;正负两路信号在相邻层的,等效于宽边耦合带状线。

数字信号在差分线上传输时,是奇模传输方式,即正负两路信号的相位相差 $180°$,而噪声以共模的方式在一对差分线上耦合出现。

在接收器接收到差分信号时,正负两路差分的电压(或电流)相减,从而可以获得传输信号的正确逻辑信号,并且消除共模噪声。

10.6.1 差分线的阻抗匹配

差分线的作用是分布参数系统,因此在设计 PCB 时必须进行阻抗匹配,否则信号将会在阻抗不连续的地方发生反射。根据前面的介绍,当发生信号反射时,信号反射在数字波形上主要表现为上冲、下冲和振铃现象。下面的公式是一个信号的上升沿(幅度为 E_c)驱动端经过差分传输线到接收端的频率响应:

$$V_L = \frac{E_G Z_0}{Z_G + Z_0} \times \frac{H_1(\omega)(\Gamma_L + 1)}{1 - \Gamma_L \Gamma_G H_1^2(\omega)} \tag{10-30}$$

式中,E_G 为信号源的电动势;Z_G 为内阻抗;Z_L 为负载阻抗;$H_1(\omega)$ 为传输线的系统函数;Γ_L 和 Γ_G 分别是信号接收端和信号驱动端的反射系数,由以下两式表示:

$$\Gamma_L = \frac{Z_L - Z_0}{Z_L + Z_0} \tag{10-31}$$

$$\Gamma_G = \frac{Z_G - Z_0}{Z_G + Z_0} \tag{10-32}$$

由式(10-30)可知,传输线上的电压由从信号源向负载传输的入射波和从负载向信号源传输的反射波的叠加。只要通过阻抗匹配使 Γ_L 和 Γ_G 等于0,就可以消除信号反射现象。在实际应用中,一般只要求 $\Gamma_L=0$,这是因为只要接收端不发生信号反射,就不会有信号反射回源端并发生源端反射。

由式(10-31)可知,如果 $\Gamma_L=0$,则必须使 $Z_L=Z_0$,即传输线的特性阻抗等于终端负载的电阻值。

可以使用相关的 PCB 设计软件,计算传输线的特性阻抗。特性阻抗和差分线的线宽、线距及相邻介质的介电常数有关。在实际应用中,一般把差分线的特性阻抗控制在 100Ω 左右。

值得注意的是,一个差分信号在多层 PCB 的不同层传输时(特别是内外层都走线时),要及时调整线宽、线距来补偿因为介质的介电常数变化带来的特性阻抗变化。

10.6.2 差分线的端接

差分线的端接要满足两个方面的要求:

(1) 逻辑电平的工艺要求。

(2) 传输线阻抗匹配的要求。

因此,终端负载电阻的控制要根据不同的逻辑电平接口,来选择适当的电阻网络和负载并联,以达到阻抗匹配的目的。在进行设计的时候,参考相关的差分传输标准就可以得到需要的端接匹配方法。

1. LVDS 电平信号的端接

LVDS 是一种低摆幅的差分信号技术,它上面的信号可以以几百 Mbps 的速率传输。如图 10-53 所示,LVDS 信号的驱动器由一个驱动差分线的电流源组成,通常电流为 3.5mA。端接电阻一般跨接在正负两路信号的中间。

LVDS 信号的接收器一般具有很高的输入阻抗,因此驱动器输出的电流大部分都流过了 100Ω 的匹配电阻,并产生了 $350mV$ 的电压。有时,为了增加抗噪声性能,差分线的正负两路信号之间用两个 50Ω 的电阻串联,并在电阻中间加一个滤波电容到地。这样可以减少高频噪声。随着微电子技术的发展,很多器件生产商已经可以把 LVDS 电平信号的终端电阻做到器件内部,以减少 PCB 设计者的设计难度。

2. LVPECL 电平信号的端接

LVPECL 电平信号也是适合高速传输的差分信号电平之一,最快可以使信号以 1Gbps 的速率传输。由于它的每一单路信号都有一个比信号驱动电压小 2V 的直流电平,因此应用终端匹配时不能在正负两条差分线之间跨接电阻。如果在差分线之间跨接电阻,电阻中间相当于虚地,直流电位将变成零,因此只能将每一路进行单端匹配。

如图 10-54 所示,对 LVPECL 信号进行单端匹配,要符合两个条件:

(1) 信号的直流电平要为 1.3V(假设驱动电压为 3.3V,3.3V−2V=1.3V)。

(2) 信号的负载要等于信号线的特性阻抗(50Ω)。

在实际设计中,增加一个电源就意味着增加了新的干扰源,也会增加布线空间,改变电源分割层的布局。因此在设计系统时,可以采用如图 10-55 所示的交直流等效的方法,对 LVPECL 进行端接。

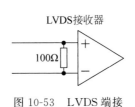

图 10-53 LVDS 端接

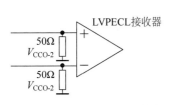

图 10-54 LVPECL 理想端接

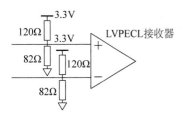

图 10-55 LVPECL 实际端接

（1）对交流信号，相当于 120Ω 电阻和 82Ω 电阻并联，经计算为 48.7Ω。

（2）对直流信号，两个电阻分压，信号的直流电位为 3.3×82/(120+82)＝1.34V。因此，等效结果在工程应用的允许误差范围内。

10.6.3　差分线的一些设计规则

在做 PCB 的设计工作中，使用差分线可以很大程度上提高信号线的抗干扰性。要想设计出满足信号完整性要求的差分线，除了要使负载和信号线的阻抗相匹配外，还要在设计中尽量避免出现阻抗不匹配的情况。下面给出一些设计规则，供设计时参考：

（1）差分线离开器件引脚后，要尽量相互靠近，以确保耦合到信号线的噪声为共模噪声。一般使用 FR4 介质，对 50Ω 布线规则(差分线阻抗为 100Ω)是，差分线之间的距离要小于 0.2mm。

（2）信号线的长度应匹配，不然会引起信号扭曲，导致 EMI 问题。

（3）不要仅仅依赖软件的自动布线功能，要仔细修改以实现差分线的阻抗匹配和隔离。

（4）尽量减少使用过孔和其他一些引起阻抗不连续的因素。

（5）不要使用 90°走线，可用圆弧或 45°折线代替。

（6）信号线在不同的信号层时，要注意调整差分线的线宽和线距，避免因介质条件改变引起的阻抗不连续。

## 第 11 章

电路板仿真和输出

在进行系统设计时,设计者总是希望节省时间和降低成本。在制作 PCB 之前,通过使用模型,设计者可以对所设计的 PCB 进行仿真。在高速系统设计中,通过信号完整性仿真,分析不同条件下传输线中的各种元器件的行为,这样在设计初期就能预防并检测出信号完整的问题,如过冲、欠冲、阻抗不匹配等。然而设计者可用的数字器件的模型非常少,当设计者向半导体厂商索取 Spice 模型时,厂商并不愿意提供这个模型,因为 Spice 模型包含有专有工艺和电路的相关信息。

在对所设计的 PCB 进行仿真时,通过使用输入/输出缓冲器信息规范(input/output buffer information specification,IBIS)模型,就可以发现设计中所出现的信号完整性及其他问题。IBIS 也称为 ANSI/EIA-656,这是对于元器件建模的一个新标准,在 PCB 设计中越来越流行。

11.1 IBIS 模型原理及功能

IBIS 模型由 Intel 公司在 20 世纪 90 年代初开发。IBIS 1.0 版本于 1993 年 6 月发布,IBIS 开放式论坛也在那时成立。参与 IBIS 开放式论坛的有 EDA 厂商、计算机制造商、半导体厂商、大学和终端用户,开放式论坛负责提议进行更新和评审、修订标准、组织会议,促进 IBIS 模型的发展,在 IBIS 网站上提供有用的文档和工具。1995 年,IBIS 开放式论坛与电子工业联盟(electronic industries association,EIA)开始进行合作。目前已经发布了几个 IBIS 版本,第一个版本描述了 CMOS 电路和 TTL I/O 缓冲器,每个版本都增加并支持新的功能、技术和器件种类,所有版本都互相兼容。IBIS 4.0 版本由 IBIS 开放式论坛在 2002 年 7 月批准,但它还不是 ANSI/EIA 标准。

IBIS 是一个行为模型,通过 V/I 和 V/T 数据,描述元器件数字输入和输出的电气特性,这些数据代表了元器件的行为,而不会泄露任何元器件内部的信息。IBIS 模型与系统设计人员对传统模型的理解不同,例如,其他模型中使用原理图符号或多项式表达式。IBIS 模型包括:

(1) 输出引脚和输入引脚中的电流和电压值的关系。

(2) 在上升或下降的转换条件下输出引脚的电压与时间关系。

IBIS 模型用于对系统板上的信号完整性进行分析,通过 IBIS 模型,系统设计人员能够仿真并预见连接不同器件的传输线路中基本的信号完整性问题。潜在的问题可以通过仿真进行分析,包括由于传输线上阻抗不匹配、到达接收器的波形反射到驱动器的信号、串扰、接地、电源反弹、过冲、欠冲以及分析传输线端接等。

IBIS 是一种精确的模型,这是因为模型考虑了 I/O 结构的非线性、ESD 结构和封装寄生效应。相对于其他传统模型(如 Spice)来说,IBIS 模型有以下优势:

(1) 仿真时间最多可缩短为原来的 1/25。

(2) IBIS 没有 Spice 不收敛的问题。

(3) IBIS 可以在任何行业平台运行。

11.1.1　IBIS 模型生成

可以通过仿真过程中或基准测量中所收集的数据来获得 IBIS 模型。如果选择前一种方法,则在使用 Spice 进行仿真时,收集每个输入/输出缓冲器的 V/I 和 V/T 数据,这样可以在模型中包含过程转折数据。然后使用 IBIS 网站上的 Spice 至 IBIS 转换程序,由 Spice 模型生成 IBIS 模型。

可以在三种不同条件下生成模型:典型、最小和最大。其中:

(1) 在典型模型中,使用标称电源电压、温度和工艺参数获取数据。

(2) 在最小模型中,使用最低电源电压、较高温度和较弱工艺参数获取数据。

(3) 对于最大模型,条件是最高电源电压、较低温度和较强的工艺参数。

每种条件会产生相应的典型、慢速和快速模型。

(1) 具有快速转换时间和最小封装特性的最高电流值条件下生成的快速模型。

(2) 具有较慢转换时间和最大封装特性的最低电流值条件下生成的慢速模型。

如果数据是在实验室测量中获得的,则模型取决于器件的特性。如果是标称器件,将获得典型模型。

收集完数据后,将其以可读的 ASCII 文本格式存入文件中。Golden Parser 也称为 ibischk3,用于根据标准检查 IBIS 文件的句法和结构。

最后,设计者将仿真结果与实际芯片测量相关联,对模型进行验证。

IBIS 规范支持几种输入和输出,例如,可建模三态、集电极开路、开漏、I/O 和 ECL 等模式的输入/输出。第一步是识别器件上不同类型的输入和输出,确定设计中存在多少缓冲器。值得注意的是,在 IBIS 文件中一个模型可用于表示多个输入或输出。然而,如果 C_Comp 和封装参数不同,就需要不同的模型。

11.1.2　IBIS 输出模型

如图 11-1 所示为三态输出缓冲器(输出结构)。该模型可看作一个驱动器,包含:

(1) 一个 PMOS 晶体管和一个 NMOS 晶体管。

(2) 两个 ESD 保护二极管。

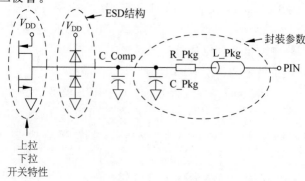

图 11-1　三态输出缓冲器

（3）芯片电容和封装寄生电容。

通过直流电气数据、交流转换数据以及参数输出模型，对该模型进行描述。

1. 上拉和下拉曲线

上拉和下拉曲线数据决定器件的驱动强度。如图 11-2 所示，这些曲线通过特征化输出中的两个晶体管来获得。如图 11-3 所示，上拉数据描述当输出为逻辑高电平状态（即 PMOS 晶体管导通）时的 I/V 行为。如图 11-4 所示，下拉数据表示当输出为逻辑低电平状态（即 NMOS 晶体管导通）时的直流电气特性。

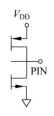

图 11-2　输出中的 PMOS 和 NMOS 晶体管

在 $-V_{CC} \sim 2V_{CC}$ 的范围内，获得所需要的数据。虽然这个电压范围超过了半导体厂商在器件手册中指出的绝对最大额定值，但是这个范围覆盖了传输线中可能发生的欠冲、过冲和反射的情况。因此驱动器和接收器需要使用这个电压范围建模。

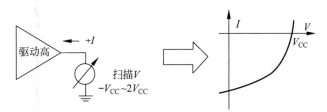

图 11-3　上拉曲线测量

图 11-4　下拉曲线测量

下拉数据是相对于 GND 的，而上拉数据是相对于 V_{CC} 的。输出电流取决于输出端和 V_{CC} 引脚之间的电压，而不是输出端和接地引脚之间的电压。所以 IBIS 文件中的上拉数据应满足下面的表达式：

$$V_{TABLE} = V_{CC} - V_{OUT}$$

2. 电源和 GND 钳位曲线

这些曲线是在输出为高阻态时生成的。如图 11-5 所示，GND 钳位数据和电源钳位数据表示输出端在 GND 钳位和电源钳位二极管分别导通时的电气性能。

当输出低于接地电平时，GND 钳位有效；当输出高于 V_{DD} 时，电源钳位有效。

如图 11-6 所示，对于 GND 钳位曲线，在 $-V_{CC} \sim V_{CC}$ 的范围内获取数据。

如图 11-7 所示，对于电源钳位曲线，在 $V_{CC} \sim 2V_{CC}$ 的范围内获取数据。

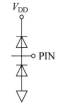

图 11-5　GND 和电源钳位二极管

由于是上拉数据，电源钳位数据需要相对于 V_{CC}。因此使用与上面相同的表达式来输入文件的值，需要从上拉和下拉数据中减去 GND 和电源钳位数据；否则仿真器要计算两次。

3. 斜坡速率和切换波形

斜坡速率，即 $\mathrm{d}V/\mathrm{d}t$，描述了输出端从当前逻辑状态切换到其他逻辑状态的转换时间。默认在 50Ω

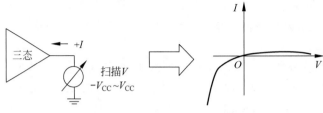

图 11-6　GND 钳位曲线测量

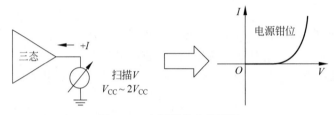

图 11-7　电源钳位曲线测量

阻性负载条件下,在 20% 和 80% 点测得斜率(斜坡速率)。

下降和上升波形给出器件在驱动连接到地,以及 V_{DD} 阻性负载从高电平到低电平和从低电平到高电平所需的时间。

对于标准推挽 CMOS,可产生四种不同波形:两个上升波形和两个下降波形。在每种情况下,一个是负载与 V_{DD} 连接,另一个是负载与 GND 连接。然而,在模型中经常只能看到其中两个波形。

斜坡速率与下降和上升波形已经包含了芯片电容的影响,因此如果仿真器使用 C_Comp 值作为输出端的额外负载,就会产生错误的结果,因为这是 C_Comp 影响的重复计算。

由于有 I/V 曲线,封装的影响没有包括在内。

4. C_Comp

C_Comp 是硅芯片电容,不包括封装电容,它是焊盘与驱动器之间的电容。C_Comp 是关键参数,特别是对于接收器的输入,对于每个不同转折点(最小、典型和最大)都有一个对应值。C_Comp 最大的值应在最大转折点之下,最小值应在最小转折点之上。

5. 封装参数

R_Pin、L_Pin 和 C_Pin 是每个引脚到缓冲器连接的电阻、电感和电容的电气特性。R_Pkg、L_Pkg 和 C_Pkg 是整个封装的集总值,与 C_Comp 参数一样,以最大值和最小值分别列出。

11.1.3　IBIS 输入模型

如图 11-8 所示为输入结构。其模型可视为接收器,包括:

(1)两个 ESD 保护二极管。

(2)芯片电容。

(3)封装寄生电容。

这些元器件构成输入特性的 V/I 曲线。在这种情况下,除了封装寄生和 C_Comp 参数外,输入端模型也包括从 ESD 二极管获得的电源和 GND 钳位数据。这些曲线遵照用于输出端的相同的程序生成。扫描电压

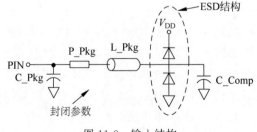

图 11-8　输入结构

范围对于 GND 钳位是 $-V_{CC} \sim V_{CC}$，对于电源钳位曲线是 $V_{CC} \sim 2V_{CC}$。此外，由于电源钳位数据是相对于 V_{CC} 的，它需要以 $V_{TABLE} = V_{CC} - V_{IN}$ 的方式输入文件中。

11.1.4　IBIS 其他参数

对于输出模型，有一些参数应包含在文件中，以便对时序要求进行后端仿真。这些时序测试用于：

（1）负载和测量点是测试负载电容值（C_{REF}）。

（2）测试负载电阻值（R_{REF}）。

（3）测试负载上拉或下拉参考电压（V_{REF}）。

（4）输出电压测量点（V_{meas}）。

当指定传播延迟时间和/或器件输出切换时间时，它们与半导体厂商使用的测试负载相同，如图 11-9 所示。

对于输入，应包括 V_{INL} 和 V_{INH} 参数。这些是输入端的输入电压阈值，可从数据手册中得到这些值。

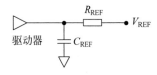

图 11-9　C_{REF}、R_{REF} 和 V_{REF} 的连接

11.1.5　IBIS 文件格式

IBIS 文件不是可执行文件，它是收集所有描述器件电器性能数据的文件。可以在仿真器中使用 IBIS。IBIS 文件包括三个主要部分：

（1）头文件或关于文件、器件和公司的一般信息。

（2）器件名称、引脚排列和引脚到缓冲器映射。

（3）每个模型的 I/V 和 V/T 数据。

IBIS 模型可包含多个器件的特征，第 2 点和第 3 点随包含的器件而重复多次。

下面给出了 IBIS 文件的主要部分。括号内的文字称为关键字，它们中的一些是可选的，其他的必须被包括。图 11-10 给出了 IBIS 的头部文件和一般信息。图 11-11 给出了 IBIS 的器件及引脚信息。图 11-12～图 11-15 给出了 IBIS 器件模型数据。

图 11-10　IBIS 的头部文件和一般信息

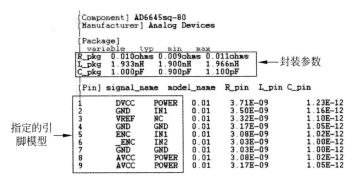

图 11-11　IBIS 的器件及引脚信息

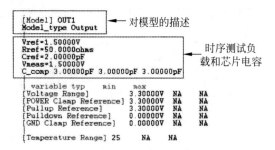

```
[Model] OUT1          ◀── 对模型的描述
Model_type Output

Vref=1.50000V         ◀── 时序测试负
Rref=50.0000ohms          载和芯片电容
Cref=2.00000pF
Vmeas=1.50000V
C_comp  3.00000pF  3.00000pF  3.00000pF

| variable typ       min    max
[Voltage Range]     3.30000V    NA    NA
[POWER Clamp Reference] 3.30000V  NA    NA
[Pullup Reference]  3.30000V    NA    NA
[Pulldown Reference] 0.00000V   NA    NA
[GND Clamp Reference] 0.00000V  NA    NA

[Temperature Range] 25      NA    NA
```

图 11-12　IBIS 的器件模型数据(1)

```
[Pulldown] ◀── I/V 下拉数据
-3.60000V   -373.560uA    NA    NA
-3.30000V   -373.560uA    NA    NA
-3.00000V   -373.560uA    NA    NA
0.00000V    -373.560uA    NA    NA

6.00000V    29.8895mA     NA    NA
6.60000V    30.0423mA     NA    NA
7.20000V    30.1951mA     NA    NA
```

图 11-13　IBIS 的器件模型数据(2)

```
[Falling Waveform] ◀── 切换波形
R_fixture = 50.0000
V_fixture = 0.00000

0.00000s  1.04159V        NA    NA
560.000ps 1.03353V        NA    NA
820.000ps 1.02979V        NA    NA
940.000ps 1.02806V        NA    NA

6.34000ns 15.8784mV       NA    NA
6.60000ns 15.5525mV       NA    NA
9.98000ns 11.3165mV       NA    NA
```

图 11-15　IBIS 的器件模型数据(4)

```
[Ramp] ──斜坡速率
| variable typ min max
dV/dt_r 613.749m/1.89595n    NA    NA
dV/dt_f 841.756m/1.65434n    NA    NA
R_load = 50.0000ohms
```

图 11-14　IBIS 的器件模型数据(3)

11.1.6　IBIS 模型验证

一旦生成了 IBIS 文件,就必须对文件所包含的 IBIS 模型进行验证。Golden Parser(也称为 ibischk3)是对文件的句法和结构进行核对的程序,确保其符合 IBIS 规范。该程序可从 IBIS 网站免费获得,网址为 http://www.eigroup.org/ibis/tools.htm。

设计者应该对从文件中生成的 I/V 和 V/T 曲线进行检查,确保结果和预期是一致的。可以使用 Innoveda 公司提供的 Visual IBIS Editor 完成,该软件可从 IBIS 网站免费获取。此后,应采用不同 EDA 厂商所提供的多种 IBIS 仿真器,在不同标准负载下运行模型。如图 11-16 所示,这些厂商包括 HyperLynx、Cadence 和 Avanti Corporation。在运行的过程中,将结果与使用相同负载的晶体管级仿真(Spice 仿真)结果进行对比。最后,IBIS 仿真结果应与实际的芯片测量相关联。

不同半导体公司提供的 IBIS 模型质量不同。如表 11-1 所示,IBIS 质量委员会开发了一个质量检查清单来定义不同的质量级别。此外,IBIS 精度手册介绍了将仿真与测量相关联的方法,其主要目的是提供精确、高质量的模型,保证设计者可以得到可靠的数据。

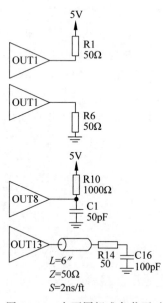

图 11-16　在不同标准负载下对模型进行仿真

表 11-1　IBIS 质量检查清单中的质量级别

质 量 级 别	描　　述
0 级	通过 ibischk(Golden Parser)
1 级	与检查清单文件中一样完整且正确的

续表

质 量 级 别	描　　述
2a 级	与仿真相关
2b 级	与测量相关
3 级	以上全部

11.2　信号完整性仿真

在 AD 设计环境下,设计者既可以在原理图中,又可以在 PCB 编辑器内实现信号完整性分析,也可以以波形的方式在图形界面下给出反射和串扰的分析结果。

AD 的信号完整性分析采用 IC 器件的 IBIS 模型,通过对版图内信号线路的阻抗计算,得到信号响应和失真等仿真数据。这样就可以检查设计信号的可靠性。AD 的信号完整性分析工具可以支持包括差分对信号在内的高速电路信号完整性分析功能。

AD 仿真参数通过一个简单直观的对话框进行配置,通过使用集成的波形观察工具实现以图形的方式显示仿真结果。并且,波形观察工具可以同时显示多个仿真数据图像。此外,还可以直接在标注坐标的波形上进行测量,输出结果数据还可供进一步分析之用。

AD 提供的集成器件库包含了大量器件的 IBIS 模型,设计者可以添加器件的 IBIS 模型,也可以从外部导入与器件相关联的 IBIS 模型,选择从器件厂商得到的 IBIS 模型。

AD 的 SI(信号完整性)功能包含了下面的阶段:

(1) 布线前,即原理图设计阶段。

(2) 布线后,即 PCB 版图设计阶段。

通过采用成熟的传输线计算方法,以及 I/O 缓冲宏模型进行仿真。基于快速反射和串扰模型,信号完整性分析器使用完全可靠的算法,从而能够产生出准确的仿真结果。

设计者可以在原理图环境下通过运行 SI 仿真功能,计算布线前的阻抗特征和分析信号反射,对电路潜在的完整性进行分析,例如阻抗不匹配等因素。

在布线后 PCB 版图上,完成更全面的信号完整性分析。它不仅能对传输线阻抗、信号反射和信号间串扰等多种设计中存在的信号完整性问题以图形的方式进行分析,而且还能利用规则检查发现信号完整性问题。同时 AD 还提供一些有效的终端选项,帮助设计者选择最好的解决方案。

11.2.1　SI 仿真操作流程

在 PCB 编辑环境下进行信号完整性分析。为了得到精确的结果,在运行信号完整性分析之前需要完成以下步骤:

(1) 电路中需要至少一片集成电路。这是因为集成电路的引脚可以作为激励源,输出到需要分析的网络上。对于电阻、电容、电感等无源元器件,如果没有驱动源,则无法提供仿真结果。

(2) 对于设计中的每个元器件,需要提供准确的信号完整性模型。

(3) 在设计规则中,必须设定电源网络和地网络。

(4) 必须要提供激励源。

(5) 必须正确地设置 PCB 的叠层。

（6）电源平面必须连续，分割电源平面将无法得到正确分析结果。

（7）要正确设置所有层的厚度。

下面简单介绍一下布线前和布线后 SI 分析。

1. 布线前 SI 分析

设计者如需对项目原理图设计进行 SI 仿真分析，Altium Designer 要求必须建立一个工程项目名称。在原理图 SI 分析中，系统将使用在 SI Setup Option 对话框设置的传输线平均线长和特征阻抗值；仿真器也将直接使用规则设置中信号完整性规则约束，如激励源和供电网络等；同时允许直接在原理图编辑环境下放置 PCB Layout 图标，直接对原理图内网络定义规则约束。

当建立了必要的仿真模型后，在原理图编辑环境的菜单中选择 Tools→Signal Integrity 命令，运行仿真。

2. 布线后 SI 分析

设计者如需对项目 PCB 版图设计进行 SI 仿真分析，Altium Designer 要求必须在项目工程中建立相关的原理图设计。在任何一个原理图文档下运行 SI 分析功能，将与 PCB 版图设计下允许 SI 分析功能得到相同的结果。

当建立了必要的仿真模型后，在 PCB 编辑环境的菜单中选择 Tools→Signal Integrity 命令，运行仿真。

本章只对布线后 SI 进行分析，而对于布线前 SI 没有进行分析。读者如果有兴趣，可以仿照布线后 SI 分析的方法，实现对布线前 SI 分析。

11.2.2 检查原理图和 PCB 图之间的元器件连接

检查设计实例原理图和 PCB 图之间的元器件连接步骤主要包括：

（1）打开设计工程和 PCB 设计文件，进入 PCB 编辑器界面。

（2）在 AD 软件主界面菜单下，选择 Project→Component Links。

该步骤不是必须执行的，只有在设计中存在原理图和 PCB 图元器件没有完成对应的时候才需要执行该步骤。在进行信号完整性分析前执行该步骤，以检查是否存在元器件没有将原理图封装和 PCB 封装进行对应的问题。

（3）出现如图 11-17 所示的编辑元器件连接对话框。

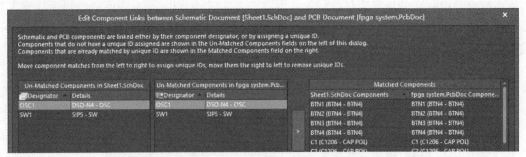

图 11-17　编辑元器件连接对话框

（4）在该界面下，看到 OSC1 和 SW1 元器件没有完成元器件的原理图封装和 PCB 封装的映射。分别选择这两个元器件，然后单击"＞"按钮，完成添加 OSC1 和 SW1 元器件的对应。

（5）在图 11-17 右下角单击 Perform Update 按钮。

（6）出现 Information 对话框，单击 OK 按钮，完成所有元器件的原理图和 PCB 图的连接。

（7）关闭该对话框。

11.2.3 叠层参数的设置

在执行信号完整性分析前，需要对叠层的相关参数进行设置。设置叠层参数的步骤主要包括：

（1）进入 PCB 编辑器，在 AD 软件主界面菜单选择 Design→Layer Stack Manager 命令。

（2）如图 11-18 所示，出现叠层管理器，选择底部 Impedance（阻抗）分页，单击 Add Impedance Profile 按钮。

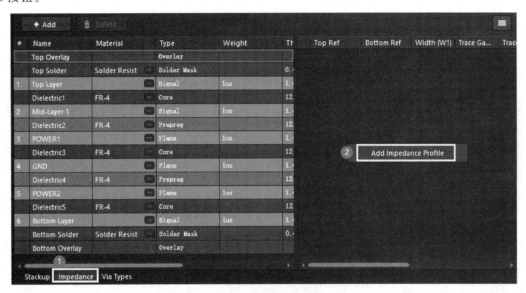

图 11-18　叠层管理器界面

（3）如图 11-19 所示，系统计算出当前板层结构下带状线和微带线的特征阻抗。选中相应信号层可以在 Properties 中调整线路特征阻抗，在 Impedance Profile 中可以选择不同类型的线路特征阻抗，如 Single（单端阻抗）、Differential（差分阻抗）、Single-Coplanar（共面阻抗）、Differential-Coplanar（共面差分阻抗）。

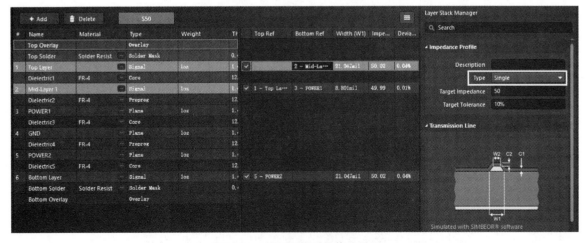

图 11-19　特征阻抗属性修改界面

11.2.4　信号完整性规则设置

本节将进行信号完整性规则设置,用于帮助实现信号完整性分析。进行信号完整性规则设置的步骤主要包括:

(1) 在 AD 软件主界面菜单下,选择 Design→Rules。

(2) 如图 11-20 所示,出现 PCB 规则编辑器界面。在该界面左侧列表中找到 Signal Integrity 并展开,在展开项中找到 Signal Stimulus(信号激励),右击 Signal Stimulus,出现快捷菜单,选择 New rule,在新出现的 Signal Stimulus 界面下,按如下设置参数:

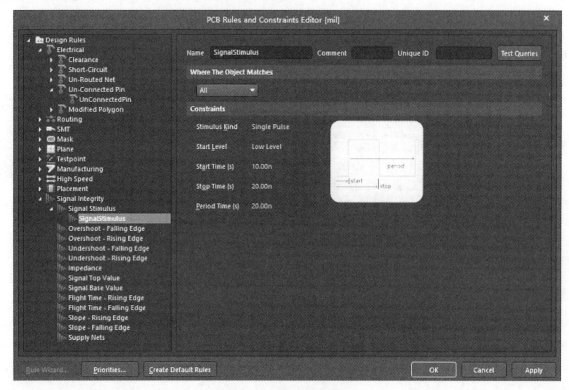

图 11-20　规则编辑器界面(1)

① Stimulus Kind:Single Pulse。

② StopTime(s):20.00n。

③ Period Time(s):20.00n。

(3) 在左侧列表中找到 Signal Integrity 并展开,在展开项中,找到 SupplyNets(供电网络),右击 SupplyNets,出现快捷菜单,选择 New rule。如图 11-21 所示,出现新的 SupplyNets 界面,在该界面内按如下设置参数。

① 选中 Net。

② 在右侧的下拉框中选择 GND。

③ Voltage 设置为 0.000。

(4) 按上面的方法新添加规则。分别为 VCC5V0、VCC3V3、VCC2V5、VCC1V2 设置不同的电压值,即 5.000、3.300、2.500、1.200。图 11-22 给出了新添加的供电规则的列表。

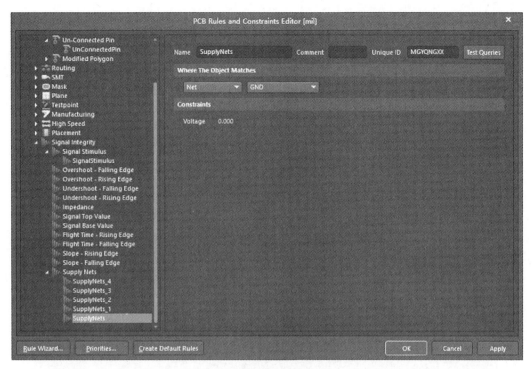

图 11-21 规则编辑器界面(2)

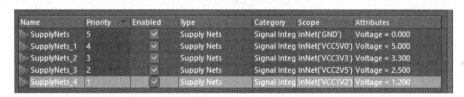

图 11-22 新添加的供电规则的列表

11.2.5 为元器件分配 IBIS 模型

本节将为 PCB 设计中的所有元器件分配 IBIS 模型。分配 IBIS 模型的步骤包括：

(1) 进入 PCB 编辑器界面。

(2) 在 AD 软件主界面菜单下，选择 Tools→Signal Integrity。

(3) 如图 11-23 所示，出现 Errors or warnings found(发现错误或者警告)对话框。

图 11-23 发现错误或警告对话框

(4) 单击 Model Assignments... 按钮，为元器件分配 IBIS 模型。

(5) 如图 11-24 所示，出现 Signal Integrity Model Assignments for fpga system.PcbDoc(为 fpga system.PcbDoc 分配信号完整性模型)对话框。在该模型配置界面下，能够看到每个器件所对应的信号

完整性模型,并且每个器件都有相应的状态与之对应。表 11-2 给出了模型状态和相应的说明。

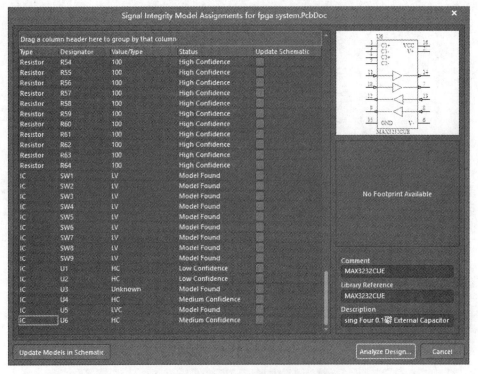

图 11-24　分配信号完整性模型对话框

表 11-2　模型状态和相应的说明

状　　态	说　　明
No Match	表示目前没有找到与该器件相关联的信号完整性分析模型,需要人工指定模型
Low Confidence	系统自动为该器件指定了一种模型,但置信度较低
Medium Confidence	系统自动为该器件指定了一种模型,置信度中等
High Confidence	系统自动为该器件指定了一种模型,置信度较高
Model found	已经存在和器件相关联的模型
User Modified	用户修改了模型的有关参数
Model added	用户创建了新的模型

(6) 在图 11-24 所示的对话框内,有一些元器件的状态标记为 No Match,需要为这些元器件分配模型。双击元器件名称,打开如图 11-25 所示的 Signal Integrity Model(信号完整性模型)参数设置对话框,按下面设置参数:

① 在 Type 选项中选择元器件的类型。

② 在 Technology 选项中选择相应的驱动类型。

③ 如果需要从外部导入与元器件相关联的 IBIS 模型,则单击 Import IBIS 按钮。选择从元器件厂商那里得到的 IBIS 模型即可。

④ 完成模型参数设置后选择 OK 按钮,退出模型配置界面。

(7) 在如图 11-24 所示的对话框中,单击左下角的 Update Models in Schematic 按钮,将修改后的模型更新到原理图中。

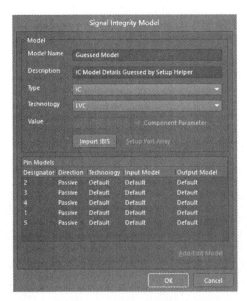

图 11-25　信号完整性模型参数设置对话框

11.2.6　执行信号完整性分析

本节将执行信号完整性仿真。执行信号完整性仿真的步骤主要包括：

（1）在如图 11-24 所示的对话框内，单击右下角的 Analyze Design... 按钮。

（2）如图 11-26 所示，出现 SI Setup Options（SI 设置选项）对话框。在该界面中保留默认值，然后单击 Analyze Design... 按钮。Altium Designer 开始运行信号完整性分析程序。

（3）如图 11-27 所示，出现 Signal Integrity（SI）对话框。该界面显示了分析后的网络状态。通过此窗口中左侧部分可以看到网络是否通过了相应的规则，如过冲幅度等。通过右侧的设置，可以以图形的方式显示过冲和串扰结果。

图 11-26　SI 设置选项对话框

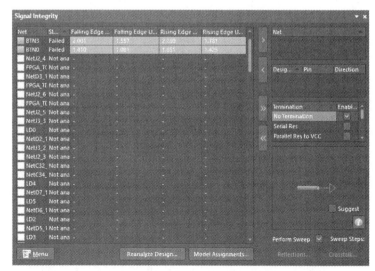

图 11-27　SI 对话框

11.2.7　观察信号完整性分析结果

本节将对信号完整性中的反射和串扰进行分析,并使用不同的并行端接,观察信号完整性的改善情况。

1. 反射的分析

对设计中的 TXD 和 RXD 网络进行反射分析,其步骤主要包括:

(1) 如图 11-28 所示,在 Signal Integrity 对话框左侧的列表中,分别选择 RXD 和 TXD 网络,然后单击右侧的 ▶ 按钮。

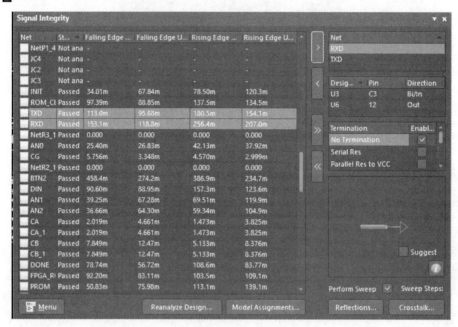

图 11-28　添加 RXD 和 TXD 网络

(2) 如图 11-28 所示,在其右侧上方的 Net 窗口下面,列出了新添加的 RXD 和 TXD 两个网络。

(3) 单击该界面右下角的 Reflections... 按钮,查看波形的反射结果。

(4) 如图 11-29 所示,在 TXD 的网络接收端上,可以看到由于反射的存在波形出现畸变,在下降沿的末端出现振铃现象。

对设计中的 TXD 和 RXD 网络进行端接,以减少反射。实现端接的步骤主要包括:

(1) 如图 11-30 所示,选择 RXD 网络或者 TXD 网络。

(2) 在 Termination 窗口下,对应 Parallel Res to VCC 选项,选中 Enabled。这样就为 RXD 网络和 TXD 网络进行了并行端接。

(3) 如图 11-30 所示,单击下方的 Reflections... 按钮。

(4) 如图 11-31 所示,查看并行端接对波形反射结果的改善情况。

2. 串扰的分析

对设计中的 AN0、AN1 和 AN2 网络进行串扰分析,其步骤主要包括:

(1) 如图 11-32 所示,在 Signal Integrity(信号完整性)对话框左侧的列表中,分别选择 AN0、AN1 和 AN2 网络,然后单击右侧的 ▶ 按钮。

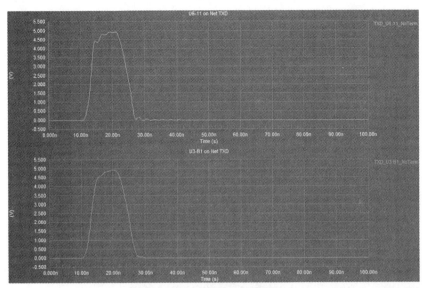

图 11-29　反射结果分析图

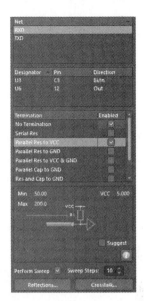

图 11-30　进行端接的对话框

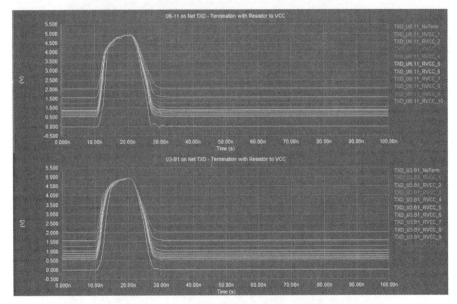

图 11-31　进行端接匹配后的信号完整性改善

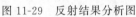

图 11-32　添加 AN0、AN1 和 AN2 网络

（2）在 Net 下面添加了 AN0、AN1 和 AN2 三个网络。

（3）如图 11-33 所示，选择 AN0 网络，右击出现快捷菜单，选择 Set Agressor，将 AN0 设置为干扰源。图 11-34 给出了设置干扰源后的界面。

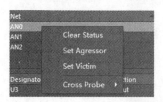

图 11-33　将 AN0 设置为干扰源

图 11-34　将 AN0 设置为干扰源后的网络关系

（4）单击该界面下方的 Crosstalk... 按钮，查看波形的串扰结果。

（5）如图 11-35 所示，在 AN1 和 AN2 的网络上看到由于 AN0 和 AN1、AN2 的距离的不同，在 AN2 上生成的串扰比在 AN1 上生成的要小。

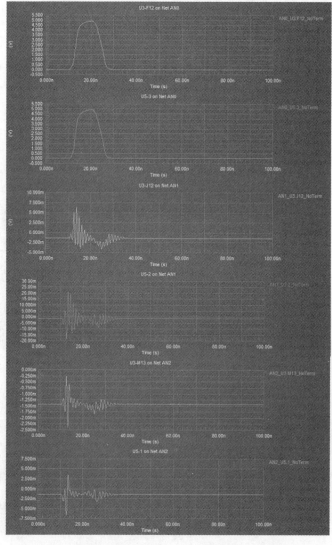

图 11-35　AN0 对 AN1 和 AN2 网络生成了串扰

11.3 电源完整性仿真

电源完整性通常指三个方面：①电源纹波及噪声要满足系统工作要求；②由于模拟电源要求的噪声极小，所以必须通过一定手段滤除外界噪声干扰；③电源系统要提供给芯片所需的额定电平，不能有太大偏离。第①和第②点相似，都和电源噪声有关。第③点要求电源在路径上不能有太大的直流压降。

电源质量如果不满足要求，往往导致 PCB 出现无规则的怪异行为，很难直接定位问题所在，往往需要很长时间才能找到故障原因。所以电源完整性问题必须引起足够重视。电源完整性设计最常见的几个方面包括去耦电容的配置、磁珠滤波器或 LC 滤波器的配置、直流压降控制。

通过电源完整性仿真软件可以有效地验证 PCB 设计中的电源完整性问题，下面以 AD 中的 PDN 分析软件为例介绍电源完整性仿真。

11.3.1 PDN 分析器接口及设置

PDN 分析器（PDNA）应用程序的使用涉及设置 PI-DC 仿真网络参数、运行仿真并分析结果。PDN 分析电源功率仿真中使用的数据直接来自下面 PCB 设计项目实例，该项目可迭代编辑以提高供电路径的功率完整性，然后重新运行 PDN 模拟以测试结果。本节使用的电路图实例为第 8 章中所设计的小规模 FPGA 处理系统。该项目也可以从 https://designcontent.live.altium.com/♯ReferenceDesignDetail/ SpiritLevel-SL1 下载。

1. PDN 分析器接口

PDN 分析器扩展的接口采用 AD 非形态窗口调用形式，可以将其定位在工作空间或其他屏幕上的任何方便位置。要打开主 PDN 分析器窗口，先打开项目的原理图或 PCB 文档，然后通过菜单 Tools→ PDN Analyzer 选择应用程序。图 11-36 所示为 PDN 图形用户界面与单个电源网络选择。

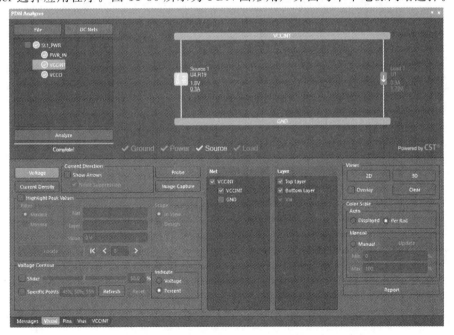

图 11-36 PDN 分析器图形用户界面与单个电源网络选择

　　PDN 分析器窗口图形用户界面安排有专用于文件/网络控制部分和当前选择的电源网络交互式表示,而在面板部分提供对分析选项、显示设置和结果数据的访问。PDN 分析器支持多个相互连接的网络,这使得整个 PCB 设计的直流电源完整性可以作为分层结构或单独的电源网络进行分析。图 11-37 所示为 PDN 分析器图形用户界面,具有完整的电源层次结构选择。

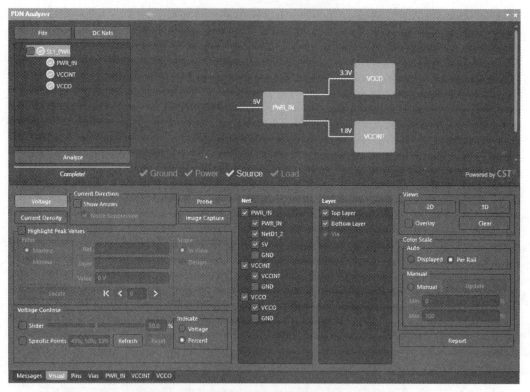

图 11-37　PDN 分析器的电源层次结构选择的用户界面

2. DC 网络标识

　　当 PDN 分析器在打开 PCB 设计时,将尝试根据通用电源网络命名法从设计数据中识别所有直流电源网络,如图 11-38 所示。如果尚未识别出所有潜在的电源网络,将取消选择适当的限定符过滤器选项,或者查看所有网络,启用选择过滤网络选项。

　　PDN 分析器使用选择复选框来选择哪些电源网络可用,并可在它们匹配的标称电压中输入合适的电压电平。单击 Add Selected 按钮填充当前标识的 DC 网络列表,并确认这些网络为已识别的电源网络。在对话框中双击列表中的网络条目将在 PCB 布局中对该网络进行交叉探测。

　　下面的分析实例用来显示 PDN 分析器的主要性能和特点。每个实例仅显示许多可能的参数配置中的一种,其可以用于根据不同的方式来评估网络的功率完整性,这取决于所要进行仿真的焦点内容。已经成功完成的分析可以保存为 PDNA 配置文件(＊.pdna)并随时重新加载。

　　如图 11-39 所示的例子展示了电源网络和电流负载功率完整性仿真。它被配置为评估 Spirit Level-SL1 参考项目中的 5V 电源分布和接地返回路径,并加载设计的 LCD 显示屏。在这种情况下,5V 电源被认为是一个简单的电压源,其连接的网络(如通过开关 S1)不包括在内。

　　Spirit Level PCB 项目在 AD 中打开。通过菜单 Tools→PDN Analyzer 打开 PDN 分析器应用程序。在 PDN 分析器 DC 网络识别对话框中确定 PCB 设计的 DC 网络。通过指定电源和接地网络开始

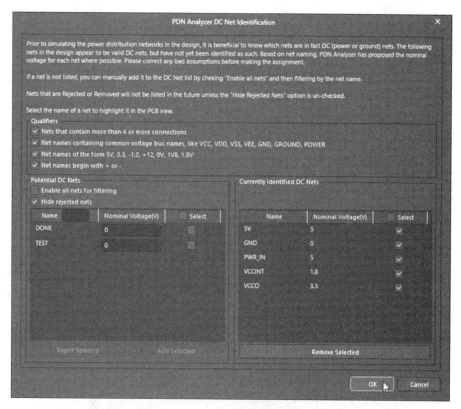

图 11-38　PDN 直流网络标识界面

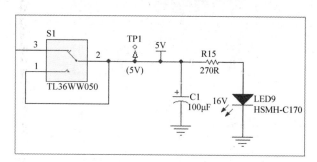

图 11-39　通过 PDN 功能进行电源完整性分析的例子

分析过程。双击图形用户界面网络图形中的 Power Net 和 Ground Net 选项以打开 Choose Net(选择网络)对话框,该对话框将提供已识别的电源网络选项。

也可以如图 11-40 所示,使用对话框的限定符/过滤器选项来限制或扩展列出的网络,或返回主屏幕并选择 **DC Nets** 按钮,重新识别 DC 电源网络。

可以在指定的电源和接地网络之间添加源或负载元器件,此时需要地和功率状态指示器变为被检查状态。如图 11-41 所示,右击网络图形工作区,并从背景菜单中选择 Add Source(或者 Add Load)打开 Device Properties 对话框。在该对话框中采用如下步骤:

(1) 为网络添加电源(在此情况下为简单电压源),从对话框的 Device Type(设备类型)下拉列表中选择电压源选项。

(2) 在电源连接列表中,PDN 将尝试根据电源网络参数选择正确的网络连接选项,在 5V 和 GND

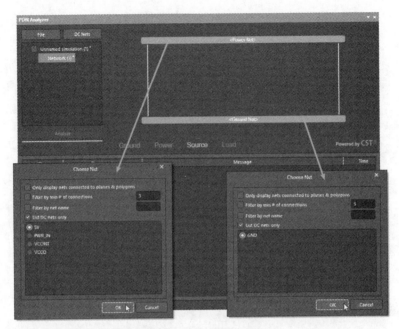

图 11-40　通过 PDN 分析器进行电源网络选择

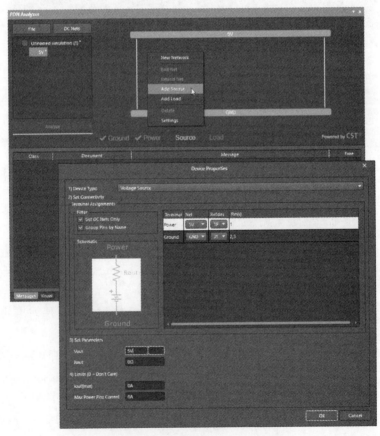

图 11-41　对电源和地网络进行设置

网络之间。使用 Refdes 下拉菜单选项指定源电压的组件连接点。在本例中,电源电压点被命名为 TP1,其接地作为设计的直流输入插座 J1(引脚 2 和引脚 3)返回。

(3)在对话框的下半部分,电源参数指定电压源仿真模型的属性。这里,电源电压(Vout)被设置为 5V,模型的内部电阻(Rout)保持默认的 0Ω 设置。

(4)最大源电流和引脚电流(针对具有多个输出引脚的源极)保留为默认设置 0A。当限制设置为特定的当前值时,如果模拟结果超过这些值,则 PDN 分析将标记出该项问题。

使用将源添加到网络时相同的方法,如图 11-42 所示,添加一个 Load 并在 Device Properties 对话框中指定其参数。

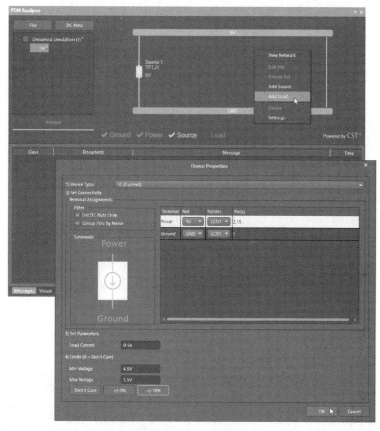

图 11-42　对负载进行设置

在这种情况下,灌电流负载为器件类型:IC(电流)被添加用以表示设计的 LCD 组件从 5V 电压轨道引出的电流。当选择电阻作为设备类型,也可以使用纯电阻负载选项。这里将负载连接设置为 LCD1 并指定将从 5V 电源引入的负载电流,电流默认单位为 A(例如,500m 代表 0.5A)。虽然电压限制设置是可选的,通常设置为 ±10%,如果负载本身的电压降至 4.5V 以下(或高于 5.5V),将触发错误报告。

通过定义电源网络并指定所有参数即所有网络元素都具有关联的状态,就可通过单击 Analyze 按钮来开始运行 PDN 分析。仿真进度在消息窗口进行显示,如果过程无法完成,也将显示仿真失败的原因。

运行分析时,当前仿真的相关配置,如指定的网络、电源和负载等及其相关参数和分析结果数据将一起进行存储。通过右击仿真名称并从菜单中选择"还原",可以随时为当前仿真恢复此配置。

如图 11-43 所示,在确认 Visual 选项处于打开和活动状态下,PDN 分析的直接结果可以在网络图形中看到,其中将包括计算得到的负载、电源电压和电流水平,以及突出显示导致网络参数违规的任何部分。

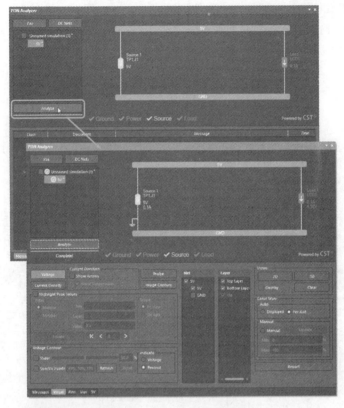

图 11-43　PDN 运行分析界面

将光标悬停在网络中的任何元器件上,如负载、源或串联元器件,可查看其他信息,如图 11-44 所示为电源部分显示其指定的参数和分析结果。

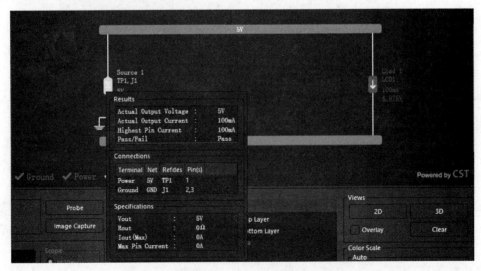

图 11-44　PDN 运行下显示参数及分析结果

11.3.2 在 PCB 编辑器中进行可视化渲染

仿真结果在 AD 软件 PCB 编辑器中可以进行可视化的查看,通过在 PDN 分析器的 Visual 选项卡中进行设置使其能图形化查看。以初始默认方式设置显示 5V 网络的顶层和底层 PCB 的电压的选项,PDN 分析器将结果显示在 PCB 编辑器中,以替换现有的 PCB 图形叠加层。

从 TP1 的 5V 电源到 LCD1 元器件的视图,以与视图底部呈现的电压刻度相对应的颜色梯度变化可以看出选择的电路路径电压降。如图 11-45 所示,通过电路板网络路径的颜色转换表示其总体电压降,其中由于 IR 损耗引起的最小电平(0%:最左边)在 LCD1 组件处,最大电平(100%:最右边)是在指定的电压源点(TP1)。

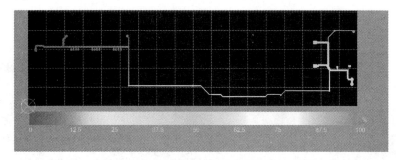

图 11-45 5V 网络电源电压降变化显示

通过选择 VisualTab 的当前电流密度(Current Density)选项,图 11-46 显示了电源网络当前的分析结果。这里,板的网络路径中的颜色水平与电流密度变化的百分比有关,其中 100%(最右边)表示网络路径布局中的最大计算电流密度,而 0%(最左边)是最小值——最有可能为 0A/mm^2。

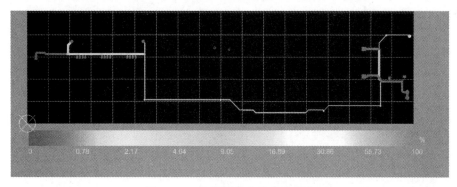

图 11-46 电源网络电流密度变化

虽然替代电压/电流标度选项(Displayed)是用于显示单个网络的更直观的缩放样式,但它同时提供了显示多个电压网络的有用信息,例如在本例中的 5V 和 GND,或者已经分析过的设计中的几个电源网络。

要显示和分析示例的 GND 返回路径中的电源完整性结果,可以取消选择 PDN 分析器的 Visual 标签下 Net 列表中的 5V 网络选项,然后选择 GND 网络。接地返回路径通过设计的顶层和底层,可以通过选择 PDN 分析器层列表中的每个条目单独显示在 PCB 编辑器中。

图 11-47 为 GND 网络底层的电压(Voltage)显示,色彩比例尺设置为显示。最高电压降(最右边:大约 0.5mV)位于 LCD 的 GND 引脚;最小电压降(最左边:约 0V)位于电压源返回点(J1)。

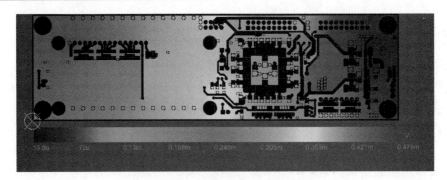

图 11-47　GND 网络底层的电压显示

图 11-48 所示为切换到 PDN 分析器电流密度选项下的显示,最右边表示最大电流"热点"。最大电流密度等级本身(1.74A/mm²)非常低,并且在可接受的范围内。

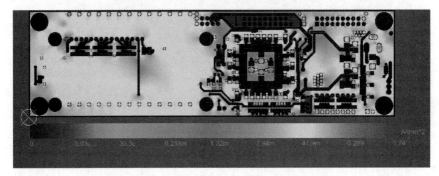

图 11-48　PDN 分析器电流密度选项下的显示

11.3.3　显示控制和选项

PDN 分析器提供了多种交互式显示选项,用于确定分析结果在 AD 软件 PCB 编辑器中的图形表示方式。除了显示色彩比例的选项之外,还可以在 2D 和 3D 渲染之间切换图形,3D 通过 Vias 和图层之间的分析结果提供了有价值的信息。图 11-49 所示为 PDN 分析结果的 3D 显示。

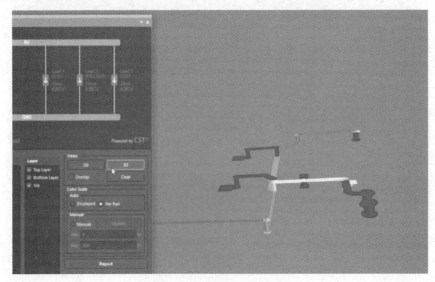

图 11-49　3D 显示下的 PDN 分析结果

编辑器显示的分析结果也可以通过选项进行清除，该分析结果会自动恢复到标准电路板布局的图形渲染。视图的叠加选项启用电路板布局视图，该视图会与当前显示的任何分析结果一起进行渲染，此选项对确认分析结果中位于电路板布局本身的兴趣点的位置特别有用。

11.3.4 负载下仿真

可以根据需要将更多负载添加到网络中，并重新运行功率分析以评估结果。如图 11-50 所示，为了增加设计功率 LED 的小负载电流（如 15mA），选择串联电阻（R15）作为其 5V 导轨连接，LED 引脚作为 GND 连接。

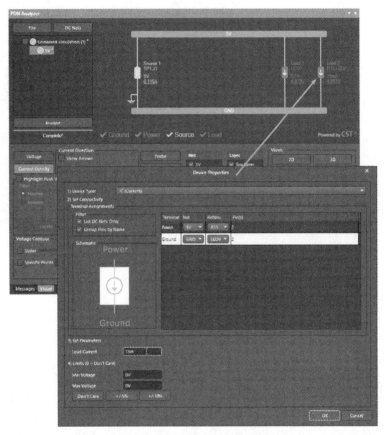

图 11-50　增加负载下的仿真情况

PDN 分析器还允许为负载规定器件作引脚连接，从而允许为单个器件设备创建多个负载模型，这些器件会通过不同的引脚消耗不同的电流。

如图 11-51 所示的电路原理图中 LCD 设备演示了这种情况，其引脚 15（LED＋）的 5V 连接为显示屏背光供电，而引脚 2（VDD）的 5V 连接为内部逻辑供电。实际上，引脚 15 将比引脚 2 消耗更多电流。

作为单个 PDNA 负载模型添加时，LCD1 的两个引脚被指定（默认情况下）为 5V 负载连接，PDN 分析器在这些引脚之间平均分配 LCD1 负载电流。为了提高功耗分析的准确度，LCD1 组件可以表示为两个负载模型：每个 5V 引脚及其相关负载电流。可以通过编辑现有 LCD1 负载模型的引脚参数，为分开的引脚添加另一个负载进行更改。

如图 11-52 所示，通过双击网络图形中的图标打开现有的 LCD1 负载模型，打开设备属性对话框，然后双击 5V 电源网络条目的引脚字段,产生的引脚编辑模式允许为该负载选择单独的器件引脚。取消选择引脚 2,重新为负载配置引脚 15(LED+),并调整负载电流参数(如 75mA)以表示 LCD 背光电流。

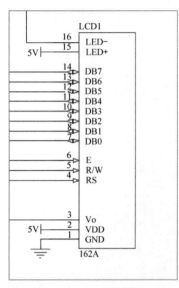

图 11-51　LCD 电路原理图

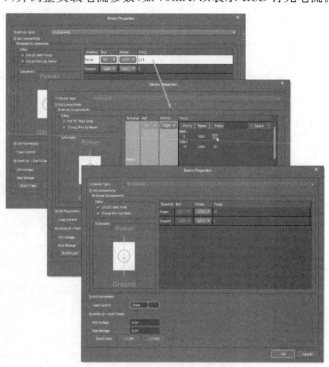

图 11-52　修改设备特性

接下来,如图 11-53 所示,为 LCD1 创建另一个 5V 网络负载,并将引脚 2 设置为有效(禁止引脚 15)以表示 VDDload,可以设置适当的较低负载电流,如 20mA。

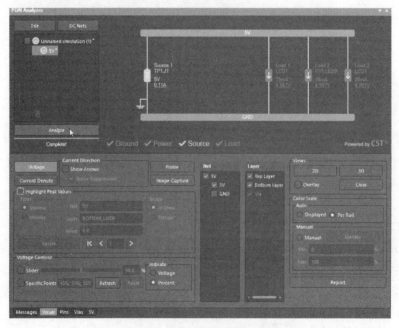

图 11-53　创建新的 5V 网络负载

通过重新分析5V电源网络,得到的网络路径可以更准确地表示 LCD1 负载。如图 11-54 所示,比较原始和更新的负载之间的 LCD1 电源网络中电流轨迹的电流密度时,可以看出负载电流分布的差异。

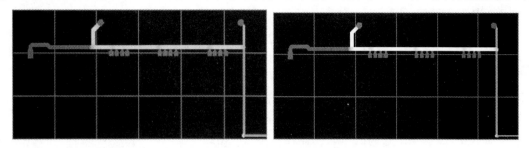

图 11-54 原始的单负载 LCD1 模型结果和更新的多负载的结果

11.3.5 仿真设置

分析结果的准确度和电路板中 IR 损耗的程度,取决于设置的电路板铜电导率和 Via 壁厚。右击当前分析名称并从快捷菜单中选择 Settings,在 Settings 对话框中选择 Simulation 选项卡,查看和编辑这些设置。如图 11-55 所示,为参数设置对话框。

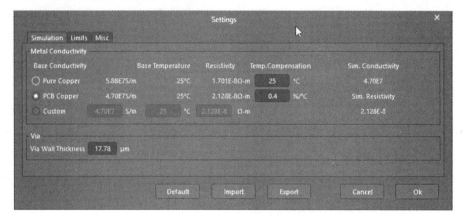

图 11-55 仿真参数设置界面

1. 金属导电率

对话框中金属电导率的部分提供了设计中所用金属的电导率值(电阻率的倒数 $1/R$)的详细信息和设置。可以在对话框中选择或修改基础电导率(或电阻率)、温度系数或温度,以反映设计的电路板结构特性:

(1)纯铜。铜通常被认为在 25℃ 时的电导率为 5.88×10^7 S/m,电导率热系数为 0.4%/℃。正的温度系数意味着温度提高,对话框中的补偿设置从 25~125℃(100℃ 增量)将使模拟电导率降低40%,大约 3.53×10^7 S/m。

(2)PCB 铜。这是用于模拟的默认设置,反映了在工业文献报道中的作为金属代表的 PCB 电沉积(ED)铜的电导率值,其在 25℃ 下测得为 4.7×10^7 S/m,热系数为 0.4%/℃。

(3)自定义。选择此选项输入模拟特定的电导率或电阻率值。

上面所设置的仿真电导率图是考虑了所有参数后的最终电导率值,仿真电阻率图形是其倒数值。

2. 过孔

设置对话框中的 Via Wall Thickness 值,在设计仿真分析中为所有过孔指定过孔金属壁的质量。

该设置会明显影响由过孔的薄/厚壁(电镀)固有电阻造成的电网 DC 损耗。但是如果尺寸/质量足够大,过孔不会妨碍设计的直流性能,并且显示与其连接的功率迹线相同的电流密度。连接点之间没有显著的电压损耗。下面演示通过过孔进行损耗的直流分析的示例。

就仿真而言,Via 尺寸和壁厚有效地限定了由过孔表示的导电材料的量,并因此限定其电阻/导电率。如图 11-56 所示,仿真假定过孔直径代表完成的孔尺寸,并且通孔壁厚增加会增加 Via 直径,因此,成品孔直径+(2×孔壁厚度)=钻孔直径。

下面的示例描述了如何实现一系列作为一个整体进行分析的连接网络,同时考虑了互连它们的串联元器件的参数;还提供了添加电压调节器模型(VRM)来源的概述,这些来源也充当网络之间的互连,以及如何开发设计电源网络的完整层次结构。

如图 11-57 所示为示例工程电源部分原理图,项目从 PWR_IN 网络到 5V 网络,并且包括 3.3V(VCCO)和 1.8V(VCCINT) VRM,以创建一个完整的电源网络结构。

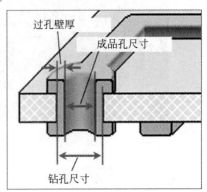

图 11-56 过孔相关参数

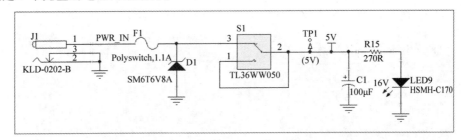

图 11-57 示例工程电源部分原理图

在对该工程进行电源质量分析时,PDN 分析器 DC 网络识别对话框中已经确定了 PCB 设计的 DC 网络。PDN"Power Net"参数为 PWR_IN,"Ground Net"参数为 GND,Source 为 J1。

11.3.6 通过串联器件扩展网络

为了建立从 PWR_IN 网络到 5V 网络的全功率通路的模型,需要添加串联保险丝(F1)和开关(S1)组件及其插入网络。在 PDN 分析器接口中,以上这些通过依次扩展电源网络来添加。每个网络"延伸"通过通用的串联元器件模型连接。

如图 11-58 所示,首先在要添加的网络上右击,并从快捷菜单中选择 Extend Net 扩展网络。在"选择网络"对话框中,选择通过一个串联元器件连接到 PWR_IN 的网络,在这种情况下,该网络是 NetD1_2,将 S1 和 F1 的引脚 3 进行桥接,标识为二极管 D1 的引脚 2。

由于此网络不太可能在初始 DC Net Identification 阶段注册,取消选择 Choose Net 对话框中的 List DC net nets only 选项以释放该网络。

网络扩展过程将自动在两个网络之间添加一个串联元素,双击此元素可在"设备属性"对话框中指定其连接和参数。串联元器件模型由与电阻器串联的电压源组成,允许对电阻器、电感器、二极管和开关等元器件进行基本建模。

如图 11-59 所示,串联元器件是熔断器元器件 F1,它被选作连接 RefDes 选项并给定 0.1Ω 的标称内部电阻。如果串联元器件是一个半导体器件,如二极管,则会将电压降参数与器件的内部电阻值一起指定。

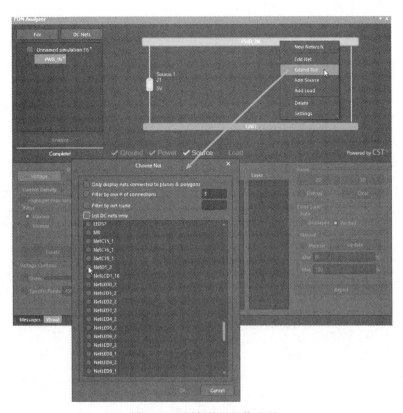

图 11-58　添加扩展网络选项

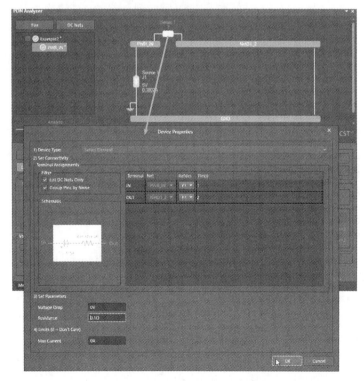

图 11-59　设置串联元器件参数

根据原理图,下一步是通过开关组件 S1 将网络 D1_2 扩展到 5V 电源网。如图 11-60 所示,在右击弹出的快捷菜单中选择 Extend Net,然后在打开的"选择网络"对话框中选择要扩展到的网络。

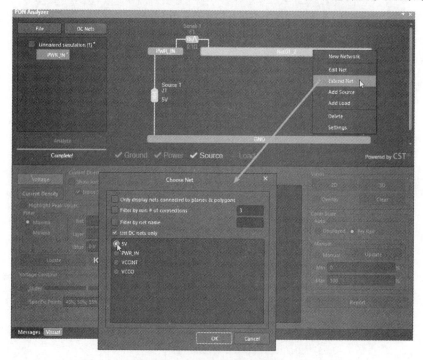

图 11-60　添加扩展网络器件

在这种情况下添加的串联元器件是 S1,它通过引脚 3 到 2 将 D1_2 网络连接到 5V 输出网络。由于 S1(引脚 1)的备用输入开关连接到其输出连接(引脚 2),并且不带负载电流,如图 11-61 所示,使用"设备属性"对话框的"引脚选择选项",可以将引脚 1 从网络分析中删除,双击 OUT 端子条目的 Pin(s)字段。如图 11-62 所示,将负载添加到连接电源网络的 5V 部分,在这种情况下,可以添加负载到显示模块 LCD1。

重新运行电源分析,PCB 编辑器中的数据和图形表示都将包括所有三个连接的电源网络。如图 11-63 所示,显示通过互连串联元器件计算出的电流和电压降。

11.3.7　电压调节器模型

PDN 分析器可提供在电压输入和输出网络之间插入的有源电压调节器模型(VRM)。当添加到 PDN 分析器电源网络时,它们表现为电压输入网络上的负载和电压输出网络上的电源。VRM 选项包括线性电压调节器、开关模式电压调节器和遥感开关模式电压调节器。

SpiritLevel-SL1 参考项目使用线性稳压器生成 3.3V(VCCO)和 1.8V(VCCINT)电源轨。当 VCCO 稳压器(U3)被添加到 PDN 分析器仿真网络时,它将作为 5V 输入网络的负载和 3.3V 网络的源,其原理图如图 11-64 所示。

要将线性稳压器 U3 作为 5V 网络负载,先将负载添加到 5V 网络,并在"设备属性"对话框中选择"VRM(线性)"选项作为设备类型。按原理图中所示设置模型的连接,并将 Ref 引脚指定为 R14 的 GND 连接。根据 GND 网络布局,此参考点可能位于 PCB 的直接区域中的不同并且可能更合适的位置。

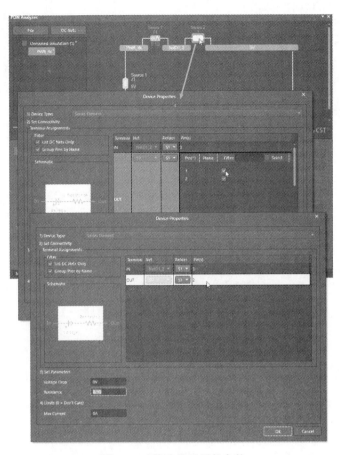

图 11-61 修改扩展器件参数

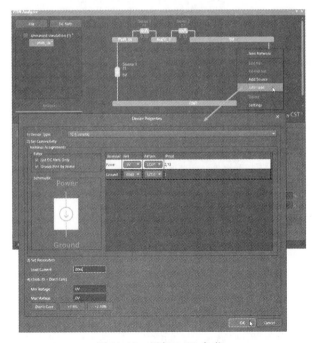

图 11-62 添加 LCD 负载

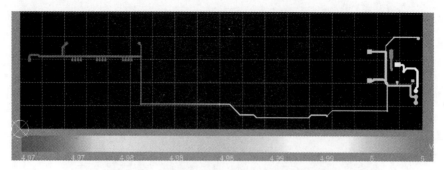

图 11-63　PDN 重新计算的电流及电压分布

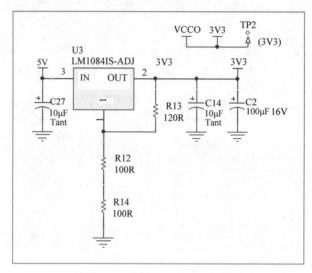

图 11-64　工程中电源稳压器原理图

如图 11-65 所示,设置其输出电压参数(Vout:3.3V),以及可选的输出(内部)电阻、静态偏置电流和分析过程中需要用到的参数,从而完成 VRM 设置。

PDN 分析器具有自动将 VRM 的输出侧模型作为源添加到目标输出电压网络的手段,并在必要时创建该网络。

如图 11-66 所示,右击创建的 VRM 加载模型(Load2:U3),然后选择 Add VRM To New Network 命令,将自动创建带有 VRM(Source 1:U3)输出端模型的 VCCO 网络作为电压源(3.3V)。

3.3V 线性 VRM 的两种表现形式:作为 5V 网络上负载的输入模式以及作为 3.3V 网络的源的输出模式都是交互式且实际上是相同的模型。因此,可以从 PDN 分析器接口中的任一网络访问和编辑 VRM。

如图 11-67 所示,选择新的 VCCO 网络并添加一个合适的负载。例如,由组件 U1 的多个引脚绘制的 0.2A 负载电流。

完整电源网络布局包括两个通过 3.3V 线性 VRM 连接在一起的网络(PWR_IN 和 VCCO)。PDN 分析器文件结构选择网络层次的顶层时,图形化的网络提供了如图 11-68 所示的电源网络互连的预览。

VRM 作为负载添加到 5V(输入电压)网络,然后用于自动创建以 VRM 为源的 3.3V(VCCO)电压输出网络。该过程的反向也是可能的,并且在某些情况下可能更方便。将 VRM 作为源添加到输出电压网络,并将该模型添加到作为负载的"输入"电压网络。

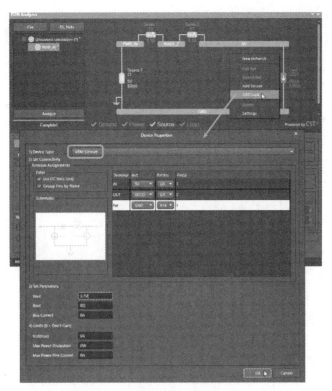

图 11-65　设置电源稳压器相关参数

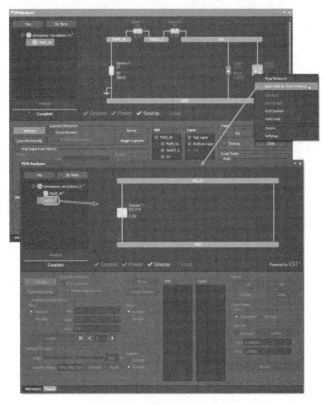

图 11-66　添加 VRM 进入网络

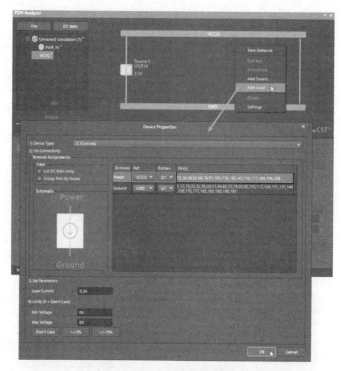

图 11-67　添加负载参数

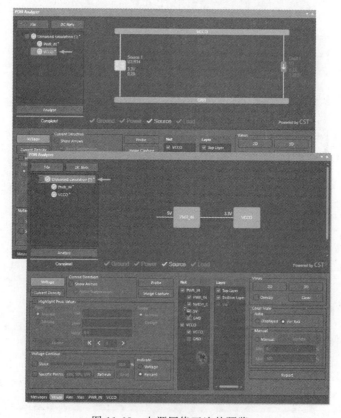

图 11-68　电源网络互连的预览

　　PDN 分析将生成包括 VRM 在内的复合网络的结果。在图形显示方式中,当 PDN 分析器接口选择网络层级的最高级别时,PCB 编辑器将显示所有网络。在列表中选择一个单独的网络来限制呈现的图形到该网络,并切换面板中网络和图层选项以进一步控制视图。

　　如图 11-69 所示,显示了示例 GND 网络路径包括来自 PWR_IN 和 VCCO 网络的返回电流分量。

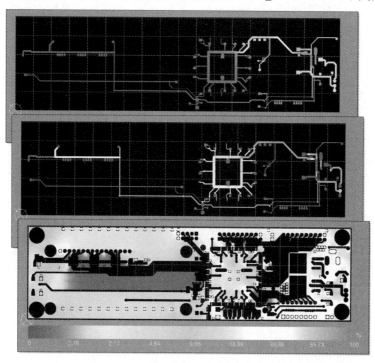

图 11-69　PWR_IN 和 VCCO 网络的返回电流分量

　　如图 11-70 所示,在该项目的电源网络中添加剩余的 VRM(U4)及其 1.8V 电源输出网络(VCCINT)。

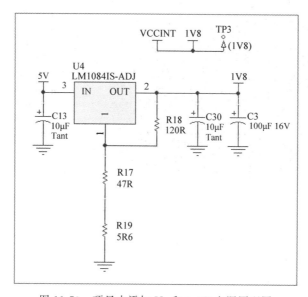

图 11-70　项目中添加 U₄ 和 1.8V 电源原理图

如图 11-71 所示,将一个线性 VRM 添加到 5V 网络,并将其 Vout 参数设置为 1.8V。

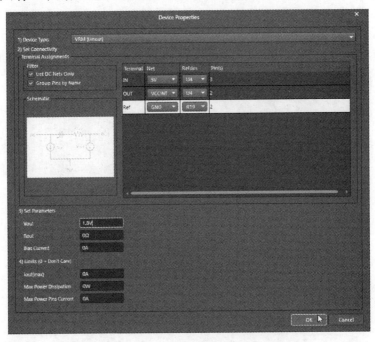

图 11-71　添加 1.8V 的 VRM 到 5V 网络

如图 11-72 所示,将 VRM 即 Load3 添加到新网络中以创建 1.8V(VCCINT)电源网络。

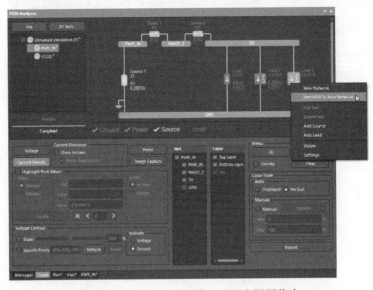

图 11-72　添加 VRM 到新 1.8V 电源网络中

如图 11-73 所示,为 VCCINT 网络添加一个合适的负载,即组件 U1 的 1.8V 电源引脚。

如图 11-74 所示,PDN 分析器接口网络层现在将显示所有三个互连的网络。

如图 11-75 所示为包括 VRM 的 PDN 电源网络的分析结果。注意,GND 网络现在包括所有三个网络的返回电流,它们使用公共 GND 层形状,其最大电流密度等级(65.8A/mm²)现在很高,可能会超过可接受的极限。

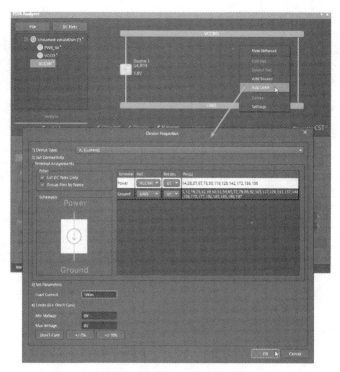

图 11-73 添加 1.8V 网络负载

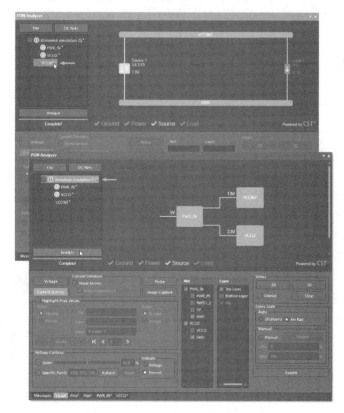

图 11-74 电源网络由三个模块组成

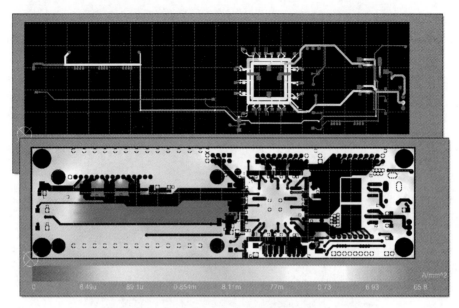

图 11-75　PDN 电源网络的分析结果

11.3.8　定位电源完整性问题

PDN 分析提供全面的图形和数据信息,可用于评估和分析的 PCB 设计的功率完整性。

以上面的项目工程分析为例,顶层 GND 网络路径的分析表明存在不可接受的高电流密度,如最大刻度读数 65.8A/mm²。问题区域的位置并不是很明显,但可以使用 PDN 分析器的突出显示峰值功能进行显示。

如图 11-76 所示,将滤波器选项设置为最大值,峰值电流密度区域将在 PCB 编辑器中的分析图形上高亮显示并标记。

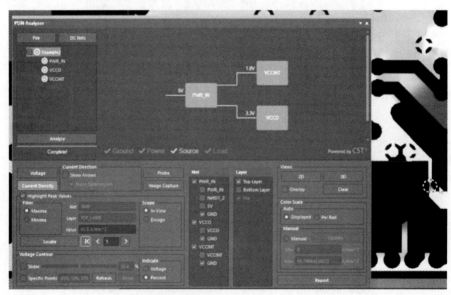

图 11-76　PCB 中峰值电流密度的区域显示

单击 Locate 按钮使重复图形突出显示，或使用相关按钮 ⟨K⟨⟩ 按顺序逐步浏览最高峰值读数和位置。将 Scope 选项设置为在当前可见的 PCB 区域（In View）中包含突出显示的峰值，或者在整个布局区域通过平移或缩放到观察的每个位置。

通过启用 PDN 分析器的显示箭头功能可以显示选中区域的更多信息，该功能会覆盖指示当前方向（箭头角度）的多个箭头图形以及该位置的相对量值（箭头的大小）。如图 11-77 所示，在本节示例中，高密度电流区域是从 U1（在顶部）到电路板下部外围的 GND 区域的电流返回路径。解决当前问题的一种方法是增加该区域中的 PCB 线路宽度。

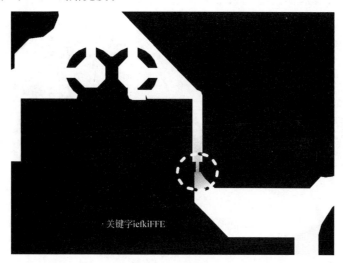

图 11-77　通过 PDN 分析找出高密度电流区域

当 PDN 分析器处于活动状态时，可以完成 PCB 编辑，从而完成迭代布局改进，然后重新分析。如图 11-78 所示，单击视图区域中的"清除"按钮可禁用 PCB 编辑器中的 PDN 分析器结果，并继续执行所需的 PCB 编辑。

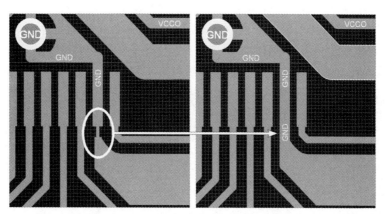

图 11-78　对电路密度高的区域进行优化

PDN 分析可以重新（单击 Analyze ）检查电源完整性结果。如图 11-79 所示的两幅图像表示了通过 GND 网络（在顶层）的电流密度的变化，这是由于该临界点处轨道宽度的增加，图 11-79（a）显示了初始电流密度结果，而图 11-79（b）显示了 PCB 轨道宽度修改后的电流密度图形。

在此之前（图 11-79（a））和之后（图 11-79（b））比较如下：

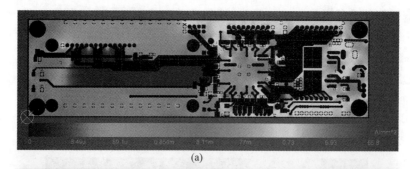

(a)

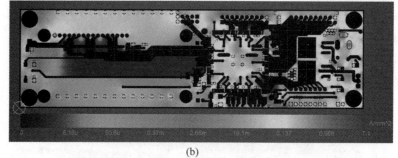

(b)

图 11-79　进行优化后的电源 PDN 分析比较

(1) GND 层的最大电流密度水平已经降低到大约前一个值的 1/10 的可接受水平,即从 65.8A/mm^2 下降到 7.1A/mm^2。

(2) 最大电流区域的值现在更低,通过 GND 返回路径更均匀地分布,而不是集中在一个有问题的位置。

要进行更加直观的图形比较,请手动将当前密度比例设置为以前的值,选择"手动比例"选项,在"最大值"栏中输入 65.8,然后单击 Update 按钮刷新显示。

在 PCB 设计的当前路径中定位和解决电源完整性问题的更客观的方法是定义特定的电流密度限制,当超过此限制时会触发违规报警。表面及内部层和通孔的电流密度限制在设置对话框中的"限制项"进行设置,该对话框通过右击当前 PDN 模拟名称并从快捷菜单中选择 Settings 打开。如图 11-80 所示,应用于电路板设计中的所有表面及内部层和通孔的 PDN 测试中的违规报警限值设置。

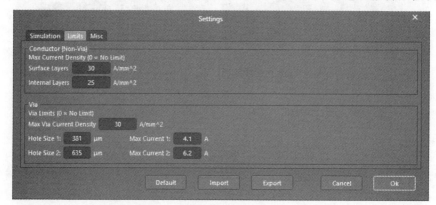

图 11-80　PDN 违规报警限值设置

指定的电流密度限制适用于当前的分析结果,并且在不需要重新运行模拟的情况下进行更改和重新分析。如图 11-81 所示,任何包含违规的网络都会以虚线轮廓显示。

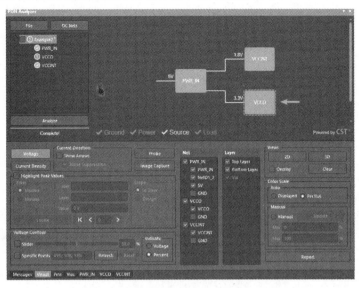

图 11-81 虚线轮廓显示包含违规的网络

在本示例中,VCCO 电源网络包含电流密度的违规。如图 11-82 所示,当选择 VCCO 网络本身时,VCCO 电源路径通过高亮显示。

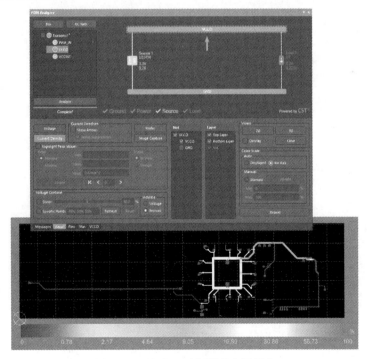

图 11-82 高亮显示超限的电源网络

将鼠标悬停在违规网络上可以显示出当前违规的详细信息。在该项目中,单个条目表示通路中的电流密度(约 $34.5 \mathrm{A/mm^2}$)超过了规定的极限值($30 \mathrm{A/mm^2}$)。双击违例条目,将交叉探测到(平移并缩放)其在板上的位置。如图 11-83 所示,PDN 分析器图形视图被设置为 3D 模式,这更清楚地显示了所关心过孔及其顶层和底层连接的相关信息。

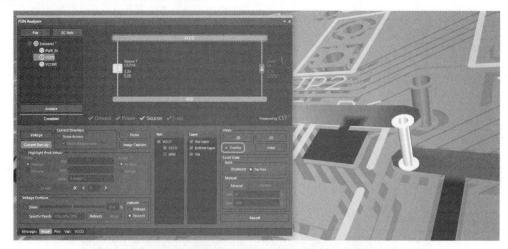

图 11-83　3D显示电源过孔及连接的相关信息

对于过孔的相关数据,包括其电流密度违规极限的设置,可在 PDN 分析器界面的 Via tab 下读取和设置。过孔信息列表适用于当前设计中包含的所有网络。切换网络和当前密度列标题,VCCO 网络通孔按电流密度的排序显示。如图 11-84 所示,超过定义限制的任何电流密度值将以不同底色突出显示。

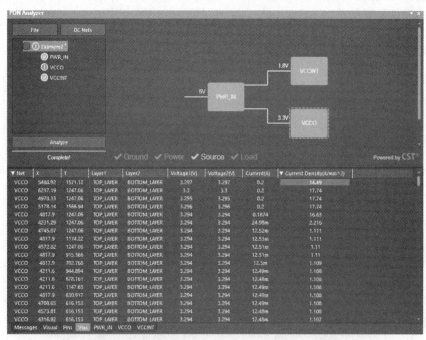

图 11-84　显示各过孔的电流密度,超限以不同底色突出显示

双击过孔列表中的条目,将探针选择到 PDN 分析器板图形上的位置。除检测到指定的电流密度限制外,PDN 分析仪还将检测目标网络性能违规情况,例如添加负载、电源或串联元器件时在仿真配置中指定的任何限制参数。这些仿真参数包括:

(1) 负载的可接受电压范围。

(2) 源的最大输出电流。

（3）线性稳压器电源允许的功耗和最大输出电流。

（4）来自开关模式稳压器源的最大输出电流。

（5）通过串联元器件的最大电流。

与运行分析过程中处理这些参数（如源电压或负载电流设置）不同，检测任何极限参数违规（如负载上的指定最小电压）是一个后分析过程。这意味着更改极限参数的值将立即被检测到，而无须重新运行模拟分析流程。

如果指定了极限参数（具有非零值），违反该参数将导致在 PDN 分析器接口网络图形中突出显示违规网络元素。将光标悬停在相关区域可查看到相关的参数和分析结果。如图 11-85 所示，电压稳压器 U1 中的计算功耗已超过其定义的最大功耗 2W。

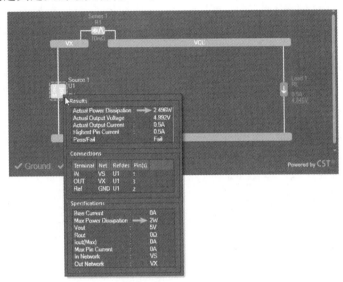

图 11-85　电源稳压器 U1 功耗仿真结果超出 2W

该电源网络更详细的性能信息可在其网络选项中找到，该选项提供分析结果数据的表视图，并且包括计算的网络功耗值，如图 11-86 所示。

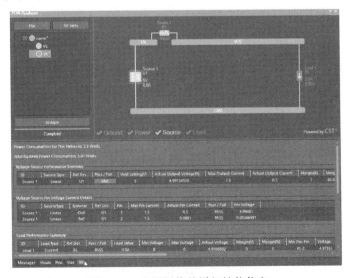

图 11-86　电源网络的详细性能信息

11.4 生成加工 PCB 相关文件

本节主要介绍生成加工 PCB 相关文件的内容,这些文件用于 PCB 的制作与 PCB 后期的电子元器件的采购和装配,统称为计算机辅助制造(computer aided manufacture,CAM)文件。

11.4.1 生成输出工作文件

所有的输出生成设置(打印、NC 钻孔、ODB++、CAM、报告和网表等)具有以下特点:

(1)可以作为配置或保存为工程的一部分。如果设计者在 PCB 编辑器界面内,通过 AD 软件主界面菜单下的 File、Design 和 Report,选择"打印"、Gerber 和其他输出,这些输出配置将保存在工程文件中。

(2)可以在工程中添加一个输出工作(output job)文件,在此处保存输出设置。输出工作文件的优势包括:

① 允许任何种类的多个输出。

② 允许在单次操作中产生多个输出。

(3)可以将输出工作文件从一个工程复制到另一个工程。在输出工作文件中,可以包含输出设置的任何组合。并且,可以在工程中包含任意数目的输出工作文件。

(4)输出工作文件使设计者可以在一个便捷的文件中定义所有的输出配置,包括装配、加工、报告和网表等。每个输出设置使用一个指定的数据源,其中包括整个工程(所有原理图)、单个原理图或者 PCB。

创建一个新的输出工作文件的步骤主要包括:

(1)在 AD 软件主界面菜单下选择 File→New→Output Job File,用于创建一个新的输出工作配置文件。

(2)如图 11-87 所示,在当前工程的 Output Job Files 子文件夹内新添加了名称为 Job1.OutJob 的输出工作文件。

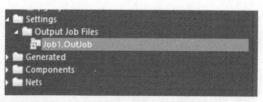

图 11-87 新生成的输出工作文件的文件夹

(3)如图 11-88 所示,在 AD 软件主界面右侧出现 Job1.OutJob 输出工作文件配置。

① 如果想删除一个设置,需要先选择该设置(组合键 Ctrl+A 用于选择所有)。然后,右击出现快捷菜单,选择 Delete。

② 如果想添加一个设置,在相应的选项中选择 Add New Output。然后,右击出现快捷菜单,选择相应的选项。

③ 双击一个输出,或者右击将出现快捷菜单,选择 Configure,可以打开该输出配置对话框。

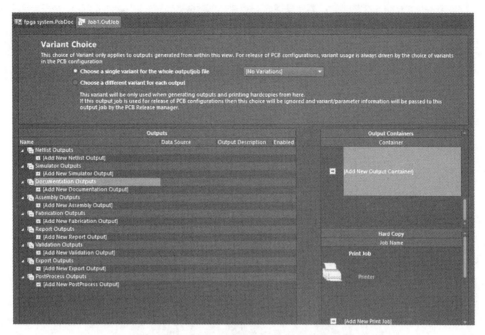

图 11-88　新生成的输出工作文件配置界面

11.4.2　设置打印工作选项

从输出工作文件中选择一个打印输出。设置打印工作选项的步骤包括：

（1）如图 11-89 所示，在 Outputs 标题下面，选择 Add New Documentation Output。

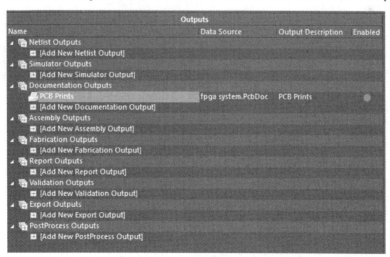

图 11-89　新生成 PCB 打印输出工作文件

（2）右击出现快捷菜单，选择 PCB Prints→fpga system.PcbDoc。

（3）新生成 PCB Prints 输出。

（4）双击 PCB Prints 输出，如图 11-90 所示，出现 PCB 打印输出预览对话框。

（5）单击 Pages 标签页，设置打印输出中的颜色和所包含的层。

（6）选中 Add Page 选项，单击下拉菜单选择 Create Final，出现 Confirm Create Print-Set 对话框，

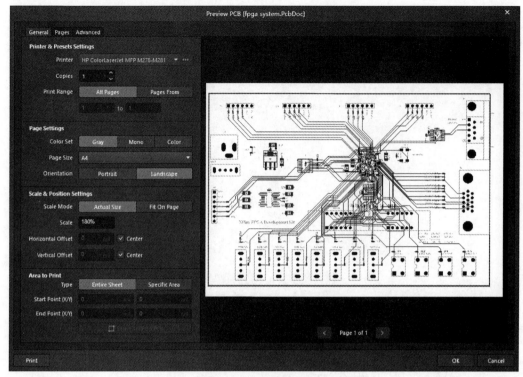

图 11-90　PCB 打印输出预览对话框

单击 Yes 按钮。

（7）如图 11-91 所示,添加需要打印的叠层信息。

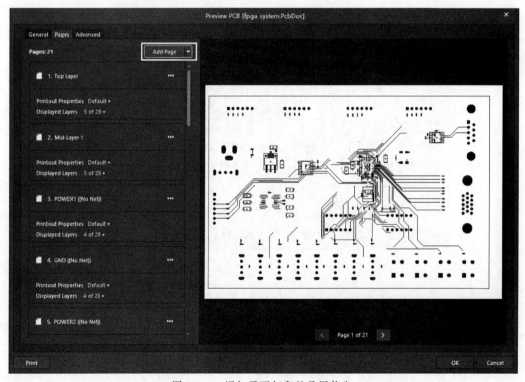

图 11-91　添加需要打印的叠层信息

（8）单击 OK 按钮，退出 PCB 打印预览对话框。

（9）如图 11-89 所示，单击 PCB Prints 一行和 Enabled 一列相交的小圆点 ，当其变成绿色时，可以看到有一个绿色的箭头向下指向打印机，将打印输出工作文件和打印机进行关联。

（10）如图 11-92 所示，根据下面的情况选择相应的操作：

① 需要在打印机上打印 PCB 相关叠层时，单击 Print 旁的 按钮。

② 需要在打印前预览要打印的 PCB 相关叠层时，单击 Preview 旁的 按钮。

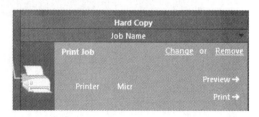

图 11-92 打印或预览需要打印的 PCB 层

11.4.3 生成 CAM 文件

设计者可以通过输出工作文件，设置和创造输出文件，这些文件统称为 CAM 文件。CAM 文件有以下用途：

（1）利用计算机来进行生产设备管理控制和操作过程控制。

（2）它的输入信息是零件的工艺路线和工序内容，输出信息是刀具加工时的运动轨迹（刀位文件）和数控程序。

PCB 加工是电子产品的设计及制造过程中最基本的一个环节，主要包括 PCB 的加工、焊装、测试等多个步骤。Altium Designer 提供了多种格式的加工文件输出，用于满足对 PCB 设计的加工制造。这些加工文件主要包括：

（1）料单文件。

（2）Gerber 格式的光绘文件。

（3）ODB＋＋格式的光绘文件。

（4）NC Drill 格式的钻孔文件。

（5）用于贴片机的挑选和放置（pick and place）文件。

（6）测试点报告文件。

11.4.4 生成料单文件

Altium Designer 提供了一个强大的报告生成引擎，该引擎可以生成一个详尽的料单（bill of materials，BOM）。料单作用如下：

（1）包含任何原理图或者 PCB 元器件属性。对于那些链接到一个公司元器件库的元器件，在原理图中并没有包含数据库域，但是在料单中包含了数据库域。

（2）对报告中的数据布局和分组，可以进行充分的定制，通过拖曳列重新排序。将元器件属性拖动到 Grouped Columns 区域，通过该属性进行分组。

（3）所支持的输出格式包括文本、CSV、XLS、HTML 和 XML。其中，Excel 工具自动打开 XLS 格式的输出。

配置并生成料单的步骤主要包括：

（1）在 AD 软件主界面菜单下，选择 Report→Bill of Materials。

（2）如图 11-93 所示，出现 Bill of Materials For PCB Document 对话框。

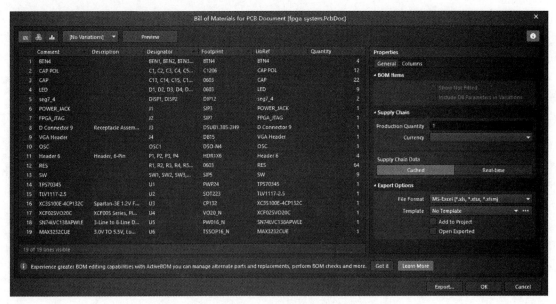

图 11-93　生成料单配置对话框

① 在图中 Export Options(导出选项)标签下的 File Format(文件格式)右侧的下拉框内,选择将要导出料单的文件格式。

② 单击 Export 按钮,可以按照选择的文件格式生成料单。图 11-94 给出了该设计的 Excel 格式的料单。

	A	B	C	D	E	F
1	Comment	Description	Designator	Footprint	LibRef	Quantity
2	BTN4		BTN1, BTN2, BTN3, BTN4	BTN4	BTN4	4
3	CAP POL		C1, C2, C3, C4, C5, C6, C7,	C1206	CAP POL	12
4	CAP		C13, C14, C15, C16, C17, C	0603	CAP	22
5	LED		D1, D2, D3, D4, D5, D6, D7,	0603	LED	9
6	seg7_4		DISP1, DISP2	DIP12	seg7_4	2
7	POWER_JACK		J1	SIP3	POWER_JACK	1
8	FPGA_JTAG		J2	SIP7	FPGA_JTAG	1
9	D Connector 9	Receptacle Assembly, 9 Po	J3	DSUB1.385-2H9	D Connector 9	1
10	VGA Header		J4	DB15	VGA Header	1
11	OSC		OSC1	DSO-N4	OSC	1
12	Header 6	Header, 6-Pin	P1, P2, P3, P4	HDR1X6	Header 6	4
13	RES		R1, R2, R3, R4, R5, R6, R7, R	0603	RES	64
14	SW		SW1, SW2, SW3, SW4, SW5	SIP5	SW	9
15	TPS70345		U1	PWP24	TPS70345	1
16	TLV1117-2.5		U2	SOT223	TLV1117-2.5	1
17	XC3S100E-4CP132C	Spartan-3E 1.2V FPGA, 83 U	U3	CP132	XC3S100E-4CP132C	1
18	XCF02SVO20C	XCF00S Series, Platform Fla	U4	VO20_N	XCF02SVO20C	1
19	SN74LVC138APWLE	3-Line to 8-Line Decoder /	U5	PW016_N	SN74LVC138APWLE	1
20	MAX3232CUE	3.0V TO 5.5V, Low-Power,	U6	TSSOP16_N	MAX3232CUE	1

图 11-94　Excel 格式的料单

③ 在料单中,包含了工程和文档的参数。

11.4.5　生成光绘文件

光绘机需要数据文件来驱动。目前,光绘文件的格式主要有两种:Gerber 和 ODB++。

1. 生成 Gerber 文件

Gerber 是一种从 PCB CAD 软件输出的数据文件。作为光绘图语言格式文件,它是由一家专业做绘图机的美国公司 Gerber Scientific（现在叫作 Gerber System）于 1960 年所开发出来的。几乎所有 CAD 系统都将 Gerber 格式作为其输出数据的格式。这种数据格式可以直接输入绘图机，然后绘制出图（drawing）或者胶片（film）。因此，Gerber 格式成为业界公认的标准。

RS-274D 是 Gerber 格式的正式名称，正确名称是 EIA 标准。RS-274D（Electronic Industries Association）主要由两大部分构成：

1）Function Code（功能码）

例如：G code、D code、M code 等。

2）Coordinate data（坐标数据）

定义图像（image）的 x 坐标和 y 坐标。

RS-274D 称为基本 Gerber 格式，要同时附带 D 码文件才能描述一张图形。所谓 D 码文件，就是光圈列表。RS-274-X 是 RS-274D 的延伸版本，它本身包含 D 码信息。生成 Gerber 文件的步骤主要包括：

（1）在 AD 软件主界面菜单下，选择 File→Fabrication Outputs→Gerber Files。

（2）如图 11-95 所示，出现 Gerber Setup（Gerber 设置）对话框。

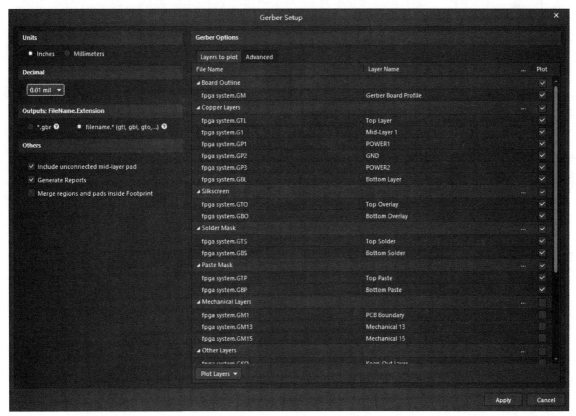

图 11-95　Gerber 设置对话框

下面给出参数设置的方法：

（1）Units（单位）：Inches（英寸）。

（2）Decimal（小数）：0.01mil。

（3）选中 include unconnected mid-layer pads（包含没有连接的中间层引脚）。

(4) 在 Plot Layers 下拉框中,选择 All On。

(5) 在 Advanced 标签下,进行下面的设置:

① 选择 Suppress leading zeroes 选项(此项需要与 PCB 制板厂商进行确认)。

② 其余保持默认设置。

单击 Apply 按钮,会自动生成 Gerber 文件。

此时,生成一个 CAM 文件,可以不保存该文件,这是因为要交付制板厂的文件已经保存在项目的目录中,且名称为 Project Outputs for xxx 的子目录下。

2. 生成 ODB++文件

开放数据基础(open data basic,ODB)是以色列奥宝公司推出的一种光绘格式。它有几个版本,现在是 ODB++。ODB++是一种可扩展的 ASCII 格式,可以在单个数据库中保存 PCB 制造和装配所必需的全部工程数据,单个文件包含图形、钻孔信息、布线、元器件、网表、规格、绘图、工程处理定义、报表功能、ECO 和 DFM 结果等。

生成 ODB++文件的步骤主要包括:

(1) 在 AD 软件主界面菜单下,选择 File→Fabrication Outputs→ODB++ Files。

(2) 如图 11-96 所示,出现 ODB++ Setup(ODB++设置)对话框。

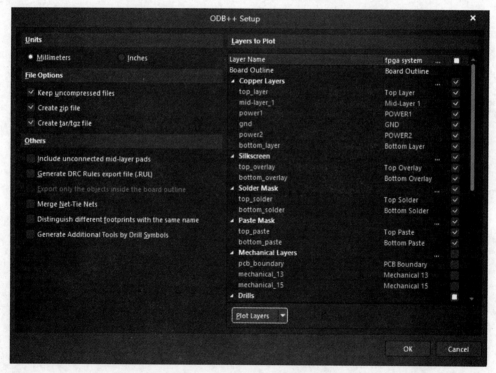

图 11-96　ODB++设置对话框

(3) 按照要求设置完参数后,单击 OK 按钮,生成 ODB++格式的输出文件。

11.4.6　生成钻孔文件

创建 NC Drill 格式钻孔文件的步骤主要包括:

(1) 在 AD 软件主界面菜单下选择 File→Fabrication Outputs→NC Drill Files 命令。

（2）如图 11-97 所示，出现 NC Drill Setup（NC 钻孔设置）对话框。该对话框内的参数选择要与前面 Gerber 文件中的保持一致。

① Units：Inches。

② Format：2∶5。

③ Leading/Trailing Zeroes：Suppress trailing zeroes。

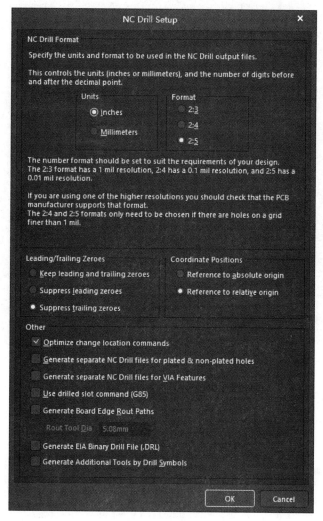

图 11-97　NC 钻孔设置对话框

（3）其他选项保持默认设置，单击 OK 按钮。

11.4.7　生成贴片机文件

创建贴片机文件的步骤如下：

（1）在 AD 软件主界面菜单下，选择 File→Assembly Outputs→Generates pick and place files 命令。

（2）如图 11-98 所示，出现 Pick and Place Setup（挑选和放置设置）对话框。

（3）单击 OK 按钮，生成贴片机文件。

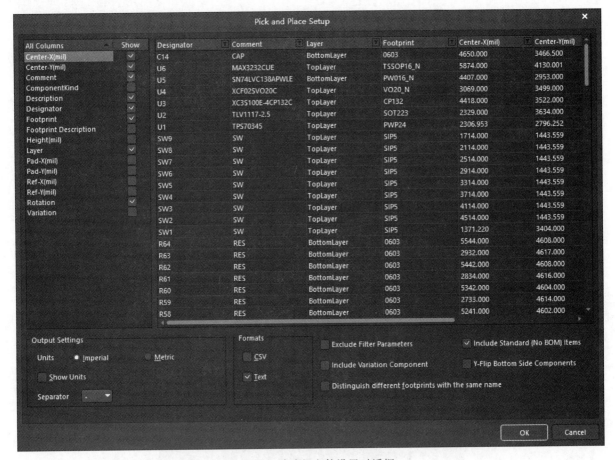

图 11-98 贴片机文件设置对话框

11.4.8 生成 PDF 格式文件

AD 软件提供了内建的 PDF 生成器功能。除了能创建标准的 PDF 文件用于显示原理图图纸和 PCB 层外,设计者也能在图纸和板子上的元器件及网络上,包含一个链接的 PDF 书签。

AD 软件提供了两种生成 PDF 格式文件的方法,进入原理图或者 PCB 图编辑器界面,可以通过下面的方法生成 PDF 文件:

(1) 在 AD 软件主界面菜单下,选择 File→SmartPDF 命令。

(2) 在输出工作编辑器中,选择 Publish To PDF 命令。

当选择方法(1)的时候,出现 Smart PDF 向导对话框,可以在处理结束的时候创建一个输出工作文件,该输出工作文件的选项在向导中已经进行了指定。如果设计者对输出工作文件不是很熟悉,并且不知道如何修改设置文件,Smart PDF 向导是一个非常方便的工具。

11.4.9 CAM 编辑器

Altium Designer 的 CAM 编辑器 CAMtastic 提供了大量的工具,用于:

(1) 查看和修改 CAM 数据。

(2) 导入和导出 Gerber 格式的光绘文件、钻孔文件和 IPC-356-D 标准的网表。

（3）导入和导出 ODB＋＋格式的光绘文件。

（4）导入和导出 DXF/DWG 格式的文件。

（5）导入和导出 Mill/Rout 文件。

（6）根据 CAM 数据提取出 PCB 的网表。

（7）用这个网表与 PCB 设计软件导出的符合 IPC 标准的网表进行比较，查找隐含的设计错误。

（8）根据设定规则，对 CAM 数据进行 DRC，查找并自动修复隐藏的错误。

（9）提供强大的拼板和 NC 布线等功能。

① 图形交换文件（drawing exchange file，DXF）是一种 ASCII 文件，它包含所对应 DWG 文件的全部信息。该文件不是 ASCII 形式，可读性差，但是用它生成的图形速度快。不同类型的计算机，哪怕是用同一版本的文件，其 DWG 文件也是不可以交换的。

为了克服这一缺点，AutoCAD 提供了 DXF 类型文件，其内部为 ASCII。这样，不同类型的计算机可以通过交换 DXF 文件来达到交换图形的目的。由于 DXF 文件可读性好，设计者可以很方便地对它进行修改、编程，从而实现从外部图形进行编辑和修改的目的。

② 如何从一大张 PCB 拼板上分割成各个小的 PCB 呢？目前，分割 PCB 的主要方法有 V 刀和铣刀。Mill/Rout 文件主要控制铣刀进刀、行进路线、出刀等一系列操作。

1. 导入数据设置

导入数据设置的步骤主要包括：

（1）在 AD 软件主界面菜单中，选择 Tools→Preferences。

（2）出现 Preferences 对话框，找到并展开 CAM Editor，并在展开项中选择 General。在该界面中设置项，包括新建 CAM 文件的默认尺寸（默认为 32.5×32.5）、全局编辑、信息查询及光圈定义设置、指定日志文档的保存路径。

（3）如图 11-99 所示，展开 CAM Editor。在展开项中选择 Miscellaneous，进入 CAM 编辑器杂项选项设置对话框。该界面可以查看和设置文件的扩展名，进行快速加载设置等相关设置。快速加载工具可以同时加载放置在一个目录下的所有 CAM 文件，包括 Gerber 文件、NC Drill 文件和网表文件。

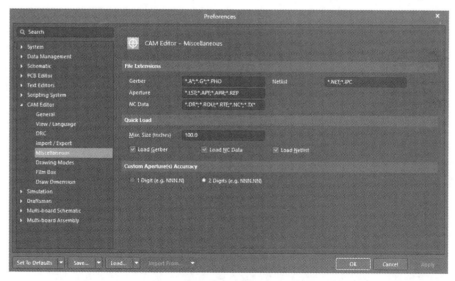

图 11-99 CAM 编辑器设置对话框

（4）如图 11-100 所示，展开 CAM Editor，并在展开项中选择 Import/Export，进入"CAM 编辑器导入/导出"设置界面。按下面参数设置：

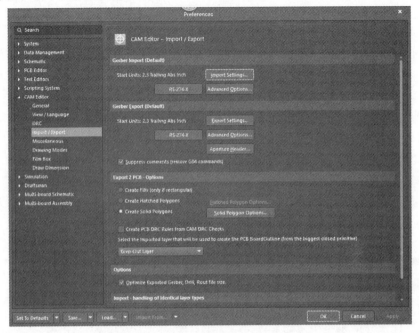

图 11-100　CAM 编辑器导入/导出设置

① 默认的 Gerber 输入文件的格式是 RS-274-X，这是扩展的 Gerber 文件格式，它内嵌了光圈列表文件。

② 单击图中的 Import Settings... 按钮，进入 Gerber Import Settings（Gerber 导入设置）对话框。

（5）如图 11-100 所示，在该界面左侧窗口内选择 Drawing Modes。如图 11-101 所示，出现 CAM Editor-Drawing Modes（CAM 编辑器绘制模式）对话框。按下面参数设置：

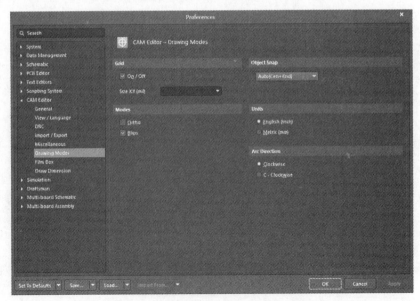

图 11-101　CAM 编辑器绘制模式设置

① 选择 Blips 选项后,在 CAM 编辑环境下,当单击时,将会临时显示定位符号"+",当屏幕刷新时,会自动消失。

② 其他参数设置包括栅格显示、尺寸、移动对象模式、单位、旋转方向和绘制模式。

(6) 单击 OK 按钮,退出 Preferences 界面。

2. 导入 CAM 文件

导入 CAM 文件的步骤如下:

(1) 在 AD 软件主界面菜单下,选择 File→New→CAM document,新建一个 CAM 文件。

(2) 进入 CAM 编辑器界面。

(3) 在 AD 软件主界面菜单中,分别选择 File→Setup→General 子菜单和 File→Setup→Import/Export 子菜单,完成导入 Gerber 文件的全局参数设置,包括文件格式、单位和数据格式等。

(4) 在 AD 软件主界面菜单中,选择 File→Import→Gerber。

(5) 出现"打开文件"对话框,选中要导入的 Gerber 文件。

(6) 如图 11-102 所示,出现 Import Gerber(s)-Options(导入 Gerbers 选项)对话框。

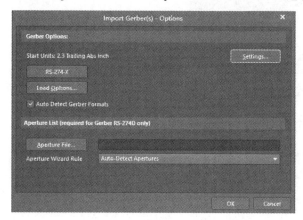

图 11-102　导入 Gerbers 选项对话框

在这里,设计者可以指定导入的 Gerber 文件的类型、数据格式等参数;也可以选中 Auto Detect Gerber Format 参数项,由系统自动检测导入 Gerber 文件的格式。

当导入 Gerber 文件光圈定义为 RS-274D 格式时,需要设计者在 Aperture File 输入栏中指定光圈数据文件的位置。然后,在 Aperture Wizard Rule 列表框中选择由系统自动识别产生光圈数据的工具。

(7) 导入完整的 Gerber 文件。

CAMtastic 提供批次加载多个 Gerber 文件的"快速加载 Gerber 文件"功能。当用户需要将单个文件目录内的所有 Gerber 文件导入当前的设计工程中,就可以调用"快速加载 Gerber 文件"命令。

快速加载 Gerber 文件的步骤主要包括:

(1) 进入 CAM 编辑器界面。

(2) 在 AD 软件主界面菜单中,选择 File→Import→Quick Load 命令。

(3) 如图 11-103 所示,出现 File Import-Quick Load(文件导入-快速加载)对话框。在该界面内,单击"文件"按钮,定位到存放 Gerber 文件的路径。单击 OK 按钮,就可以快速加载多个 Gerber 文件。

(4) 单击 OK 按钮,快速导入多个 Gerber 文件。

3. 导出 CAM 文件

导出 CAM 文件的步骤主要包括：

(1) 进入 CAM 编辑器界面。

(2) 在 AD 软件主界面菜单下，选择 File→Export→Gerber。

(3) 如图 11-104 所示，出现 Export Gerber(s)（导出 Gerber）对话框。其中参数含义如下：

① Use Arcs(G75)：用于老式绘图机的选项。

② Use Step&Repeat Codes：在进行拼板和板面化的时候，利用制板边框代替实际的制板图。

③ Separate Composite layers to individual File：单层输出 Gerber 文件。

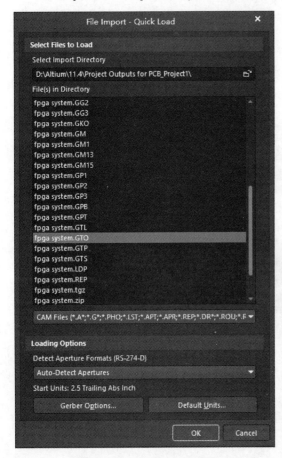

图 11-103　快速导入对话框

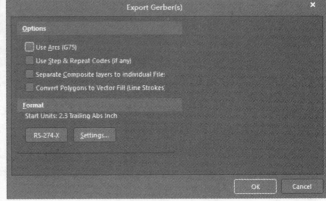

图 11-104　导出 Gerber 对话框

(4) 单击 OK 按钮。

(5) 出现如图 11-105 所示的 Write Gerber(s)（写 Gerber）对话框。在该界面下方，给出生成 Gerber 文件所保存的路径。

(6) 单击 OK 按钮。

11.4.10　生成 3D 视图

AD 软件提供了强大的支持功能，用于和机械 CAD 设计工具进行接口，包括在 PCB 编辑器内的 3D 可视化，以及 2D 和 3D 的输出。一个完成的并经过 DRC 的 PCB 设计，可以使用 3D STEP 格式的文件

图 11-105 写 Gerber 文件对话框

导出,或者作为 2D 描述导出为 IDF。

生成 3D 视图的步骤主要包括:

(1) 进入 PCB 编辑器界面。

(2) 在 AD 软件主界面菜单下,选择 File→Export→STEP 3D。

(3) 出现 Export Options 对话框如图 11-106 所示,单击 OK 按钮。

(4) 生成 fpga system. step 的 PCB 3D 视图文件。

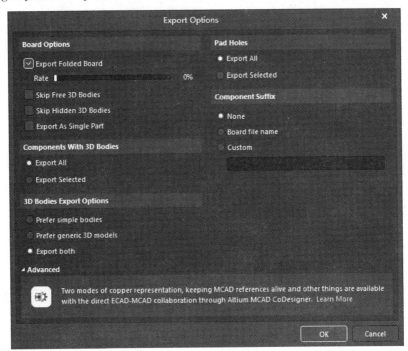

图 11-106 导出 STEP 3D 文件属性对话框界面

Altium Designer 23.0 快捷键

A.1 通用环境快捷键

通用环境快捷键如表 A-1 所示。

表 A-1 通用环境快捷键

快 捷 键	描 述
F1	通过特定的命令,对话框,面板和对象访问光标下当前资源的技术文档
Ctrl+O	使用打开对话框打开任何现有文档
Ctrl+F4	关闭活动文档
Ctrl+S	保存活动文档
Ctrl+Alt+S	保存并释放定义的实体
Ctrl+P	打印活动文档
Alt+F4	退出 Altium Designer
Ctrl+Tab	向前循环到下一个打开的选项卡式文档,使其成为设计工作区中的活动文档
Shift+Ctrl+Tab	向后循环到之前打开的选项卡式文档,使其成为设计工作区中的活动文档
F4	切换所有浮动面板的显示
Shift+F4	平铺所有打开的文档
Shift+F5	在主设计窗口中切换最后一个活动面板和当前活动设计文档之间的焦点
Alt+Right Arrow	前进到主设计窗口中激活的文档序列中的下一个文档
Alt+Left Arrow	按照在主设计窗口中激活的文档序列返回到前一个文档
F5	当文档是基于 Web 的文档时刷新活动文档
Shift+Ctrl+F3	移至消息面板中的下一个消息(向下),并交叉探查相关文档中负责消息的对象(在支持的位置)
Shift+Ctrl+F4	移至消息面板中的上一条消息(向上),并交叉探查相关文档中负责该消息的对象(如果支持)

A.2 通用编辑器快捷键

通用编辑器快捷键如表 A-2 所示。

表 A-2　通用编辑器快捷键

快　捷　键	描　述
Ctrl+C（Ctrl+Insert）	复制选择
Ctrl+X（Shift+Delete）	剪切选择
Ctrl+V（Shift+Insert）	粘贴选择
Delete	删除选择
Ctrl+Z（Alt+Backspace）	撤销
Ctrl+Y（Ctrl+Backspace）	重做

A.3　SCH/SCHLIB 编辑器快捷键

SCH/SCHLIB 编辑器快捷键如表 A-3 所示。

表 A-3　SCH/SCHLIB 编辑器快捷键

快　捷　键	描　述
Shift+Ctrl+V	访问智能粘贴对话框
Ctrl+F	查找文本
Ctrl+H	查找并替换文本
F3	查找搜索文本的下一个命令
Ctrl+A	全选
Ctrl+R	复制选定的对象并在工作区中需要的地方重复粘贴（橡皮戳）
空格键	逆时针旋转选择 90°
Shift+空格键	顺时针旋转选择 90°
Shift+Ctrl+L	将所选对象的左边缘对齐
Shift+Ctrl+R	将选定对象的右边缘对齐
Shift+Ctrl+H	使选定对象的水平间距相等
Shift+Ctrl+T	将所选对象的顶边对齐
Shift+Ctrl+B	将选定对象的底边对齐
Shift+Ctrl+D	将选定的对象移动到当前捕捉网格上的最近点
Ctrl+Home	将光标移动到当前文档的绝对原点坐标（0,0）
Ctrl+Q	进入"选择记忆"对话框，可以在其中控制选择记忆功能的所有方面
Ctrl+n（n=1～8）	将当前选择存储在内存位置 n 中
Alt+n（n=1～8）	从内存位置 n 中重新调用选择
Shift+n（n=1～8）	将当前选择添加到已选择好的内存位置 n 中
Alt+Shift+n（n=1～8）	从内存位置 n 重新调用选择，并将其添加到工作区的当前选择中
Shift+Ctrl+n（n=1～8）	根据内存位置 n 中的选择设置进行过滤
Shift+F	访问"查找类似对象"功能（单击要用作基本模板的对象）
Ctrl+PgDn	显示当前文档上的所有设计对象
PgUp	相对于当前的光标位置放大
PgDn	相对于当前光标位置缩小
Mouse Wheel	在设计工作区内垂直滚动
Shift+Mouse Wheel	在设计工作区内水平滚动

快 捷 键	描 述
Home	在主设计窗口中重绘视图,将由光标标记的位置(在启动命令之前)放置在窗口的中心
End	刷新屏幕,实际上是执行当前文档的重绘,以消除任何不需要的绘图更新效果
Alt+F5	切换当前文档的编辑器在最大化和未最大化之间的显示
G	向前循环通过预定义的捕捉网格设置
Shift+G	向后循环通过预定义的捕捉网格设置
Shift+Ctrl+G	在当前文档中打开或关闭可见网格
Shift+E	打开或关闭光标电网
Ctrl+L	通过使用 Board Level Annotate 对话框执行 Board Level 注释
Ctrl+M	测量活动原理图文档上两点之间的距离
Left Arrow	将光标移动到当前文档工作区的左侧,以 1 个快速单元格为单位递增
Shift+Left Arrow	将光标移动到当前文档工作区的左侧,以 10 个快速单元格为单位递增
Right Arrow	将光标移动到当前文档工作区的右侧,以 1 个快速单元格为单位递增
Shift+Right Arrow	将光标移动到当前文档工作区的右侧,以 10 个快速单元格为单位递增
Up Arrow	将光标向上移动到当前文档工作区中,并以 1 个单元格为单位递增
Shift+Up Arrow	在当前文档工作区中向上移动光标,以 10 个快速网格单位为增量
Down Arrow	在当前文档工作区中以 1 个单元格为单位增量向下移动光标
Shift+Down Arrow	在当前文档工作区中以 10 个单元格网格为单位增量向下移动光标
Ctrl+Left Arrow	将当前选择(一个或多个选定的设计对象)移动到当前文档工作区的左侧,以 1 个单元格为单位递增
Shift+Ctrl+Left Arrow	将当前选择(一个或多个选定的设计对象)以 10 个捕捉网格为单位增量移动到当前文档工作区的左侧
Ctrl+Right Arrow	将当前选择(一个或多个选定的设计对象)以当前文档工作区中的 1 个单元格为单位递增
Shift+Ctrl+Right Arrow	将当前选择(一个或多个选定的设计对象)以 10 个单元格网格为单位增量移动到当前文档工作区的右侧
Ctrl+Up Arrow	在当前文档工作区中向上移动当前所选设计(一个或多个选定的设计对象),并以 1 个单元格为单位递增
Shift+Ctrl+Up Arrow	在当前文档工作区中向上移动当前所选设计(一个或多个选定的设计对象),增量为 10 个捕捉网格单位
Shift+Ctrl+Mouse Wheel	在多通道设计中循环通道。当向上/向下滚动鼠标滚轮时,下一个/上一个编译的通道选项卡将成为活动选项卡
Ctrl+Shift	暂时禁用网格
Ctrl+Down Arrow	将当前选择(一个或多个选定的设计对象)向下移动到当前文档工作区中,增量为 1 个网格单元
Shift+Ctrl+Down Arrow	在当前文档工作区中向下移动当前所选设计(一个或多个选定的设计对象),并以 10 个单元格网格为单位递增
Shift+Ctrl+Click,Hold&Drag	移动光标下的当前对象
Ctrl+Click,Hold&Drag	拖动光标下方的对象,同时保持与其他对象的连接
Shift+Click	更改当前光标下对象的选择状态,而不影响其他对象的状态
Click	选择/取消选择当前光标下的对象
Double-Click	修改当前光标下对象的属性

续表

快　捷　键	描　　述
Click(在对象上),Hold&Drag	移动当前光标下的单个对象(或者如果该对象是该选择的一部分,则选择一组对象)
Click(远离对象),Hold&Drag (从左到右)	选择完全落入选择区域范围内的所有对象
Click(远离对象),Hold&Drag (从右到左)	选择完全落入选区内或被其边界触及的所有对象
Right-Click,Hold&Drag	显示滑块(平移)手形光标,然后拖动以移动工作空间的视图
Right-Click	访问在当前光标下的工作区或对象的上下文菜单。如果当前处于交互式命令中,则将从当前操作中退出
F12	切换的显示 SCH 过滤器面板或 SCHLIB 过滤面板
Shift+F12	切换的显示 SCH 列表面板或 SCHLIB 列表面板
Shift+C	清除当前正在应用到活动文档的过滤器
Shift+Ctrl+C	从所有打开(和隐藏)的原理图文档中的连接清除所有突出显示
F2	编辑选定的文本对象(直接编辑)
Alt+Ctrl+A	将新评论线索添加到活动文档的定义区域。在开始使用评论功能之前,确保已打开(签出)托管项目并正在处理其源图表文档之一
Alt+Ctrl+P	将新评论线索添加到活动文档中的指定点。在开始使用评论功能之前,确保已打开(签出)托管项目并正在处理其源图表文档之一
Alt+Ctrl+C	将新评论线索添加到活动文档中的选定组件。在开始使用评论功能之前,确保已打开(签出)托管项目并正在处理其源图表文档之一
Alt+Ctrl+R	为活动文档中的选定评论添加新评论
F5	以可视方式打开或关闭 Net Color Override 功能
F11	相应地切换属性面板的显示

A.4　PCB/PCBLIB 编辑器快捷键

PCB/PCBLIB 编辑器快捷键如表 A-4 所示。

表 A-4　PCB/PCBLIB 编辑器快捷键

快　捷　键	描　　述
Tab	在设计中选定初始对象后,根据逻辑层次结构扩展选择以包含下一个更高级别的对象(或多个对象)。此外,该功能还可用于在设计中跨不同网络选择的多个对象之间进行选择扩展
Shift+Tab	单独选择一组共同定位(重叠)对象中的下一个设计对象,而不使用选择弹出窗口
Shift+Ctrl+X	启用交叉选择模式
Ctrl+A	选择当前文档上的所有对象
Ctrl+B	选择所有驻留在定义的电路板形状边界内的对象
Ctrl+H	选择连接到同一块铜线的所有电气物体
Ctrl+R	复制选定的对象并在工作区中需要的地方重复粘贴(橡皮戳)
Alt+Insert	将对象粘贴到当前图层上,而不管其原始图层分配
Shift+Ctrl+L	将所选对象的左边缘对齐
Shift+Ctrl+R	将选定对象的右边缘对齐

快 捷 键	描 述
Alt+Shift+L	根据适用的设计规则,在保持足够间距的同时,将选定的设计对象左边对齐
Alt+Shift+R	根据适用的设计规则,在保持足够间距的同时,将选定的设计对象右边对齐
Shift+Ctrl+H	使选定对象的水平间距相等
Shift+Ctrl+T	将所选对象的顶边对齐
Shift+Ctrl+B	将选定对象的底边对齐
Alt+Shift+I	根据适用的设计规则,在保持足够的间距的同时,将所选设计对象的顶边对齐
Alt+Shift+N	将所选设计对象的底边对齐,同时保持设计规则的适用间距
Alt+Shift+V	使选定对象的垂直间距相等
Shift+Ctrl+D	将选定的组件移动到所需组件放置网格上的最近点
Ctrl+Home	将光标移到工作区左下角的绝对原点处
Ctrl+End	将光标移动到当前文档的相对原点(PCB 文档)或组件参考点的位置(PCB Library 文档)
Ctrl+Q	在访问"选择记忆"对话框的工作区中,可以在其中控制选择记忆功能的所有方面;在对话框或面板中切换测量单位(仅在对话框或面板中),在公制(毫米)和英制(毫米)之间切换
Ctrl+n($n=1\sim8$)	将当前选择存储在内存位置 n 中
Alt+n($n=1\sim8$)	回忆从内存位置 n 选择
Shift+n($n=1\sim8$)	将当前选择添加到已存储在内存位置 n 中的选择
Alt+Shift+n($n=1\sim8$)	从内存位置 n 重新调用选择,并将其添加到工作区中的当前选择
Shift+Ctrl+n($n=1\sim8$)	根据内存位置 n 中的选择设置进行过滤
Shift+Ctrl+Y	切换交叉选择模式的"PCB 中重新定位选定元件"选项
Shift+A	Active Route 选择连接
Shift+F	访问"查找类似对象"功能(单击要用作基本模板的对象)
1	将 PCB 工作区的显示切换到电路板规划模式
2	将 PCB 工作区的显示切换到 2D 布局模式
3	将 PCB 工作区的显示切换到 3D 布局模式
Ctrl+PgDn	显示当前文档上的所有设计对象
PgUp	相对于当前的光标位置放大
PgDn	相对于当前光标位置缩小
Shift+PgUp	相对于当前的光标位置逐步放大
Shift+PgDn	相对于当前光标位置逐步缩小
Ctrl+PgUp	将当前文档的放大率设置为 400%
Mouse Wheel	在设计工作区内垂直滚动
Shift+Mouse Wheel	在设计工作区内水平滚动
Home	在主设计窗口中重绘视图,将由光标标记的位置(在启动命令之前)放置在窗口的中心
End	刷新屏幕,实际上执行当前文档的重绘,以消除任何不需要的绘图更新效果
Alt+Left Arrow	跳转到并激活当前库文档中的前一个组件
Alt+Right Arrow	跳转到并激活当前库文档中的下一个组件
Alt+End	重画当前文档的当前图层,以删除任何不满意的图形更新效果
Alt+F5	切换当前文档的编辑器在最大化和未最大化之间的显示
F5	以可视方式打开或关闭 Net Color Override 功能

续表

快　捷　键	描　　　述
Shift+H	打开或关闭平视显示器
Shift+G	开启或关闭显示追踪
Insert	将 Heads Up Display 功能的 Delta Origin 点重置为(0,0)
Shift+Z	在当前 PCB 文档中切换 3D 模型可见性
Shift+D	在抬头显示内切换 Delta 坐标的显示
Shift+E	循环到对象 Hotspot 捕捉的下一个模式
Ctrl+G	访问当前光标下方的捕捉网格的专用网格编辑器对话框
Shift+Ctrl+G	将默认的 Global Board Snap Grid 的 X(水平)和 Y(垂直)步长值同时设置为选定值
Q	在公制(毫米)和英制(毫米)之间切换当前文档的度量单位
Shift+O	在主设计工作区中打开或关闭差分贴图叠加层的显示
F6	使用 Altium Designer 的协作 PCB 设计功能时,切换当前单元格的状态,该单元格包含检测到的差异和未选中的差异
F7	使用 Altium Designer 的协作 PCB 设计功能时,导航到包含一个或多个检测到的差异的前一个单元
F8	使用 Altium Designer 的协作 PCB 设计功能时,导航到包含一个或多个检测到的差异的下一个单元
L	访问"视图配置"面板的"图层和颜色"选项卡,可以在其中配置电路板的图层显示和分配给这些图层的颜色
Ctrl+Alt+2	将 PCB 工作区的显示切换到 2D 布局模式,并在切换时看到相同的电路板位置和方向
Ctrl+Alt+3	将 PCB 工作区的显示切换到 3D 布局模式,并在切换时看到相同的电路板位置和方向
Ctrl+D	访问"视图配置"面板的"视图选项"选项卡,可以在其中配置用于在工作区内显示设计项目的各种模式
Shift+V	访问 Board Insight 弹出窗口,列出当前光标下所有违规(定义的设计规则)
Shift+X	访问 Board Insight 弹出窗口,列出当前光标下的所有组件或网络对象
Ctrl+M	测量并显示当前文档中任意两点之间的距离
Left Arrow	以 1 个网格单元的增量将光标(附加对象放置/移动)移到当前文档工作区的左侧
Shift+Left Arrow	以 10 个网格单元的增量将光标(附加对象放置/移动)移到当前文档工作区的左侧
Right Arrow	将光标移动到当前文档工作区的右侧,以 1 个单元网格为单位递增
Shift+Right Arrow	将光标移动到当前文档工作区的右侧,以 10 个单元网格为单位递增
Up Arrow	在当前文档工作区中向上移动光标,增量为 1 个网格单元
Shift+Up Arrow	在当前文档工作区中向上移动光标,增量为 10 个网格单元
Down Arrow	在当前文档工作区中向下移动光标,以 1 个单元网格为单位递增
Shift+Down Arrow	在当前文档工作区中向下移动光标,增量为 10 个网格单元
Ctrl+Left Arrow	将当前选择(一个或多个选定的设计对象)移动到当前文档工作区的左侧,以 1 个单元网格为单位递增
Shift+Ctrl+Left Arrow	将当前选择(一个或多个选定的设计对象)移动到当前文档工作区的左侧,以 10 个网格单位为增量
Ctrl+Right Arrow	将当前选择(一个或多个选定的设计对象)移动到当前文档工作区的右侧,以 1 个单元网格的增量为单位

快 捷 键	描 述
Shift+Ctrl+Right Arrow	将当前选择(一个或多个选定的设计对象)移动到当前文档工作区的右侧,以10个网格单元的增量为单位
Ctrl+Up Arrow	在当前文档工作区中向上移动当前选择(一个或多个选定的设计对象),以1个单元网格的增量为单位
Shift+Ctrl+Up Arrow	在当前文档工作区中向上移动当前选区(一个或多个选定的设计对象),以10个单元网格为单位递增
Ctrl+Down Arrow	在当前文档工作区中向下移动当前选择(一个或多个选定的设计对象),并以1个单元网格为单位递增
Shift+Ctrl+Down Arrow	在当前文档工作区中向下移动当前选择(一个或多个选定设计对象),以10个单元网格为单位递增
Shift+Click	更改当前光标下的对象的选择状态,而不影响其他对象的状态
Click	选择/取消选择当前光标下的对象
Ctrl+Click	在一个网络对象上突出显示整个路由网络;在图层标签上突出显示该图层上的所有内容;在自由空间中清除当前突出显示
Shift+Ctrl+Click	除了已经突出显示的路由网络(累积路由网络高亮显示)之外,还会突出显示整个路由网络的网络对象;除了其他图层上已突出显示的内容之外,在图层选项卡上突出显示该图层上的所有内容(累积图层高亮显示)
Alt+Click	在连接上选择该连接
Alt+Shift+Click	除了已选择的连接之外,还可以在连接上选择该连接(累积连接选择)
Alt+Click&Drag(从右到左)	选择拖动矩形触摸的所有连接
Alt+Ctrl	将光标悬停在图层选项卡上时,只会突出显示该图层的内容
Shift+Ctrl+Click&Hold	在当前光标位置的轨道段中创建一个顶点(或中断)
Double-Click	修改当前光标下的对象的属性
Click(在对象上),Hold&Drag	移动当前光标下的单个对象(或者如果该对象是该选择的一部分,则选择一组对象)
Click(远离对象),Hold&Drag (从左到右)	选择完全落入选择区域范围内的所有对象
Click(远离对象),Hold&Drag (从右到左)	选择完全落入选区内或被其边界触及的所有对象
Right-Click,Hold&Drag	显示滑块(平移)手形光标,然后拖动以移动工作空间的视图
Right-Click	访问当前在光标下的工作区或对象的上下文菜单。如果当前处于交互式命令中,则将从当前操作中退出
F11	相应地切换属性面板的显示
F12	相应地切换PCB过滤器面板和PCBLIB过滤器面板的显示
Shift+F12	相应地切换PCB列表面板和PCBLIB列表面板的显示
Shift+C	清除当前正在应用到活动文档的过滤器
Shift+S	循环使用可用的单层查看模式
+(在数字小键盘上)	切换到下一个启用的图层
−(在数字小键盘上)	切换到上一个启用的图层
*(在数字小键盘上)	切换到下一个启用的信号层
Shift+ *(在数字小键盘上)	切换到上一个启用的信号层
Backspace	删除单个选定的路径终点对象(独立的线,圆弧过孔或焊盘)。连接已删除对象的单一路由对象将被自动选中并准备好后续删除

续表

快　捷　键	描　　述
Ctrl＋Delete	在当前文档上删除一个或多个选定的路由对象(独立的线,圆弧过孔或焊盘)。所有连接这些删除的路由对象将被自动选中并准备好后续删除
Alt＋Ctrl＋A	将新评论线索添加到活动文档的定义区域。在开始使用评论功能之前,确保已打开(签出)托管项目并正在处理其 PCB 文档
Alt＋Ctrl＋P	将新评论线索添加到活动文档中的指定点。在开始使用评论功能之前,确保已打开(签出)托管项目并正在处理其 PCB 文档
Alt＋Ctrl＋C	将新评论线索添加到活动文档中的选定组件。在开始使用评论功能之前,确保已打开(签出)托管项目并正在处理其 PCB 文档

设计实例原理图

设计实例原理图如图 B-1～图 B-5 所示。

A

HA10
HA11
HA12
HA13
HA14
HA15
HA16
HA17
HA18
HA19
HA2
HA3
HA4
HA5
HA6
HA7

B

HA8
HA9
HB10
HB11
HB12
HB13
HB14
HB15
HB16
HB17
HB18
HB19
HB2
HB3
HB4
HB5
HB6
HB7
HB8
HB9

C

JTAG_NEXU
JTAG_NEXU
JTAG_NEXU
JTAG_NEXU
LCD_DB[7..0]
LCD_E
LCD_LIGHT
LCD_RS
LCD_RW
LEDS[7..0]
SW[7..0]
TEST_BUTTO

CCLK
DONE
M0
M1
M2
PROGRAM
TCK
TDI
TDO
TMS

D

CLK_BRD_I
CLK_BRD

DIN
INIT

Xout_Alt
Yout_Alt

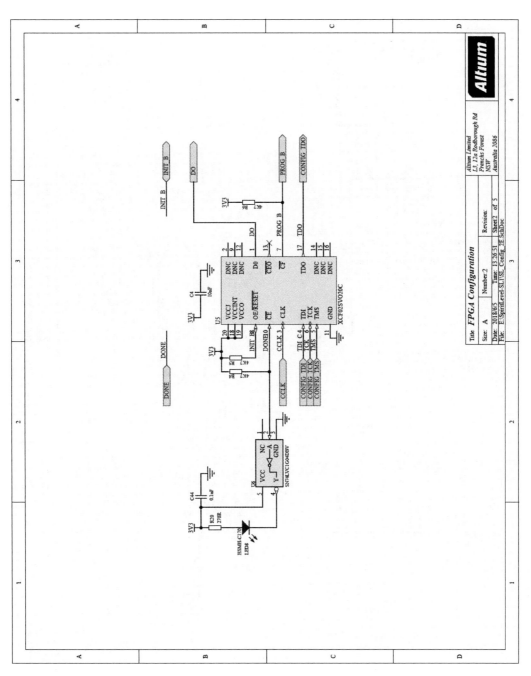

图 B-2 设计实例原理图（2）

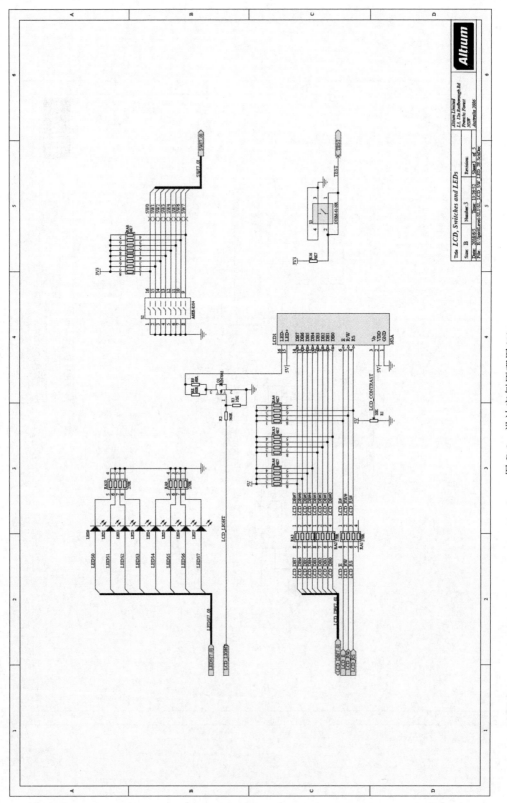

图 B-3　设计实例原理图（3）

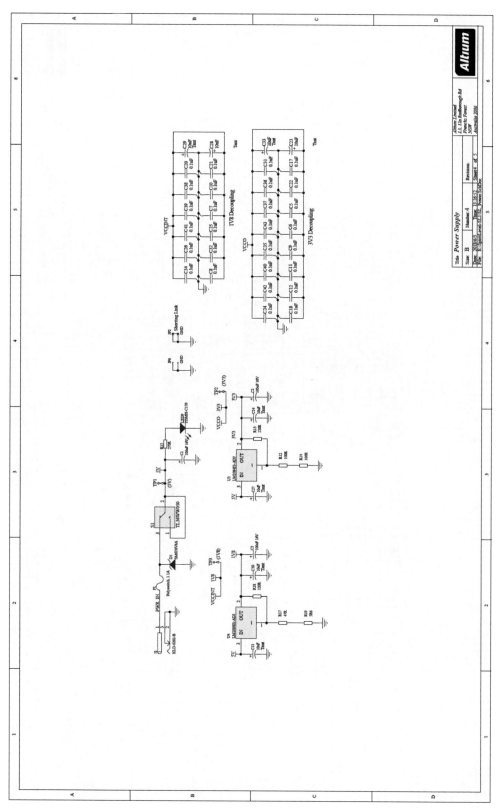

图 B-4 设计实例原理图 (4)

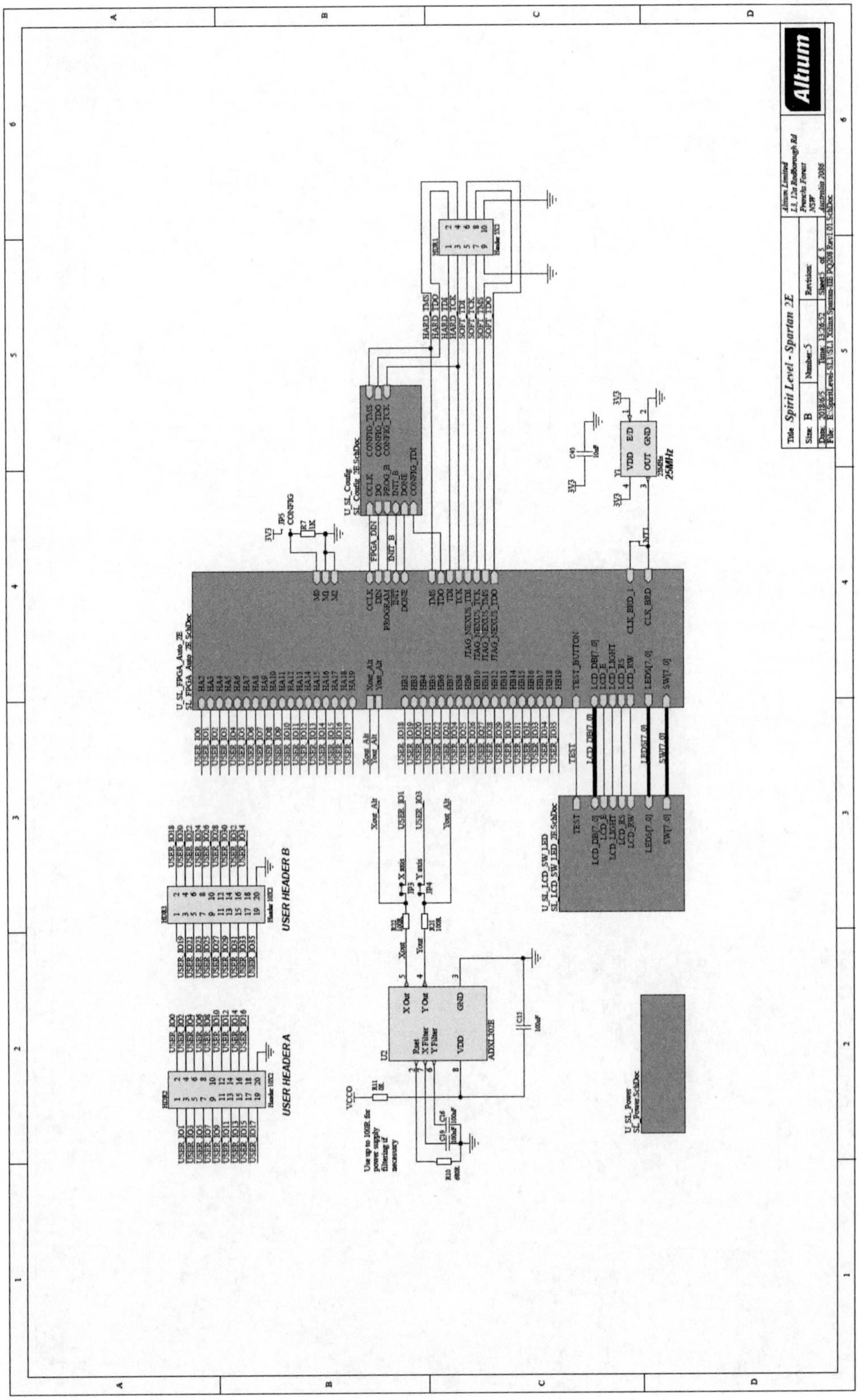

图 B-5　设计实例原理图（5）

附录 C

APPENDIX C

元器件及 PCB 丝印识别

元器件及 PCB 丝印极性识别如表 C-1 所示。

表 C-1　元器件及 PCB 丝印极性识别

<table>
<tr><th>元器件类别</th><th>元器件名称</th><th>实 物 图 片</th><th>元器件极性说明</th><th>PCB 丝印符号</th><th>PCB 丝印极性说明</th></tr>
<tr><td rowspan="8">电容</td><td rowspan="4">直插电解电容</td><td rowspan="4">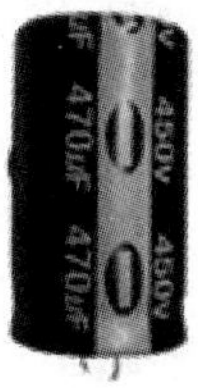</td><td rowspan="4">阴影部分带“－”标识一侧为负极</td><td>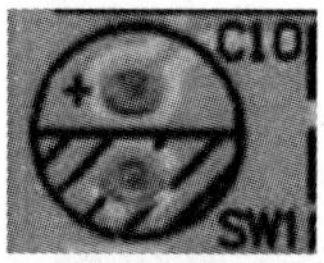
</td><td>丝印符号中“＋”表示正极，斜线阴影端表示负极</td></tr>
<tr><td>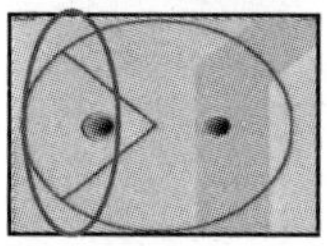</td><td>丝印符号中小扇形一端为负极(左图椭圆圈)</td></tr>
<tr><td>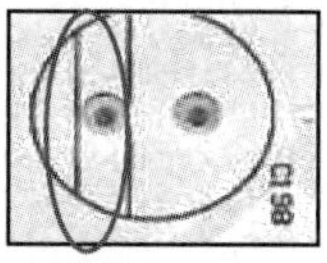</td><td>丝印符号中有两条线一端为负极(左图椭圆圈)</td></tr>
<tr><td>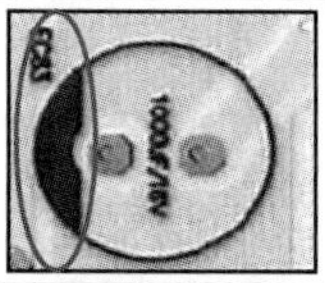</td><td>丝印符号中边缘有黑色阴影一端为负极(左图椭圆圈)</td></tr>
<tr><td>贴片电解电容</td><td>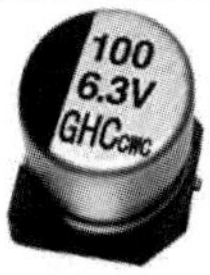
</td><td>元器件本体上部黑色阴影一侧为负极</td><td>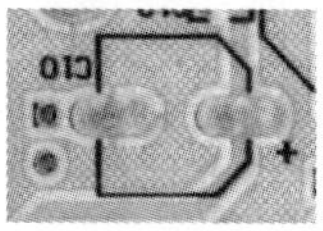</td><td>丝印缺角对应元器件本体下端缺角一般标示为正极</td></tr>
<tr><td rowspan="2">插件钽电容</td><td rowspan="2">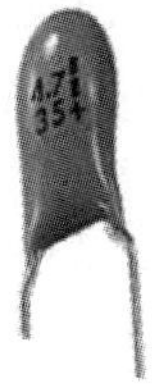</td><td rowspan="2">① 元器件本体标有“＋”为正极
② 长脚一侧为正极</td><td>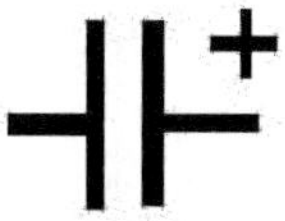
</td><td>丝印标示有“＋”一侧为正极</td></tr>
<tr><td>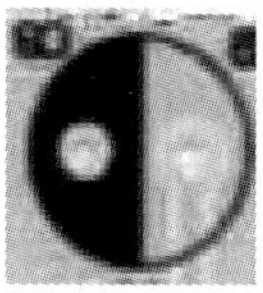</td><td>丝印黑色阴影一侧为负极</td></tr>
</table>

续表

元器件类别	元器件名称	实物图片	元器件极性说明	PCB丝印符号	PCB丝印极性说明
电容	贴片钽电容		元器件本体一端有粗阴影横线为正极	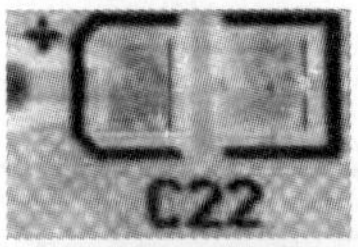	丝印缺角一端为正极,并标有"＋"
					丝印框线较粗的一端为正极,并标有"＋"
	法拉电容		元器件本体标有三角形箭头一侧为负极(左图椭圆圈)	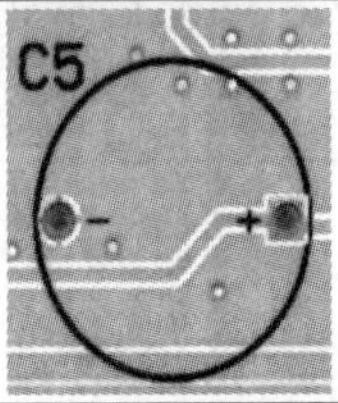	丝印标有"－"一侧为负极,标有"＋"一侧为正极
二极管	插件二极管	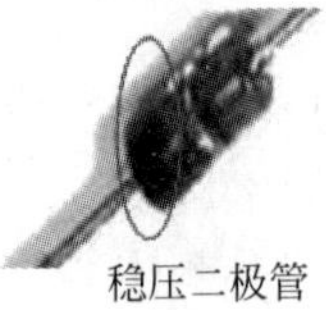 稳压二极管	元器件本体有黑色较粗阴影线一端为负极(左图椭圆圈)		丝印框内有横线一端为负极(左图椭圆圈)
					丝印符号三角形顶端有横线一侧为负极(左图椭圆圈)
		 检波二极管TVS管	元器件本体有浅色较粗阴影线一端为负极(左图椭圆圈)	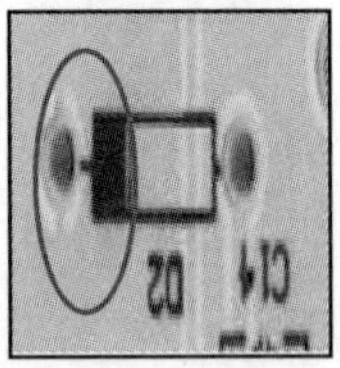	丝印框有黑色阴影一侧为负极
	贴片二极管		元器件本体有蓝色或黑色较粗阴影线一端为负极	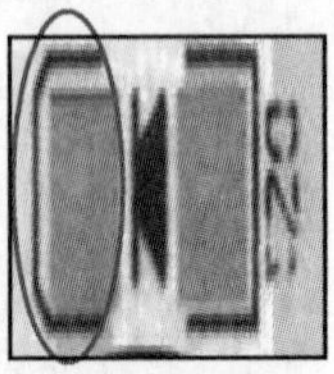	丝印符号三角形有横线一端为负极,丝印框有缺角的一端为负极(左图椭圆圈)
		 SS12	元器件本体有灰色较粗阴影线一端为负极		
LED	贴片发光二极管	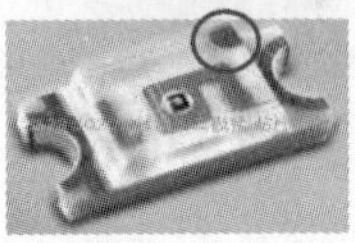	元器件本体一端有色点为负极(左图椭圆圈)		丝印框线体较粗的一端为负极(左图椭圆圈)

续表

元器件类别	元器件名称	实物图片	元器件极性说明	PCB丝印符号	PCB丝印极性说明
LED	插件发光二极管	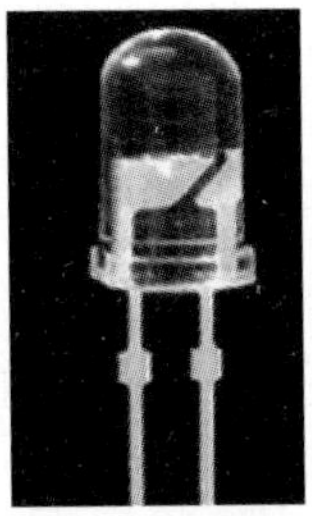	① 本体内引脚面积较大一边为负极 ② 元器件脚较短的一边为负极 ③ 实际作业过程中需测量确定		丝印符号三角形有横线一边为负极(左图椭圆圈)
				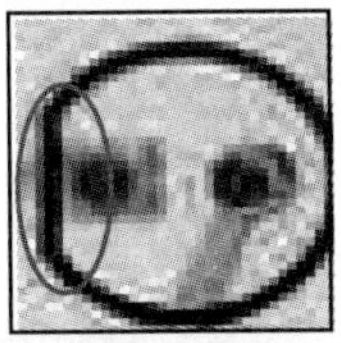	丝印圆圈有缺口的一边为负极(左图椭圆圈)
		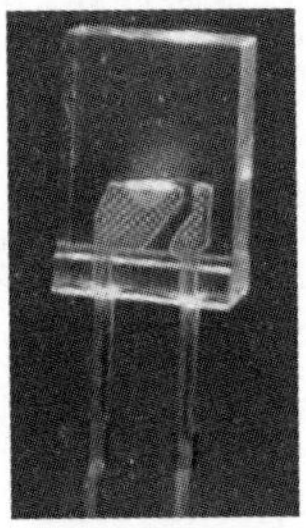		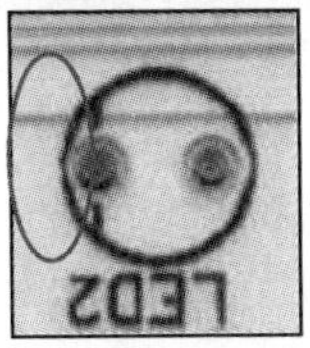	丝印圆圈内有线条一边为负极(左图椭圆圈)
					丝印圆圈内锥形尖端一边为负极
	贴片双色发光二极管		本体有色点的一端为负极(左图圆圈)		丝印框内三角形顶端有横线一侧为负极(左图椭圆圈)
	插件双色发光二极管	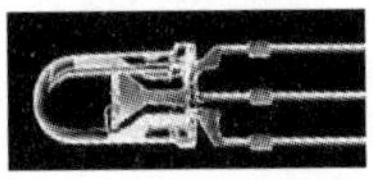	两种发光颜色需测量确定脚位	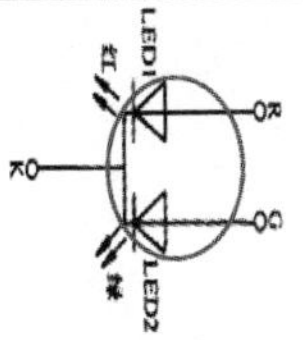	丝印符号R表示红色一端脚位,G表示绿色一端脚位
	红外发射管		本体内引脚面积较大一边为负极或短脚为负极	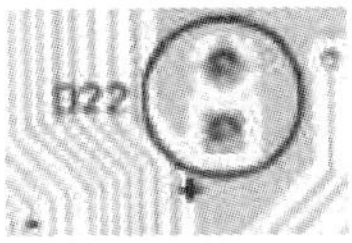	元器件正极对应丝印标有"＋"一边
	红外接收头		以元器件本体凸出面辨认方向	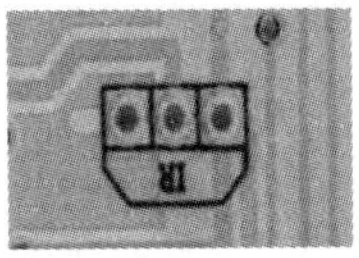	元器件本体凸出部位对应PCB丝印符号锥形端

元器件类别	元器件名称	实 物 图 片	元器件极性说明	PCB 丝印符号	PCB 丝印极性说明
三极管	TO-92 (92L) 封装				TO-92(92L)元器件本体平面对应丝印平边(左图椭圆圈)
	霍尔传感器(开关)		以元器件锥形面辨认方向	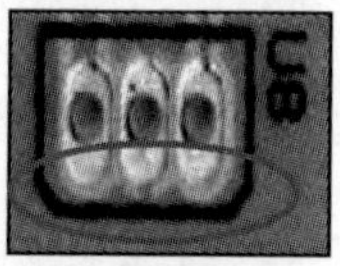	元器件本体锥形端对应丝印符号锥形端(左图椭圆圈)
	TO-126 封装			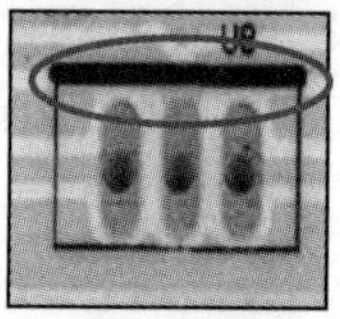	TO-126元器件本体金属面对应丝印框线较粗一端(左图椭圆圈)
	TO-220 封装		以本体有金属一面辨认方向	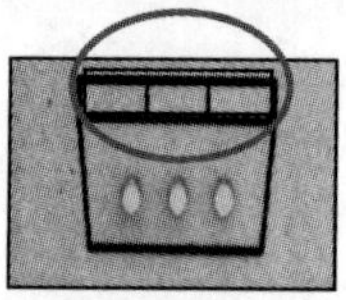	元器件本体有金属一面对应丝印框线较粗一面(左图椭圆圈)
	TO-247 封装			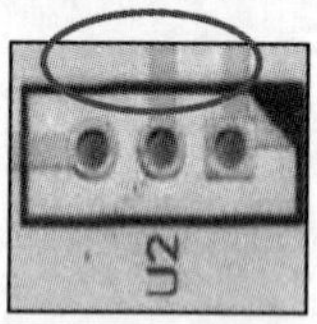	元器件本体非金属面对应丝印有缺角一边(左图椭圆圈)
桥堆	扁桥				
	方桥		元器件本体标有"＋"表示正极,标有"－"表示负极		元器件本体标识"＋"和"－"对应丝印"＋"和"－"
	圆桥			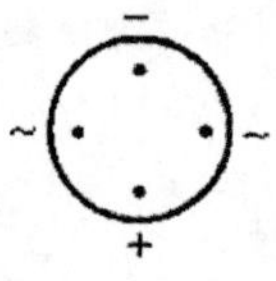	

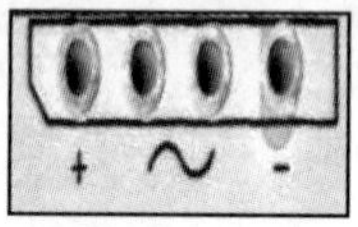

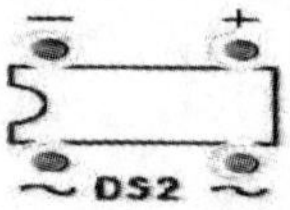

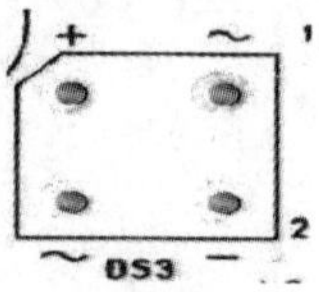

元器件类别	元器件名称	实物图片	元器件极性说明	PCB丝印符号	PCB丝印极性说明
桥堆	贴片桥堆		元器件本体标有"+"表示正极,标有"−"表示负极		丝印符号标有A一端为正极,标有K的一端为负极
蜂鸣器	插件蜂鸣器		元器件本体(或标签)标有"+"为正极		元器件正极对应丝印符号标有"+"一侧
	贴片蜂鸣器				
电池	插件电池		元器件本体标有"+"为正极		丝印标有"+"一端为正极
			连接本体标有"+"为正极		
电池座	插件电池座		本体连接弹簧片凸出端为正极		丝印符号凸出端为正极
	贴片电池座		本体平边且突出端为正极		本体平边对应丝印符号平边
数码管	数码管		以元器件本体标有圆点一角辨认方向		元器件本体标有圆点一角对应丝印标有圆点一角
	点阵屏		一般元器件本体无极性标识		一般PCB上无丝印,以客户样板为准

常见有方向性元器件及 PCB 丝印方向说明如表 C-2 所示。

表 C-2　常见有方向性元器件及 PCB 丝印方向说明

元器件类别	元器件名称	实 物 图 片	元器件方向说明	PCB 丝印符号	PCB 丝印方向说明
电阻	排阻		元器件本体有圆点或三角形标识一端为第一脚	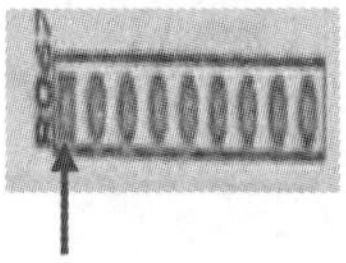	丝印框内方形焊盘孔为排阻第一脚(左图箭头)
	可调电阻	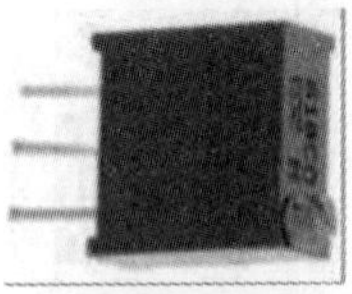			元器件本体上调节旋钮对应丝印框内的圆点(左图椭圆圈)
线圈	滤波电感			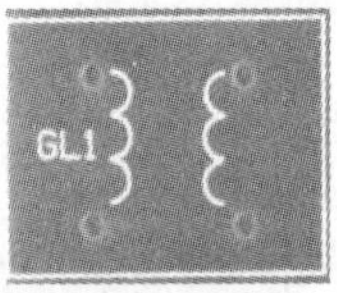	滤波电感两边绕线分别对应丝印符号中的两条波浪线
	插件变压器		以元器件本体缺角辨认方向	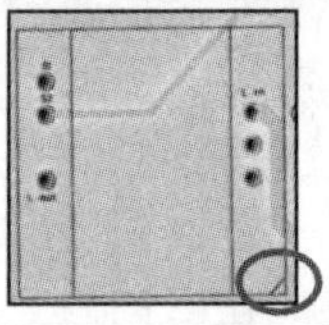	元器件本体上的缺角对应丝印符号缺角(左图椭圆圈)
	互感线圈			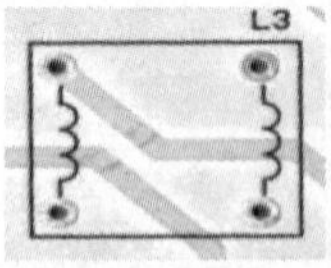	线圈两边绕线分别对应丝印符号中的两条波浪线
	贴片变压器		以元器件本体标有圆点的一角辨认方向	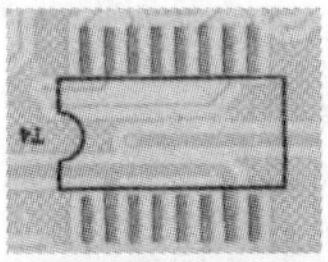	本体标有圆点的一角对应丝印缺口端
					本体标有圆点的一角对应丝印缺角(左图椭圆圈)
	贴片功率电感		以元器件本体缺角辨认方向	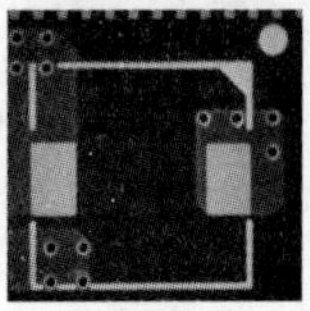	元器件本体缺角对应丝印框缺角或有圆点标识一角

续表

元器件 类别	元器件 名称	实 物 图 片	元器件方向说明	PCB 丝印符号	PCB 丝印方向说明
开关	贴片拨码 开关		以本体标有 ON 字样辨认方向	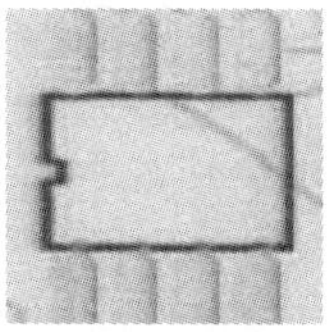	元器件本体 ON 字样对应丝印符号 ON 或对应丝印缺口端
	插件拨码 开关（正拨）			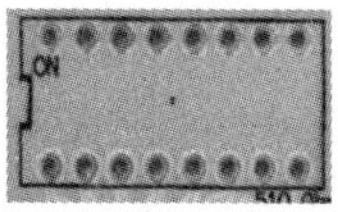	
	插件拨码 开关（侧拨）			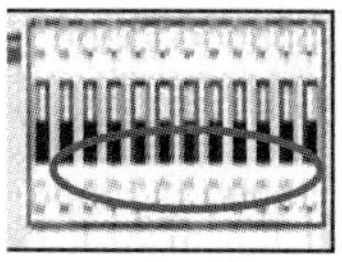	元器件本体 ON 字样对应丝印框内黑色一边（左图椭圆圈）
	船形开关	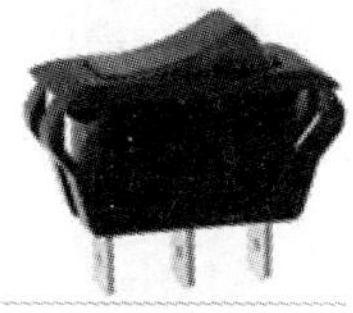	以元器件本体标识 ON 及 OFF 辨认方向	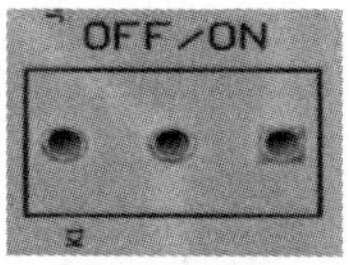	元器件本体标识 ON 及 OFF 对应丝印 ON 及 OFF
	按键开关		以元器件本体底部开口辨认方向	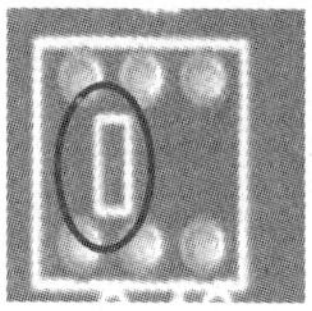	元器件底部开口对应丝印框内白色小方框（左图椭圆圈）
晶振	插件晶体 振荡器		以本体上标识"●"辨认方向	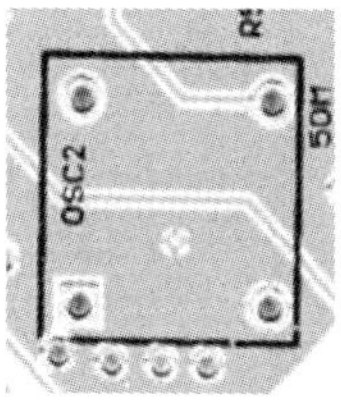	① 元器件本体标有"●"一角对应丝印框缺角 ② 元器件本体标有"●"一角对应丝印框"●"标识 ③ 元器件本体标有"●"一角对应丝印方形焊盘孔
	贴片晶体 振荡器		以本体上标识"●"辨认方向	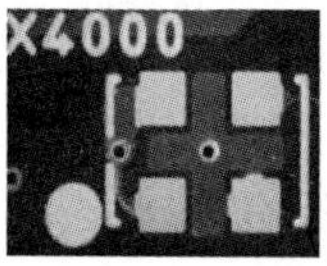	元器件本体标有"●"一角对应丝印框"●"标识

续表

元器件类别	元器件名称	实物图片	元器件方向说明	PCB丝印符号	PCB丝印方向说明
IC	SIP封装		以本体斜边一端或蚀刻圆点(1脚)辨认方向	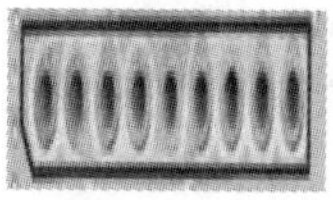	元器件本体斜边或蚀刻圆点一端对应丝印框缺角
	DIP封装		以本体缺口辨认方向		元器件本体缺口对应丝印缺口一端
	光耦		元器件本体有蚀刻圆点标识的一角为第一脚位(左图椭圆圈)		元器件本体有圆点一端对应丝印有缺口一端
	贴片光耦		元器件本体有蚀刻圆点标识的一角为第一脚位(左图椭圆圈)	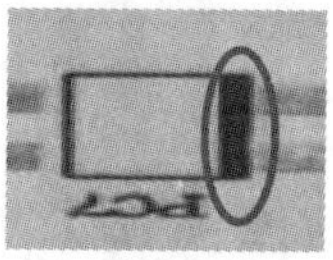	元器件本体上圆点对应丝印框线较粗一端(左图椭圆圈)
					元器件本体有圆点一端朝丝印缺口方向
	SOP封装	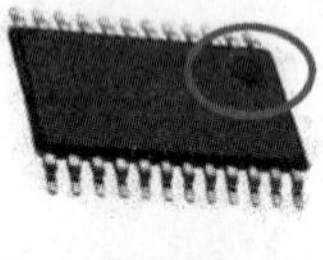	以元器件本体印有凹陷圆点一角辨认方向(左图椭圆圈)	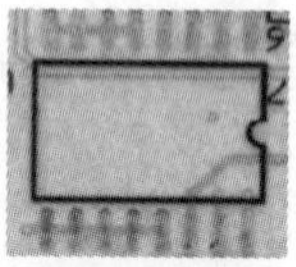	元器件本体有圆点一角对应丝印缺口一端
	QFP封装		以元器件本体印有凹陷圆点一角辨认方向	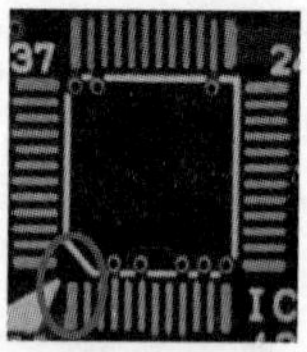	元器件本体标有圆点一角对应丝印白色箭头缺口一端(左图椭圆圈)
	PLCC封装		以元器件本体缺角辨认方向	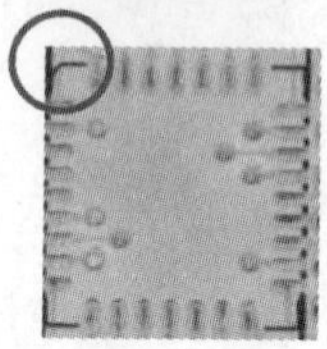	元器件本体缺角对应丝印缺口一角(左图圆圈)
	SOJ封装		以元器件缺口及蚀刻凹陷圆点(1脚)辨认方向	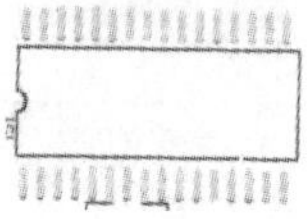	本体缺口及蚀刻凹陷圆点对应丝印缺口端

续表

元器件 类别	元器件 名称	实 物 图 片	元器件方向说明	PCB 丝印符号	PCB 丝印方向说明
IC	BGA		以元器件本体上有蚀刻圆点一角辨认方向	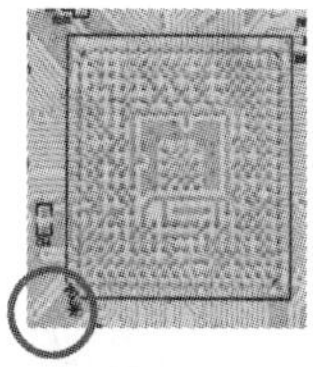	① 元器件本体上圆点对应丝印缺口一角 ② 元器件本体缺口对应丝印有三角箭头标识一角(左图圆圈)
			以元器件本体标有箭头一角辨认方向		元器件本体标有箭头一角对应丝印有箭头标识一角(左图圆圈)
接插件	贴片 PLCC 封装 IC 脚座		以元器件本体缺角辨认方向	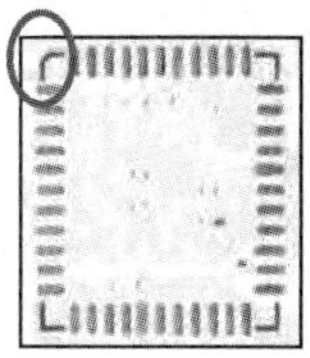	元器件本体缺角对应丝印框缺角(左图椭圆圈)
	DIP 封装 IC 脚座		以元器件本体缺口一端辨认方向	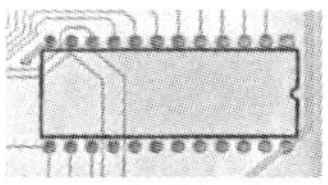	元器件本体缺口对应丝印框缺口一端
	插件 PLCC 封装 IC 脚座		以元器件本体缺角辨认方向	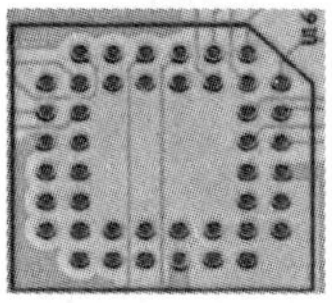	元器件本体缺角对应丝印缺角
	牛角插座		以元器件本体缺口或元器件本体标示▼(1 脚)辨认方向	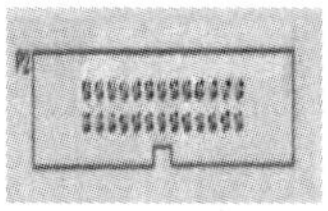	元器件缺口对应丝印缺口,元器件▼标示对应丝印方形焊盘孔(1 脚)
	简易牛角插座	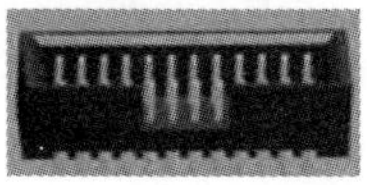		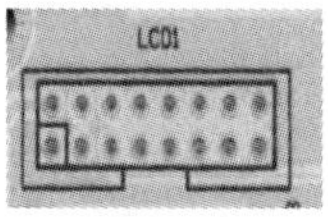	
	电源插座	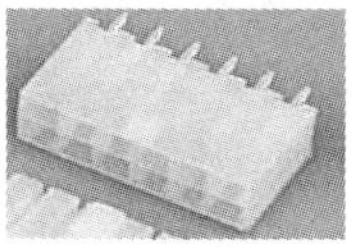	以元器件本体卡钩辨认方向	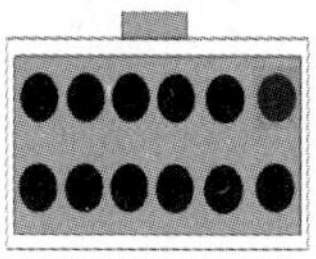	元器件本体卡位对应丝印凸出一端
			以元器件本体锥形端辨认方向	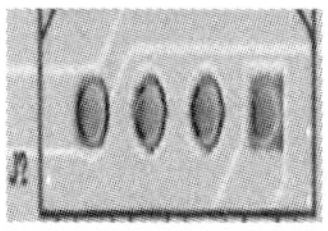	元器件本体锥形端对应丝印框缺角

续表

元器件类别	元器件名称	实 物 图 片	元器件方向说明	PCB 丝印符号	PCB 丝印方向说明
接插件	围墙插座		以元器件本体缺口辨认方向		元器件本体缺口对应丝印框缺口
	曲靠背插座	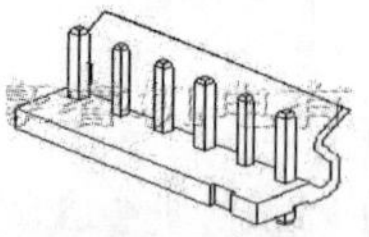		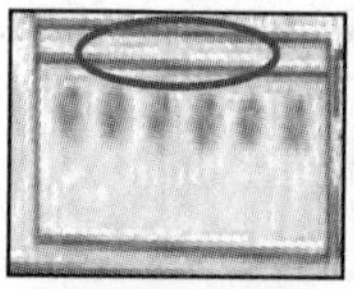	元器件靠背一端在丝印框双线一端(左图椭圆圈)
	直靠背插座	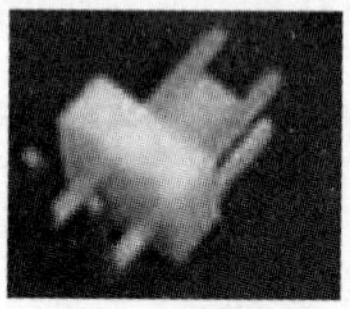		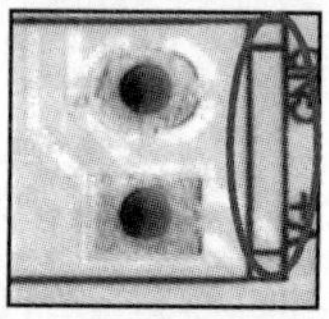	元器件靠背一端在丝印框双线一端(左图椭圆圈)
	FCC 排线座		以元器件本体缺角一端辨认方向	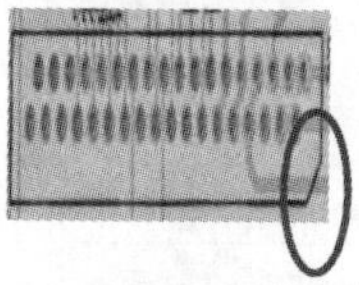	元器件本体缺口一端对应丝印框缺口(左图椭圆圈)
	凤凰接线端子		以元器件接线口一端辨认方向	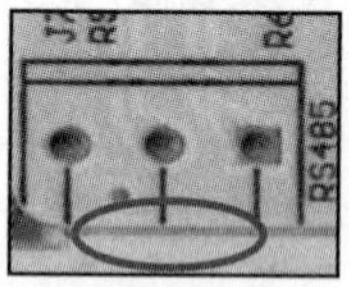	元器件接线口在丝印框双线对面一端(左图椭圆圈)
	连接线端子		以元器件接口曲线边缘辨认方向(左图椭圆圈)	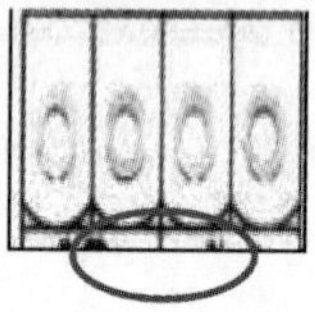	元器件接口曲线边缘对应丝印波浪形曲线一边(左图椭圆圈)